MATLAB
科研绘图

丁思源 ◎ 编著

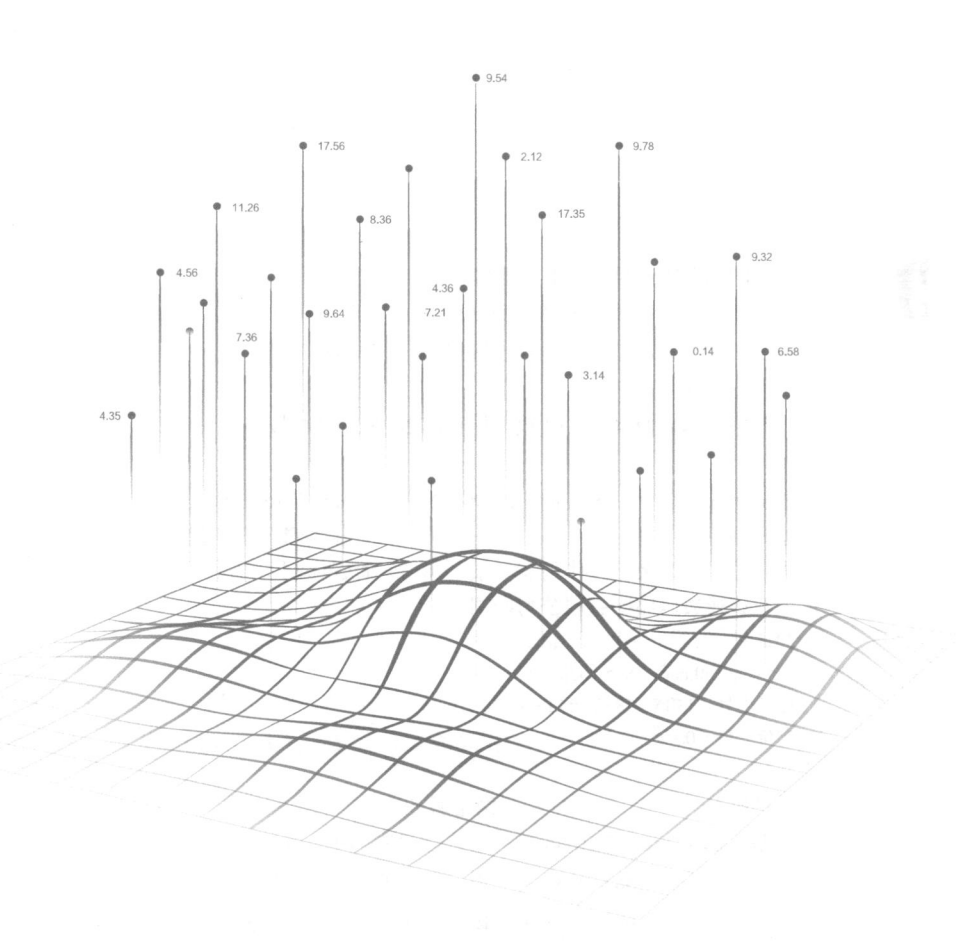

机械工业出版社
CHINA MACHINE PRESS

MATLAB作为一款强大的科学计算与数据分析工具，广泛应用于科学研究、工程仿真及复杂系统优化等领域。其在实验数据的分析与展示、模型可视化、科研论文撰写等方面具有重要的作用。

本书全面介绍了MATLAB在科研中的应用，特别是其强大的绘图与数据可视化功能。从MATLAB的基本概念到具体的图形绘制方法，再到高级的绘图技巧与复杂图形的定制，本书涵盖了从入门到进阶的各个方面。全书详细介绍了MATLAB的基本操作、基础图形的绘制方法、常用的二维与三维图形类型、插值与拟合绘图以及多子图与布局管理等内容。书中重点展示了MATLAB中各种分布图、散点图与平行坐标图、总体部分图及热图、离散数据图等特殊图形的绘制与应用。每章不仅配有大量的示例代码和图形，还通过丰富的应用场景帮助读者理解图形的实际应用与优化技巧。同时，随书附赠相关案例代码、教学视频（扫码观看）和授课用PPT等海量学习资源，以及作者答疑服务，助力读者高效学习，获取方式见封底和前言。

本书适合从事数据分析、建模与数据可视化工作的科研人员、在校研究生等。尤其适合那些从事物理、化学、工程学、生命科学等领域的科研人员，以及需要进行大量数据处理与结果呈现的学者与工程师。

图书在版编目（CIP）数据

MATLAB科研绘图／丁思源编著. -- 北京：机械工业出版社，2025.7. -- ISBN 978-7-111-78394-7

Ⅰ. G31-39

中国国家版本馆CIP数据核字第2025C04F59号

机械工业出版社（北京市百万庄大街22号　邮政编码100037）
策划编辑：丁　伦　　　　　　　　　　责任编辑：丁　伦　杨　源
责任校对：李荣青　张雨霏　景　飞　　责任印制：单爱军
北京盛通数码印刷有限公司印刷
2025年7月第1版第1次印刷
185mm×260mm・18.5印张・459千字
标准书号：ISBN 978-7-111-78394-7
定价：119.00元

电话服务　　　　　　　　　　网络服务
客服电话：010-88361066　　　机　工　官　网：www.cmpbook.com
　　　　　010-88379833　　　机　工　官　博：weibo.com/cmp1952
　　　　　010-68326294　　　金　书　网：www.golden-book.com
封底无防伪标均为盗版　　　　机工教育服务网：www.cmpedu.com

前言 PREFACE

MATLAB（矩阵实验室）自 1984 年推出以来，已成为全球科研、工程、金融和数学领域的重要工具之一。作为一种高效的高级编程语言，MATLAB 专为数值计算、数据分析与可视化设计。MATLAB 不仅具有强大的矩阵运算能力，还能够实现复杂的数据分析、建模、算法开发和图形绘制，现已成为科学研究与工程计算领域的核心软件之一。其拥有简洁的语法、广泛的工具箱和高效的数据处理能力，成为科研人员和工程师进行科学计算与实验分析的重要工具。

数据的可视化在科研中至关重要。MATLAB 为科研人员提供了丰富的绘图功能，可以轻松实现从简单的二维图形到复杂的三维曲面图、热图、分布图等多种可视化效果。通过其直观的绘图功能，科研人员不仅能快速分析和理解实验数据，还能将结果以更加生动、易懂的方式呈现在科研报告、学术论文以及学术交流中。

MATLAB 不仅支持基础的图形绘制，如折线图、散点图、柱状图、饼图等，也具备更高层次的图形定制与交互式可视化能力，为科研人员提供了灵活的数据处理和图形定制能力。本书旨在帮助科研人员掌握 MATLAB 的绘图功能，并通过一系列实用的示例讲解如何使用 MATLAB 进行数据可视化、图形定制和展示。

全书内容从 MATLAB 的基础操作和绘图原理入手，逐步深入到具体的绘图技巧、各类图形的生成与应用。书中详细介绍了如何绘制常见的二维图形、三维图形、散点图、分布图以及热图等，并特别强调如何进行数据插值、拟合和图形注释等高级应用。每章内容附有丰富的代码和实际应用场景示例，帮助读者在实际工作中快速掌握绘图技巧。

本书的特点在于系统性与实践性。

- 首先，本书内容结构清晰，从基础到高级，逐步引导读者掌握 MATLAB 绘图的基本操作与进阶技巧。
- 其次，本书着重结合科研实际应用，涵盖了常见的科研数据类型和图形绘制需求，所有示例代码结合具体的科研场景进行讲解。
- 最后，本书以图形应用为导向，讲解每一类图形的绘制原理、参数设置及优化技巧，使读者既能掌握绘图方法，还能深入理解图形背后的数据处理与分析逻辑。

本书不仅适合科学计算与数据分析的初学者学习，也可为已经掌握 MATLAB 基本操作的科研人员和工程师提供进阶指导。无论是刚刚接触 MATLAB，还是已经使用 MATLAB 进行数据分析的读者，本书都将为您提供宝贵的技巧和实践经验，帮助您更高效地进行科研数据的可视化和分析。

通过本书的学习，读者将能够熟练地使用 MATLAB 进行各种复杂的科研图形绘制，为您的研究工作增添色彩，并为学术论文的撰写和成果展示提供强有力的支持。

读者可以通过扫描封底二维码关注机械工业出版社计算机分社官方微信公众号"IT有得聊"或关注"算法仿真"微信公众号（二维码见右侧）的方式，获取随书附赠的代码、教学视频（扫码观看）和授课用PPT等海量学习资源。为了便于解决本书的疑难问题，读者在学习过程中如遇到与本书有关的技术问题，可以通过访问"IT有得聊"或"算法仿真"微信公众号获取帮助，同时还可得到技术资料分享服务。

MATLAB本就是一个庞大的资源库和知识库，本书所述难窥其全貌。本书的编写的过程中虽力求叙述准确、完善，但由于编者水平有限，书中不足之处在所难免，希望读者和同仁不吝指正，我们将致以衷心感谢，并将更好地服务读者。

衷心感谢您选择本书，希望它能成为您 MATLAB 科学研究道路上的实用指南。

编　者

目 录

前 言

第1章 初识 MATLAB ·················· 1
1.1 MATLAB 绘图概述 ················ 1
1.1.1 MATLAB 绘图特点 ············ 1
1.1.2 MATLAB 绘图基本流程 ········ 2
1.2 工作环境 ·························· 3
1.2.1 操作界面简介 ················ 3
1.2.2 命令行窗口 ·················· 4
1.2.3 命令历史记录窗口 ············ 8
1.2.4 输入变量 ···················· 9
1.2.5 当前文件夹窗口和路径管理 ···· 10
1.2.6 搜索路径 ···················· 11
1.2.7 工作区窗口和数组编辑器 ······ 13
1.2.8 变量的编辑命令 ·············· 14
1.2.9 存取数据文件 ················ 16
1.3 M 文件编辑器 ····················· 17
1.3.1 编辑器 ······················ 17
1.3.2 实时编辑器 ·················· 18
1.4 帮助系统 ·························· 20
1.4.1 纯文本帮助 ·················· 20
1.4.2 帮助导航 ···················· 21
1.4.3 示例帮助 ···················· 22
1.5 本章小结 ·························· 22

第2章 MATLAB 基础 ·················· 23
2.1 基本概念 ·························· 23
2.1.1 数据类型概述 ················ 23
2.1.2 整数类型 ···················· 24
2.1.3 浮点数类型 ·················· 26
2.1.4 无穷量（Inf）和非数值量（NaN） ····· 27
2.1.5 常量与变量 ·················· 28
2.1.6 字符串 ······················ 29
2.1.7 命令、函数、表达式和语句 ···· 29
2.2 运算符 ···························· 30
2.2.1 算术运算符 ·················· 30
2.2.2 关系运算符 ·················· 31
2.2.3 逻辑运算符 ·················· 32
2.2.4 运算符优先级 ················ 33
2.3 向量运算 ·························· 34
2.3.1 生成向量 ···················· 34
2.3.2 向量加减和数乘 ·············· 36
2.3.3 向量点积与叉积 ·············· 37
2.4 矩阵运算 ·························· 39

- 2.4.1 矩阵元素存储次序 39
- 2.4.2 矩阵元素的表示方法及操作 39
- 2.4.3 创建矩阵 42
- 2.4.4 矩阵代数运算 50
- 2.5 本章小结 59

第3章 MATLAB 绘图基础 60

- 3.1 图窗 60
  - 3.1.1 创建图窗 60
  - 3.1.2 关闭与清除图形框 61
  - 3.1.3 图形可视编辑 61
- 3.2 二维线图绘制 62
  - 3.2.1 基于向量和矩阵数据 62
  - 3.2.2 基于表数据 67
  - 3.2.3 其他调用格式 70
- 3.3 函数的名称-值参数 74
  - 3.3.1 Color（线条颜色） 74
  - 3.3.2 LineStyle（线型） 76
  - 3.3.3 LineWidth（线宽） 77
  - 3.3.4 Marker（标记符号） 78
  - 3.3.5 MarkerIndices（标记索引） 79
  - 3.3.6 DatetimeTickFormat（时间轴刻度标签格式） 81
  - 3.3.7 DurationTickFormat（duration 刻度标签格式） 83
- 3.4 图形对象及其属性 84
  - 3.4.1 图形对象 84
  - 3.4.2 句柄 85
  - 3.4.3 属性获取与设定 86
  - 3.4.4 常用属性 87
- 3.5 函数绘制 89
  - 3.5.1 一元函数绘图 89
  - 3.5.2 二元函数绘图 91
- 3.6 本章小结 94

第4章 多子图与布局管理 95

- 4.1 多子图布局 95
  - 4.1.1 规则网格布局 95
  - 4.1.2 合并子图 97
  - 4.1.3 自定义子图位置 98
  - 4.1.4 动态更新子图 98
  - 4.1.5 综合应用 99
- 4.2 分块图布局 101
  - 4.2.1 创建 $n×m$ 布局 102
  - 4.2.2 指定流式图块排列 103
  - 4.2.3 图的堆叠 104
  - 4.2.4 调整布局间距 105
  - 4.2.5 创建共享标题和轴标签 106
  - 4.2.6 在面板中创建布局 107
  - 4.2.7 对坐标区设置属性 108
  - 4.2.8 创建占据多行和多列的坐标区 108
  - 4.2.9 在特定图块放置坐标区对象 110
  - 4.2.10 配置或替换图块中的内容 111
  - 4.2.11 在单独图块中共享颜色栏 114
- 4.3 自定义坐标区 115
  - 4.3.1 自定义位置的多个坐标区 116
  - 4.3.2 重叠坐标区 116
  - 4.3.3 结合 uipanel 创建分块布局 117
  - 4.3.4 动态调整布局 118
- 4.4 本章小结 120

第5章 图形注释与标注 121

- 5.1 坐标轴信息 121
  - 5.1.1 设置坐标轴范围 121
  - 5.1.2 设置坐标轴刻度 124
  - 5.1.3 添加轴标签 126
  - 5.1.4 设置坐标轴刻度标签 128

目录

- 5.1.5 旋转坐标轴刻度标签 ………… 130
- 5.1.6 创建双 y 轴图 ………… 131
- 5.2 坐标轴操作 ………… 134
  - 5.2.1 显示坐标区轮廓 ………… 134
  - 5.2.2 设置坐标轴范围和纵横比 ………… 135
  - 5.2.3 显示或隐藏坐标区网格线 ………… 139
  - 5.2.4 同步坐标区范围 ………… 142
- 5.3 添加标题与图例 ………… 146
  - 5.3.1 添加标题 ………… 146
  - 5.3.2 添加副标题 ………… 149
  - 5.3.3 添加副标题到子图网格 ………… 150
  - 5.3.4 添加图例 ………… 153
- 5.4 添加文本与注释 ………… 162
  - 5.4.1 自动添加文本 ………… 162
  - 5.4.2 交互式添加文本 ………… 166
  - 5.4.3 创建注释 ………… 167
- 5.5 本章小结 ………… 170

第 6 章 二维线图 ………… 171
- 6.1 阶梯图 ………… 171
- 6.2 含误差条的线图 ………… 172
- 6.3 面积图 ………… 174
- 6.4 堆叠线图 ………… 176
- 6.5 等高线图 ………… 178
- 6.6 双对数刻度图 ………… 182
- 6.7 极坐标图 ………… 184
- 6.8 本章小结 ………… 186

第 7 章 总体部分图及热图 ………… 187
- 7.1 气泡云图 ………… 187
- 7.2 词云图 ………… 188
- 7.3 饼图 ………… 189
- 7.4 三维饼图 ………… 191
- 7.5 热图 ………… 192
- 7.6 本章小结 ………… 194

第 8 章 离散数据图 ………… 195
- 8.1 柱状图 ………… 195
- 8.2 三维柱状图 ………… 198
- 8.3 帕累托图 ………… 200
- 8.4 茎图（离散序列图） ………… 201
- 8.5 三维离散序列图 ………… 203
- 8.6 本章小结 ………… 204

第 9 章 散点图与平行坐标图 ………… 205
- 9.1 散点图 ………… 205
- 9.2 三维散点图 ………… 208
- 9.3 分 bin 散点图 ………… 210
- 9.4 极坐标散点图 ………… 211
- 9.5 带直方图的散点图 ………… 214
- 9.6 散点图矩阵 ………… 216
- 9.7 平行坐标图 ………… 218
- 9.8 本章小结 ………… 223

第 10 章 分布图 ………… 224
- 10.1 直方图 ………… 224
- 10.2 二元直方图 ………… 226
- 10.3 气泡图 ………… 227
- 10.4 箱线图 ………… 229
- 10.5 分簇散点图 ………… 234
- 10.6 三维分簇散点图 ………… 237
- 10.7 概率图 ………… 240
- 10.8 正态分布概率图 ………… 242
- 10.9 Q-Q 图 ………… 245
- 10.10 本章小结 ………… 248

第 11 章 三维图形 ………… 249
- 11.1 标准三维曲面 ………… 249
- 11.2 三维曲面图 ………… 251
- 11.3 三维图形视角变换 ………… 255

11.4 其他三维绘图函数 ……………………… 257
    11.4.1 函数图 ………………………………… 257
    11.4.2 瀑布图 ………………………………… 260
    11.4.3 条带图 ………………………………… 262
11.5 本章小结 …………………………………… 263

第12章 插值与拟合绘图 ……………………… 264

12.1 插值 ………………………………………… 264
    12.1.1 一维插值 ……………………………… 264
    12.1.2 二维插值 ……………………………… 269
    12.1.3 三维插值 ……………………………… 270
    12.1.4 N维插值 ……………………………… 272
    12.1.5 分段插值 ……………………………… 274
    12.1.6 三次样条插值 ………………………… 277
12.2 拟合 ………………………………………… 278
    12.2.1 多项式拟合 …………………………… 279
    12.2.2 曲线、曲面拟合 ……………………… 282
    12.2.3 非线性最小二乘拟合 ………………… 285
12.3 本章小结 …………………………………… 288

第 1 章
初识 MATLAB

MATLAB 作为一款强大的数值计算和数据可视化工具，广泛应用于工程仿真、科学计算和数学建模领域。本章将介绍 MATLAB 的基本功能和使用方法，帮助新手快速上手：首先介绍 MATLAB 的绘图功能，这是 MATLAB 在数据分析中的一个重要优势；接着，重点介绍 MATLAB 的工作环境和界面，帮助读者熟悉命令行窗口、编辑器、工作区等部分的应用。通过本章的学习，读者将掌握 MATLAB 的基础操作，为之后深入学习更高级的绘图功能打下基础。

1.1 MATLAB 绘图概述

MATLAB 的基础数据结构是数组，其核心特性是矩阵运算。这种设计源于其在线性代数中的广泛应用，简化了数据的表示与操作。矩阵运算通常按整体逻辑进行，例如矩阵乘法遵循线性代数规则，而数组运算则逐元素执行，适合处理复杂的逐点计算需求。MATLAB 中丰富的矩阵和数组操作函数，不仅使编程变得更简单，还能显著提升运算效率，特别在处理大规模数据时表现出色。

1.1.1 MATLAB 绘图特点

MATLAB 的绘图系统建立在其强大的矩阵运算能力之上，用户可以通过简单的命令快速生成高质量图表，满足从探索性数据分析到专业论文图表制作的多样化需求。

1）快速生成与高效处理：MATLAB 提供丰富的内置函数，例如 plot、scatter、surf 等，只需一两行代码即可生成复杂的图形。MATLAB 支持直接与数据集交互，不需要额外的文件导入或处理步骤。

2）多种绘图类型：MATLAB 支持二维图形和三维图形的绘制，包括折线图、柱状图、散点图、曲面图、等值线图等。应用 MATLAB 的 animation 功能，用户可以生成动态变化的图形，便于展示过程变化。

3）定制化与高质量输出：用户可以轻松定制图形元素（如颜色、线型、标注和轴标签），生成符合科研出版需求的图表。MATLAB 提供高分辨率输出选项，支持多种图像格式（如 PNG、JPEG、PDF 等）。

4）强大的交互功能：用户可以在 MATLAB 图形窗口中直接缩放、平移和标注图表，也可以通过 Live Editor 实现图形和代码的动态展示。

5）数据与可视化结合：MATLAB 绘图与其数据处理功能无缝结合，适合处理大规模数据的实时绘图。

1.1.2　MATLAB 绘图基本流程

MATLAB 绘图通常遵循以下步骤。

1）准备数据：数据可以来源于直接输入的向量或矩阵，也可以通过文件导入或 MATLAB 计算结果生成。

```
x=linspace(0,2*pi,100);          % 创建 x 数据
y=sin(x);                        % 创建 y 数据
```

2）创建图形：使用 MATLAB 提供的绘图函数生成基础图形。

```
plot(x,y);                       % 绘制正弦曲线
```

3）定制图形：调整图形的视觉元素，包括标题、坐标轴标签、图例等。

```
title('正弦函数');
xlabel('x 值');
ylabel('y 值');
```

4）导出或展示：图形可以直接在 MATLAB 图形窗口中查看，也可以导出为图片文件或 PDF 文档。

```
saveas(gcf,'sine_wave.png');     % 保存为图片文件
```

【例 1-1】　演示如何绘制一个简单的二维图形并定制图形属性。

首先在命令行窗口中输入以下语句，并查看输出结果。

```
% 数据准备
x=linspace(0,2*pi,100);                          % 创建从 0 到 2*pi 的等间隔数据
y1=sin(x);                                        % 正弦函数
y2=cos(x);                                        % 余弦函数
% 绘制图形
plot(x,y1,'-r','LineWidth',1);                    % 绘制正弦曲线,红色,线宽 2
hold on                                           % 保持当前图形窗口
plot(x,y2,'--b','LineWidth',1);                   % 绘制余弦曲线,蓝色虚线,线宽 2
% 添加标题和标签
title('正弦与余弦函数');
xlabel('x 值');ylabel('函数值');
legend({'正弦函数','余弦函数'},'Location','northeast');    % 图例
% 美化图形
grid on                                           % 打开网格
```

运行程序后，输出图形如图 1-1 所示。可以看到，其结果生成了一幅直观的正弦和余弦函数曲线图，并包含标题、标签和图例。

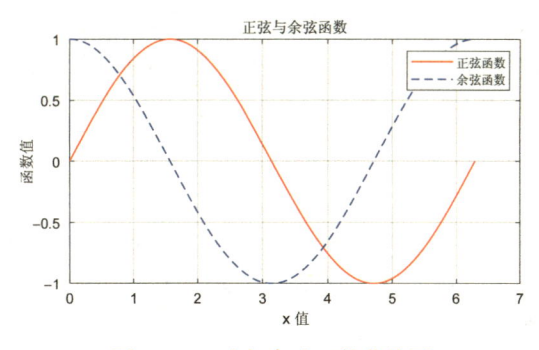

图 1-1　正弦与余弦函数曲线图

1.2　工作环境

MATLAB 是一款全球领先的商业数学软件，为用户提供了强大的计算工具，能够快速进行算法分析和仿真测试。本节先来介绍一下 MATLAB 的工作环境。

1.2.1　操作界面简介

MATLAB 操作界面中包含大量的交互式界面，例如通用操作界面、工具包专业界面、帮助界面和演示界面等。

为方便用户使用，安装完 MATLAB 后，需要将其安装文件夹里（默认路径为 C：\Program Files\MATLAB\R2024a\bin）的 MATLAB.exe 应用程序快捷方式添加到桌面，双击快捷方式图标即可打开 MATLAB 操作界面。

启动 MATLAB 后的操作界面，如图 1-2 所示。在默认情况下，MATLAB 的操作界面包含功能区（位于选项卡下）、当前文件夹窗口、命令行窗口、工作区窗口 4 个核心区域。

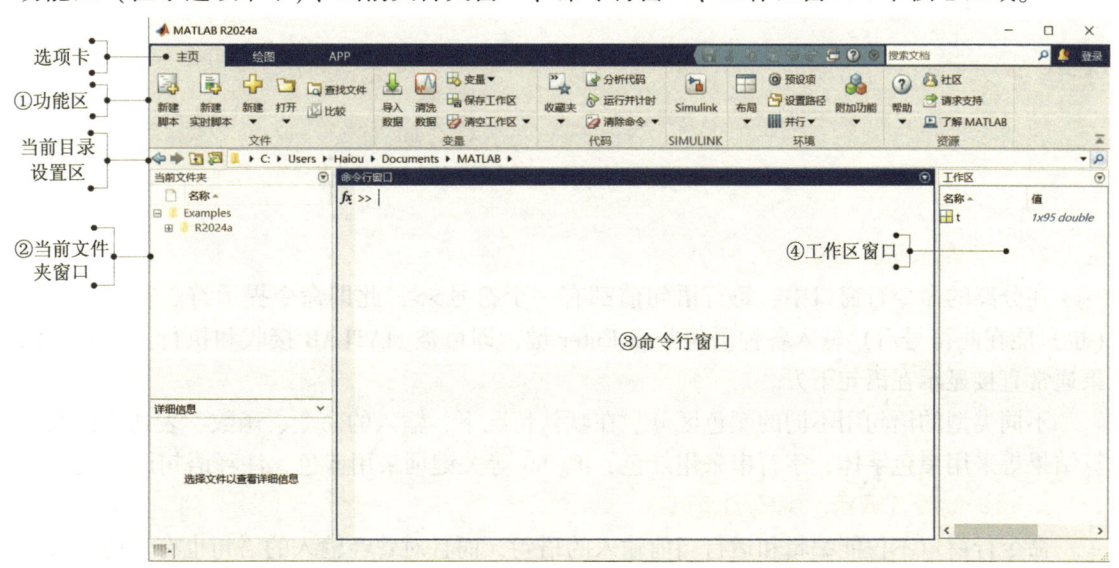

图 1-2　MATLAB 默认操作界面

功能区在组成方式和内容与市面上大部分通用应用软件基本相同，本章不再赘述。下面重点介绍命令行窗口、命令历史记录窗口、工作区窗口的应用，其中命令历史记录窗口并不显示在默认窗口中。

1.2.2 命令行窗口

MATLAB 默认主界面的中间部分是命令行窗口。命令行窗口是接收命令输入的窗口，可输入的对象除 MATLAB 命令之外，还包括函数、表达式、语句以及 M 文件名或 MEX 文件名等。为叙述方便，我们将这些通称为语句。

MATLAB 的工作方式之一是在命令行窗口中输入语句，由 MATLAB 逐句解释并执行，然后在命令行窗口中给出结果。命令行窗口可显示除图形以外的所有运算结果。

命令行窗口可以从 MATLAB 主界面中分离出来，以便单独显示和操作，当然也可以重新返回主界面中，其他窗口也有相同的行为。分离命令行窗口的操作如下。

1）在窗口右上角单击 ⊙ 按钮，在弹出的下拉菜单中执行"取消停靠"命令；若将命令行窗口返回主界面中，可执行下拉菜单中的"停靠"命令。

2）直接按住鼠标左键将命令行窗口拖离主界面，其结果如图 1-3 所示。

图 1-3 分离的命令行窗口

1. 命令提示符和语句颜色

在分离的命令行窗口中，每行语句前都有一个符号>>，此即命令提示符。在此符号后（也只能在此符号后）输入各种语句并按 Enter 键，即可被 MATLAB 接收和执行。执行的结果通常直接显示在语句下方。

不同类型的语句用不同的颜色区分。在默认情况下，输入的命令、函数、表达式以及计算结果等采用黑色字体，字符串采用红色，if、for 等关键词采用蓝色，注释语句用绿色。

2. 语句的重复调用、编辑和重运行

命令行窗口不仅能编辑和运行当前输入的语句，而且对曾经输入的语句也有快捷的方法进行重复调用、编辑和运行。重复调用和编辑语句的快捷方法见表 1-1。

表 1-1　语句操作的快捷键

键盘按键	键的用途	键盘按键	键的用途
↑	向上回调以前输入的语句行	Home	让光标跳到当前行的开头
↓	向下回调以前输入的语句行	End	让光标跳到当前行的末尾
←	光标在当前行中左移一字符	Delete	删除当前行光标后的字符
→	光标在当前行中右移一字符	Backspace	删除当前行光标前的字符

提示： 按键与常用文字处理软件中的同一编辑键在功能上基本一致。不同点在于：在文字处理软件中是针对整个文档使用，而在 MATLAB 命令行窗口中是以行为单位使用。

3. 语句行中使用的标点符号

在 MATLAB 中输入语句时，可能要用到各种标点符号，这些标点符号在 MATLAB 中所起的作用见表 1-2。

表 1-2　MATLAB 语句中常用标点符号

名称	符号	作用
空格		变量分隔符；矩阵一行中各元素间的分隔符；程序语句关键词分隔符
逗号	,	分隔欲显示计算结果的各语句；变量分隔符；矩阵一行中各元素间的分隔符
点号	.	数值中的小数点；结构数组的域访问符
分号	;	分隔不想显示计算结果的各语句；矩阵行与行的分隔符
冒号	:	用于生成一维数值数组；表示一维数组的全部元素或多维数组某一维的全部元素
百分号	%	注释语句说明符，凡在其后的字符视为注释性内容而不被执行
单引号	''	字符串标识符
圆括号	( )	用于矩阵元素引用；用于函数输入变量列表；确定运算的先后次序
方括号	[ ]	向量和矩阵标识符；用于函数输出列表
花括号	{ }	标识细胞数组
续行号	…	长命令行需分行时连接下行用
赋值号	=	将表达式赋值给一个变量
at 符	@	用在函数名前形成函数句柄；用在目录名前形成用户对象类目录

提示： 在向命令行窗口输入语句时，一定保持在英文输入状态下。在刚刚输完汉字后，初学者很容易忽视中英文输入状态的切换。

4. 命令行窗口中数据的显示格式

为了适应用户以不同格式显示计算结果的需要，MATLAB 设计了多种数据显示格式以供用户选用，见表 1-3。默认显示格式如下。

1）数值为整数时，以整数显示。
2）数值为实数时，以 short 格式显示。
3）如果数值的有效数字超出了上述范围，则以科学计数法显示结果。

表 1-3 命令行窗口中数据的显示格式

格式	格式效果说明	示例（命令行窗口输入）
short	短固定十进制小数格式 保留 4 位小数，整数部分超过 3 位的小数用 shortE 格式，该格式为默认数值显示格式	>> pai=pi 　pai = 　　3.1416
long	长固定十进制小数格式 double 值的小数点后包含 15 位数，single 值的小数点后包含 7 位数。最多 2 位整数，否则用 longE 格式表示	>> format long >> pai 　pai = 　　3.141592653589793
short e shortE	短科学记数法 用 1 位整数和 4 位小数表示，倍数关系用科学计数法表示成十进制指数形式	>> format shortE >> pai 　pai = 　　3.1416e+00
long e longE	长科学记数法 double 值包含 15 位小数，single 值包含 7 位小数	>> format longE >> pai 　pai = 　　3.141592653589793e+00
short g shortG	短固定十进制小数点格式或科学记数法（取紧凑的） 保证 5 位有效数字，数字大小在 10 的 ±5 次幂之间时，自动调整数位的多少，超出幂次范围时用 shortE 格式	>> format shortG >> pai 　pai = 　　3.1416
long g longG	长固定十进制小数点格式或科学记数法（取紧凑的） 对于 double 值，保证 15 位有效数字，数字大小在 10 的 ±15 次幂之间时，自动调整数位多少，超出幂次范围时用 shortE 格式；对于 single 值，保证 7 位有效数字	>> format longG >> pai 　pai = 　　3.14159265358979
shortEng	短工程记数法 小数点后包含 4 位数，指数为 3 的倍数	>> format shortEng >> pai 　e = 　　3.1416e+000
longEng	长工程记数法 包含 15 位有效位数，指数为 3 的倍数	>> format longEng >> pai 　pai = 　　3.14159265358979e+000
+	正/负格式 正、负数和零分别用 +、- 和空格表示	>> format + >> pai 　pai = 　+
rational rat	小整数的比率形式 用分数有理数近似表示	>> format rat >> pai 　pai = 　　355/113

初识MATLAB 第1章

(续)

格 式	格式效果说明	示例（命令行窗口输入）
hex	二进制双精度数字的十六进制表示形式	>> format hex >> pai pai = 400921fb54442d18
bank	货币格式 限两位小数，用于表示元、角、分	>> format bank >> pai pai = 3.14
compact	在显示结果之间没有空行的压缩格式	>> format short >> format compact >> pai pai = 3.1416
loose	在显示结果之间有空行的稀疏格式	>> format loose >> pai pai = 3.1416

> **说明：** 表1-3中最后2个是用于控制屏幕显示格式的，而非数值显示格式。MATLAB所有数值均按IEEE浮点标准所规定的长型格式存储，显示的精度并不代表数值实际的存储精度，或者说数值参与运算的精度。

5. 数值显示格式的设置方法

数值显示格式设定的方法有两种，分别如下。

1）单击"主页"选项卡→"环境"面板中的 ⚙ 预设项（预设项）按钮，弹出"预设项"对话框，在左侧选择"命令行窗口"选项，在右侧进行显示格式设置，如图1-4所示。

2）在命令行窗口中执行format命令，例如要用long格式，在命令行窗口中输入format long语句即可。在程序设计时使用命令方式进行格式设定更方便。

不仅数值显示格式可以自行设置，数字和文字的字体显示风格、大小、颜色也可由用户自行挑选。在"预设项"

图1-4 "预设项"对话框

7

对话框左侧的格式对象树中选择要设定的对象，再配合相应的选项设置，便可对所选对象的风格、大小、颜色等进行设定。

在 MATLAB 中，如果需要临时改变数值的显示格式，可以通过 get( ) 和 set( ) 函数来实现，下面举例加以说明。

【例 1-2】 通过 get( ) 和 set( ) 临时改变数值显示格式。

在命令行窗口中输入以下语句，并查看输出结果。

```
>> a=0;
>> aformat=get(a,'format')        % 获取当前的显示格式
aformat =
    'short'
>> format rat
>> obj_pi=pi
obj_pi =
    355/113
>> get(a,'format')
ans =
    'rational'
>> set(a,'format',aformat)        % 将显示格式重置为之前保存在变量 aformat 中的值
>> get(a,'format')
ans =
    'short'
```

6. 命令行窗口清屏

当命令行窗口中执行过许多命令，经常需要对命令行窗口进行清屏操作，通常有以下两种方法。

1）执行"主页"选项卡→"代码"面板→"清除命令"下的"命令行窗口"命令。

2）在命令行窗口中的提示符后直接输入 clc 语句。

以上两种方法都能清除命令行窗口中的显示内容，这仅仅是清除命令行窗口的显示内容，并不能清除工作区的显示内容。

1.2.3 命令历史记录窗口

命令历史记录窗口用来存放曾在命令行窗口中使用过的 MATLAB 语句。其主要目的是便于用户追溯、查找曾经用过的语句，利用这些既有的资源节省编程时间。在需要重复处理长语句，或在选择多行曾经用过的语句形成 M 文件的情况下优势体现得尤为明显。

在命令行窗口中单击键盘中的↑方向箭头，即可弹出命令历史记录窗口。如同命令行窗口，用户也可对该窗口进行停靠、分离等操作，分离后的窗口如图 1-5 所示。从窗口中记录的时间来看，其中存放的正是曾经使用过的语句。

对可在选中的前提下，将命令历史记录窗口中的内容复制到当前正在工作的命令行窗口中，以供进一步修改或直接运行。

图 1-5 分离的命令历史记录窗口

1. 复制、执行命令历史记录窗口中的命令

命令历史记录窗口中的"选中"操作，与 Windows 选中文件时方法相同，可以结合 Ctrl 键和 Shift 键使用。以下是利用命令历史记录窗口完成所选语句的复制操作。

1）利用鼠标选中所需第一行。

2）按 Shift 键和鼠标选择所需的最后一行，连续多行即被选中。

3）按下 Ctrl+C 组合键，或在选中区域单击鼠标右键，执行快捷菜单的"复制"命令。

4）回到命令行窗口，在该窗口单击鼠标右键，执行快捷菜单中的"粘贴"命令，所选内容即被复制到命令行窗口中。

用命令历史记录窗口完成所选语句的运行操作。

1）用鼠标选中所需第一行。

2）再按 Ctrl 键结合鼠标点选所需的行，不连续多行即被选中。

3）在选中的区域右击，在弹出的快捷菜单中选择"执行所选内容"命令，其操作如图 1-6 所示。计算结果就会出现在命令行窗口。

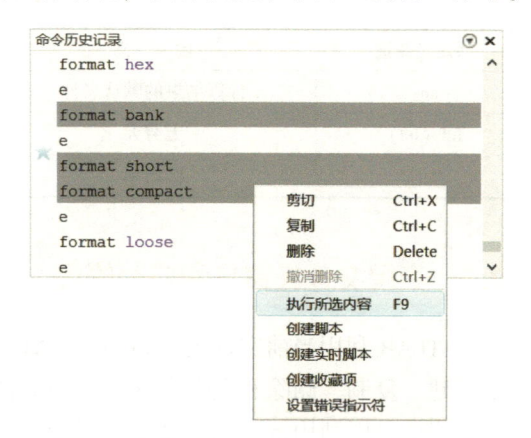

图 1-6　命令历史记录窗口选中与复制操作

2. 清除命令历史记录窗口中的内容

执行"主页"选项卡→"代码"面板→"清除命令"下的"命令历史记录"命令，此时命令历史记录窗口中的内容会被完全清除，以前的命令不能被追溯和使用。

1.2.4　输入变量

在 MATLAB 的计算和编程过程中，变量和表达式是最基础的元素。MATLAB 中为变量定义名称需满足下列规则。

1）变量名称和函数名称有大小写区别。对于变量名称 Mu 和 mu，MATLAB 会认为是不同的变量。

2）MATLAB 内置函数名称不能用作变量名。譬如 exp( ) 是内置的指数函数名称，如果输入 exp（0），系统会得出结果 1；而如果输入 EXP（0），MATLAB 会显示错误的提示信息"函数或变量 'EXP' 无法识别。"，表明 MATLAB 无法识别 EXP 的函数名称，如图 1-7 所示。

3）变量名称的第一个字符必须是英文字符。变量 5xf、_mat 等都是不合法的变量名称。

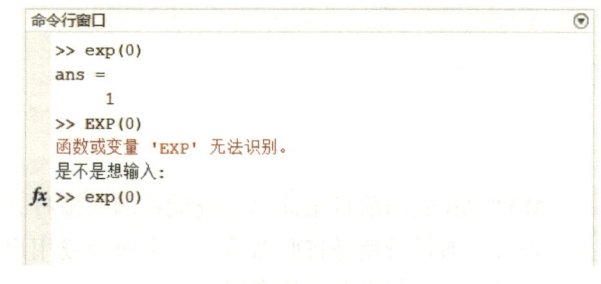

图 1-7　函数名称区别大小写

4）变量名称中不可以包含空格或者标点符号，但是可以包括下画线。譬如变量名称 xf_ mat 是合法的。

MATLAB 科研绘图

MATLAB 对于变量名称的限制较少，建议用户在设置时考虑变量的含义。例如在 M 文件中，变量名称 outputname 比名称 a 更好理解。

在上面的变量名称规则中，没有限制使用 MATLAB 的预定义变量名称。根据经验，建议尽量不要使用 MATLAB 预先定义的变量名称，因为在每次启动 MATLAB 时，系统会自动产生这些变量。表 1-4 中列出了常见的预定义变量名称。

表 1-4 MATLAB 中的预定义变量

预定义变量	含 义	预定义变量	含 义
ans	计算结果的默认名称	eps	计算机的零阈值
Inf（inf）	无穷大	NaN（nan）	表示结果或者变量不是数值
pi	圆周率		

1.2.5 当前文件夹窗口和路径管理

MATLAB 利用当前文件夹窗口组织、管理和使用所有 MATLAB 文件和非 MATLAB 文件，例如新建、复制、删除和重命名文件夹和文件等。

用户还可以利用该窗口打开、编辑和运行 M 程序文件以及载入 MAT 数据文件等。当前文件夹窗口默认位于操作界面的左侧，如图 1-8 所示。

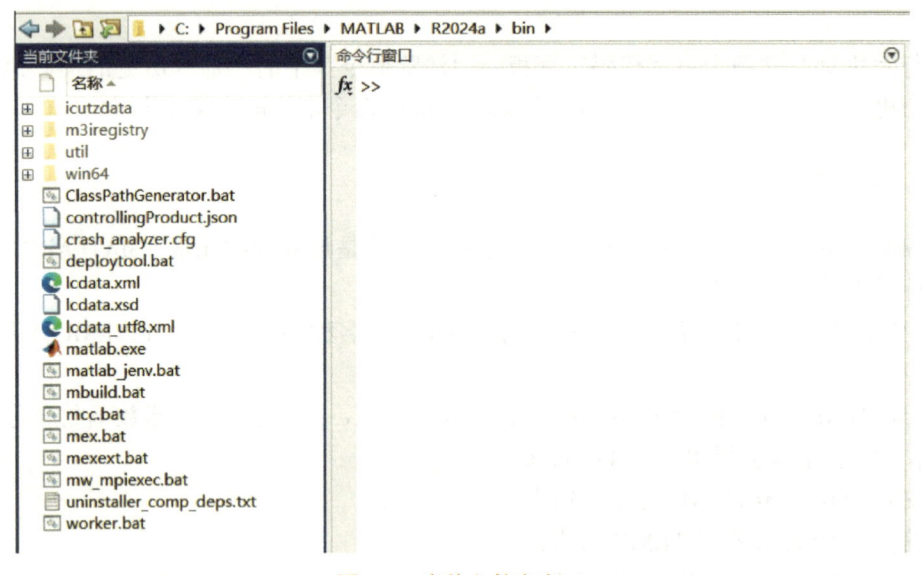

图 1-8 当前文件夹窗口

MATLAB 的当前目录即是系统默认的实施打开、装载、编辑和保存文件等操作时的文件夹。设置当前目录就是将此默认文件夹改变成用户希望使用的文件夹，用来存放文件和数据的文件夹。具体的设置方法有以下两种。

1）在当前文件夹目录设置区设置。该设置同 Windows 操作，不再赘述。
2）用目录命令设置。命令语法格式见表 1-5。

表 1-5　常用的设置当前目录的命令

目录命令	含义	示例
cd	显示当前目录	cd
cd newFolder	设定当前目录为 newFolder 文件夹，该文件夹已存在	cdF:\dingfiles

用命令设置当前目录，为在程序中控制当前目录的改变提供了方便，因为编写完成的程序通常用 M 文件存放，执行这些文件时即可存储到需要的位置。

1.2.6　搜索路径

MATLAB 中大量的函数和工具箱文件是存储在不同文件夹中的。用户建立的数据文件、命令和函数文件也是由用户存放在指定的文件夹中的。当需要调用这些函数或文件时，就需要找到这些函数或文件所存放的文件夹。

路径其实就是给出存放某个待查函数和文件的文件夹名称。当然，这个文件夹名称应包括盘符和一级级嵌套的子文件夹名。

例如，现有一文件 t01_01.m 存放在 D 盘"MATLAB 文件"文件夹下的 Char01 子文件夹中，那么，描述它的路径是 D:\MATLAB 文件\Char01。若要调用这个 M 文件，可在命令行窗口或程序中将其表达为 D:\MATLAB 文件\Char01\t01_01.m。

在实际应用时，这种书写因为字符太多，很不方便。MATLAB 为克服这一问题，引入了搜索路径机制。设置搜索路径机制就是将一些可能要被用到的函数或文件的存放路径提前通知系统，而无须在执行和调用这些函数和文件时输入一长串的路径。

> **提示：** 在 MATLAB 中，一个符号出现在程序语句里或命令行窗口的语句中，可能有多种解读，它也许是一个变量、特殊常量、函数名、M 文件或 MEX 文件等，应该识别成什么，这就涉及搜索顺序的问题。

如果在命令提示符>>后输入符号 xt，或程序语句中有一个符号 xt，那么 MATLAB 将试图按下列次序去搜索和识别。

1) 在 MATLAB 内存中进行检查搜索，看 xt 是否为工作空间窗口的变量或特殊常量。如果是，则将其当成变量或特殊常量来处理，不再往下展开搜索识别。

2) 上一步否定后，检查 xt 是否为 MATLAB 的内部函数。若肯定，则调用 xt 这个内部函数。

3) 上一步否定后，继续在当前目录中搜索是否有名为"xt.m"或"xt.mex"的文件存在。若肯定，则将 xt 作为文件调用。

4) 上一步否定后，继续在 MATLAB 搜索路径的所有目录中搜索是否有名为"xt.m"或"xt.mex"的文件存在。若肯定，则将 xt 作为文件调用。

5) 上述 4 步全走完后，仍未发现 xt 这一符号的出处，则 MATLAB 发出错误信息。必须指出的是，这种搜索是以花费更多执行时间为代价的。

MATLAB 设置搜索路径的方法有两种：一种是用"设置路径"对话框；另一种是用命令。现将两种方案分述如下。

MATLAB 科研绘图

1. 利用"设置路径"对话框设置搜索路径

在主界面中单击"主页"选项卡→"环境"面板→ 设置路径 （设置路径）按钮，弹出图 1-9 所示的"设置路径"对话框。

图 1-9 "设置路径"对话框

单击对话框中的"添加文件夹"或"添加并包含子文件夹"按钮，都会弹出一个浏览文件夹的对话框，如图 1-10 所示。利用该对话框可以从树形目录结构中选择欲指定为搜索路径的文件夹。

图 1-10 浏览文件夹对话框

> **注意：** "添加文件夹"和"添加并包含子文件夹"两个按钮的不同之处在于后者设置某个文件夹成为可搜索的路径后，其下级子文件夹将自动被加入搜索路径中。

2. 利用命令设置搜索路径

MATLAB 能够将某一路径设置成可搜索路径的命令有两个：path 及 addpath。其中 path 用于查看或更改搜索路径，该路径存储在 pathdef.m 中。addpath 用于将指定的文件夹添加到当前 MATLAB 搜索路径的顶层。

下面以将路径"F:\DingJB"设置成可搜索路径为例，分别予以说明。

【例 1-3】 用 path 和 addpath 命令设置搜索路径。

在命令行窗口中输入以下语句，执行设置搜索路径操作。

```
>> mkdir('F:\DingJB')                    % 创建新文件夹
>> path(path,'F:\DingJB')
>> addpath('F:\DingJB','-begin')         % begin 意为将路径放在路径表的前面
>> addpath('F:\DingJB','-end')           % end 意为将路径放在路径表的最后
```

1.2.7 工作区窗口和数组编辑器

在默认情况下，工作区位于 MATLAB 操作界面的左侧，如同命令行窗口，我们也可以对该窗口进行停靠、分离等操作。

【例 1-4】 在 MATLAB 中输入变量，并在工作区中查看。

在命令行窗口中输入以下语句，并查看输出结果。

```
>> clear                    % 清除工作区中的变量
>> A=[7,8,9,5,6]            % 定义一维数组 A 并赋值
A =
     7     8     9     5     6
>> B=[2 3 4;7 8 9;6 5 4]    % 定义二维矩阵 B 并赋值
B =
     2     3     4
     7     8     9
     6     5     4
```

执行上述操作后，可以看到工作区出现变量 A、B，如图 1-11 所示。

图 1-11 工作区窗口

工作区窗口拥有许多其他应用功能，例如内存变量的打印、保存和编辑，以及图形绘制等。这些操作都比较简单，只需要在工作区中选择相应的变量，单击鼠标右键，在弹出的快捷菜单中选择相应的菜单命令即可，如图 1-12 所示。

MATLAB 科研绘图

在 MATLAB 中，数组和矩阵都是十分重要的基础变量，因此 MATLAB 专门提供变量编辑器这个工具来编辑数据。

双击工作区窗口中的某个变量时，会在 MATLAB 主窗口中弹出图 1-13 的变量编辑器。

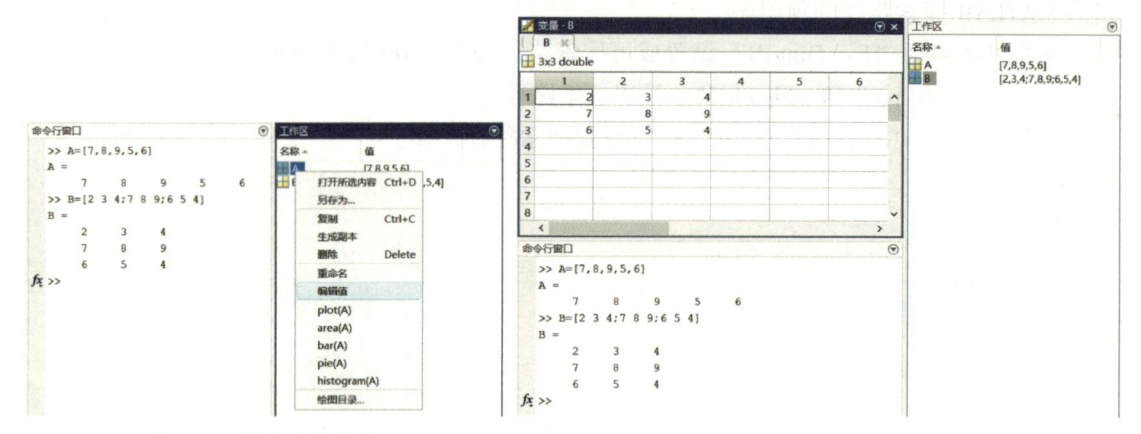

图 1-12　修改变量名称　　　　　　　　　图 1-13　变量编辑器

如同命令行窗口，变量编辑器也可从主窗口中分离（取消停靠），如图 1-14 所示。

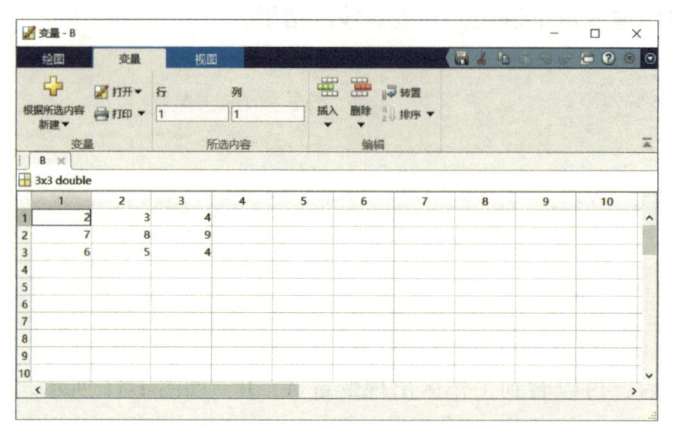

图 1-14　分离后的变量编辑器

在编辑器中，用户可以对变量及数组进行编辑操作，并且可以利用"绘图"选项卡下的功能命令方便地绘制相应的图形。

1.2.8　变量的编辑命令

在 MATLAB 中，除了可以在工作区中编辑内存变量外，还可以在 MATLAB 的命令行窗口输入相应的命令，查阅和删除内存中的变量。

【例 1-5】　在 MATLAB 命令行窗口中查阅内存变量。

在命令行窗口中输入以下命令，创建 A、i、j、k 四个变量。然后输入 who 和 whos 命令，查阅内存变量的信息，如图 1-15 所示。

```
>> A(2,2,2)=6;              % 创建三维数组 A,并在 A 的(2,2,2)位置上赋值 6
>> i=4;                     % 定义变量 i 并赋值为 4
>> j=12;                    % 定义变量 j 并赋值为 12
>> k=18;                    % 定义变量 k 并赋值为 18
>> who                      % 列出当前工作空间中的变量
您的变量为:
A  B  i  j  k
>> whos                     % 列出工作空间中变量的详细信息
  Name      Size            Bytes   Class     Attributes

  A         2x5x2             160   double
  B         3x3                72   double
  i         1x1                 8   double
  j         1x1                 8   double
  k         1x1                 8   double
```

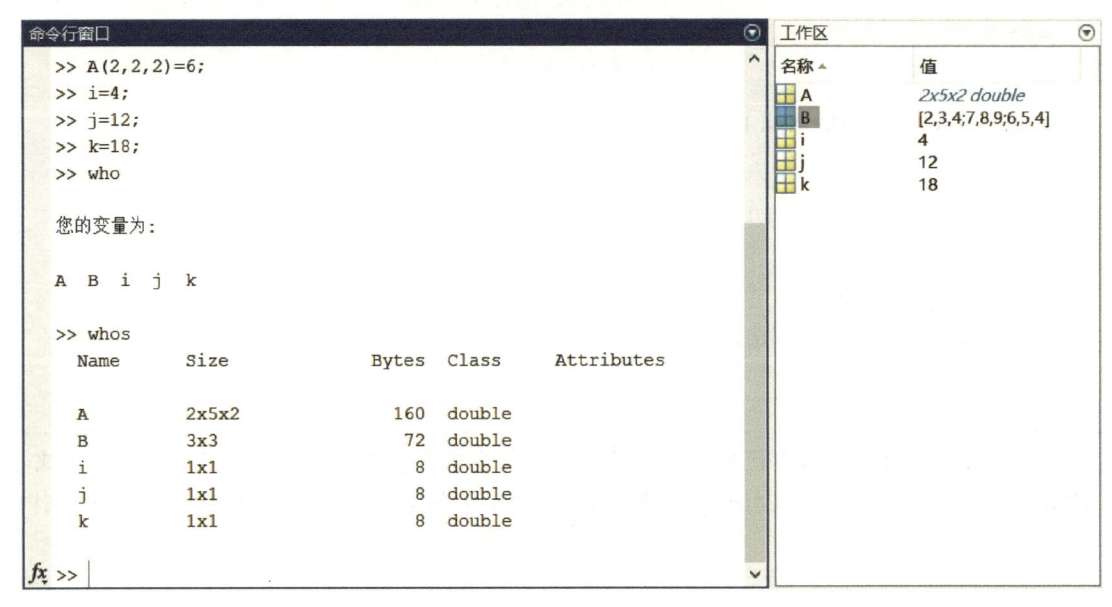

图 1-15　查阅内存变量的信息

注意: who 和 whos 两个命令的区别只在于内存变量信息的详细程度。

【例 1-6】 例 1-5 之后,在 MATLAB 命令行窗口中删除内存变量 B、k。
在命令行窗口中输入以下语句,并查看输出结果。

```
>> clear B k               % 删除内存变量 B、k
>> who
您的变量为:
A  i  j
```

与前面的示例相比,执行 clear 命令,会将 B、k 变量从工作空间删除,而且在工作空间浏览器中也将该变量删除。

> **注意**：变量之间只能用空格隔开，不能用，或;，读者可尝试输入，并查看区别。

1.2.9 存取数据文件

在 MATLAB 中，利用 save( ) 和 load( ) 函数可以实现数据文件的存取，其中 save( ) 函数的调用格式如下。

```
save(fname)                         % 将当前工作区中的所有变量保存到名为 fname 的二进制文件中
      % 若 fname 已存在,save 会覆盖该文件
save(fname,variables)               % 仅保存 variables 指定的结构体数组的变量或字段
save(fname,variables,fmt)           % 以 fmt 指定的文件格式保存,variables 为可选参量
save(fname,variables,"-append")     % 将新变量添加到一个现有文件中
      % 如果 MAT 文件中已经存在变量,则使用工作区中的值覆盖
      % 对于 ASCII 文件,"-append"会将数据添加到文件末尾
save fname                          % 命令格式,使用空格(非逗号)分隔各输入项
      % 当有输入(如 fname)为变量时,不能使用命令格式
```

load( ) 函数的调用格式如下。

```
load(fname)                         % 将数据从 fname 加载到工作区,若 fname 是 MAT 文件,则从文件中加载变量
      % 若是 ASCII 文件,则从该文件加载包含数据的双精度数组
load(fname,variables)               % 加载 MAT 文件 fname 中的指定变量
load(fname,"-ascii")                % 将 fname 视为 ASCII 文件,而不管文件扩展名如何
load(fname,"-mat")                  % 将 fname 视为 MAT 文件,而不管文件扩展名如何
load(fname,"-mat",variables)        % 加载 fname 中的指定变量。
load fname                          % 命令格式
```

> **注意**：函数格式需要使用括号，并将输入括在单引号或双引号内。而命令格式不需要使用括号及单双引号，但如果某一输入包含空格，则需要使用单引号将其引起来。

【例 1-7】 保存名为 test.mat 的文件。

在命令行窗口中执行以下命令之一。

```
>> save test.mat              % 命令格式
>> save("test.mat")            % 函数格式,与命令格式等效
```

【例 1-8】 将变量 X 保存到名为 dingjb.mat 的文件中。

在命令行窗口中执行以下命令之一。

```
>> save 'dingjb.mat' X         % 命令格式,使用单引号
>> save("dingjb.mat","X")      % 函数格式,使用双引号
```

在 MATLAB 中，除了可以在命令行窗口中输入相应的命令之外，也可以在工作空间右上角的下拉菜单中选择相应的命令来实现数据文件的存取工作，如图 1-16 所示。

图 1-16　保存所有变量

1.3　M 文件编辑器

在 MATLAB 中，除可以直接在命令行窗口中输入语句运行外，也可以在编辑器窗口中编写程序段并保存为 M 文件，然后运行。

1.3.1　编辑器

通常，M 文件是文本文件，因此可以使用一般的文本编辑器编辑 M 文件，存储时以文本模式存储。MATLAB 内部自带了 M 文件编辑器与编译器。打开 M 文件编辑器的方法如下。

1）执行"主页"→"文件"→"新建"→"脚本"命令。

2）单击"主页"→"文件"→ 🗔（新建脚本）按钮。

打开 M 文件编辑器后的 MATLAB 主界面，如图 1-17 所示。此时主界面功能区出现"编辑器"选项卡，中间命令行窗口上方出现"编辑器"窗口。

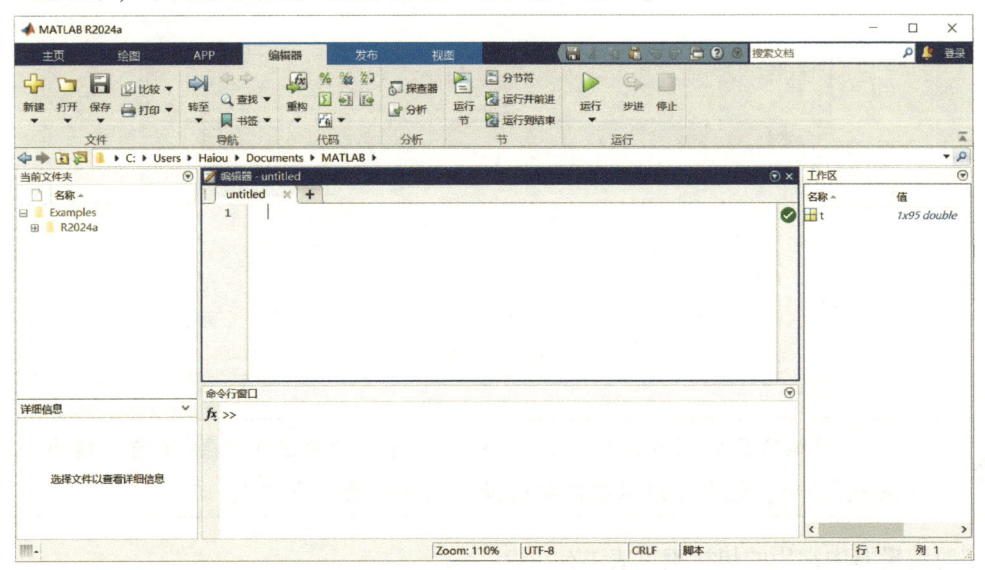

图 1-17　M 文件编辑器

MATLAB 科研绘图

编辑器是一个集编辑与调试两种功能于一体的工具环境。在进行代码编辑时，通过它可以用不同的颜色来显示注解、关键词、字符串和一般程序代码，使用非常方便。

在书写完 M 文件后，也可以像一般的程序设计语言一样，对 M 文件进行调试、运行。运行方式如下：

单击"编辑器"→"运行"→ ▷（运行）按钮。运行结果会显示在命令行窗口中。

1.3.2 实时编辑器

MATLAB 的实时编辑器是一个功能强大的工具，允许用户在一个交互式环境中编写、执行和分享代码，同时将文本、公式、图表和输出结合在一起。它提供了一种结合代码、注释和可视化的方式，让用户能够更直观地分析数据和调试程序。

实时编辑器（实时脚本文件的扩展名为 .mlx）的功能与编辑器类似，不同之处在于实时编辑器将结果显示在实时编辑器中，而不显示在命令行窗口中。常用的打开实时编辑器的方法如下。

1) 执行"主页"→"文件"→"新建"→"实时脚本"命令。
2) 单击"主页"→"文件"→ 📄（新建实时脚本）按钮。

执行上述操作，即可打开图 1-18 所示的实时编辑器。

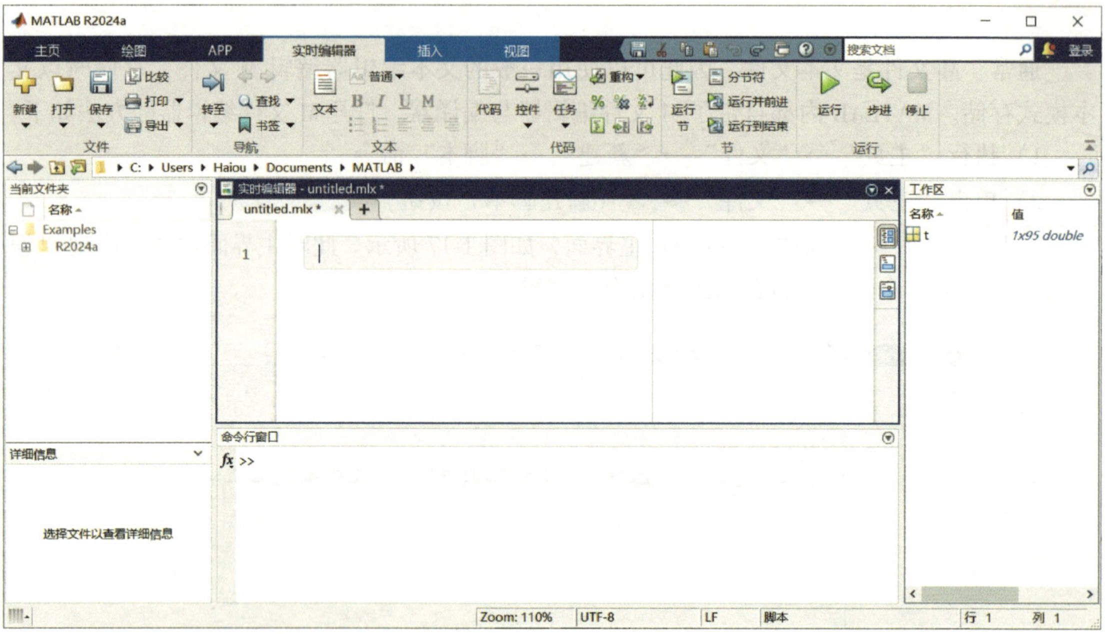

图 1-18 实时编辑器

> **注意**：实时编辑器右侧有三个工具按钮：📄（右侧输出）、📄（内嵌输出）、📄（隐藏代码），读者可以根据需要选择自己喜欢的输出方式。

实时编辑器中常用的快捷键见表 1-6。

表 1-6 实时编辑器中常用的快捷键

快 捷 键	功　　能	快 捷 键	功　　能
Ctrl+E	在代码与文本间切换	Ctrl+Enter	运行节
Ctrl+Alt+Enter	分节符	F5	运行所有节
Ctrl+↑ 或 Ctrl+↓	上下切换不同的小节		

【例 1-9】 实时编辑器的使用。

1）在实时编辑器中，直接输入如下 MATLAB 代码。

```
x=0:0.1:10;
y=sin(x);
plot(x,y);
```

2）将光标置于代码上方或下方，单击"实时编辑器"选项卡→"文本"面板→ ▤ （文本）按钮，即可在编辑器中插入说明文字。

这里，我们在代码上方添加文字解释："这是一个简单的正弦函数 sin(x) 绘制示例。"

> **说明**：在插入的文本块中可以添加注释、标题、列表，甚至链接，帮助解释代码或结果。像编辑 Word 文档一样，选中文本后可以进行格式调整（如加粗、斜体、下画线等）。

3）MATLAB 实时编辑器支持 LaTeX 格式的公式输入，单击"插入"选项卡→"方程"面板→ LaTeX方程 （LaTeX 方程）按钮，即可插入数学公式。

这里，我们在弹出的"编辑方程"对话框中将代码写为：\sin(x)，如图 1-19 所示。单击"确定"按钮，即可插入公式 $y=\sin(x)$。

图 1-19 "编辑方程"对话框

4）运行整个脚本。单击"实时编辑器"选项卡→"运行"面板→ ▶ （运行）按钮，可以一次性运行整个脚本，所有代码会被依次执行，结果直接显示在代码段右方，如图 1-20 所示。

> **说明**：实时编辑器中的输出结果包括数值、图表或图像等。如果要清除输出结果，可以执行鼠标右键快捷菜单中的"清除输出"或"清除所有输出"命令。

MATLAB 科研绘图

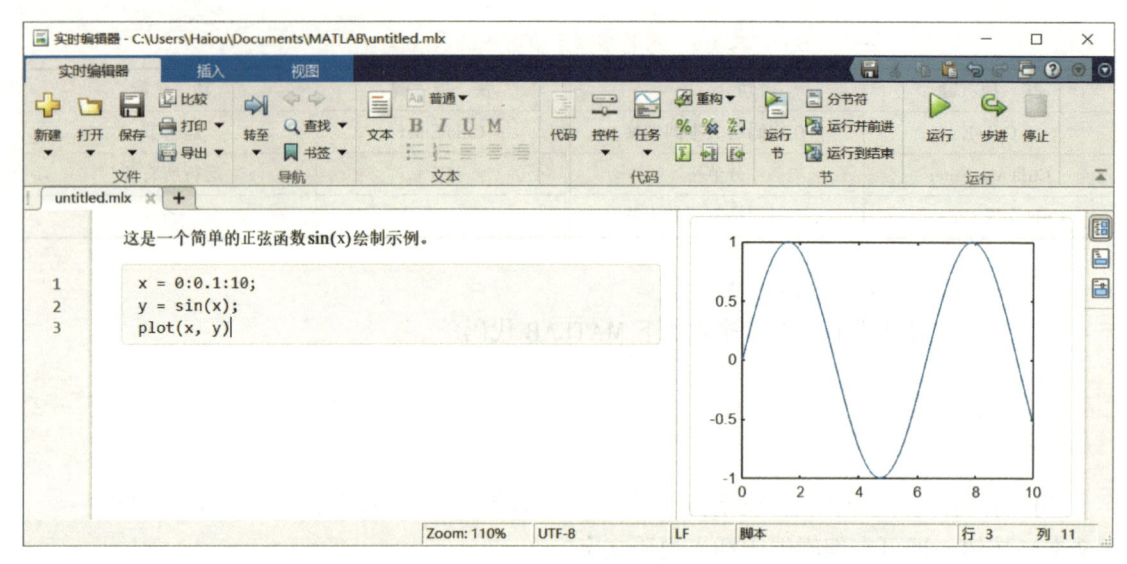

图 1-20　运行输出结果（取消停靠后的实时编辑器）

5）运行节。如果脚本较长，可以将代码分为不同的段落，在代码块之间插入分隔线。单击"实时编辑器"选项卡→"节"面板→ （分节符）按钮，可以创建新段落（分节）。

单击"实时编辑器"选项卡→"节"面板→ 按钮，即可运行当前节，实现逐步执行代码，并查看中间结果。

如果选择 （内嵌输出），则运行的结果会自动显示在代码下方。若生成图表，图表将嵌入文档中，数据表或输出值也会直接显示在文档中，方便分析。

6）添加动态控件（滑块、复选框等）。MATLAB 实时编辑器支持通过动态控件与脚本进行交互，如滑块、下拉菜单、复选框等。限于篇幅，这里不再赘述。

1.4　帮助系统

MATLAB 为用户提供详细的帮助系统，可以帮助用户更好地了解和运用 MATLAB。掌握 MATLAB 帮助系统的使用技巧，对学习 MATLAB 可以起到事半功倍的效果。

1.4.1　纯文本帮助

在 MATLAB 中，所有执行命令或者函数的 M 源文件都有较为详细的注释。这些注释都是用纯文本的形式来表示的，一般包括函数的调用格式或者输入函数、输出结果的含义。下面通过简单的例子来说明如何使用 MATLAB 的纯文本帮助。

【例 1-10】 在 MATLAB 中查阅帮助信息。

根据 MATLAB 的帮助体系，用户可以查阅不同范围的帮助信息，具体步骤如下。

1）在 MATLAB 的命令行窗口输入 help help 命令，然后按 Enter 键，可以查阅如何在 MATLAB 中使用 help 命令，如图 1-21a 所示。

操作界面显示了如何在 MATLAB 中使用 help 命令的帮助信息，用户可以详细阅读这些信息来了解如何使用 help 命令。

2）在 MATLAB 的命令行窗口中输入 help 命令，然后按 Enter 键，查阅最近所使用命令主题的帮助信息，如图 1-21b 所示。

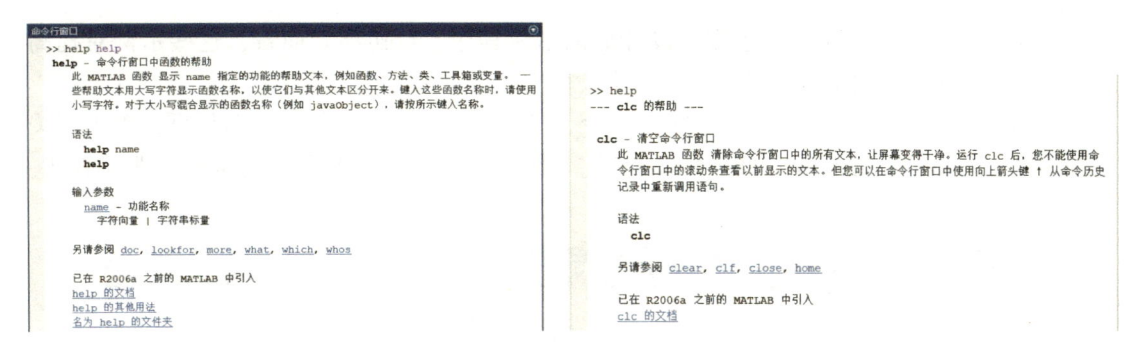

a) help help 命令　　　　　　　　　　　　　　　　b) help 命令

图 1-21　使用 help 命令的帮助信息

3）在 MATLAB 的命令行窗口中输入 help topic 命令（topic 为要查找的主题信息），然后按 Enter 键，查阅关于该主题的所有帮助信息。

上述操作简单演示了如何在 MATLAB 中使用 help 命令，获得各种函数、命令的帮助信息。在实际应用中，用户可以灵活使用这些命令来搜索所需的帮助信息。

1.4.2　帮助导航

MATLAB 提供的帮助信息的"帮助"交互界面，主要由帮助导航器和帮助浏览器两部分组成。这个帮助文件和 M 文件中的纯文本帮助无关，是 MATLAB 专门设置的独立帮助系统。

帮助系统对 MATLAB 的功能叙述得全面、系统，而且界面友好，使用方便，是用户查找帮助信息的重要途径。用户可以在操作界面中单击 ? （帮助）按钮，打开"帮助"交互界面，如图 1-22 所示。

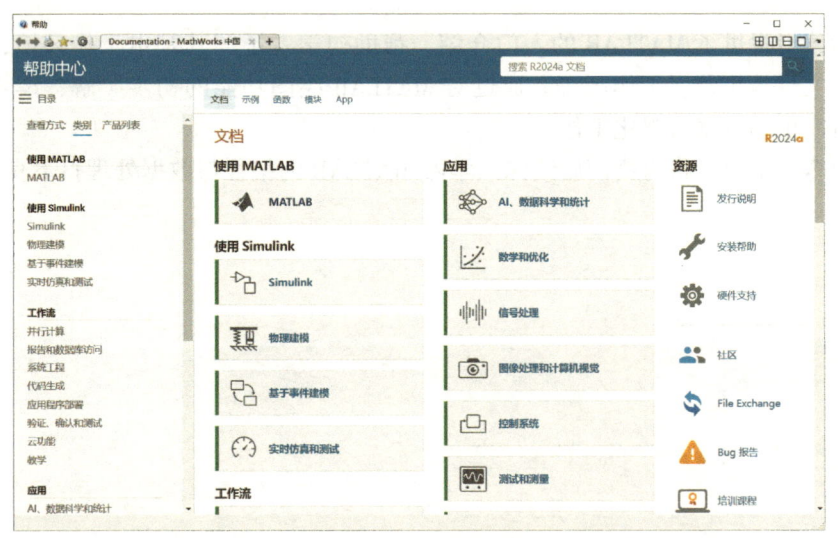

图 1-22　"帮助"交互界面

MATLAB 科研绘图

1.4.3 示例帮助

在 MATLAB 中，各个工具包都有设计好的示例程序，对初学者而言，这些示例对提高用户对 MATLAB 的应用能力有着重要的作用。

在 MATLAB 命令行窗口中输入 demo 命令，进入关于示例程序的帮助对话框，单击相关主题即可进入示例帮助界面，如图 1-23 所示。根据示例帮助可以打开实时编辑器进行学习。

图 1-23　示例帮助界面

1.5　本章小结

本章为读者提供了 MATLAB 的入门介绍，帮助初学者了解其基本工作环境，包括命令行窗口、M 文件编辑器、工作区等。通过对 MATLAB 绘图功能的初步了解，读者能够快速上手并进行简单的数据可视化工作。

本章内容的学习，将为我们后续深入学习 MATLAB 的编程与数据处理打下良好的基础。

第 2 章 MATLAB 基础

在 MATLAB 中，理解基本的数据类型和数学运算是学习更高级编程技巧的基础。本章将详细介绍 MATLAB 的核心数据类型（如数值、字符、逻辑等）和常用的数学运算符。特别是对于处理向量和矩阵的基本操作，MATLAB 提供了强大的支持，能够让用户轻松地进行高效的数学运算。此外，本章还将介绍如何创建和操作矩阵，为进行更复杂的数学建模和数据处理打下坚实的基础。

2.1 基本概念

数据类型、常量与变量是程序语言入门时必须引入的基本概念，MATLAB 同样不可缺少。本节除引入这些概念之外，还将对向量、矩阵、数组、运算符、函数和表达式等更专业的概念给出描述和说明。

2.1.1 数据类型概述

数据作为计算机处理的对象，在程序语言中分为多种类型，MATLAB 的主要数据类型如图 2-1 所示。

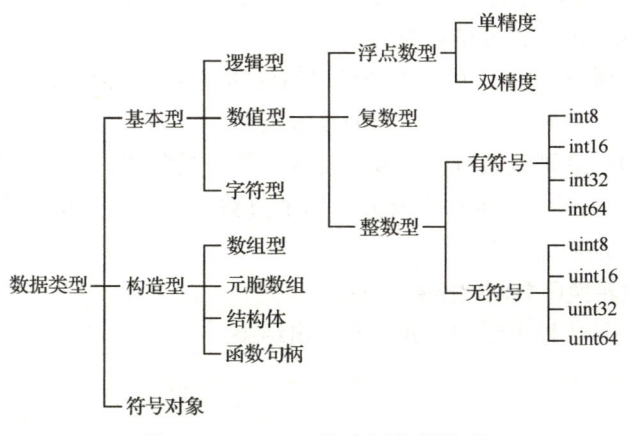

图 2-1　MATLAB 的主要数据类型

MATLAB 数值型数据划分成整数型和浮点数型的用意和 C 语言有所不同。MATLAB 的整型数据主要为图像处理等特殊的应用问题提供数据类型，以便节省空间或提高运行速度。对一般数值运算，绝大多数情况是采用双精度浮点型的数据。

MATLAB 的构造型数据一般与 C++的构造型数据相衔接，但它的数组却有更加广泛的含义和不同于一般语言的运算方法。

符号对象是 MATLAB 所特有的一类为符号运算而设置的数据类型。严格地说，它不是某一类型的数据，它可以是数组、矩阵、字符等多种形式及其组合，但它在 MATLAB 的工作空间中的确又是另立的一种数据类型。

MATLAB 数据类型在使用中有一个突出的特点，即不同数据类型的变量在程序中被引用时，一般不用事先对变量的数据类型进行定义或说明，系统会依据变量被赋值的类型自动进行类型识别，这在高级语言中是极有特色的。这样处理的好处是：在书写程序时可以随时引入新的变量而不用担心会出什么问题，为应用开发带来了很大的便利。

2.1.2 整数类型

MATLAB 提供了 8 种内置的整数类型，表 2-1 列出了它们各自存储占用位数、能表示数值的方位和转换函数。

表 2-1 MATLAB 中的整数类型

整数类型	数值范围	转换函数	整数类型	数值范围	转换函数
有符号 8 位整数	$-2^7 \sim 2^7-1$	int8	无符号 8 位整数	$0 \sim 2^8-1$	uint8
有符号 16 位整数	$-2^{15} \sim 2^{15}-1$	int16	无符号 16 位整数	$0 \sim 2^{16}-1$	uint16
有符号 32 位整数	$-2^{31} \sim 2^{31}-1$	int32	无符号 32 位整数	$0 \sim 2^{32}-1$	uint32
有符号 64 位整数	$-2^{63} \sim 2^{63}-1$	int64	无符号 64 位整数	$0 \sim 2^{64}-1$	uint64

不同的整数类型所占用的位数不同，因此所能表示的数值范围不同，在实际应用中，应该根据需要的数据范围选择合适的整数类型。有符号的整数类型拿出一位来表示正负，因此表示的数据范围和相应的无符号整数类型不同。

由于 MATLAB 中数值的默认存储类型是双精度浮点类型，因此，必须通过表 2-1 中列出的转换函数将双精度浮点数值转换成指定的整数类型。

在转换中，MATLAB 默认将待转换数值转换为最近的整数，若小数部分正好为 0.5，那么 MATLAB 转换后的结果是取绝对值较大的那个整数。另外，应用这些转换函数也可以将其他类型转换成指定的整数类型。

【例 2-1】 通过转换函数创建整数类型。

在命令行窗口中输入以下语句，并查看输出结果。

```
>> x=216;              % 分号;的作用:表示不在命令行窗口中显示结果
>> y=216.49;           % 定义 double 类型(默认)的变量 y
>> z=216.5;            % 定义 double 类型的变量 z
>> xx=int16(x)         % 把 double 型变量 x 强制转换成 int16 型
```

```
xx =
  int16
   216
>> yy=int32(y)           % 把 double 型变量 y 强制转换成 int32 型,y 的小数部分被舍去
yy =
  int32
   216
>> zz=int32(z)           % 把 double 型变量 z 强制转换成 int32 型,z 的小数部分被舍去
zz =
  int32
   217
```

MATLAB 中包含多种取整函数,我们可以应用这些函数通过不同的策略把浮点小数转换成整数,见表 2-2。

表 2-2 MATLAB 中的取整函数

函　数	说　明	示例 1	示例 2

round(a)	向最接近的整数取整
	小数部分是 0.5 时,向绝对值大的方向取整(四舍五入)
		>> round(5.3)
		ans =
		   5
			>> round(5.5)
			ans =
			   6

fix(a)	向 0 方向取整	>> fix(5.3)
		ans =
		   5
			>> fix(5.5)
			ans =
			   5

floor(a)	向不大于 a 的最接近整数取整	>> floor(5.3)
		ans =
		   5
			>> floor(5.5)
			ans =
			   5

ceil(a)	向不小于 a 的最接近整数取整	>> ceil(5.3)
		ans =
		   6
			>> ceil(5.5)
			ans =
			   6

当两种相同的整数类型进行运算时,结果仍然是这种整数类型;当一个整数类型数值与一个双精度浮点类型数值进行数学运算时,计算结果是这种整数类型,取整默认采用四舍五入方式。

注意: 两种不同的整数类型之间不能进行数学运算,除非提前进行强制转换。

【例 2-2】 整数类型数值参与的运算。
在命令行窗口中输入以下语句,并查看输出结果。

```
>> clear                      % 清除存储空间中的变量
>> x=uint32(350.2) * uint32(10.3)    % 将两个 uint32 类型的值相乘,自动舍去小数部分
x =
uint32
 3500
>> y=uint32(36.321) * 320.63         % 将 uint32 类型的变量与浮点数相乘,自动舍去小数部分
```

```
y =
  uint32
    11543
>> z=uint32(50.321)*uint16(420.53)        % 两种不同的整数类型之间不能进行数学运算
错误使用 *
整数只能与同类的整数或双精度标量值组合使用。
>> whos                                    % 查看当前工作区中的变量信息
  Name      Size            Bytes  Class    Attributes
  x         1x1                 4  uint32
  y         1x1                 4  uint32
```

数学运算中,运算结果超出相应的整数类型能够表示的范围时,就会出现溢出错误,运算结果被置为该整数类型能够表示的最大值或最小值。

2.1.3 浮点数类型

MATLAB 中提供了单精度浮点数类型和双精度浮点数类型,它们在存储位宽、各位用处、表示的数值范围、数值精度等方面都不同,见表 2-3。

表 2-3 MATLAB 中单精度浮点数和双精度浮点数的比较

浮点类型	存储位宽	各数据位的用处	数 值 范 围	转换函数
双精度	64	0~51 位表示小数部分 52~62 位表示指数部分 63 位表示符号(0 位正,1 位负)	$-1.79769 \times 10^{308} \sim -2.22507 \times 10^{-308}$ $2.22507 \times 10^{-308} \sim 1.79769 \times 10^{308}$	double
单精度	32	0~22 位表示小数部分 23~30 位表示指数部分 31 位表示符号(0 位正,1 位负)	$-3.40282 \times 10^{38} \sim -1.17549 \times 10^{-38}$ $-1.17549 \times 10^{-38} \sim 3.40282 \times 10^{38}$	single

从上表中可以看出,存储单精度浮点类型所用的位数少,因此内存占用上开支小,但从各数据位的用处来看,单精度浮点数能够表示的数值范围和数值精度都比双精度小。

创建浮点数类型也可以通过转换函数来实现,MATLAB 中默认的数值类型是双精度浮点类型。

【例 2-3】 浮点数转换函数的应用。

在命令行窗口中输入以下语句,并查看输出结果。

```
>> x=6.4
x =
    6.4000
>> y=single(x)          % 把 double 型的变量强制转换为 single
y =
  single
    6.4000
>> c=uint32(85748);     % 定义一个 uint32 类型的变量 c
>> cc=double(c)         % 将 uint32 类型的变量 c 强制转换为 double 类型
cc =
    85748
>> whos
```

```
Name        Size            Bytes  Class     Attributes
c           1x1             4      uint32
cc          1x1             8      double
x           1x1             8      double
y           1x1             4      single
```

双精度浮点数参与运算时，返回值的类型依赖于参与运算中的其他数据类型。双精度浮点数与逻辑型、字符型进行运算时，返回结果为双精度浮点类型；与整数型进行运算时，返回结果为相应的整数类型；与单精度浮点型运算时，返回单精度浮点型。

单精度浮点型与逻辑型、字符型以及任何浮点型进行运算时，返回结果都是单精度浮点型。

> **注意：** 单精度浮点型不能和整数型进行算术运算。

【例 2-4】 浮点型参与的运算。

在命令行窗口中输入以下语句，并查看输出结果。

```
>> clear                    % 清除存储空间中的变量
>> a=uint32(385);           % 定义一个 uint32 类型的变量 a
>> y=single(63.751);        % 定义一个 single 类型的变量 y
>> z=83.341;                % 定义一个 double 类型的变量 z
>> ay=a*y                   % 将 uint32 类型的变量 a 与 single 类型的变量 y 相乘，出错
错误使用 *
整数只能与同类的整数或双精度标量值组合使用。
>> az=a*z                   % 将 uint32 类型的变量 a 与 double 类型的变量 z 相乘
az =
  uint32
   32086
>> whos
  Name      Size            Bytes  Class     Attributes
  a         1x1             4      uint32
  az        1x1             4      uint32
  y         1x1             4      single
  z         1x1             8      double
```

从表 2-3 可以看出，浮点数只占用一定的存储位宽，其中只有有限位分别用来存储指数部分和小数部分。因此，浮点类型能表示的实际数值是有限的，而且是离散的。

任何两个最接近的浮点数之间都有一个很微小的间隙，而所有处在这个间隙中的值都只能用这两个最接近的浮点数中的一个来表示。

MATLAB 提供了浮点相对精度 eps() 函数，通过该函数可以获取一个数值和它最接近的浮点数之间的间隙大小。

2.1.4 无穷量（Inf）和非数值量（NaN）

MATLAB 中用 Inf 和 -Inf 分别代表正无穷和负无穷，用 NaN 表示非数值的值。正负无穷的出现一般由于 0 做了分母，或者运算溢出产生了超出双精度浮点数数值范围的结果；分数

值量则是因为 0/0 或者 Inf/Inf 型的非正常运算。

注意： 两个 NaN 彼此是不相等的。

除了运算造成这些异常结果外，MATLAB 提供了专门的函数来创建这两种特别的量，可以用 Inf( ) 函数和 NaN( ) 函数创建指定数值类型的无穷量和非数值量，默认是双精度浮点类型。

【例 2-5】 无穷量和非数值量。

在命令行窗口中输入以下语句，并查看输出结果。

```
>> a=2/0              % 尝试进行 2 除以 0 的操作,结果为无穷大(Inf)
a =
   Inf
>> b=log(0)           % 计算 0 的自然对数,结果为负无穷大(-Inf)
b =
   -Inf
>> c=0.0/0.0          % 尝试进行 0.0 除以 0.0 的操作,结果为 NaN,表示未定义或不可计算
c =
   NaN
```

2.1.5 常量与变量

常量是程序语句中取不变值的量，如表达式 y = 0.618 * x，其中包含一个 0.618 这样的数值常数，它便是数值常量。而在表达式 s = 'Tomorrow and Tomorrow' 中，单引号内的英文字符串 Tomorrow and Tomorrow 则是字符串常量。

在 MATLAB 中，有一类常量是由系统默认给定一个符号来表示的，例如 pi，它代表圆周率 π 这个常数，即 3.1415926……，类似于 C 语言中的符号常量，这些常量见表 2-4，又称为系统预定义的变量。

表 2-4 MATLAB 特殊常量表

常量符号	常量含义
i 或 j	虚数单位，定义为 $i^2 = j^2 = -1$
Inf 或 inf	正无穷大，由零做除数引入此常量
NaN	不定时，表示非数值量，产生于 0/0、∞/∞、0 * ∞ 等运算
pi	圆周率 π 的双精度表示
eps	容差变量，当某量的绝对值小于 eps 时，可认为此量为零，即为浮点数的最小分辨率，2^{-52}
realmin	最小浮点数，2^{-1022}
realmax	最大浮点数，2^{1023}

变量是在程序运行中的值，是可以改变的量，变量由变量名来表示。在 MATLAB 中变量名的命名有自己的规则，可以归纳成以下几条。

- 变量名必须以字母开头，且只能由字母、数字或者下划线 3 类符号组成，不能含有空格和标点符号（如(),。%）等。

- 变量名区分字母的大小写。例如，"a"和"A"是不同的变量。
- 变量名不能超过 63 个字符，第 63 个字符后的字符将被忽略。
- 关键字（如 if、while 等）不能作为变量名。
- 建议最好不要用表 2-4 中的特殊常量符号作变量名。

2.1.6 字符串

字符串是 MATLAB 中另外一种形式的运算量，在 MATLAB 中字符串是用单引号来标示的，例如，S='hello.'。赋值号之后在单引号内的字符即是一个字符串，而"S"是一个字符串变量，整个语句完成了将一个字符串常量赋值给字符串变量的操作。

在 MATLAB 中，字符串的存储是按其中字符逐个顺序单一存放的，且存放的是它们各自的 ASCII 码。由此看来，字符串实际可视为一个字符数组，字符串中每个字符是这个数组的一个元素。

2.1.7 命令、函数、表达式和语句

有了常量、变量、数组和矩阵，再加上各种运算符，即可编写出多种 MATLAB 的表达式和语句。但在 MATLAB 的表达式或语句中，还有一类对象会时常出现，那便是命令和函数。

1. 命令

命令通常就是一个动词，在第 1 章中我们已经有了一些了解。例如 clear 命令，用于清除工作空间。还有的命令动词后可能带有参数。

【例 2-6】 创建名为 mydata 的 double 类型的数组。

在命令行窗口中输入以下语句，并查看输出结果。

```
>> clear
>> a=magic(4);                    % 生成一个 4×4 的幻方矩阵 a
>> b=-5.7*ones(2,4);              % 生成一个 2×4 的矩阵 b,其中所有元素为-5.7
>> c=[8 6 4 2];
>> save mydata.dat a b c -ascii   % 创建一个 ASCII 文件,命令动词后带参数

>> clear a b c
>> load mydata.dat -ascii         % 重新加载 ASCII 文件中的数据
```

在 MATLAB 中，命令与函数都组织在函数库里，有一个专门的函数库 general 用来存放通用命令，一个命令也是一条语句。

2. 函数

函数对 MATLAB 而言，有相当特殊的意义，不仅因为函数在 MATLAB 中应用面广，更在于其数量非常多。仅就 MATLAB 的基本部分而言，所包含的函数类别就达二十多种，而每一类中又有少则几个，多则几十个函数。

基本部分之外，还有各种工具箱，而工具箱实际也是由一组组用于解决专门问题的函数构成。从某种意义上说，函数就代表了 MATLAB，MATLAB 全靠函数来解决问题。

函数最一般的引用格式是：

```
函数名(参数1,参数2,…)
```

例如，引用正弦函数就书写成 sin(A)，A 就是一个参数，它可以是一个标量，也可以是一个数组，而对数组求其正弦是针对其中各元素求正弦，这是由数组的特征决定的。

3. 表达式

用多种运算符将常量、变量（含标量、向量、矩阵和数组等）、函数等多种运算对象连接起来构成的运算式就是 MATLAB 的表达式。例如

```
A+B&C-sin(A*pi)
```

就是一个表达式。请分析它与表达式（A+B）&C-sin（A*pi）有无区别。

4. 语句

在 MATLAB 中，表达式本身可视为一个语句。而典型的 MATLAB 语句是赋值语句，其一般的结构是：

```
变量名=表达式
```

例如，

```
F=(A+B)&C-sin(A*pi)           % 赋值语句
```

除赋值语句外，MATLAB 还有函数调用语句、循环控制语句、条件分支语句等。这些语句将在后面的章节逐步介绍。

2.2 运算符

MATLAB 的运算符可分为三大类，分别是算术运算符、关系运算符和逻辑运算符。下面分类给出它们的运算符和运算法则。

2.2.1 算术运算符

算术运算因所处理的对象不同，分为矩阵和数组算术运算两类。矩阵算术运算的符号、名称、示例和使用说明见表 2-5。数组算术运算的运算符号、名称、示例和使用说明见表 2-6。

表 2-5 矩阵算术运算符

运算符	名 称	示 例	法则或使用说明	对应的函数
+	加	C=A+B	矩阵加法法则，即 C(i,j)=A(i,j)+B(i,j)	plus
-	减	C=A-B	矩阵减法法则，即 C(i,j)=A(i,j)-B(i,j)	minus
*	乘	C=A*B	矩阵乘法法则	mtime
/	右除	C=A/B	定义为线性方程组 X*B=A 的解，即 C=A/B=A*B^{-1}	mrdivide
\	左除	C=A\B	定义为线性方程组 A*X=B 的解，即 C=A\B=A^{-1}*B	mldivide
^	乘幂	C=A^B	A、B 其中一个为标量时有定义	mpower
'	共轭转置	B=A'	B 是 A 的共轭转置矩阵	ctranspose

MATLAB 基础 第2章

表 2-6 数组算术运算符

运算符	名称	示例	法则或使用说明	对应的函数
.*	数组乘	C=A.*B	C(i,j)=A(i,j)*B(i,j)	time
./	数组右除	C=A./B	C(i,j)=A(i,j)/B(i,j)	rdivide
.\	数组左除	C=A.\B	C(i,j)=A(i,j)\B(i,j)	ldivide
.^	数组乘幂	C=A.^B	C(i,j)=A(i,j)^B(i,j)	power
.'	转置	A.'	将数组的行摆放成列，复数元素不做共轭	transpose

说明：
1) 矩阵的加、减、乘运算是严格按矩阵运算法则定义的，而矩阵的除法虽和矩阵求逆有关，但却分了左、右除，因此不是完全等价的。乘幂运算更是将标量幂扩展到矩阵可作为幂指数。
2) 表 2-6 中并未定义数组的加减法，是因为矩阵的加减法与数组的加减法相同，所以未做重复定义。
3) 不论是加减乘除，还是乘幂，数组的运算都是元素间的运算，即对应下标元素一对一的运算。
4) 多维数组的运算法则，可依元素按下标一一对应参与运算。

2.2.2 关系运算符

在程序中经常需要比较两个量的大小关系，以决定程序下一步的工作。比较两个量的运算符称为关系运算符。MATLAB 的关系运算符列在表 2-7 中。

表 2-7 关系运算符

运算符	名称	示例	法则或使用说明
<	小于	A<B	1) A、B 都是标量，结果是或为 1（真）或为 0（假）的标量。
<=	小于等于	A<=B	2) A、B 若一个为标量，另一个为数组，标量将与数组各元素逐一比较，结果为与运算数组行列相同的数组，其中各元素取值或 1 或 0。
>	大于	A>B	3) A、B 均为数组时，必须行、列数分别相同，A 与 B 各对应元素相比较，结果为与 A 或 B 行列相同的数组，其中各元素取值或 1 或 0。
>=	大于等于	A>=B	
==	恒等于	A==B	4) ==和~=运算对参与比较的量同时比较实部和虚部，其他运算只比较实部
~=	不等于	A~=B	

说明： 关系运算定义在数组基础之上更合适。因为从运算法则不难发现，关系运算是元素一对一的运算结果。

当操作数是数组形式时，关系运算符总是对被比较的两个数组的各个对应元素进行比较，因此要求被比较的数组必须具有相同的尺寸。

【例 2-7】 MATLAB 中的关系运算。
在命令行窗口中输入以下语句，并查看输出结果。

```
>> 5>=4                    % 判断 5 是否大于或等于 4
ans =
```

```
    logical
      1
>> x=rand(1,4)                    % 生成一个 1×4 的随机数向量 x
x =
    0.0975    0.2785    0.5469    0.9575
>> y=rand(1,4)                    % 生成另一个 1×4 的随机数向量 y
y =
    0.9649    0.1576    0.9706    0.9572
>> x>y                            % 比较 x 和 y 中对应元素的大小
ans =
  1×4 logical 数组
   0   1   0   1
```

提示：
1) 比较两个数是否相等的关系运算符是两个等号 ==，而单个等号 = 在 MATLAB 中是变量赋值的符号。
2) 比较两个浮点数是否相等时需要注意，由于浮点数的存储形式决定相对误差的存在，在程序设计中最好不要直接比较两个浮点数是否相等，而是采用大于、小于的比较运算将待确定值限制在一个满足需要的区间之内。

2.2.3 逻辑运算符

关系运算返回的结果是逻辑类型（逻辑真或逻辑假），这些简单的逻辑数据可以通过逻辑运算符组成复杂的逻辑表达式，这在程序设计中经常用于进行分支选择或者确定循环终止条件。逻辑运算符见表 2-8。

表 2-8 逻辑运算符

运算符	名称	示例	法则或使用说明
&	与	A&B	1) A、B 都为标量，结果是或为 1（真）或为 0（假）的标量。
|	或	A|B	2) A、B 若一个为标量，另一个为数组，标量将与数组各元素逐一做逻辑运算，结果为与运算数组行列相同的数组，其中各元素取值或 1 或 0。
~	非	~A	3) A、B 均为数组时，必须行、列数分别相同，A 与 B 各对应元素做逻辑运算，结果为与 A 或 B 行列相同的数组，其中各元素取值或 1 或 0。
&&	先决与	A&&B	4) 先决与、先决或是只针对标量的运算
||	先决或	A||B	

MATLAB 的逻辑运算也是定义在数组的基础之上，向下可兼容一般高级语言中所定义的标量逻辑运算。为提高运算速度，MATLAB 还定义了针对标量的先决与和先决或运算。

先决与运算是当该运算符的左边为 1（真）时，才继续与该符号右边的量做逻辑运算。先决或运算是当运算符的左边为 1（真）时，就不需要继续与该符号右边的量做逻辑运算，而立即得出该逻辑运算结果为 1（真）；否则，就要继续与该符号右边的量运算。

提示： 这里逻辑与和逻辑非运算，都是逐元素进行双目运算，因此如果参与运算的是数组，就要求两个数组具有相同的尺寸。

【例 2-8】 逐元素逻辑运算应用示例。

在命令行窗口中输入以下语句，并查看输出结果。

```
>> x=rand(1,3)                  % 生成一个 1×3 的随机数向量 x
x =
    0.9448    0.4909    0.4893
>> y=x>0.5                      % 判断 x 中哪些元素大于 0.5
y =
  1×3 logical 数组
   1   0   0
>> m=x<0.96                     % 判断 x 中哪些元素小于 0.96
m =
  1×3 logical 数组
   1   1   1
>> y&m                          % 逻辑与操作,返回 y 和 m 的对应元素都为 1 的元素
ans =
  1×3 logical 数组
   1   0   0
>> y|m                          % 逻辑或操作,返回 y 或 m 的对应元素至少一个为 1 的元素
ans =
  1×3 logical 数组
   1   1   1
>> ~y                           % 逻辑非操作,返回 y 的反值
ans =
  1×3 logical 数组
   0   1   1
```

2.2.4 运算符优先级

用多个运算符和运算量写出一个 MATLAB 表达式时，必须明确运算符的优先次序。表 2-9 列出了运算符的优先次序。

表 2-9　MATLAB 运算符的优先次序

优先次序	运 算 符
最高	'（转置共轭）、^（矩阵乘幂）、.'（转置）、.^（数组乘幂）
↓	~（逻辑非）
↓	*、/（右除）、\（左除）、.*（数组乘）、./（数组右除）、.\（数组左除）
↓	+、-、:（冒号运算）
↓	<、<=、>、>=、==（恒等于）、~=（不等于）
↓	&（逻辑与）
↓	|（逻辑或）
↓	&&（先决与）
最低	||（先决或）

MATLAB 运算符的优先次序在表 2-9 中从上到下分别为高到低的顺序。而表中同一行的各运算符具有相同的优先级，而在同一级别中又遵循有括号先算括号里的原则。

> **提示：** 在实际的表达式书写中，建议尽量采用括号分隔的方式明确各步运算的次序，以尽可能减少优先级的混乱。比如 x./y.^a 最好写成 x./(y.^a) 等。

2.3 向量运算

向量是一个有方向的量。在平面解析几何中，它用坐标表示成从原点出发到平面上的一点 (a,b)，数据对 (a,b) 称为一个二维向量。立体解析几何中，则用坐标表示成 (a,b,c)，数据组 (a,b,c) 称为三维向量。线性代数推广了这一概念，提出了 n 维向量，在线性代数中，n 维向量用 n 个元素的数据组表示。

MATLAB 讨论的向量以线性代数的向量为起点，多可达 n 维抽象空间，少可应用到解决平面和空间的向量运算。

2.3.1 生成向量

在 MATLAB 中，生成向量主要有直接输入法、冒号表达式法和函数法 3 种。

1. 直接输入法

在命令提示符之后直接输入一个向量，其格式如下。

```
向量名=[a1,a2,a3,...]
```

【例 2-9】 直接输入法生成向量。

在命令行窗口中输入以下语句，并查看输出结果。

```
>> A=[7,8,9,5,4]           % 定义一个行向量 A
A =
     7     8     9     5     4
>> B=[3;1;2;4;9]           % 定义一个列向量 B
B =
     3
     1
     2
     4
     9
>> C=[4 2 8 4 5 9]         % 定义一个行向量 C
C =
     4     2     8     4     5     9
```

2. 冒号表达式法

利用冒号表达式 a1:step:an 也能生成向量，式中 a1 为向量的第一个元素；an 为向量最后一个元素的限定值；step 是变化步长，省略步长时系统默认为 1。

【例 2-10】 用冒号表达式生成向量。

在命令行窗口中输入以下语句，并查看输出结果。

```
>> A=2:2:10
```

```
A=
    2    4    6    8   10
>> B=2:10
B=
    2    3    4    5    6    7    8    9   10
>> C=10:-1:1
C=
   10    9    8    7    6    5    4    3    2    1
>> D=10:2:4
D=
   空的 1×0 double 行向量
>> E=3:-1:10
E=
   空的 1×0 double 行向量
```

试分析 D、E 不能生成的原因。

3. 函数法

有两个函数可用来直接生成向量。函数 linspace( ) 用于创建线性等分数据，函数 ogspace( ) 用于创建对数等分数据。线性等分的通用格式如下。

```
A=linspace(a1,an,n)
```

其中，a1 是向量的首元素，an 是向量的尾元素，n 把 a1 至 an 之间的区间分成向量的首尾之外的其他 n-2 个元素，间距为 (an-a1)/(n-1)。省略 n 则默认生成 100 个元素的向量。

【例 2-11】 利用线性等分函数生成向量。

在命令行窗口中输入以下语句，并查看输出结果。

```
>> A=linspace(1,20,6)
A=
   1.0000    4.8000    8.6000   12.4000   16.2000   20.0000
```

尽管用冒号表达式和线性等分函数都能生成线性等分向量，但在使用时需要注意以下两点。

1) an 在冒号表达式中，它不一定恰好是向量的最后一个元素，只有当向量的倒数第二个元素加步长等于 an 时，an 才正好构成尾元素。如果一定要构成一个以 an 为末尾元素的向量，那么最可靠的生成方法是用线性等分函数。

2) 在使用线性等分函数前，必须先确定生成向量的元素个数，但使用冒号表达式将依着步长和 an 的限制去生成向量，用不着考虑元素个数的多少。

对数等分的通用格式为：

```
A=logspace(a,b,n)          % 在 10 的幂 10^a 和 10^b 之间生成 n 个点
A=logspace(a,pi,n)         % 在 10^a 和 pi 之间生成 n 个点
```

其中，a 是向量首元素的幂，即 $A(1)=10^a$；b 是向量尾元素的幂，即 $A(n)=10^b$。n 是向量的维数。省略 n 则默认生成 50 个元素的对数等分向量。

【例 2-12】 利用对数等分函数生成向量。

在命令行窗口中输入以下语句，并查看输出结果。

```
>> A=logspace(0,2,5)           % 生成一个对数均匀分布的行向量 A,范围为 10^0 到 10^2,共 5 个元素
A=
    1.0000    3.1623   10.0000   31.6228  100.0000
```

> **注意：** 实际应用时，同时限定尾元素和步长去生成向量时，可能会出现矛盾，此时必须做出取舍。要么坚持步长优先，调整尾元素限制；要么坚持尾元素限制，去修改等分步长。

2.3.2 向量加减和数乘

在 MATLAB 中，维数相同的行向量之间可以相加减，维数相同的列向量也可以相加减，标量数值可以与向量直接相乘除。

【例 2-13】 向量的加、减和数乘运算。

在命令行窗口中输入以下语句，并查看输出结果。

```
>> A=[2 4 6 8 10]
A=
    2    4    6    8   10
>> B=3:7
B=
    3    4    5    6    7
>> C=linspace(2,4,3)           % 生成一个线性均匀分布的行向量 C,范围为 2 到 4,共 3 个元素
C=
    2    3    4
>> AT=A'                       % 对列向量 A 进行转置,得到行向量 AT
AT=
    2
    4
    6
    8
   10
>> BT=B'                       % 对列向量 B 进行转置,得到行向量 BT
BT=
    3
    4
    5
    6
    7
>> E1=A+B
E1=
    5    8   11   14   17
>> E2=A-B
E2=
   -1    0    1    2    3
>> F=AT-BT
F=
```

```
        -1
         0
         1
         2
         3
>> G1=3*A                          % 将行向量 A 的每个元素乘以 3
G1 =
     6    12    18    24    30
>> G2=B/3                          % 将列向量 B 的每个元素除以 3
G2 =
    1.0000    1.3333    1.6667    2.0000    2.3333
>> H=A+C
对于此运算,数组的大小不兼容。
相关文档
```

例中，H=A+C 显示出错信息，表明维数不同的向量之间的加减法运算是非法的。

2.3.3 向量点积与叉积

向量的点积即数量积，叉积又称向量积或矢量积。点积、叉积，以及两者的混合积，在场论中是极其基本的运算。

1. 点积运算

点积运算（**A·B**）的定义是：参与运算的两向量各对应位置上的元素相乘后，再将各乘积相加。所以向量点积运算的结果是标量而非向量。点积运算函数为 dot( )，其调用格式如下。

```
C=dot(A,B)           % 返回 A 和 B 的标量点积,A、B 是维数相同的两向量
                     % 若 A 和 B 是向量,则长度必须相同;若为矩阵或多维数组,则必须具有相同大小
C=dot(A,B,dim)       % 计算 A 和 B 沿维度 dim 的点积,dim 输入是一个正整数标量
```

【例 2-14】 向量点积运算。

续上例，在命令行窗口中输入以下语句，并查看输出结果。

```
>> ABdot=dot(A,B)              % 计算行向量 A 和列向量 B 的点积(内积)
ABdot =
   170
>> ABTdot=dot(AT,BT)           % 计算 AT 和 BT 的点积
ABTdot =
   170
```

2. 叉积运算

在数学描述中，向量 **A**、**B** 的叉积是一新向量 **C**，**C** 的方向垂直于 **A** 与 **B** 决定的平面。叉积运算函数为 cross( )，其调用格式如下。

```
C=cross(A,B)            % 返回 A 和 B 的叉积,计算的是 A、B 叉积后各分量的元素值
             % 若 A 和 B 为向量,则只能是三维向量;若为矩阵或多维数组,则必须具有相同大小
             % 此时将 A、B 视为三元素向量集合,计算对应向量沿大小等于 3 的第一个数组维度的叉积
C=cross(A,B,dim)        % 计算数组 A 和 B 沿维度 dim 的叉积,dim 输入是一个正整数标量
             % A 和 B 必须具有相同的大小,且 size(A,dim) 和 size(B,dim) 必须为 3
```

【例 2-15】 合法向量叉积运算。

在命令行窗口中输入以下语句,并查看输出结果。

```
>> A=2:4
A =
     2     3     4
>> B=5:2:9
B =
     5     7     9
>> C=cross(A,B)              % 计算行向量 A 和列向量 B 的叉积
C =
    -1     2    -1
```

【例 2-16】 非法向量叉积运算(不等于三维的向量进行叉积运算)。

在命令行窗口中输入以下语句,并查看输出结果。

```
>> A=2:5
A =
     2     3     4     5
>> B=4:7
B =
     4     5     6     7
>> C=[2 3]
C =
     2     3
>> D=[4 5]
D =
     4     5
>> D=[4 5]
D =
     4     5
>> F=cross(C,D)
错误使用 cross
在获取交叉乘积的维度中,A 和 B 的长度必须为 3。
```

3. 混合积运算

综合运用上述两个函数就可以实现点积和叉积的混合积运算,该运算也只能发生在三维向量之间。

【例 2-17】 向量混合积运算示例。

在命令行窗口中输入以下语句,并查看输出结果。

```
>> A=[2 3 4]
A =
     2     3     4
>> B=[4 5 6]
B =
     4     5     6
>> C=[3 4 5]
C =
```

```
       3     4     5
>> D=dot(C,cross(A,B))          % 计算C和A、B的叉积的点积
D =
       0
```

2.4 矩阵运算

一般高级语言中只定义了标量（通常分为常量和变量）的各种运算，MATLAB 把标量换成了矩阵，而标量则成了矩阵的元素或视为矩阵的特例。这样，MATLAB 既可以用简单的方法解决原本复杂的矩阵运算问题，又可以向下兼容处理标量运算。本节在讨论矩阵运算之前，将先对矩阵元素的存储次序和表示方法进行说明。

2.4.1 矩阵元素存储次序

假设有一个 $m×n$ 阶的矩阵 A，如果用符号 i 表示它的行下标，用符号 j 表示它的列下标，那么这个矩阵中第 i 行、第 j 列的元素就可以表示为 $A(i,j)$。

如果要将一个矩阵存储在计算机中，MATLAB 规定矩阵元素在存储器中的存放次序是按列-行的先后顺序存放，即存完第 1 列后，再存第 2 列，依次类推。

例如，一个 3×4 阶的矩阵 B，在计算机中的存储次序见表 2-10。

表 2-10　矩阵 B 中的各元素存储次序

次　序	元　素	次　序	元　素	次　序	元　素	次　序	元　素
1	$B(1,1)$	4	$B(1,2)$	7	$B(1,3)$	10	$B(1,4)$
2	$B(2,1)$	5	$B(2,2)$	8	$B(2,3)$	11	$B(2,4)$
3	$B(3,1)$	6	$B(3,2)$	9	$B(3,3)$	12	$B(3,4)$

> **说明：** 一维数组（或向量）元素作为矩阵的特例是依其元素本身的先后次序进行存储的。

2.4.2 矩阵元素的表示方法及操作

弄清了矩阵元素的存储次序，下面来讨论矩阵元素的表示方法和应用。在 MATLAB 中，矩阵除了以矩阵名为单位整体被引用外，还可能涉及对矩阵元素的引用操作，所以矩阵元素的表示方法也是必须交待的。

1. 元素的下标表示法

矩阵元素的表示采用下标法。在 MATLAB 中有全下标方式和单下标方式两种方案。

1）全下标方式：用行下标和列下标来标示矩阵中的一个元素，是被普遍接受和采用的方法。对一个 $m×n$ 阶的矩阵 A，其第 i 行、第 j 列的元素用全下标方式就表示成 $A(i,j)$。

2）单下标方式：将矩阵元素按存储次序的先后用单个数码顺序地连续编号。仍以 $m×n$ 阶的矩阵 A 为例，全下标元素 $A(i,j)$ 对应的单下标表示便是 $A(s)$，其中 $s=(j-1)×m+i$。

> **提示：** 对于下标符号 i、j、s，我们不能只将其视为单数值下标，也可理解为用向量表示的一组下标。

【例 2-18】 元素的下标表示。

在命令行窗口中输入以下语句，并查看输出结果。

```
>> A=[2 3 4;7 8 9;6 5 1]
A =
     2     3     4
     7     8     9
     6     5     1
>> A(2,3)                   % 显示矩阵中全下标元素 A(2,3) 的值
>> A(2)                     % 显示矩阵中单下标元素 A(2) 的值
ans =
     9
ans =
     7
>> A(2:3,2)                 % 显示矩阵 A 中第 2、3 两行的第 2 列的元素值
ans =
     8
     5
>> A(5:7)                   % 显示矩阵 A 单下标第 5~7 号元素的值，此处是用一向量表示一下标区间
ans =
     8     5     4
```

2. 矩阵元素的赋值

矩阵元素的赋值有全下标方式、单下标方式和全元素方式 3 种。其中，采用后两种方式赋值的矩阵必须是被引用过的矩阵，否则，系统会提示出错信息。

1) 全下标方式：在给矩阵的单个或多个元素赋值时，采用全下标方式接收。

【例 2-19】 全下标接收元素赋值。

在命令行窗口中输入以下语句，并查看输出结果。

```
>> clear                            % 清除工作区的内容
>> A(1:2,1:3)=[2 2 2;2 2 2]         % 用一矩阵给矩阵 A 的 1~2 行 1~3 列的全部元素赋值 2
A =
     2     2     2
     2     2     2
>> A(3,3)=3                         % 给原矩阵第三行第三列赋值，其余位置自动补 0
A =
     2     2     2
     2     2     2
     0     0     3
```

2) 单下标方式：在给矩阵的单个或多个元素赋值时，采用单下标方式接收。

【例 2-20】 单下标接收元素赋值。

续上例，在命令行窗口中输入以下语句，并查看输出结果。

```
>> A(2:5)=[-1 4 1 -4]               % 将向量 A 中的第 2~5 个元素用等号右边的数值替换
A =
```

```
     2    1    2
    -1   -4    2
     4    0    3
>> A(2)=0;                          % 将下标为 2 的元素赋值为 0,不输出
>> A(5)=0                           % 将下标为 5 的元素赋值为 0
A =
     2    1    2
     0    0    2
     4    0    3
```

3) 全元素方式：将矩阵 *B* 的所有元素全部赋值给矩阵 *A*，即 *A*(:)=*B*，不要求 *A*、*B* 同阶，只要求元素个数相等。

【例 2-21】 全元素方式赋值。

在命令行窗口中输入以下语句，并查看输出结果。

```
>> A(:)=2:10                        % 将一向量按列之先后赋值给矩阵 A(上例中的 A)
A =
     2    5    8
     3    6    9
     4    7   10
>> A(3,4)=16                        % 扩充矩阵 A
A =
     2    5    8    0
     3    6    9    0
     4    7   10   16
>> B=[12 13 15;16 18 19;18 18 20;0 0 0]   % 生成 4×3 阶矩阵 B
B =
    12   13   15
    16   18   19
    18   18   20
     0    0    0
>> A(:)=B
A =
    12    0   18   19
    16   13    0   20
    18   18   15    0
```

3. 矩阵元素的删除

在 MATLAB 中，可以用空矩阵（用 [ ] 表示）将矩阵中的单个元素、某行、某列、某矩阵子块及整个矩阵中的元素删除。

【例 2-22】 删除元素操作。

在命令行窗口中输入以下语句，并查看输出结果。

```
>> clear
A(3:4,4:5)=[1 1;2 2]                % 生成一新矩阵 A
A =
     0    0    0    0    0
     0    0    0    0    0
```

```
            0     0     0     1     1
            0     0     0     2     2
>> A(2,:)=[ ]                % 删除矩阵 A 的第 2 行
A =
            0     0     0     0     0
            0     0     0     1     1
            0     0     0     2     2
>> A(1:2)=[ ]                % 删除单下标为 1~2 位置的元素
A =
      0   0   0   0   0   0   0   1   2   0   1   2
>> A=[ ]                     % 将矩阵 A 清空,A 变为空矩阵
A =
      [ ]
```

2.4.3 创建矩阵

在 MATLAB 中建立矩阵的方法包括直接输入法、抽取法、拼接法、函数法、拼接函数和变形函数法、加载法和 M 文件法等。

矩阵是 MATLAB 特别引入的量,在表达时必须给出如下相关的约定,以与其他量区别。

- 矩阵的所有元素必须放在方括号（[ ]）内。
- 每行的元素之间用逗号或空格隔开。
- 矩阵的行与行之间用分号或回车符分隔。
- 元素可以是数值或表达式。

1. 直接输入法

在命令行提示符 >> 后,直接输入矩阵的方法即直接输入法。通过直接输入法建立规模较小的矩阵是相当方便的,特别适用于在命令行窗口讨论问题的场合,也适用于在程序中给矩阵变量赋初值的情况。

【例 2-23】 用直接输入法建立矩阵。

在命令行窗口中输入以下语句,并查看输出结果。

```
>> x=30;
>> y=2;
>> A=[2 1 3; 4 7 6]
A =
     2     1     3
     4     7     6
>> B=[2,3,4; 7,8,9; 12,2*x+1,14]       % 定义矩阵 B,其中包含变量 x 的运算
B =
     2     3     4
     7     8     9
    12    61    14
>> C=[3 6 5; 7 8 x/y; 10 15 12]         % 定义矩阵 C,其中包含变量 x 和 y 的运算
C =
     3     6     5
     7     8    15
    10    15    12
```

2. 抽取法

抽取法是从大矩阵中抽取出需要的小矩阵（或子矩阵）。矩阵的抽取实质是元素的抽取，我们用元素下标的向量表示从大矩阵中去提取元素就能完成抽取过程。

（1）全下标方式

【例 2-24】 用全下标抽取法建立子矩阵。

在命令行窗口中输入以下语句，并查看输出结果。

```
>> clear
>> A=[1 7 3 4;5 6 9 8;2 10 13 12;15 14 20 16]
A =
     1     7     3     4
     5     6     9     8
     2    10    13    12
    15    14    20    16
>> B=A(1:3,2:3)              % 取矩阵 A 行数为 1~3,列数为 2~3 的元素构成子矩阵 B
B =
     7     3
     6     9
    10    13
>> C=A([1 3],[2 4])          % 取矩阵 A 行数为 1、3,列数为 2、4 的元素构成子矩阵 C
C =
     7     4
    10    12
>> D=A(4,:)                  % 取矩阵 A 第 4 行,所有列,":"可表示所有行或列
D =
    15    14    20    16
>> E=A([2 4],end)            % 从矩阵 A 中提取第 2、4 行的最后一个元素,并存储在变量 E 中
E =
     8
    16
```

（2）单下标方式

【例 2-25】 用单下标抽取法建立子矩阵。

在命令行窗口中输入以下语句，并查看输出结果。

```
>> clear
>> A=[1 3 3 4;5 6 7 8;9 13 11 12;13 14 19 16]
A =
     1     3     3     4
     5     6     7     8
     9    13    11    12
    13    14    19    16
>> B=A([4:6;3 5 7;12:14])    % 使用线性索引提取矩阵 A 中的元素
B =
    13     3     6
     9     3    13
    19     4     8
```

本例是从矩阵 A 中取出单下标 4~6 的元素做第 1 行,单下标 3、5、7 这 3 个元素做第 2 行,单下标 12~14 的元素做第 3 行,生成一个 3×3 阶的新矩阵 B。

此外,采用以下格式进行抽取也是正确的,关键在于若要抽取出矩阵,就必须在单下标引用中的最外层加上一对方括号,以满足 MATLAB 对矩阵的约定。

```
>> B=A([4:6;[3 5 7];12:14])
```

需要注意的是,其中的分号不能少,若分号改写成逗号,矩阵将变成向量,如下所示。

```
>> C=A([4:5,7,10:13])
C =
    13    3    13    7    11    19    4
```

3. 拼接法

行数与行数相同的小矩阵可以在列方向扩展拼接成更大的矩阵。同理,列数与列数相同的小矩阵可以在行方向扩展拼接成更大的矩阵。

【例 2-26】 小矩阵拼接成大矩阵。

在命令行窗口中输入以下语句,并查看输出结果。

```
>> A=[1 3 3;4 5 6;7 6 9]
A =
    1    3    3
    4    5    6
    7    6    9
>> B=[9 8;8 6;5 4]
B =
    9    8
    8    6
    5    4
>> C=[4 9 6;7 8 9]
C =
    4    9    6
    7    8    9
>> E=[A B;B A]              % 行列两个方向同时拼接,需要注意行、列数的匹配情况
E =
    1    3    3    9    8
    4    5    6    8    6
    7    6    9    5    4
    9    8    1    3    3
    8    6    4    5    6
    5    4    7    6    9
>> F=[A;C]                  % A、C 列数相同,沿行向扩展拼接
F =
    1    3    3
    4    5    6
    7    6    9
    4    9    6
    7    8    9
```

4. 函数法

MATLAB 有许多函数可以生成矩阵，大致可以分为基本函数和特殊函数两类。基本函数主要生成一些常用的工具矩阵，见表 2-11。

表 2-11　常用工具矩阵生成函数

函　数	功　能	示　例
zeros(m,n)	生成 m×n 阶的全 0 矩阵	>> zeros(2,4) ans = 　0　0　0　0 　0　0　0　0
ones(m,n)	生成 m×n 阶的全 1 矩阵	>> ones(2,4) ans = 　1　1　1　1 　1　1　1　1
rand(m,n)	生成取值在 0~1 之间满足均匀分布的随机矩阵	>> rand(2,3) ans = 　0.0971　0.6948　0.9502 　0.8235　0.3171　0.0344
randn(m,n)	生成满足正态分布的随机矩阵	>> randn(2,3) ans = 　-0.1022　0.3192　-0.8649 　-0.2414　0.3129　-0.0301
eye(m,n)	生成 m×n 阶的单位矩阵	>> eye(3,4) ans = 　1　0　0　0 　0　1　0　0 　0　0　1　0

特殊函数则可以生成一些特殊矩阵，如希尔伯特矩阵、幻方矩阵、帕斯卡矩阵、范德蒙矩阵等，这些矩阵见表 2-12。

表 2-12　特殊矩阵生成函数

函数语法	功　能
A = compan(u)	返回第一行为 -u(2:n)/u(1) 的对应伴随矩阵，其中 u 是多项式系数向量，compan(u) 的特征值是多项式的根
H = hadamard(n)	返回阶次为 n 的哈达玛（Hadamard）矩阵
H = hankel(c)	返回正方形汉克尔（Hankel）矩阵，其中 c 定义矩阵的第一列，主反对角线以下的元素为零
H = hankel(c,r)	返回汉克尔矩阵，第一列为 c，最后一行为 r。如果 c 的最后一个元素不同于 r 的第一个元素，hankel 会发出警告，并对反对角线使用 c 的最后一个元素
H = hilb(n)	返回阶数为 n 的希尔伯特（Hilbert）矩阵，元素由 $H(i,j) = 1/(i+j-1)$ 指定。希尔伯特矩阵是典型的病态矩阵

(续)

函数语法	功　　能
H=invhilb(n)	对于小于 15 的 n，生成确切希尔伯特（Hilbert）矩阵的确切逆矩阵。对于较大的 n，生成逆希尔伯特矩阵的近似值
M=magic(n)	返回由 1 到 n^2 的整数构成且总行数和总列数相等的 n×n 矩阵（幻方矩阵）。n 的阶数必须是 ≥3 的标量才能创建有效的幻方矩阵
P=pascal(n)	返回 n 阶帕斯卡矩阵。P 是一个对称正定矩阵，其整数项来自帕斯卡三角形。P 的逆矩阵具有整数项
P=pascal(n,1)	返回帕斯卡矩阵的下三角乔列斯基因子（最高到列符号）。P 是对合矩阵，即该矩阵是它自身的逆矩阵
P=pascal(n,2)	返回 pascal(n,1) 的转置和置换矩阵，此时，P 是单位矩阵的立方根
A=rosser	返回双精度类型的罗瑟矩阵：经典对称特征值测试矩阵
T=toeplitz(c,r)	返回非对称托普利茨（Toeplitz）矩阵，其中 c 作为第一列，r 作为第一行。如果 c 和 r 的首个元素不同，toeplitz 将发出警告并使用列元素作为对角线
T=toeplitz(r)	返回对称的托普利茨矩阵，其中： 如果 r 是实数向量，则 r 定义矩阵的第一行 如果 r 是第一个元素为实数的复数向量，则 r 定义第一行，r' 定义第一列 如果 r 的第一个元素是复数，则托普利茨矩阵是抽取了主对角线的埃尔米特矩阵，这意味着对于 i≠j 的情况 $T_{i,j}=conj(T_{j,i})$。主对角线的元素会被设置为 r(1)
A=vander(v)	返回范德蒙矩阵以使其列是向量 v 的幂
W=wilkinson(n)	Wilkinson's 特征值测试矩阵。返回约翰威尔金森的 n×n 特征值测试矩阵之一。W 是一个对称的三对角矩阵，具有几乎相等的特征值对
[A1,A2,…,Am]=gallery(ma,P1,…,Pn)	生成由 ma 指定的一系列测试矩阵。P1,P2,…,Pn 是单个矩阵系列要求的输入参数，其数目因矩阵而异。ma 决定生成的测试矩阵系列
A=gallery(3)	生成一个对扰动敏感的病态 3×3 矩阵
A=gallery(5)	生成一个 5×5 的矩阵，它具有一个对舍入误差很敏感的特征值

在表 2-11 的常用工具矩阵生成函数中，除了 eye 外，其他函数都能生成三维以上的多维数组，而 eye(m,n) 可以生成非方阵的单位阵。

【例 2-27】 用函数生成矩阵。
在命令行窗口中输入以下语句，并查看输出结果。

```
>> u=[1 0 -7 6];           % 多项式(x-1)(x-2)(x+3)=x3-7x+6 系数向量
>> A=compan(u)             % 计算多项式对应的伴随矩阵
A =
     0     7    -6
     1     0     0
     0     1     0
```

```
>> eig(A)                       % 验证 A 的特征值是多项式的根
ans =
   -3.0000
    2.0000
    1.0000
>> B=magic(4)                   % 计算 4 阶幻方矩阵
B =
    16     2     3    13
     5    11    10     8
     9     7     6    12
     4    14    15     1
>> C=vander(u)                  % 求 u 的范德蒙矩阵
C =
     1     1     1     1
     0     0     0     1
  -343    49    -7     1
   216    36     6     1
>> C1=fliplr(vander(u))         % 使用 fliplr 求替代格式的范德蒙矩阵
C1 =
     1     1     1     1
     1     0     0     0
     1    -7    49  -343
     1     6    36   216
>> D=hilb(3)                    % 计算 3 阶希尔伯特矩阵
D =
    1.0000    0.5000    0.3333
    0.5000    0.3333    0.2500
    0.3333    0.2500    0.2000
>> E=pascal(4)                  % 计算 4 阶帕斯卡矩阵
E =
     1     1     1     1
     1     2     3     4
     1     3     6    10
     1     4    10    20
```

n 阶幻方矩阵的特点是每行、每列和两对角线上的元素之和各等于 $(n^3+n)/2$。例如上例 n 阶幻方阵每行、每列和两对角线的元素和为 15。

希尔伯特矩阵的元素在行、列方向和对角线上的分布规律是十分清晰的,而帕斯卡矩阵在其副对角线及其平行线上的变化规律,实际上就是国内习惯称为杨辉三角,国外习惯称为帕斯卡三角的变化规律。

5. 拼接函数和变形函数法

拼接函数法是指利用 cat( ) 函数和 repmat( ) 函数将多个或单个小矩阵,沿行或列方向拼接成一个大矩阵。其中,cat( ) 函数的调用格式如下。

```
C=cat(dim,A,B)                  % 沿维度 dim 将 B 串联到 A 的末尾,A、B 具有兼容的大小
C=cat(dim,A1,A2,…,An)           % 沿维度 dim 串联 A1、A2、…、An
```

MATLAB 科研绘图

> **说明：** 使用方括号运算符 [ ] 也可以对数组进行串联或追加，如 [A,B] 和 [A B] 将水平串联数组 A 和 B，而 [A;B] 将垂直串联。

当 dim=1 时，沿行方向拼接；n=2 时，沿列方向拼接；n>2 时，拼接出的是多维数组。

【例 2-28】 利用 cat( ) 函数实现矩阵 $A1$ 和 $A2$ 分别沿行向和沿列向的拼接。
在命令行窗口中输入以下语句，并查看输出结果。

```
>> A1=[1 3 5; 6 8 7; 4 3 6]
A1 =
     1     3     5
     6     8     7
     4     3     6
>> A2=A1.'
A2 =
     1     6     4
     3     8     3
     5     7     6
>> cat(2,A1,A2)
ans =
     1     3     5     1     6     4
     6     8     7     3     8     3
     4     3     6     5     7     6
```

在 MATLAB 中，repmat( ) 函数的调用格式如下。

```
B=repmat(A,n)           % 返回一个在行维度和列维度包含 A 的 n 个副本的数组
                        % A 为矩阵时,B 大小为 size(A)*n
B=repmat(A,r1,...,rN)   % 指定标量列表 r1,...,rN 描述 A 的副本在每个维度中的排列方式
                        % 当 A 具有 N 维时,B 的大小为 size(A).*[r1...rN]
B=repmat(A,r)           % 使用行向量 r 指定重复方案,repmat(A,[2 3])与 repmat(A,2,3)相同
```

【例 2-29】 用 repmat( ) 函数对矩阵 $A1$ 实现沿行向和沿列向的拼接（续上例）。
在命令行窗口中输入以下语句，并查看输出结果。

```
>> repmat(A1,2,2)
ans =
     1     3     5     1     3     5
     6     8     7     6     8     7
     4     3     6     4     3     6
     1     3     5     1     3     5
     6     8     7     6     8     7
     4     3     6     4     3     6
>> repmat(A1,2,1)
ans =
     1     3     5
     6     8     7
     4     3     6
     1     3     5
     6     8     7
     4     3     6
```

```
>> repmat(A1,1,3)
ans =
     1     3     5     1     3     5     1     3     5
     6     8     7     6     8     7     6     8     7
     4     3     6     4     3     6     4     3     6
```

变形函数法主要是把一向量通过变形函数 reshape( ) 变换成矩阵，当然也可以将一个矩阵变换成一个新的、与之阶数不同的矩阵。reshape( ) 函数的调用格式如下。

```
B=reshape(A,sz)              % 使用大小向量 sz 重构 A 以定义 size(B),sz 必须至少包含 2 个元素
                             % prod(sz) 必须与 numel(A) 相同
B=reshape(A,sz1,...,szN)     % 将 A 重构为一个 sz1×...×szN 的数组
           % sz1,...,szN 为每个维度的大小，某个维度指定为[],可使 B 中的元素数与 A 匹配
```

m 和 n 分别是变形后新矩阵的行列数。

【例 2-30】 用变型函数生成矩阵。

在命令行窗口中输入以下语句，并查看输出结果。

```
>> A=linspace(2,18,9)
A =
     2     4     6     8    10    12    14    16    18
>> B=reshape(A,3,3)          % 注意新矩阵的排列方式,从中体会矩阵元素的存储次序
B =
     2     8    14
     4    10    16
     6    12    18
>> a=20:2:24;
>> b=a.';
>> C=[B b]
C =
     2     8    14    20
     4    10    16    22
     6    12    18    24
>> D=reshape(C,4,3)
D =
     2    10    18
     4    12    20
     6    14    22
     8    16    24
```

6. 加载法

所谓加载法是指将已经存放的 .mat 文件读入 MATLAB 工作空间中，加载前必须先将 .mat 文件保存，且数据文件中的内容是所需的矩阵。

在用 MATLAB 编程解决实际问题时，可能需要将程序运行的中间结果用 .mat 保存，以备后面的程序调用。这一调用过程实质就是将数据（包括矩阵）加载到 MATLAB 内存工作空间，以备当前程序使用。加载方法如下。

1）单击"主页"选项卡"变量"面板中的"导入数据"按钮。

2）在命令行窗口中输入 load 命令。

【例 2-31】 利用外存数据文件加载矩阵。

在命令行窗口中输入以下语句，并查看输出结果。

```
>> A=[1 2 4];
>> save('matlab.mat','A')    % 保存为数据文件
>> clear all
>> load matlab               % 从外存中加载事先保存在可搜索路径中的数据文件 matlab.mat
>> who                       % 询问加载的矩阵名称
您的变量为：
A
>> A                         % 显示加载的矩阵内容
A=
    1    2    4
```

7. M 文件法

M 文件法和加载法其实十分相似，都是将事先保存在外存中的矩阵读入内存工作空间中，不同点在于加载法读入的是数据文件（.mat），而 M 文件法读入的是内容仅为矩阵的 .m 文件。

M 文件一般是程序文件，其内容通常为命令或程序设计语句，但也可存放矩阵，因为给一个矩阵赋值本身就是一条语句。

在程序设计中，当矩阵的规模较大，又要经常被引用时，可以先用直接输入法将某个矩阵准确无误地赋值给一个程序中会被反复引用的矩阵，且用 M 文件将其保存。这样，每当用到该矩阵时，只需在程序中引用该 M 文件即可。

2.4.4 矩阵代数运算

矩阵的代数运算应包含线性代数中讨论的诸多方面，限于篇幅，本节仅就一些常用的代数运算在 MATLAB 中的实现给予描述。

本节描述的代数运算包括求矩阵行列式的值、矩阵的加减乘除、矩阵的求逆、求矩阵的秩、求矩阵的特征值与特征向量、矩阵的乘幂与开方等。这些运算在 MATLAB 中有些是由运算符完成的，但更多的运算是由函数实现的。

1. 求矩阵行列式的值

在 MATLAB 中，求矩阵行列式的值由 det( ) 函数实现，其调用格式如下。

```
d=det(A)                     % 返回矩阵 A 行列式的值
```

【例 2-32】 求给定矩阵的行列式值。

在命令行窗口中输入以下语句，并查看输出结果。

```
>> A=[3 6 5; 1 -1 10; 2 -1 6]
A=
    3    6    5
    1   -1   10
    2   -1    6
>> d1=det(A)
d1=
```

```
    101.0000
>> B=pascal(4)
B =
    1    1    1    1
    1    2    3    4
    1    3    6   10
    1    4   10   20
>> d2=det(B)
d2 =
    1.0000
```

2. 矩阵的加减、数乘与乘法

矩阵的加减、数乘和乘法可用表 2-5 介绍的运算符来实现。

【例 2-33】 已知矩阵 $A = \begin{bmatrix} 1 & 3 \\ 2 & -1 \end{bmatrix}$、$B = \begin{bmatrix} 3 & 0 \\ 1 & 2 \end{bmatrix}$，求 $A+B$、$2A$、$2A-3B$、AB。

在命令行窗口中输入以下语句，并查看输出结果。

```
>> A=[1 3; 2 -1];
>> B=[3 0; 1 2];
>> A+B
ans =
    4    3
    3    1
>> 2*A
ans =
    2    6
    4   -2
>> 2*A-3*B
ans =
   -7    6
    1   -8
>> A*B                  % 矩阵乘法
ans =
    6    6
    5   -2
>> A.*B                 % 数组乘法,注意与矩阵乘法对比
ans =
    3    0
    2   -2
```

因为矩阵加减运算的规则是对应元素相加减，所以参与加减运算的矩阵必须是同阶矩阵。而数与矩阵加减乘除的规则一目了然，但矩阵相乘有定义的前提是两矩阵内阶相等（左矩阵的列数等于右矩阵的行数）。

3. 求矩阵的逆矩阵

在 MATLAB 中，求一个 n 阶方阵的逆矩阵远比线性代数中介绍的方法简单，我们只需调用函数 inv( ) 即可实现，调用格式如下。

```
      Y=inv(X)              % 计算方阵 X 的逆矩阵,X^(-1)等效于 inv(X)
```

> **注意:** x=A\B 的计算方式与 x=inv(A)*B 不同,多用于求解线性系统。

【例 2-34】 求矩阵 **A** 的逆矩阵。

在命令行窗口中输入以下语句,并查看输出结果。

```
>> A=[2 0 1;2 1 2;0 4 6]
A =
    2    0    1
    2    1    2
    0    4    6
>> format rat;
>> A1=inv(A)
A1 =
   -1/2    1     -1/4
   -3      3     -1/2
    2     -2      1/2
>> format short
```

4. 矩阵的除法

有了矩阵求逆运算后,线性代数中不再需要定义矩阵的除法运算。但为与其他高级语言中的标量运算保持一致,MATLAB 保留了除法运算,并规定了矩阵的除法运算法则。又因为解不同线性代数方程组的需要,提出了左除和右除的概念。

左除即 A\B=inv(A)*B,右除即 A/B=A*inv(B),相关运算符的定义见表 2-5。

【例 2-35】 求线性方程组 $\begin{cases} x_1+4x_2-7x_3+6x_4=0 \\ 2x_2+x_3+x_4=-8 \\ x_2+x_3+3x_4=-2 \\ x_1+x_3-x_4=1 \end{cases}$ 的解。

> **提示:** 该方程可列成两组不同的矩阵方程形式。

1) 设 X=[x1;x2;x3;x4]为列向量,矩阵 A=[1 4 -7 6;0 2 1 1;0 1 1 3;1 0 1 -1],矩阵 B=[0;-8;-2;1]为列向量,则方程形式为 AX=B,其求解过程用左除。

在命令行窗口中输入以下语句,并查看输出结果。

```
>> A=[1 4 -7 6;0 2 1 1;0 1 1 3;1 0 1 -1]
A =
    1    4   -7    6
    0    2    1    1
    0    1    1    3
    1    0    1   -1
>> B=[0; -8; -2; 1]
B =
    0
   -8
```

```
       -2
        1
>> x=A\B
x =
        3
       -4
       -1
        1
>> inv(A)*B
ans =
    3.0000
   -4.0000
   -1.0000
    1.0000
```

由此可见，A\B 的确与 inv(A)*B 相等。

2) 设 $X=[x1\ x2\ x3\ x4]$ 为行向量，矩阵 $A=[1\ 0\ 0\ 1;4\ 2\ 1\ 0;-7\ 1\ 1\ 1;6\ 1\ 3\ -1]$，矩阵 $B=[0\ -8\ -2\ 1]$ 为行向量，则方程形式为 $XA=B$，其求解过程用右除。

在命令行窗口中输入以下语句，并查看输出结果。

```
>> A=[1 0 0 1; 4 2 1 0; -7 1 1 1; 6 1 3 -1]
A =
     1     0     0     1
     4     2     1     0
    -7     1     1     1
     6     1     3    -1
>> B=[0 -8 -2 1],
B =
     0    -8    -2     1
>> x=B/A;
>> B*inv(A)
ans =
    3.0000   -4.0000   -1.0000    1.0000
```

由此可见，A/B 与 B*inv(A) 相等。

本例用左右除法两种方案求解了同一线性方程组的解，计算结果证明两种除法都是准确可用的，区别只在于方程的书写形式不同。

> **说明**：本例所求的是一个恰定方程组的解，对超定和欠定方程，MATLAB 矩阵除法同样能给出其解，限于篇幅，在此不做讨论。

5. 求矩阵的秩

矩阵的秩是线性代数中一个重要的概念，它描述了矩阵的一个数值特征。在 MATLAB 中，求秩运算是由函数 rank() 完成，其调用格式如下。

```
k=rank(A)        % 返回矩阵 A 的秩
k=rank(A,tol)    % 指定在秩计算中使用另一个容差,秩计算为 A 中大于 tol 的奇异值的个数
```

另外，在 MATLAB 中可以利用函数 sprank( ) 计算稀疏矩阵的结构秩，其调用格式如下。

```
r=sprank(A)          % 计算稀疏矩阵 A 的结构秩
```

【例 2-36】 求矩阵的秩。
在命令行窗口中输入以下语句，并查看输出结果。

```
>> B=[1 6 -9 3;0 1 -9 4;-2 -3 9 6]
B =
     1     6    -9     3
     0     1    -9     4
    -2    -3     9     6
>> rb=rank(B)
rb =
     3
```

6. 求矩阵的特征值与特征向量

在 MATLAB 中，利用 eig( ) 函数与 eigs( ) 函数可以求矩阵 A 的特征值和特征向量的数值解。其中 eig( ) 函数的调用格式如下。

```
e=eig(A)             % 返回一个列向量，其中包含方阵 A 的特征值
[V,D]=eig(A)         % 返回特征值的对角矩阵 D 和矩阵 V，其列是对应的右特征向量，使得 A*V=V*D
[V,D,W]=eig(A)       % 额外返回满矩阵 W，其列是对应的左特征向量，使得 W'*A=D*W'

e=eig(A,B)           % 返回一个列向量，其中包含方阵 A 和 B 的广义特征值
[V,D]=eig(A,B)       % 返回广义特征值的对角矩阵 D 和满矩阵 V，其列是对应的右特征向量
                     % 使得 A*V=B*V*D
[V,D,W]=eig(A,B)     % 额外返回满矩阵 W，其列是对应的左特征向量，使得 W'*A=D*W'*B
```

利用 eigs( ) 函数可以求特征值和特征向量的子集，由于 eigs( ) 函数采用迭代法求解，在规模上最多只给出 6 个特征值和特征向量。该函数的调用格式如下。

```
d=eigs(A)            % 返回一个向量，其中包含矩阵 A 的六个模最大的特征值
d=eigs(A,k)          % 返回 k 个模最大的特征值
[V,D]=eigs(___)      % 返回对角矩阵 D 和矩阵 V
                     % 前者包含主对角线上的特征值，后者的各列中包含对应的特征向量
```

【例 2-37】 求矩阵 A 的特征值和特征向量。
在命令行窗口中输入以下语句，并查看输出结果。

```
>> A=[1 -3 3;3 -5 3;6 -6 4]
A =
     1    -3     3
     3    -5     3
     6    -6     4
>> e=eig(A)
e =
    4.0000
   -2.0000
   -2.0000
>> [V,D]=eig(A)
```

```
V =
   -0.4082   -0.8103    0.1933
   -0.4082   -0.3185   -0.5904
   -0.8165    0.4918   -0.7836
D =
    4.0000         0         0
         0   -2.0000         0
         0         0   -2.0000
```

D 用矩阵对角线的方式给出了矩阵 A 的特征值为 $\lambda_1=4$、$\lambda_2=\lambda_3=-2$。而与这些特征值相应的特征向量则由 X 的各列来代表,X 的第 1 列是 λ_1 的特征向量,第 2 列是 λ_2 的,其余依次类推。

> **说明:** 矩阵 A 的某个特征值对应的特征向量不是有限的,更不是唯一的,而是无穷的。所以,例中的结果只是一个代表向量。

7. 矩阵的乘幂与开方

在 MATLAB 中,矩阵的乘幂运算与线性代数相比已经做了扩充,在线性代数中,一个矩阵 A 自己连乘数遍,就构成了矩阵的乘幂,例如 A^3。但 3^A 这种形式在线性代数中就没有明确定义了,而 MATLAB 则承认其合法性并可进行运算。矩阵的乘幂有自己的运算符 (^)。

同样地,矩阵的开方运算也是 MATLAB 自己定义的,它的依据在于开方所得矩阵相乘正好等于被开方的矩阵。矩阵的开方运算由函数 sqrtm(A) 实现,调用格式如下:

```
X=sqrtm(A)          % 返回矩阵 A 的主要平方根(即 X*X=A)
```

【例 2-38】 矩阵的乘幂与开方运算。

在命令行窗口中输入以下语句,并查看输出结果。

```
>> A=[1 -5 3; 3 -5 6; 6 -6 4];
>> A^3
ans =
   -80    60   -36
   -36    -8   -72
   -72    72  -116
>> A^1.5
ans =
   3.2031-3.0283i  -5.4605-2.3574i  -1.0899+3.2604i
  11.2493-1.9565i -13.6005-1.5231i   8.2612+2.1065i
  11.1087+0.9026i -14.9053+0.7026i   4.9608-0.9718i
>> 3^A
ans =
   -2.2132+0.0000i   3.5081-0.0000i   0.0704+0.0000i
   -6.0771+0.0000i   7.1037+0.0000i  -5.0609-0.0000i
   -6.4796+0.0000i   8.3711-0.0000i  -3.5615+0.0000i
>> X=sqrtm(A)
X =
   1.3659+0.9692i  -1.6031+0.7545i   1.1078-1.0435i
```

```
  0.6954+0.6262i   -0.2153+0.4874i   1.8666-0.6742i
  1.7715-0.2889i   -1.6446-0.2249i   2.3785+0.3110i
>> X^2
ans =
  1.0000-0.0000i   -5.0000+0.0000i   3.0000-0.0000i
  3.0000+0.0000i   -5.0000+0.0000i   6.0000-0.0000i
  6.0000+0.0000i   -6.0000+0.0000i   4.0000-0.0000i
```

本例中，矩阵 A 的非整数次幂是依据其特征值和特征向量进行运算的，如果用 X 表示特征向量，Lamda 表特征值，则具体计算式如下。

```
A^p=Lamda*X.^p/Lamda
```

注意： 矩阵的乘方和开方运算是以矩阵作为一个整体的运算，而不是针对矩阵中每个元素施行的。这样强调的目的在于与数组的乘幂和开方运算相区别。

8. 矩阵的指数与对数

矩阵的指数与对数运算也是以矩阵为整体，而非针对元素的运算。和标量运算一样，矩阵的指数与对数运算也是一对互逆的运算，也就是说，矩阵 A 的指数运算可以用对数去验证，反之亦然。

矩阵指数运算的函数有多个，其中最常用的是 expm(A)；而对数运算函数则是 logm(A)。expm( ) 函数的调用格式如下。

```
Y=expm(X)          % 计算 X 的矩阵指数
```

若 X 包含一组完整的特征向量 V 和对应特征值 D，则

```
[V,D]=eig(X)
```

且

```
expm(X)=V*diag(exp(diag(D)))/V
```

说明： 对于逐元素的指数运算，使用 exp(x)。

对数运算函数 logm( ) 的调用格式如下。

```
L=logm(A)                % 计算 A 的主矩阵对数，即 expm(A) 的倒数
[L,exitflag]=logm(A)     % 额外返回退出条件的标量 exitflag；若 exitflag=0，计算完成
                         % 若 exitflag=1，则必须计算的矩阵平方根太多，L 的计算值可能仍然正确
```

提示： 如果 A 是奇异矩阵或在负实轴上具有特征值，则未定义主对数，此时 logm 计算非主对数并返回警告消息。

【例 2-39】 矩阵的指数与对数运算。

在命令行窗口中输入以下语句，并查看输出结果。

```
>> A=[2 -1 5; 2 -4 7; 1 -3 6];
>> Ae=expm(A)
Ae =
   18.0889   -42.8535   111.1848
   11.6162   -32.8665    84.1449
    7.4188   -25.4777    63.8707
>> Ae1=logm(Ae)
Ae1 =
    2.0000    -1.0000     5.0000
    2.0000    -4.0000     7.0000
    1.0000    -3.0000     6.0000
```

9. 矩阵转置

在 MATLAB 中，矩阵的转置被分成共轭转置和非共轭转置两大类。但就一般实矩阵而言，共轭转置与非共轭转置的效果没有区别，复矩阵则在转置的同时实现共轭。

单纯的转置运算可以用函数 transpose(A) 实现，它是执行 A.' 的另一种方式。不论实矩阵还是复矩阵都只实现转置而不做共轭变换。

【例 2-40】 矩阵转置运算。

在命令行窗口中输入以下语句，并查看输出结果。

```
>> A=[2 -1 5; 2 -4 7; 1 -3 6];
>> transpose(A)
ans =
     2     2     1
    -1    -4    -3
     5     7     6
>> B=A'
B =
     2     2     1
    -1    -4    -3
     5     7     6
>> Z=A+i*B
Z =
   2.0000+2.0000i  -1.0000+2.0000i   5.0000+1.0000i
   2.0000-1.0000i  -4.0000-4.0000i   7.0000-3.0000i
   1.0000+5.0000i  -3.0000+7.0000i   6.0000+6.0000i
>> transpose(Z)
ans =
   2.0000+2.0000i   2.0000-1.0000i   1.0000+5.0000i
  -1.0000+2.0000i  -4.0000-4.0000i  -3.0000+7.0000i
   5.0000+1.0000i   7.0000-3.0000i   6.0000+6.0000i
```

10. 矩阵提取与翻转

矩阵的提取和翻转是针对矩阵的常见操作，在 MATLAB 中，这些操作都可以由函数实现。矩阵结构形式提取与翻转函数见表 2-13。

表 2-13　矩阵结构形式提取与翻转函数

函　数	语法结构	功　　能	应 用 示 例
triu	triu(A)	提取矩阵 A 的右上三角元素，其余元素补 0	>> A=[2 -1 5;2 -4 7;1 -3 6]; >> triu(A) ans = 　2　-1　5 　0　-4　7 　0　 0　6
	triu(A,k)	返回 A 的第 k 个对角线上以及该对角线上方的元素	
tril	tril(A)	提取矩阵 A 的左下三角元素，其余元素补 0	>> tril(A) ans = 　2　 0　0 　2　-4　0 　1　-3　6
	tril(A,k)	返回 A 的第 k 个对角线上以及该对角线下方的元素	
diag	diag(A)	提取矩阵 A 的对角线元素	>> diag(A) ans = 　2 　-4 　6
	diag(A,k)	返回 A 的第 k 条对角线上元素的列向量	
flipud	flipud(A)	矩阵 A 沿水平轴上下翻转	>> flipud(A) ans = 　1　-3　6 　2　-4　7 　2　-1　5
fliplr	fliplr(A)	矩阵 A 沿垂直轴左右翻转	>> fliplr(A) ans = 　5　-1　2 　7　-4　2 　6　-3　1
flipdim	flipdim(A,dim)	矩阵 A 沿特定轴翻转。dim=1，按行翻转；dim=2，按列翻转	>> flipdim(A,2) ans = 　5　-1　2 　7　-4　2 　6　-3　1
rot90	rot90(A)	矩阵 A 整体逆时针旋转 90°	>> rot90(A) ans = 　5　 7　 6 　-1　-4　-3 　2　 2　 1
	rot90(A,k)	将数组 A 按逆时针方向旋转 k*90°，其中 k 为整数	

【例 2-41】　矩阵提取与翻转。

在命令行窗口中输入以下语句，并查看输出结果。

```
>> A=[2 -1 5; 2 -4 7; 1 -3 6];
>> triu(A)
>> tril(A)
>> diag(A)
>> flipud(A)
>> fliplr(A)
>> flipdim(A,2)
>> rot90(A)
```

2.5 本章小结

本章讲解了 MATLAB 的基本数据类型和常见的运算符，使读者能够有效地进行数据存储和数学运算。通过对向量和矩阵运算方法的介绍，读者能够快速掌握在 MATLAB 中进行数组操作的基本技巧，为后续的编程任务和数学建模奠定了稳固的基础。

第 3 章
MATLAB 绘图基础

绘图是 MATLAB 的核心功能之一，在数据分析和结果展示中起着至关重要的作用。本章将深入介绍 MATLAB 的绘图基础，讲解如何绘制常见的二维图形（如线图、散点图等），并逐步介绍图形的美化和定制功能。读者将学会如何通过设置颜色、线型、标记等参数，调整图形外观，使其更符合自己的需求。此外，本章还将涉及 MATLAB 中图形对象的属性管理内容，帮助读者更精细地控制图形的显示效果。

3.1 图窗

MATLAB 中提供了丰富的绘图函数和绘图工具，这些函数或者工具的输出都显示在 MATLAB 命令行窗口外的一个图窗中。

3.1.1 创建图窗

在 MATLAB 中，绘制的图形被直接输出到一个新的窗口中，这个窗口和命令行窗口是相互独立的，被称为图窗。

如果当前不存在图窗，MATLAB 的绘图函数会自动建立一个新的图窗；如果已经存在一个图窗，MATLAB 的绘图函数就会在这个窗口中进行绘图操作；如果已经存在多个图窗，MATLAB 的绘图函数就会在当前窗口中进行绘图操作（当前窗口通常是指最后一个使用的图窗）。

在 MATLAB 中可以使用函数 figure() 来建立图窗。在命令行窗口中输入：

```
figure
```

然后可以建立图 3-1 所示的图窗。

在 MATLAB 命令框中输入 figure(x)，x 为正整数，就会得到图形框名称为 x 的图形，直接输入 Figure 默认显示图形框名为 1。

可以使用"图形编辑工具条"对图形进行编辑和修改，也可以用单击鼠标右键，选中图形中的对象，在弹出的快捷菜单中选择菜单项，实现对图形的操作。

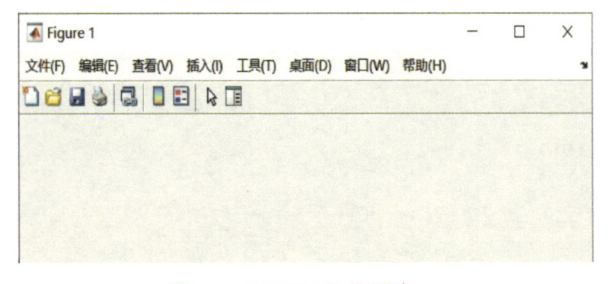

图 3-1 MATLAB 的图窗

3.1.2 关闭与清除图形框

在 MATLAB 中，利用 close( ) 函数可以关闭图窗，该函数的调用方式如下。

```
close                % 关闭当前图窗，等效于 close(gcf)
close(h)             % 关闭图形句柄 h 指定的图窗
close all            % 关闭除隐含图形句柄的所有图窗
close all hidden     % 关闭包括隐含图形句柄在内的所有图窗
```

清除当前图窗中使用如下命令。

```
clf                  % 清除当前图窗中所有可见的图形对象
clf(fig)             % 删除指定图窗中具有可见句柄的所有子级
clf('reset')         % 清除当前图窗所有可见的图形对象，并将窗口的属性设置为默认值
clf(fig,'reset')     % 删除指定图窗的所有子级并重置其属性
```

3.1.3 图形可视编辑

图窗中包含了一个"绘图编辑工具栏"工具栏，允许用户在图上标记字符、直线和箭头等。该工具栏默认处于隐藏状态，执行菜单栏中的"查看"→"绘图编辑工具栏"命令可以让其在界面中显示。

利用图窗界面中的属性检查器可以设置图形对象的属性。在图窗中执行菜单栏中的"查看"→"属性编辑器"命令，即可打开属性编辑界面，如图 3-2 所示。

在该编辑界面下，单击右下方的"更多属性"按钮可以打开"属性检查器"对话框，该对话框中包含了更多的属性参数设置选项，如图 3-3 所示。根据需要读者可以查看各个属性参数，并自行修改。

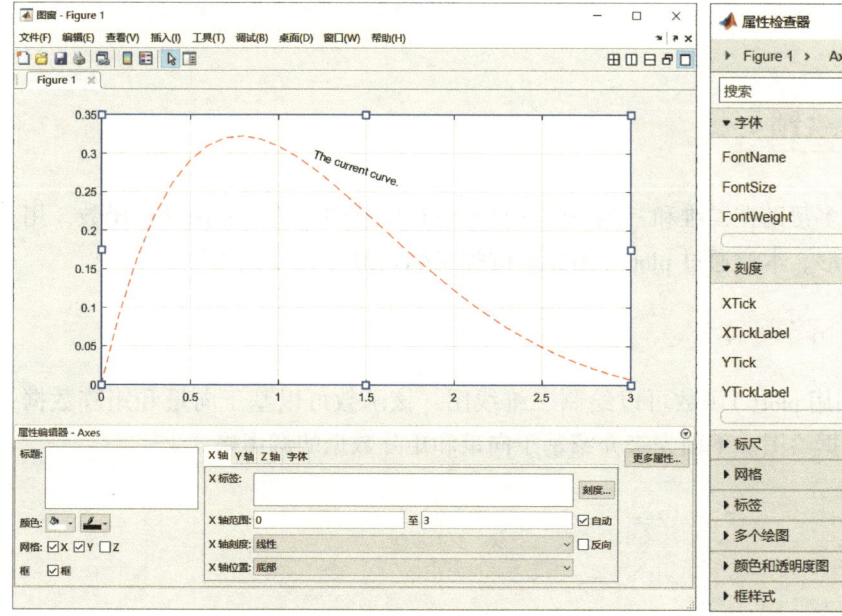

图 3-2　属性编辑界面

图 3-3　"属性检查器"对话框

MATLAB 科研绘图

> **提示：** 单击图窗中工具栏上的 ▦（打开属性检查器）按钮，也可以弹出"属性检查器"对话框。

图窗相机工具栏提供了三维图形的视角变化功能。默认图窗中同样不显示该工具栏，执行菜单栏中的"查看"→"相机工具栏"命令，即可显示相机工具栏。单击相机工具栏中的 ⟲（旋转相机）按钮就可以进行视角变换，得到不同视角的三维图形。

【例 3-1】 利用 MATLAB 图窗功能改变三维图形的视角。

首先在编辑器中编写以下程序并运行。

```
sphere
```

即可得到一个球体图形，如图 3-4 所示。

在图窗中执行菜单栏中的"工具"→"三维旋转"命令，分别旋转视角，从正上方、正下方、正侧面和斜上方看球体，具体效果如图 3-5 所示。

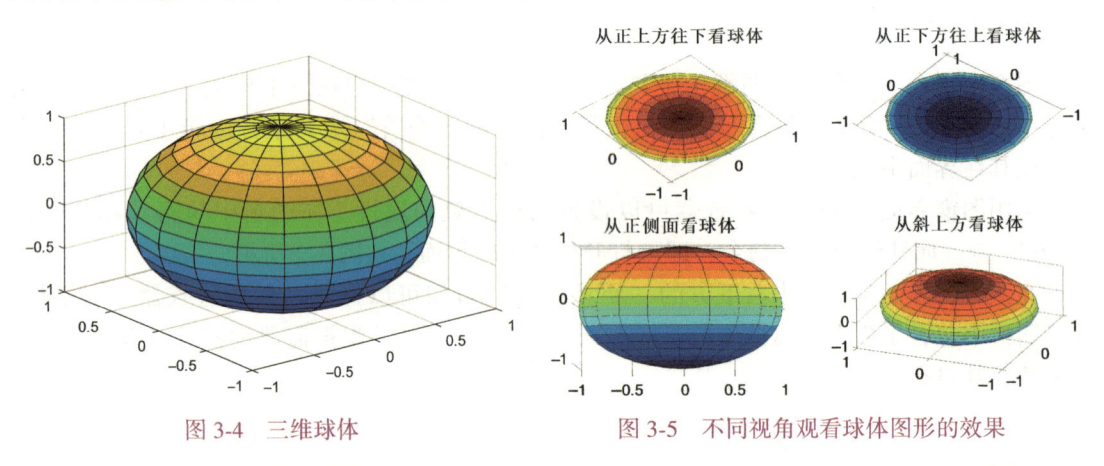

图 3-4 三维球体

图 3-5 不同视角观看球体图形的效果

3.2 二维线图绘制

MATLAB 提供了许多帮助在二维和三维空间内显示可视信息的函数，利用这些函数，用户可以绘制出所需的图形。本章通过 plot( ) 函数来讲解 MATLAB 中的绘图方法。

3.2.1 基于向量和矩阵数据

在 MATLAB 中，利用 plot( ) 函数可以绘制二维线图。该函数可以基于向量和矩阵数据绘图，也可以基于表数据绘图。下面先来介绍基于向量和矩阵数据的调用格式。

1. 调用格式一

```
plot(X,Y)              % 创建 Y 中数据对 X 中对应值的二维线图
          % 要绘制由线段连接的一组坐标,请将 X 和 Y 指定为相同长度的向量
          % 要在同一组坐标区上绘制多组坐标,请将 X 或 Y 中的至少一个指定为矩阵
```

【例 3-2】 绘制向量数据的简单二维线图。

首先在编辑器中编写以下程序并运行。

```
% 数据准备
x=linspace(0,2*pi,100);                    % x 的范围从 0 到 2π,分为 100 个点
y=sin(x);                                  % 计算正弦值
plot(x,y)                                  % 绘图

title('简单二维线图')                       % 添加标题
xlabel('x 值');ylabel('y 值')               % 添加标签
```

其中,x 和 y 是长度相同的向量,绘制了正弦函数的二维线图,默认线条为蓝色实线。运行程序后,输出图形如图 3-6 所示。

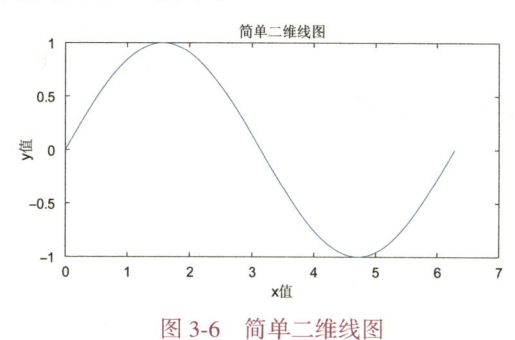

图 3-6 简单二维线图

【例 3-3】 基于矩阵绘制多条曲线。

首先在编辑器中编写以下程序并运行。

```
% 数据准备
x=linspace(0,2*pi,100);
Y=[sin(x);cos(x);sin(2*x)]';               % 将多组数据组织为矩阵

plot(x,Y);                                 % 绘制图形
legend({'正弦函数','余弦函数','2x 正弦函数'}); % 添加图例
title('基于矩阵数据绘制多条曲线')            % 添加标题
xlabel('x 值');ylabel('函数值')              % 添加标签
```

运行程序后,输出图形如图 3-7 所示。

说明: *Y* 是一个矩阵,每列表示一条曲线的数据。如果 *X* 是一个向量,则 *X* 的每个值对应 *Y* 中每一列的一组值。

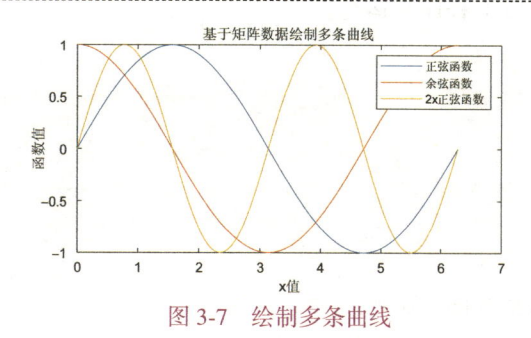

图 3-7 绘制多条曲线

2. 调用格式二

```
plot(X,Y,LineSpec)              % 使用指定的线型、标记和颜色创建绘图。
```

【例 3-4】 指定线型、标记和颜色。
首先在编辑器中编写以下程序并运行。

```
% 数据准备
x=linspace(0,2*pi,100);
y=cos(x);
plot(x,y,'--r','LineWidth',1,'Marker','o')        % 绘制带样式的图
title('指定线型、颜色和标记的图')                    % 添加标题
xlabel('x值');ylabel('y值')                         % 添加标签
```

运行程序后，输出图形如图 3-8 所示。其中，'--r'指定红色虚线；'LineWidth'设置线条宽度；'Marker'设置每个点的标记为圆圈。

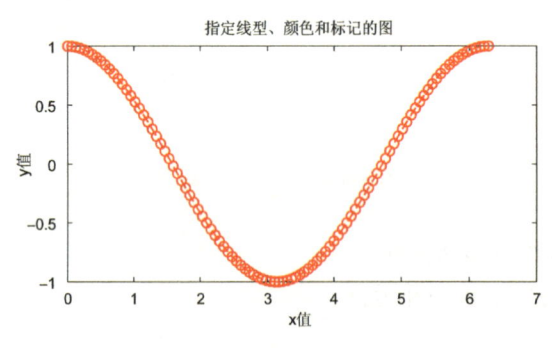

图 3-8　指定线型、颜色和标记

3. 调用格式三

```
plot(X1,Y1,...,Xn,Yn)           % 在同一组坐标轴上绘制多对 x 和 y 坐标
                                % 可替代将坐标指定为矩阵的形式
```

4. 调用格式四

```
plot(X1,Y1,LineSpec1,...,Xn,Yn,LineSpecn)
            % 可为每个 x-y 对组指定特定的 LineSpec(线型、标记和颜色)
            % 如 plot(X1,Y1,"o",X2,Y2)对第一个对组指定标记,但未对第二个对组指定标记
```

【例 3-5】 绘制多组坐标对。
首先在编辑器中编写以下程序并运行。

```
x=linspace(0,2*pi,100);
y1=sin(x);
y2=cos(x);
plot(x,y1,'-b',x,y2,'-.g')                 % 绘制两条曲线
legend({'正弦函数','余弦函数'})             % 添加图例
title('绘制多组曲线')                        % 添加标题
xlabel('x值');ylabel('y值')                 % 添加标签
```

运行程序后，输出图形如图 3-9 所示。

> **说明：** 多组数据可以用逗号分隔的形式传递到 plot( ) 函数。每组曲线可以指定不同的线型和颜色。

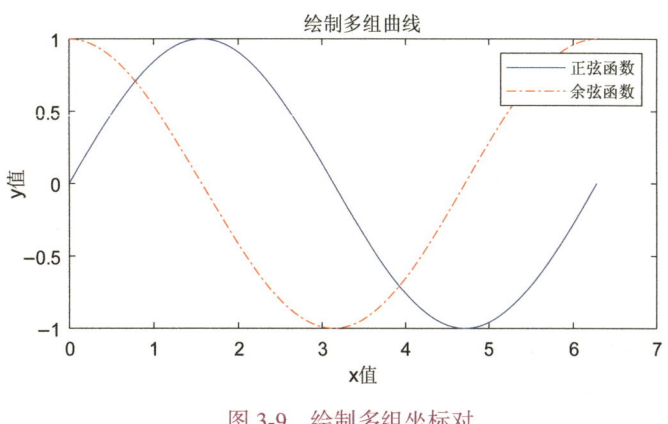

图 3-9　绘制多组坐标对

【例 3-6】 绘制多组数据的样式指定。
在编辑器中编写以下程序并运行。

```matlab
x1=linspace(0,2*pi,100);
y1=sin(x1);
x2=linspace(0,2*pi,50);
y2=cos(x2);

% 绘制多组数据并指定样式
plot(x1,y1,':ro',x2,y2,'-.k','Marker','*');    % ①
legend({'正弦函数','余弦函数'});                  % 添加图例
title('指定多组数据样式');                        % 添加标题
xlabel('x值');ylabel('y值');                    % 添加标签
```

运行程序后，输出图形如图 3-10 所示。

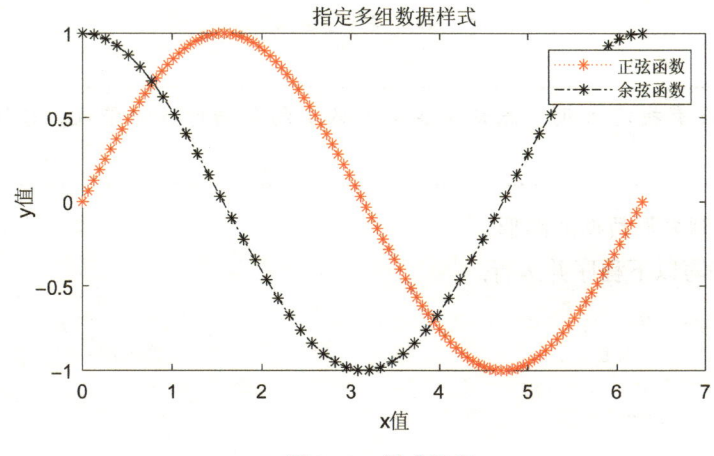

图 3-10　样式指定

其中，每组 x 和 y 坐标都可以单独指定样式，但使用名称-值对参数时，设置线条属性通常应用于绘制的所有线条，读者可以尝试将语句修改为以下语句。

```
plot(x1,y1,':ro',x2,y2,'-.k');        % 删掉'Marker'
```

5. 调用格式五

```
plot(Y)                % 绘制 Y 对一组隐式 x 坐标的图
        % 若 Y 是向量,则 x 坐标范围从 1 到 length(Y)
        % 若 Y 是矩阵,则对 Y 中的每个列进行绘图,x 坐标的范围是从 1 到 Y 的行数
        % 若 Y 包含复数,则绘制 Y 的虚部对 Y 的实部的图,当同时指定 X 和 Y 时,虚部将被忽略
```

6. 调用格式六

```
plot(Y,LineSpec)       % 使用隐式 x 坐标绘制 Y,并指定线型、标记和颜色
```

【例 3-7】 使用隐式 x 坐标。

在编辑器中编写以下程序并运行。

```
Y=[1,2,3;4,5,6;7,8,9];                % Y 是一个矩阵
plot(Y,'--o');                         % 使用隐式 x 坐标绘制图形
title('使用隐式 x 坐标绘制图形');        % 添加标题
xlabel('行索引');ylabel('值');          % 添加标签
```

运行程序后，输出图形如图 3-11 所示。

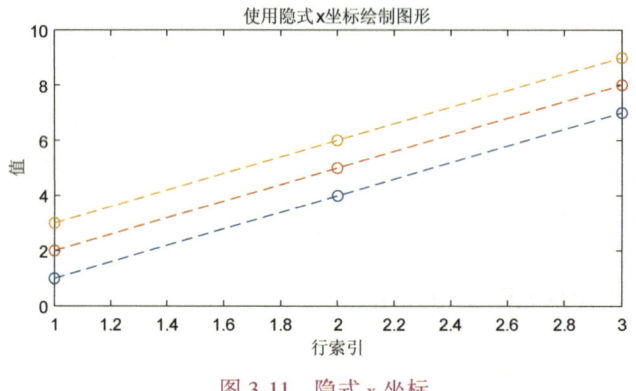

图 3-11 隐式 x 坐标

> **说明：** 当没有指定 X 时，默认 x 坐标是从 1 到数据行数的整数。每列绘制为一条曲线。

【例 3-8】 绘制复数数据的图形。

在编辑器中编写以下程序并运行。

```
z=exp(1i*linspace(0,2*pi,100));        % 复数数据(单位圆)
plot(z,'-m','LineWidth',1.5);          % 绘制复数数据的实部和虚部图形
title('复数数据的实部对虚部图形');       % 添加标题
xlabel('实部');ylabel('虚部');          % 添加标签
axis equal;                            % 保持比例一致
```

运行程序后，输出图形如图 3-12 所示。可以看出示例中绘制的是复数在单位圆上的轨迹。

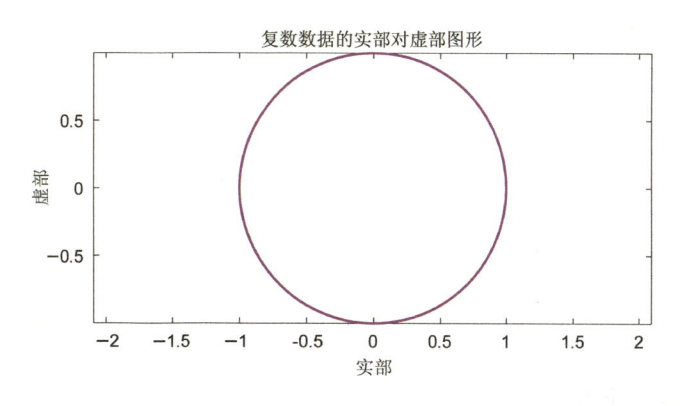

图 3-12 复数数据图形

说明： 当数据为复数时，plot( )函数会绘制复数实部和虚部的关系图。

3.2.2 基于表数据

MATLAB 的 plot( )函数可以直接用于基于表（table 或 timetable）数据的绘图。表数据的调用格式非常适合处理结构化数据，如实验数据或时间序列数据。

1. 调用格式一

```
plot(tbl,xvar,yvar)          % 绘制表 tbl 中指定变量 xvar 和 yvar 的二维线图
        % 要绘制一个数据集，请为 xvar 指定一个变量，为 yvar 指定一个变量
        % 要绘制多个数据集，请为 xvar、yvar 或两者指定多个变量，两个变量数目必须相同
```

2. 调用格式二

```
plot(tbl,yvar)          % 绘制表中的指定变量对表的行索引的图
        % 若 tbl 为时间表 timetable，则绘制指定变量对时间表的行时间的图，x 轴为时间
```

【例 3-9】 绘制表中两个变量的图。
在编辑器中编写以下程序并运行。

```
% 创建表数据(包含变量 Index、Var1 和 Var2 的普通表)
tbl=table((1:10)',rand(10,1),rand(10,1), ...
    'VariableNames',{'Index','Var1','Var2'});

plot(tbl,'Index','Var1');              % 绘制 Var1 对 Index 的线图
title('基于表数据的二维线图');
xlabel('Index');ylabel('Var1');        % 添加标签
```

运行程序后，输出图形如图 3-13 所示。

MATLAB 科研绘图

基于表数据的二维线图

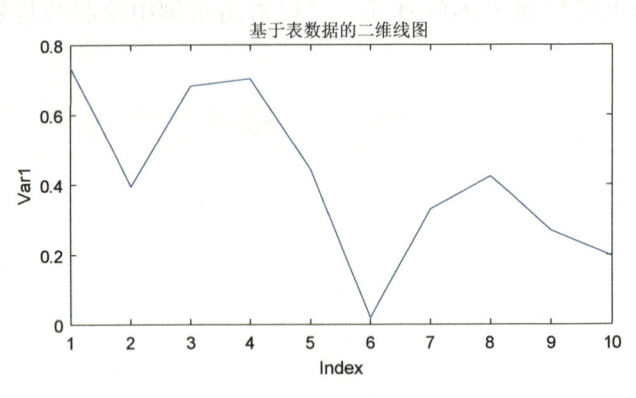

图 3-13　绘制表中两个变量的图

【例 3-10】　绘制多个数据集。

在编辑器中编写以下程序并运行。

```
% 创建表数据
tbl=table((1:10)',rand(10,1),rand(10,1),    ...
    'VariableNames',{'Index','Var1','Var2'});

plot(tbl,'Index',{'Var1','Var2'});          % 同时绘制 Var1 和 Var2 对 Index 的图
legend({'Var1','Var2'});                    % 添加图例
title('多个数据集的二维线图');
xlabel('Index');ylabel('Values');           % 添加标签
```

运行程序后，输出图形如图 3-14 所示。示例通过{'Var1','Var2'}同时指定多个变量，绘制两条曲线。Index 被用作 x 轴，而 Var1 和 Var2 分别对应两条曲线。

多个数据集的二维线图

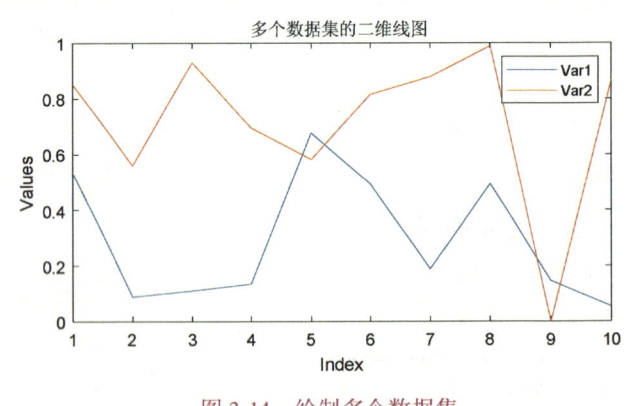

图 3-14　绘制多个数据集

【例 3-11】　对表的行索引绘图。

在编辑器中编写以下程序并运行。

```
% 创建表数据
tbl=table(rand(10,1),rand(10,1),'VariableNames',{'Var1','Var2'});
```

```
plot(tbl,'Var1');                        % 绘制 Var1 对行索引的图
title('基于行索引的二维线图');
xlabel('Row Index');ylabel('Var1');      % 添加标签
```

运行程序后，输出图形如图 3-15 所示。示例中未指定 xvar 时，默认使用表的行索引作为 x 坐标。结果是 Var1 对行索引的二维线图。

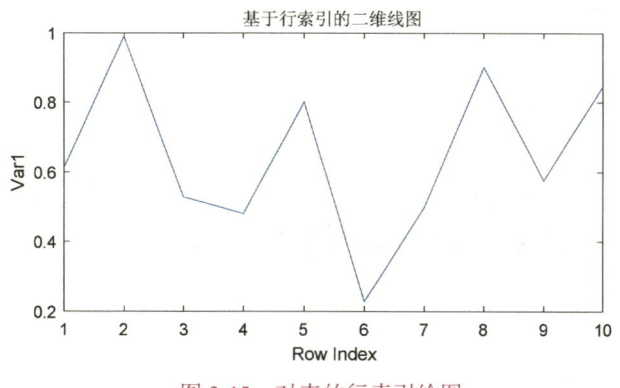

图 3-15　对表的行索引绘图

【例 3-12】　基于时间表绘图。
在编辑器中编写以下程序并运行。

```
% 创建时间表
time=datetime(2024,1,1)+days(0:9)';      % 生成时间数据,并转为列向量
Var1=rand(10,1);
Var2=rand(10,1);
timetableData=timetable(time,Var1,Var2);

plot(timetableData,'Var1');              % 绘制时间表中的 Var1 对时间的图
title('时间表的二维线图');
xlabel('Time');ylabel('Var1');           % 添加标签
```

运行程序后，输出图形如图 3-16 所示。时间表（timetable）中的时间自动作为 x 轴。

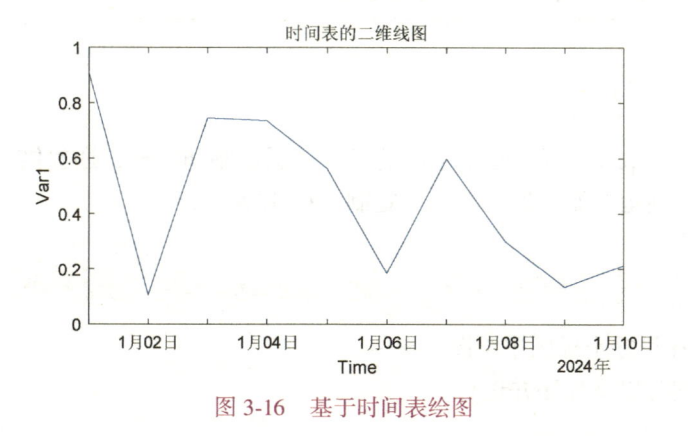

图 3-16　基于时间表绘图

【例 3-13】　同时绘制多个时间变量的图。

MATLAB 科研绘图

在编辑器中编写以下程序并运行。

```matlab
% 创建时间表
time=datetime(2024,1,1)+days(0:9)';        % 时间序列,并转为列向量
Var1=rand(10,1);
Var2=rand(10,1);
timetableData=timetable(time,Var1,Var2);

plot(timetableData,{'Var1','Var2'});       % 绘制 Var1 和 Var2 对时间的图
legend({'Var1','Var2'});                    % 添加图例
title('时间表的多变量线图');
xlabel('Time');ylabel('Values');            % 添加标签
```

运行程序后,输出图形如图 3-17 所示。示例中同时绘制了时间表中的多个变量对时间的图,每个变量对应一条曲线,自动使用时间作为 x 坐标。

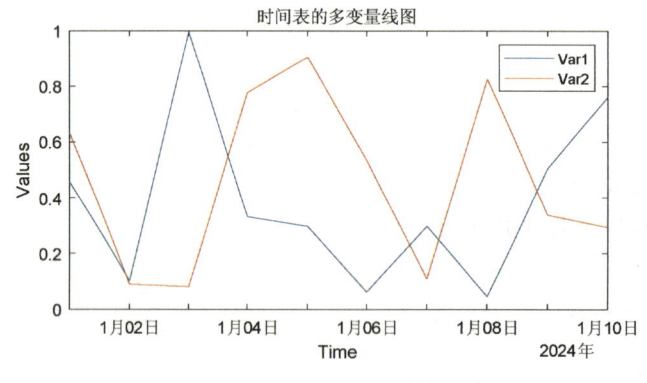

图 3-17　同时绘制多个时间变量的图

> **注意**：xvar 和 yvar 必须是表中的变量名,且需要使用字符串或字符向量表示。当指定多个变量时,xvar 和 yvar 的数量必须相等。普通表(table)和时间表(timetable)都可以使用。对于时间表,如果未指定 xvar,默认使用时间作为 x 轴。变量的长度必须一致,以确保绘图数据对齐。

3.2.3　其他调用格式

在 MATLAB 中,plot()函数除了基础的二维线图绘制功能外,还提供了一些高级调用选项,以便用户更灵活地控制图形的绘制和定制。调用格式如下。

1. 调用格式一

```matlab
plot(ax,___)      % 在目标坐标区上绘图,适用于图形中存在多个坐标区时,控制绘图的目标区域
```

【例 3-14】 在目标坐标区中绘图。
在编辑器中编写以下程序并运行。

```matlab
% 使用 subplot 创建两个独立的坐标区
figure;
```

70

```
ax1=subplot(1,2,1);                                 % 创建左边坐标区
ax2=subplot(1,2,2);                                 % 创建右边坐标区

% 数据准备
x=linspace(0,2*pi,100);
y1=sin(x);
y2=cos(x);

% 在第一个坐标区绘制正弦曲线
plot(ax1,x,y1,'-r');
title(ax1,'正弦曲线');
xlabel(ax1,'x 值');ylabel(ax1,'sin(x)');            % 添加标签

% 在第二个坐标区绘制余弦曲线
plot(ax2,x,y2,'-b');
title(ax2,'余弦曲线');
xlabel(ax2,'x 值');ylabel(ax2,'cos(x)');            % 添加标签
```

运行程序后，输出图形如图 3-18 所示。

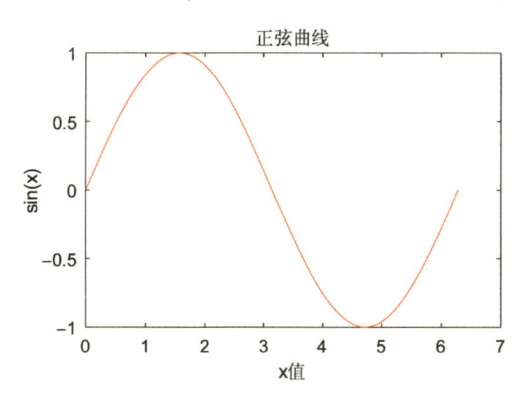

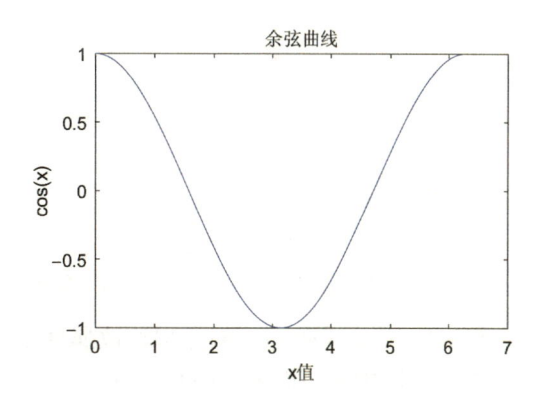

图 3-18　在目标坐标区中绘图

2. 调用格式二

```
plot(___,Name,Value)        % 绘图时,使用名称-值对指定 Line 属性
                            % 如颜色、线宽、标记样式等,用于绘制的所有线条
```

【例 3-15】 使用名称-值对指定线条属性。

在编辑器中编写以下程序并运行。

```
x=linspace(0,2*pi,100);
y1=sin(x);
y2=cos(x);

% 绘制曲线并设置线条属性
plot(x,y1,'LineWidth',2,'Color','r','LineStyle','--');  % 红色虚线,线宽 2
hold on                                                  % 保持当前坐标区
plot(x,y2,'LineWidth',1.5,'Color','b','Marker','o');    % 蓝色,带圆形标记
```

MATLAB 科研绘图

```
% 添加标题和标签
title('名称-值对设置线条属性');
xlabel('x 值');ylabel('函数值');          % 添加标签
legend({'正弦曲线','余弦曲线'});
grid on
```

运行程序后,输出图形如图 3-19 所示。示例中,我们通过名称-值对指定了 LineWidth、Color 和 LineStyle 等属性。

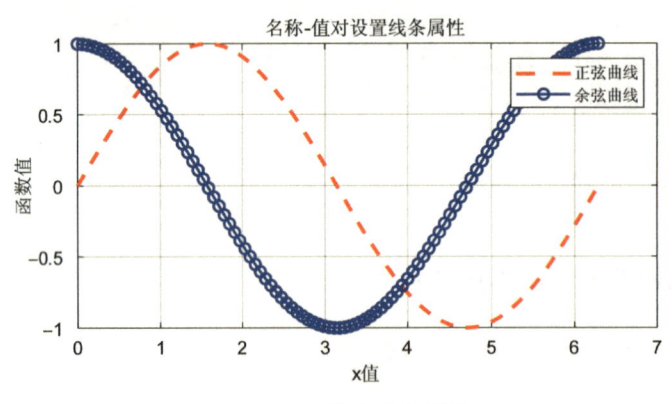

图 3-19 指定线条属性

3. 调用格式三

```
p=plot(___)          % 绘制线条时,返回一个 Line 对象或 Line 对象数组
                     % 使用返回的 Line 对象可以动态修改线条属性,而不用重新绘图
```

【例 3-16】 返回 Line 对象以修改属性。
在编辑器中编写以下程序并运行。

```
% 数据准备
x=linspace(0,2*pi,100);
y=sin(x);

p=plot(x,y,'LineWidth',1);          % 绘制曲线并获取 Line 对象 p,用于修改线条的属性

% 修改属性,属性修改后,图形会实时更新,不用重新绘图
p.LineStyle='--';                   % 修改为虚线
p.Color='m';                        % 修改颜色为洋红
p.Marker='o';                       % 添加圆形标记
p.MarkerSize=8;                     % 设置标记大小

% 添加标题和标签
title('使用 Line 对象动态修改属性');
xlabel('x 值');ylabel('sin(x)');
grid on
```

运行程序后，输出图形如图 3-20 所示。

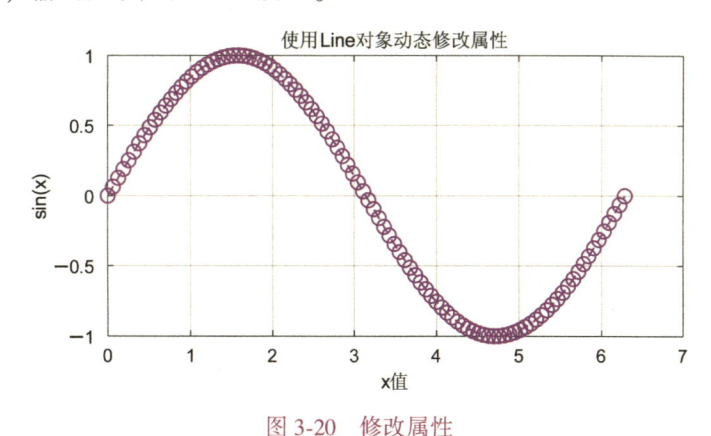

图 3-20　修改属性

【例 3-17】　在目标坐标区绘图、设置名称-值对属性，并通过 Line 对象动态修改属性。在编辑器中编写以下程序并运行。

```matlab
% 创建目标坐标区
figure;
ax=axes;

% 数据准备
x=linspace(0,2*pi,100);
y1=sin(x);
y2=cos(x);

% 绘制正弦曲线并设置初始属性
p1=plot(ax,x,y1,'LineWidth',1,'Color','r','LineStyle','--');
hold on                              % 保持当前坐标区

% 绘制余弦曲线
p2=plot(ax,x,y2,'LineWidth',2,'Color','b');

% 动态修改属性
p1.Marker='o';                       % 为正弦曲线添加标记
p2.LineStyle='-.';                   % 修改余弦曲线为点划线

% 添加标题和标签
title(ax,'目标坐标区、名称-值对与 Line 对象');
xlabel(ax,'x 值');
ylabel(ax,'函数值');
legend({'正弦曲线','余弦曲线'},'Location','best');
grid on
```

运行程序后，输出图形如图 3-21 所示。示例中使用 axes 创建目标坐标区，为曲线动态添加属性，使其能灵活调整样式。

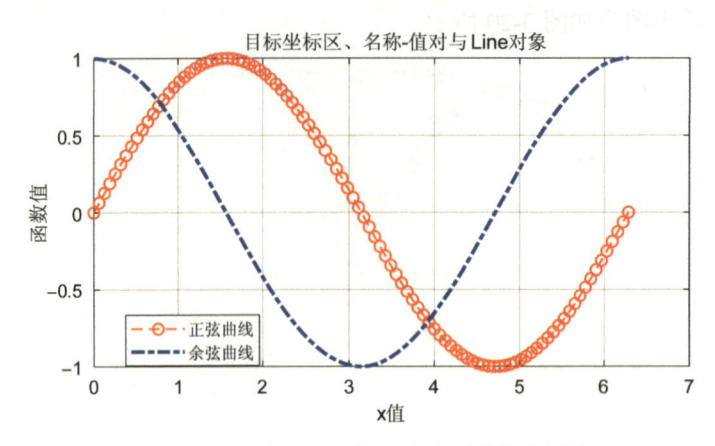

图 3-21　在目标坐标区中绘图并修改属性

这些高级调用选项为绘图提供了极大的灵活性，尤其在复杂绘图场景中，可以帮助用户实现更精确的控制和动态调整。在实际科研绘图中，充分利用这些功能可以大幅提升绘图效率和质量。

3.3　函数的名称-值参数

在 MATLAB 绘图函数中，可以将可选参数对组指定为 Name1 = Value1，…，NameN = ValueN，其中 Name 是参数名称，Value 是对应的值。本节针对 plot( ) 函数的名称-值参数进行讲解。

名称-值参数必须出现在其他参数之后，但参数对组的顺序无关紧要。

> **说明：** 在 MATLAB R2021a 版本前，使用逗号分隔每个名称和值，并用引号将 Name 引起来。在 MATLAB R2024a 版本中，这两种用法也均可。例如

```
plot([0 1],[2 3],LineWidth=2)
```

等同于

```
plot([0 1],[2 3],"LineWidth",2)          % R2021a 前用法
```

> **提示：** 本节介绍了 plot( ) 函数的名称-值参数，后面在讲解函数时将不再讲解函数对应的名称-值参数。

3.3.1　Color（线条颜色）

在 MATLAB 中，通过以下几种方式可以指定线条颜色。

1）RGB 三元组。一种用三个元素表示颜色的方式，R、G、B 分别表示红、绿、蓝分量的强度。

范围：每个分量的强度值必须在 [0,1] 范围内。例如：

```
plot(x,y,'Color',[0.4,0.6,0.7]);
```

2)十六进制颜色代码。一种用字符串表示颜色的方式,格式如下。

格式:以#开头,后跟 3 位或 6 位十六进制数字,范围可以是 0 到 F,不区分大小写。颜色代码"#FF8800"与"#ff8800"、"#F80"与"#f80"是等效的。

① 3 位简写:#RGB,每位表示红、绿、蓝分量的强度(例如#F80)。
② 6 位标准:#RRGGBB,每两位表示一个分量的强度(例如#FF8800)。

例如:

```
plot(x,y,'Color','#FF8800');           % 使用 6 位代码
plot(x,y,'Color','#F80');              % 使用 3 位代码
```

3)直接通过颜色的名称(如 red)或短名称(如 r)来指定常见的颜色。具体颜色参量见表 3-1。

表 3-1 颜色参量

颜色	英文名称	短名称	RGB 三元组	十六进制颜色代码	颜色	英文名称	短名称	RGB 三元组	十六进制颜色代码
红色	"red"	"r"	[1,0,0]	"#FF0000"	洋红	"magenta"	"m"	[1,0,1]	"#FF00FF"
绿色	"green"	"g"	[0,1,0]	"#00FF00"	青色	"cyan"	"c"	[0,1,1]	"#00FFFF"
蓝色	"blue"	"b"	[0,0,1]	"#0000FF"	黑色	"black"	"k"	[0,0,0]	"#000000"
黄色	"yellow"	"y"	[1,1,0]	"#FFFF00"	白色	"white"	"w"	[1,1,1]	"#FFFFFF"
无	"none"	—	—	—					

【例 3-18】 指定线条颜色。

在编辑器中编写以下程序并运行。

```
clf
x=linspace(0,2*pi,100);
y1=sin(x);
y2=cos(x);

% 使用 RGB 三元组指定颜色
plot(x,y1,'Color',[0.4,0.6,0.7],'LineWidth',2);
hold on

% 使用十六进制颜色代码指定颜色
plot(x,y2,'Color','#FF8800','LineWidth',2);

% 使用颜色名称指定颜色
plot(x,y1+y2,'Color','red','LineWidth',2);
hold off
```

运行程序后,输出图形如图 3-22 所示。

图 3-22　指定线条颜色

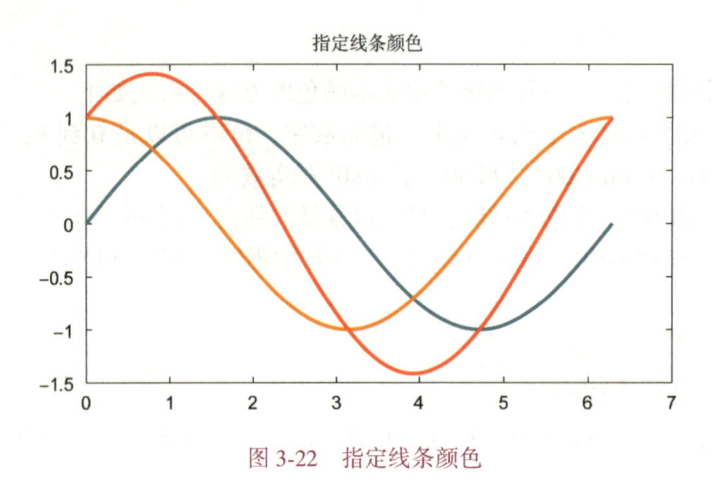

3.3.2　LineStyle（线型）

在 MATLAB 中，通过 LineStyle 属性可以设置线型，以指定线条的显示样式。MATLAB 支持的线型见表 3-2。

表 3-2　线型参量

符　号	线　型	描　述	符　号	线　型	描　述
"-"	实线（默认值）	连续的实线	":"	点线	由点组成的线
"--"	虚线	由短画线组成的线	"-."	点划线	点与短画线交替
"none"	无线条	不显示线条			

通过组合不同的 LineStyle 和颜色、标记（Marker），可以实现多种样式的图形显示。如果不希望显示线条，可以使用"none"，并结合 Marker 属性仅绘制数据点。

【例 3-19】　指定线条的显示样式。
在编辑器中编写以下程序并运行。

```
clf
x=linspace(0,2*pi,100);
y1=sin(x);
y2=cos(x);
y3=sin(2*x);

plot(x,y1,'LineStyle','-','LineWidth',1);              % 使用实线
hold on
plot(x,y2,'LineStyle','--','LineWidth',1.5);           % 使用虚线
plot(x,y3,'LineStyle',':','LineWidth',1.5);            % 使用点线
plot(x,y1+y2,'LineStyle','-.','LineWidth',1.2);        % 使用点划线
plot(x,y3-y2,'LineStyle','none','Marker','o');         % 隐藏线条(仅显示标记)
hold off
% 添加图例和标题
legend('实线','虚线','点线','点划线','无线条(仅标记)');
```

```
title('MATLABLineStyle 示例');
grid on
```

运行程序后,输出图形如图 3-23 所示。

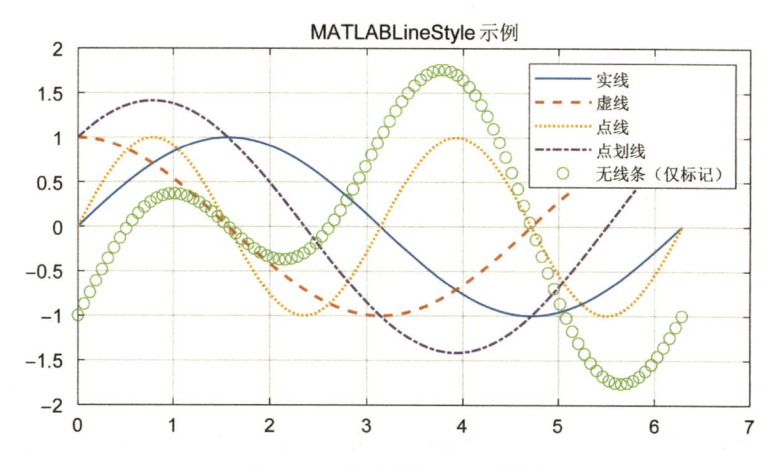

图 3-23 指定线条的显示样式

3.3.3 LineWidth(线宽)

在 MATLAB 中,通过 LineWidth 属性可以设置线条的宽度(线宽),其单位为磅(points),1 磅等于 1/72 英寸。线宽的默认值为 0.5,且线宽值必须是正值。

> **注意:** 如果线条包含标记,LineWidth 属性也会影响标记的边框宽度。此外,线条宽度不能小于像素宽度,如果设置的线条宽度值小于系统像素的宽度,则实际显示仍为一个像素宽。

【例 3-20】 设置线条的宽度。
在编辑器中编写以下程序并运行。

```
x=linspace(0,2*pi,100);
y1=sin(x);
y2=cos(x);

plot(x,y1,'LineWidth',0.5);            % 默认线宽(0.5)
hold on
plot(x,y2,'LineWidth',2);              % 设置较粗的线宽
plot(x,y1+y2,'LineWidth',5);           % 设置非常粗的线宽
hold off

% 添加图例和标题
legend('默认线宽 0.5','线宽 2','线宽 5');
title('MATLABLineWidth 示例');
grid on
```

运行程序后，输出图形如图 3-24 所示。

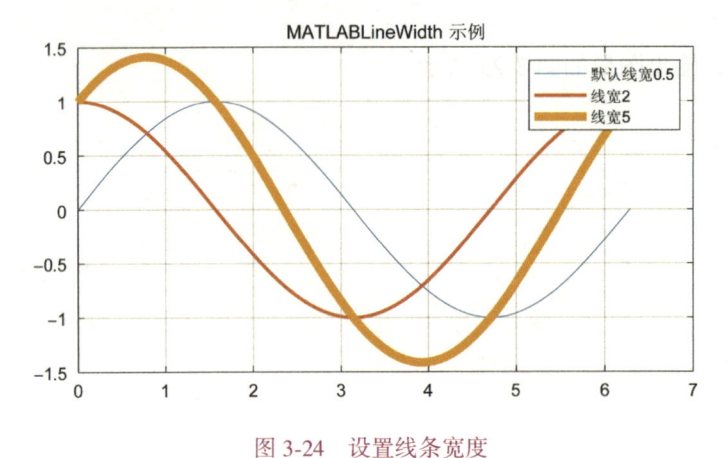

图 3-24　设置线条宽度

> **说明：** 如果线条带有标记，例如 Marker 为"o"或"*"，LineWidth 会同时调整标记的边框宽度，如：

```
plot(x,y1,'LineWidth',3,'Marker','o');
```

3.3.4　Marker（标记符号）

在 MATLAB 中，使用 Marker 属性可以为线条中的每个数据点或顶点添加标记符号，用于强调数据点的具体位置。标记符号见表 3-3。

表 3-3　标记符号参量

符　号	生成的标记	描　述	符　号	生成的标记	描　述
"o"	○	圆圈	"square"	□	方形
"+"	+	加号	"diamond"	◇	菱形
"*"	*	星号	"^"	△	上三角
"."	●	点	"v"	▽	下三角
"x"	×	叉号	">"	▷	右三角
"_"	—	水平线条	"<"	◁	左三角
"|"	|	垂直线条	"pentagram"	☆	五角形
"none"	空	无标记	"hexagram"	✶	六角形

> **说明：**
> 1）在 MATLAB 中，利用 MarkerEdgeColor 可以设置标记轮廓颜色；利用 MarkerFaceColor 可以设置标记填充颜色。指定颜色的方法参照 Color 属性。
> 2）在 MATLAB 中，利用 MarkerSize 可以设置标记大小，指定为以磅为单位的正值，默认值为 6。

【例 3-21】　添加标记符号。

在编辑器中编写以下程序并运行。

```
x=linspace(0,2*pi,10);
y1=sin(x);
y2=cos(x);

plot(x,y1,'Marker','o','LineWidth',1.5);                % 使用圆形标记
hold on
plot(x,y2,'Marker','*','LineWidth',1.5)                 % 使用星号标记
plot(x,y1+y2,'Marker','square','LineStyle','none')      % 仅使用标记,无线条
hold off

% 添加图例和标题
legend('圆形标记','星号标记','仅标记')
title('MATLABMarker 示例')
grid on
```

运行程序后,输出图形如图 3-25 所示。

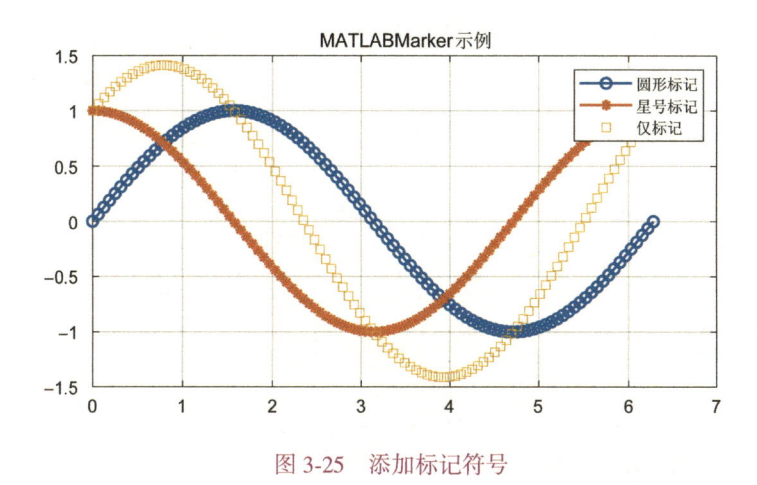

图 3-25 添加标记符号

> **提示:** 通过 MarkerSize 属性可以调整标记的大小(单位:磅),通过 MarkerEdgeColor 可以设置标记边框颜色,通过 MarkerFaceColor 可以设置标记的填充颜色,具体如下。

```
plot(x,y1,'Marker','o','MarkerSize',8)
plot(x,y1,'Marker','o','MarkerEdgeColor','red','MarkerFaceColor','blue')
```

另外,标记还可以与 LineStyle 和 LineWidth 结合使用,增强图形的可视效果。读者自行运行并查看结果即可。

3.3.5 MarkerIndices(标记索引)

在 MATLAB 中,利用 MarkerIndices 属性可以在指定的数据点显示标记。当数据点较多

MATLAB 科研绘图

时，通过设置此属性可以控制标记的显示位置，使图形更加清晰、美观。该属性默认为 1:length(YData)，即在所有数据点上显示标记。

当指定正整数向量时，明确指定在哪些索引的数据点上显示标记。指定正整数标量时，指定一个间隔，每隔一定数量的数据点显示一个标记。

【例 3-22】 标记索引。

在编辑器中编写以下程序并运行。

```matlab
x=linspace(0,2*pi,100);
y=sin(x);

% 默认所有数据点显示标记
subplot(2,3,1);
plot(x,y,'Marker','o','MarkerIndices',1:length(y));
title('默认:所有点都有标记')
grid on
% 仅在索引 10、30、50、70、90 的数据点显示标记
subplot(2,3,2);
plot(x,y,'Marker','o','MarkerIndices',[10,30,50,70,90]);
title('指定点显示标记')
grid on
% 每隔 10 个点显示一个标记
subplot(2,3,3);
plot(x,y,'Marker','o','MarkerIndices',1:10:length(y));
title('每隔一定间隔显示标记')
grid on

% 结合标记样式(Marker)
subplot(2,3,4);
plot(x,y,'Marker','*','MarkerIndices',1:15:length(y));
         % 使用'*'符号作为标记,每隔 15 个点显示一个标记
title('使用*符号作为标记')
subplot(2,3,5);
% 结合标记颜色(MarkerEdgeColor 和 MarkerFaceColor)
plot(x,y,'Marker','o','MarkerIndices',1:10:length(y),   ...
       'MarkerEdgeColor','red','MarkerFaceColor','yellow')
             % 设置标记边框为红色,填充颜色为黄色
title('设置标记边框及填充颜色')
subplot(2,3,6);
% 结合线条样式(LineStyle)
plot(x,y,'LineStyle','none','Marker','square',   ...
       'MarkerIndices',1:20:length(y))
             % 不显示线条,仅在特定数据点显示方形标记
title('仅在特定数据点显示标记')
```

运行程序后，输出图形如图 3-26 所示。

图 3-26　标记索引

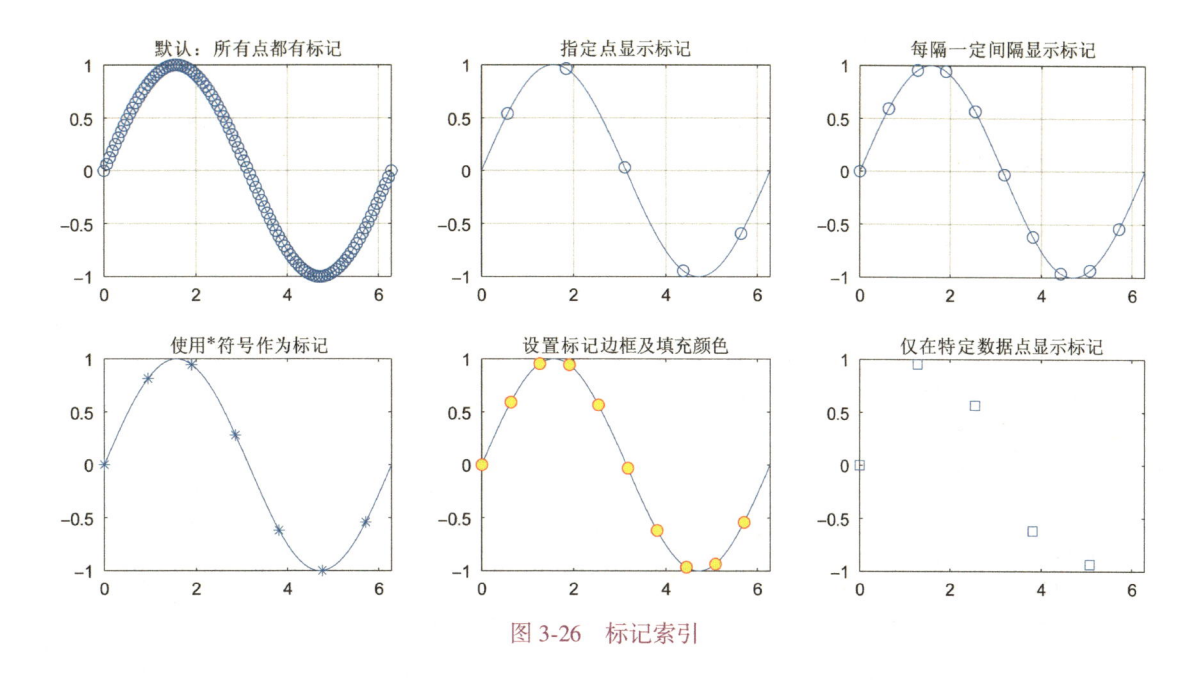

3.3.6　DatetimeTickFormat（时间轴刻度标签格式）

在 MATLAB 中，利用 DatetimeTickFormat 属性，用户可以自定义时间轴上 datetime 数据的刻度标签格式。通过指定日期和时间的显示格式，可以灵活地设置刻度标签的样式。不指定 DatetimeTickFormat 时，MATLAB 将根据坐标轴范围自动选择最合适的刻度标签格式。

常用格式及对应的输出示例见表 3-4。

表 3-4　常用刻度标签格式及输出示例

格式字符串	输 出 示 例	说　　明
"yyyy-MM-dd"	2014-04-19	年-月-日
"MM/dd/yyyy"	04/19/2014	月/日/年
"dd-MMM-yyyy"	19-Apr-2014	日-月(缩写)-年
"eeee,MMMM d,yyyy"	Saturday,April 19,2014	星期几,月 日,年
"yyyy-MM-dd HH:mm:ss"	2014-04-19 21:41:06	年-月-日 时:分:秒
"hh:mm a"	09:41 PM	小时:分钟 上午/下午
"HH:mm:ss"	21:41:06	24 小时时间格式
"MMMMyyyy"	April 2014	月　年
"qqq yyyy"	Q2 2014	季度　年

> **注意：** DatetimeTickFormat 不是图形线条属性。创建绘图时，必须使用名称-值对组参量设置刻度格式，或使用 xtickformat( ) 和 ytickformat( ) 函数设置格式。

【例 3-23】　自定义时间轴上 datetime 数据的刻度标签格式。

MATLAB 科研绘图

在编辑器中编写以下程序并运行。

```matlab
% 自动选择适合的时间格式
t=datetime(2014,4,19,21,41,6)+days(0:10)';   % 创建datetime类型的时间数据
y=rand(1,11);                                 % 生成对应的随机数据

subplot(2,2,1);                               % 创建第一个子图
plot(t,y);                                    % 绘制默认时间格式的图
title('默认时间刻度标签');                      % 根据时间跨度自动选择时间格式

% 自定义时间格式
subplot(2,2,2);                               % 创建第二个子图
plot(t,y,"DatetimeTickFormat",'eeee,MMMM d,yyyy');   % 设置详细时间格式(星期,月份,日期和年份)
title('自定义时间刻度标签');                    % 设置自定义标题

% 简化时间格式,仅显示日期
subplot(2,2,3);                               % 创建第三个子图
plot(t,y,"DatetimeTickFormat",'yyyy-MM-dd');  % 设置简化格式,仅显示日期
title('仅显示日期');                            % 设置子图标题

% 显示小时和分钟,仅显示时间
subplot(2,2,4);                               % 创建第四个子图
plot(t,y,DatetimeTickFormat='HH:mm:ss');      % 设置格式,仅显示小时、分钟和秒
title('仅显示时间');                            % 设置子图标题
```

运行程序后,输出图形如图 3-27 所示。

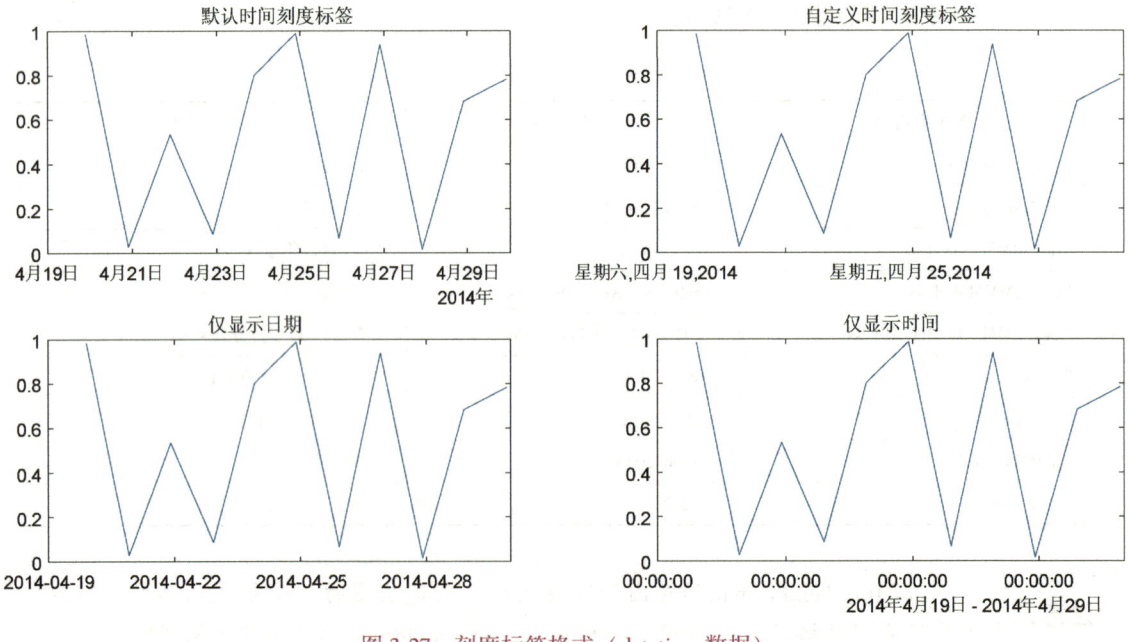

图 3-27 刻度标签格式(datetime 数据)

3.3.7 DurationTickFormat（duration 刻度标签格式）

在 MATLAB 中，利用 DurationTickFormat 属性可以自定义持续时间（duration 类型数据）的刻度标签格式。通过设置不同的格式，可以用更直观的方式展示持续时间信息。

指定为数值格式时，以小数形式表示持续时间（如小时、分钟、秒）；指定为计时器格式时，以计时器形式显示持续时间（如 hh:mm:ss）。duration 刻度标签格式与示例见表 3-5。

表 3-5 duration 刻度标签格式与示例

字符串	描述	示例输出	字符串	描述	示例输出
"y"	精确的年数（365.2425 天/年）	0.001	"dd:hh:mm:ss"	天:小时:分钟:秒	01:12:34:56
"d"	精确的天数（24 小时/天）	2.345	"hh:mm:ss"	小时:分钟:秒	12:34:56
"h"	小时数	56.789	"mm:ss"	分钟:秒	34:56
"m"	分钟数	1234.56	"hh:mm"	小时:分钟	12:34
"s"	秒数	78901.2	"hh:mm:ss.SSS"	小时:分钟:秒.毫秒（最多 9 位小数）	12:34:56.789

【例 3-24】 自定义持续时间（duration 类型数据）的刻度标签格式。

在编辑器中编写以下程序并运行。

```
% 数值格式
t=hours(0:1:24);
y=sin(linspace(0,2*pi,numel(t)));
% 以小时数显示
subplot(1,2,1);                   % 创建第一个子图
plot(t,y,'DurationTickFormat','h');
title('持续时间格式:小时数');

% 计时器格式
t=seconds(0:150:3600);            % 每隔 150 秒生成一个持续时间
y=cos(linspace(0,2*pi,numel(t)));
% 以计时器形式显示,精确到秒
subplot(1,2,2);                   % 创建第一个子图
plot(t,y,'DurationTickFormat','hh:mm:ss');
title('持续时间格式:计时器形式,精确到秒');
```

运行程序后，输出图形如图 3-28 所示。

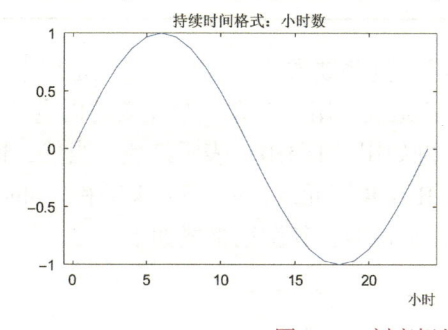

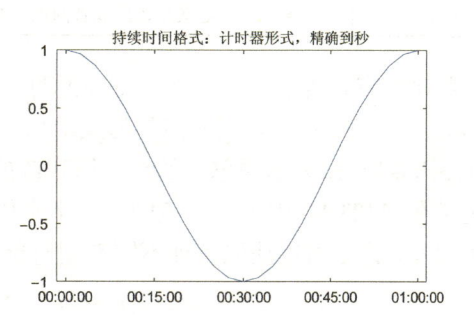

图 3-28 刻度标签格式（duration 数据）

3.4 图形对象及其属性

MATLAB 的图形系统是面向对象的，也就是说图形的输出（如曲线）是建立图形对象。通常用户不必去关心这些高级 MATLAB 命令包含的对象。

3.4.1 图形对象

MATLAB 中的对象包括父对象与子对象。父对象影响它所有的子对象，这些子对象又影响它们的子对象，以此类推。例如，轴对象会影响像对象，但不会影响用户界面控制。

父对象与子对象之间的关系见表3-6。根对象的句柄值是零，图形对象的句柄值是整数，其他对象则用浮点值作为句柄值。

可以使用和对象名字的相同低级函数绘制一个对象，如可以用 line( ) 函数绘制一线条。对象的属性通常包括以下两类。

- 属性：用来决定对象显示和保存的数据。
- 方法：用来决定对对象操作时调用什么样的函数，如当创建或者删除对象时，或用户单击它们时。

表 3-6 父对象与子对象的关系

对　象	父代	描　述
root	—	屏幕是一个根对象，所有其他的图形对象都是根的子对象。根对象的句柄值是零
figure	root	屏幕上的窗口是一个图形对象，对象的句柄值是整数，在窗口的标题中给出
axes	figure	轴对象在窗口中定义一个图形区域，可以用来描述子对象的位置和方向
uicontrol	figure	用户界面控制。当用户用鼠标在控制对象上单击时，会完成一个相应规定的任务
uimenu	figure	创建一个窗口菜单，用户用这些菜单能够控制程序
uicontextmenu	figure	创建一个图形对象的快捷菜单，也就是用户单击图形对象时会显示菜单
image	axes	用当前的色图矩阵定义一个图像，图像可以有自己的色图
line	axes	用 plot、plot3、contour 和 contour3 创建一些简单的图形
patch	axes	创建补片对象
surface	axes	输入定义一个有四个角的曲面，可以用实线或内插颜色来绘制，或者作为一个网格
text	axes	字符串，它的位置由它的父对象—轴对象来指定
light	axes	定义多边形或者曲面的光照

一些属性有缺省值，如果没有特殊说明，就是用这些缺省值。有一些属性是用来规定对象色彩的，它们以 R G B 三元组的形式给出，也就是说，用一个有三个元素的向量 [r g b]（0≤r,g,b≤1）来表示颜色中的红、绿和蓝色，例如用 [1,0,0] 表示红色。当然，也可以用预定义在 MATLAB 中表示颜色的字符串来代替 R G B 三元组，如 'black' 和 'blue'。

利用 doc 命令可以获取各种不同类型对象的详细说明，其调用格式如下。

```
docname         % 为 name 指定的功能(如函数、类或块、图形对象句柄)显示相关帮助文档
```

MATLAB 中这些图形对象从根对象开始，构成了一种层次关系。在图 3-29 中，位于左

边的是父对象，右边的是左边父对象的子对象。

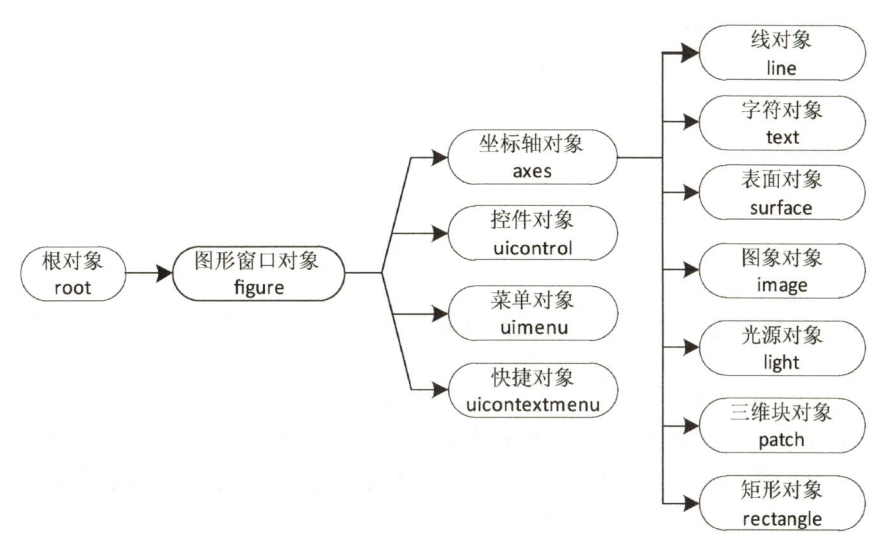

图 3-29 图形对象关系

绘图时，MATLAB 会按照图形对象关系进行绘制，例如，在调用 plot( ) 函数绘制二维曲线时，MATLAB 的执行过程大致如下。

1）使用 figure( ) 函数在屏幕对象上生成图窗（figure 对象）。
2）使用 axes( ) 函数在图窗内生成一个绘图区域（axes 对象）。
3）使用 line( ) 函数在 axes 指定的区域内绘制线条（line 对象）。

因此，MATLAB 绘制的图形由基本的图形对象组合而成，通过改变图形对象的属性可以设置所绘制的图形。

3.4.2 句柄

句柄就是某个图形对象的标记。MATLAB 给图形中的各个图形对象都指定了一个句柄，由句柄唯一地标识要操作的图形对象。对于 root 对象，其句柄就是屏幕，这是 MATLAB 的规定，不用重新生成。root 对象的句柄值为 0。

对于 figure 对象（图窗），其句柄的生成函数为 figure( )，该函数的调用格式如下。

```
figure                  % 使用默认属性值创建一个新的图窗窗口。生成的图窗为当前图窗。
figure(Name,Value)      % 使用一个或多个名称-值对组参量修改图窗的属性
f=figure(___)           % 返回 Figure 对象,在创建图窗后使用 f 可以查询或修改其属性

figure(f)               % 将 f 指定的图窗作为当前图窗,并将其显示在其他图窗之上
figure(n)               % 查找 Number 属性等于 n 的图窗,并将其作为当前图窗
```

在创建新窗口后，可以直接通过打开并返回图窗的句柄对其属性进行设置。

在 MATLAB 中，允许打开多个图窗，每个窗口均有一个对应句柄。因此，对应 figure 对象，MATLAB 还提供 gcf 命令，用于获取当前窗口的句柄，其调用格式如下。

```
handle=gcf              % 获取当前窗口的句柄,并返回到 handle 变量
```

在 MATLAB 中，axes 对象是指在图窗中设置的一个坐标轴。利用 axes() 函数可以获取 axes 对象的句柄，其调用格式如下。

```
axes                          % 在当前图窗中创建默认的笛卡尔坐标区，并将其设置为当前坐标区
axes(Name,Value)              % 使用一个或多个名称-值对组参量修改坐标区外观，或控制数据显示方式
axes(parent,Name,Value)       % 在由 parent 指定的图窗、面板或选项卡中创建坐标区
ax=axes(___)                  % 返回创建的 Axes 对象，随后使用 ax 可以查询和修改对象属性
axes(cax)                     % 将父图窗的 CurrentAxes 属性设置为 cax
```

> **说明：** 通常不需要在绘图之前创建坐标区，因为如果不存在坐标区，图形函数会在绘图时自动创建坐标区。

此外，利用 plot()、plot3() 等绘图函数绘图时，这些函数会自动生成 axes 对象。由于 axes 对象是一个经常要用到的图形对象，MATLAB 提供 gca()、gco() 函数获取当前坐标区句柄。

```
handle=gca                    % 返回当前坐标轴的句柄到 handle 变量
handle=gco                    % 返回当前对象的句柄到 handle 变量
```

在 MATLAB 中，text 对象指图形中的一串文字，利用 text() 函数可以生成 text 对象。另外，xlabel、ylabel、title 等设置字符串的函数都会自动生成 text 对象。

3.4.3 属性获取与设定

图形对象的属性可以控制对象的外观、行为等许多方面的性质。MATLAB 为不同的图形对象提供了多种控制其特性的属性。

如 figure 对象的 Color 属性可控制图窗的背景颜色；axes 对象的 Xlabel 属性设置 x 轴坐标的标签；Xgrid 属性设置是否在 x 轴的每一个刻度线画格线等。不同的图形对象有不同的属性，通过 get() 和 set() 函数可以获取或设置其属性值。

1. 获取属性

在 MATLAB 中，利用 get() 函数可以获取图形对象的属性，其调用格式如下。

```
get(h)                              % 在命令行窗口中显示指定的图形对象 h 的属性和属性值。h 必须为单个对象
s=get(h)                            % 返回一个结构体，该结构体包含指定的图形对象 h 的所有属性和属性值
v=get(h,propertyNames)              % 返回指定的图形对象 h 的指定属性的值
s=get(h,"default")                  % 返回的结构体包含为指定对象定义的所有默认属性值
s=get(groot,"factory")              % 返回的结构体包含图形根对象 groot 的所有可设置属性的出厂值
v=get(h,defaultTypeProperty)        % 返回指定图形对象 h 的指定属性和对象类型的默认值
v=get(groot,factoryTypeProperty)    % 返回图形根对象 groot 的指定属性和对象类型的出厂值
```

2. 设置属性

在 MATLAB 中，利用 set() 函数可以设置图形对象的属性，其调用格式如下。

```
set(h,Name,Value)                      % 使用一个或多个名称-值参量设置指定图形对象 h 的属性
set(h,defaultTypeProperty,defaultValue)
```

```
                                    % 使用一个或多个属性名称与值对组更改图形对象 h 的指定属性和对象类型的默认值
set(h,NameArray,ValueArray)         % 为指定的图形对象 h 设置多个属性
set(h,a)                            % 使用 a 设置多个属性
                                    % a 是一个字段名称为对象属性名称,字段值是对应的属性值的结构体
s=set(h)                            % 返回指定图形对象 h 的用户可设置属性和可能的值,h 必须为单个对象
v=set(h,propertyName)               % 返回指定属性的可能值
```

【例 3-25】 通过句柄修改图形属性。

首先在编辑器中编写以下程序并运行。

```
x=0:0.2:4*pi;
y=cos(x);
hp=plot(x,y,'r-diamond');
ht=gtext('y=cos(x)-Origin');
```

运行程序后,输出图形如图 3-30 所示。

此处返回曲线句柄 hp 和字符句柄 ht,然后通过下面的语句修改曲线和标注,得到图 3-31 所示的结果。

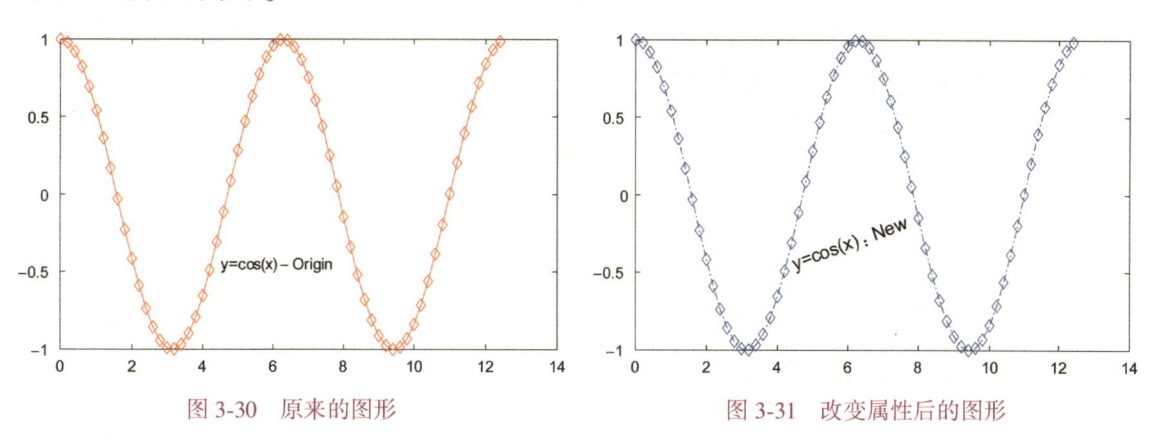

图 3-30 原来的图形　　　　　　　　　图 3-31 改变属性后的图形

```
set(hp,'linestyle','-.','color','b');
set(ht,'string','y=cos(x):New','FontSize',12,'Rotation',20);
```

通过上述两个语句,将首先改变曲线的线型和颜色,然后更新字符串的内容和字号,并将其旋转 10 度。

3.4.4 常用属性

前面提到的 MATLAB 的图形对象具有很多属性,在 MATLAB 中,坐标轴对象的常用属性见表 3-7。

表 3-7 坐标轴对象的常用属性

属　　性	描　　述
Box	是否需要坐标轴上的方框,有 on 和 off 两种选择,默认值是 on
ColorOrder	设置多条曲线的颜色顺序,设置值为 n*3 的矩阵,也可由 colormap() 函数来设置

MATLAB 科研绘图

(续)

属　性	描　述
GridlineStyle	网格线类型，如实线、虚线等，其设置类似 plot 命令的选项
NextPlot	表示坐标轴图形的更新方式。默认是值 replace，表示重新绘制图形，而且'add'选项表示在原来的图形上叠加，相当于使员工 hold on 命令的效果
Title	本坐标轴标题的句柄，具体内容由 title() 函数设定，由此句柄可以访问原来的标题
Xlabel	x 轴标注的句柄，其内容由 xlabel() 函数设定。类似的还有 Ylabel 属性和 Zlabel 属性等
XGrid	表示 x 轴是否加网格线，有 on 和 off 两种选择。类似的有 YGrid 属性和 ZGrid 属性等
XDir	x 轴方向，可以选择 nomal 或 rev。类似的由 YDir 属性和 ZDir 属性等
Color	设置坐标轴对象的背景颜色，属性是一个 1*3 的颜色向量。默认是 [1 1 1]，即白色
FontAngle	坐标轴标记文字的倾斜方式，可以选择 nomal 或 italic 等
FontName	坐标轴标记文字的字体名称
FontSize	坐标轴标记文字的大小，默认是 10pt
FontWeight	坐标轴标记文字的字体是否加黑

字符对象的常用属性包括 ColorOrder 属性、FontAngle 属性、FontName 属性、FontSize 属性等，其含义同坐标轴对象的属性含义。

【例 3-26】 修改图形属性。

在编辑器中编写以下程序并运行。

```
x=0:0.1:3;
y=sin(x).*exp(-x);
hl=plot(x,y);
hc=text(1.2,0.3,'The current curve.');
```

运行程序后，输出图形如图 3-32 所示。

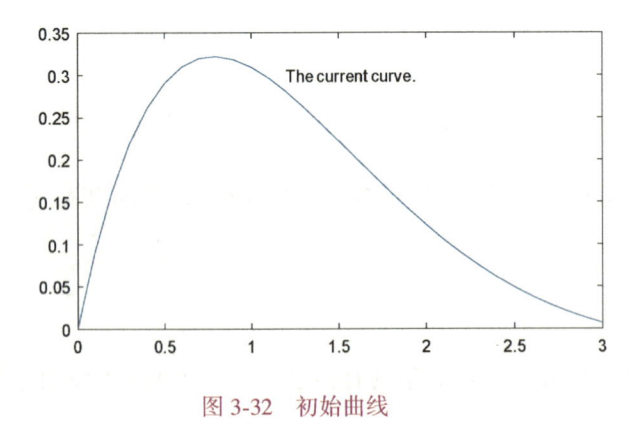

图 3-32　初始曲线

接着通过 set() 函数设置坐标轴对象和字符对象的属性。
首先在编辑器中继续编写以下程序并运行。

```
set(gca,'XGrid','on','YGrid','on');
set(hl,'linestyle','--');
```

88

```
set(hl,'Color','red');
set(hc,'fontsize',10,'rotation',-18);
```

运行程序后，输出图形如图 3-33 所示。

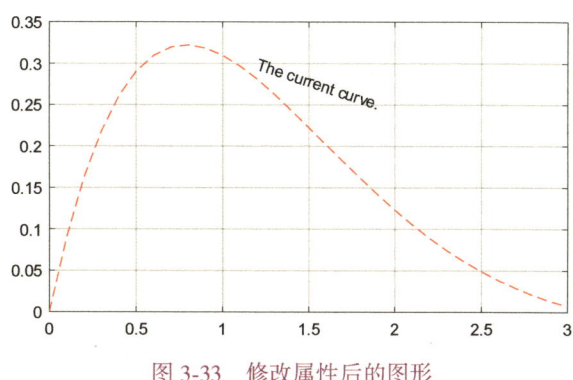

图 3-33　修改属性后的图形

3.5　函数绘制

利用 MATLAB 中提供的特殊函数可以绘制任意函数图形，即实现函数可视化。通过函数绘图大大提高了绘图效率。

3.5.1　一元函数绘图

在 MATLAB 中，fplot( )函数是绘制函数图的强大工具。该函数可以在指定的范围内绘制任意单变量函数，而不用手动生成点。它会自动确定绘图范围内的点的分布和数量，从而生成平滑的曲线。其调用格式如下。

```
fplot(f)                      % 在默认区间[-5 5](对于 x)绘制由函数 y=f(x)定义的曲线
fplot(f,xinterval)            % 将在指定区间[xmin xmax]绘图
fplot(funx,funy)
           % 在默认区间[-5 5](对 t)绘制由 x=funx(t)和 y=funy(t)定义的曲线
fplot(funx,funy,tinterval)    % 将在指定区间[tmin tmax]绘图
fplot(___,LineSpec)           % 指定线型、标记符号和线条颜色
fplot(___,Name,Value)         % 使用一个或多个名称-值对组参量指定线条属性
```

【例 3-27】　绘制函数图。
在编辑器中编写以下程序并运行。

```
figure;                           % 创建图窗

% 示例 1：基本函数绘制
subplot(2,2,1);
f1=@(x) x.^2;                     % 定义函数 y=x^2
fplot(f1,[-2,2]);                 % 在 [-2,2] 范围内绘制函数
title('y=x^2');                   % 添加标题
```

```matlab
xlabel('x');                                    % 添加 x 轴标签
ylabel('y');                                    % 添加 y 轴标签
grid on;                                        % 显示网格线

% 示例 2:同时绘制多个函数
subplot(2,2,2);
f2=@(x) sin(x);                                 % 定义函数 y=sin(x)
f3=@(x) cos(x);                                 % 定义函数 y=cos(x)
fplot(f2,[-pi,pi],'r');                         % 绘制 y=sin(x),红色曲线
hold on;
fplot(f3,[-pi,pi],'b--');                       % 绘制 y=cos(x),蓝色虚线
hold off;
legend('sin(x)','cos(x)','Location','best');    % 添加图例
title('sin(x) and cos(x)');                     % 添加标题
xlabel('x');                                    % 添加 x 轴标签
ylabel('y');                                    % 添加 y 轴标签
grid on;                                        % 显示网格线

% 示例 3:使用名称-值对参数
subplot(2,2,3);
f4=@(x) exp(-x).*sin(2*pi*x);                   % 定义函数 y=e^(-x)*sin(2πx)
fplot(f4,[0,5],'LineWidth',2,'Color',[0.1 0.7 0.3]);   % 自定义线宽和颜色
title('y=e^{-x}sin(2πx)');                      % 添加标题
xlabel('x');                                    % 添加 x 轴标签
ylabel('y');                                    % 添加 y 轴标签
grid on;                                        % 显示网格线

% 示例 4:同时绘制隐函数
subplot(2,2,4);
f5=@(x) x.^3-x+1;                               % 隐函数 1
f6=@(x) x.^3-2*x+1;                             % 隐函数 2
fplot(f5,[-2,2],'DisplayName','f1(x)=x^3-x+1');        % 设置图例名称
hold on;
fplot(f6,[-2,2],'--','DisplayName','f2(x)=x^3-2x+1');
hold off;
legend('show','Location','best');               % 显示图例
title('Comparison of Two Cubic Functions');     % 添加标题
xlabel('x');                                    % 添加 x 轴标签
ylabel('y');                                    % 添加 y 轴标签
grid on;                                        % 显示网格线
```

运行程序后,输出图形如图 3-34 所示。

在 MATLAB 中,还可以利用符号函数,通过函数 ezplot( )绘制任意一元函数,其调用格式如下。

```matlab
ezplot(f)                      % 按 x 的默认取值范围(-2*pi<x<2*pi)绘制 f=f(x)的图形
        % 对于 f=f(x,y),按-2*pi<x<2*pi、-2*pi<y<2*pi(默认)绘制 f(x,y)=0 的图形
ezplot(f,[min,max])            % 按 x 的指定取值范围(min<x<max)绘制函数 f=f(x)的图形
```

```
ezplot(f,[xmin,xmax,ymin,ymax])    % 按 x、y 的指定取值范围绘制 f(x,y)=0 的图形
ezplot(f,[xmin,xmax,ymin,ymax])    % 按指定的图窗内绘制函数 f=f(x,y) 的图形
ezplot(x,y)                         % 按 t 的默认取值范围(0<t<2*pi)绘制函数 x=x(t)、y=y(t)的图形
ezplot(x,y,[tmin,tmax])             % 按 t 的指定取值范围绘制函数 x=x(t)、y=y(t)的图形
```

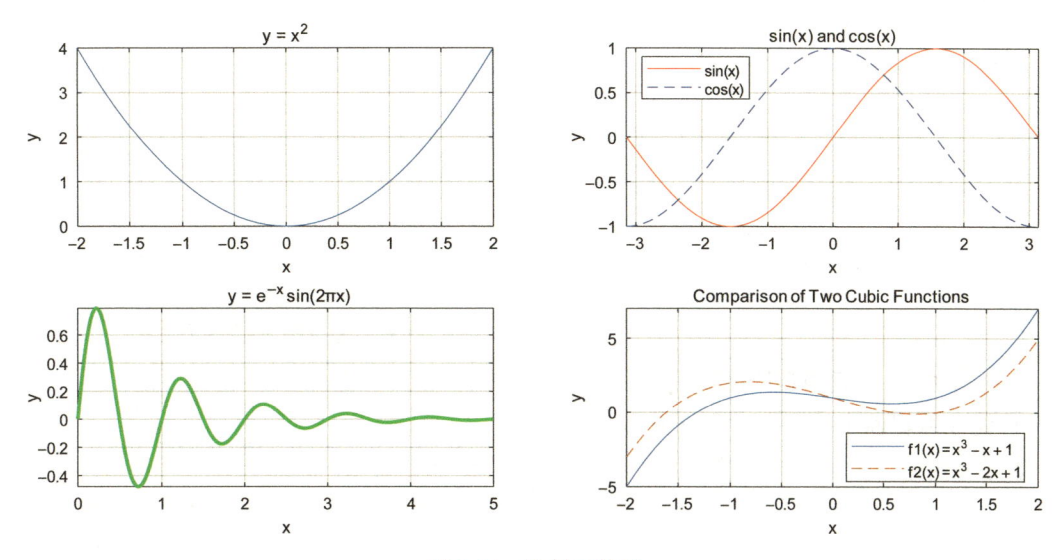

图 3-34 绘制函数图

【例 3-28】 一元函数绘图示例。

在编辑器中编写以下程序并运行。

```
f='x.^3+y.^2-3';
ezplot(f)
```

运行程序后,输出图形如图 3-35 所示。

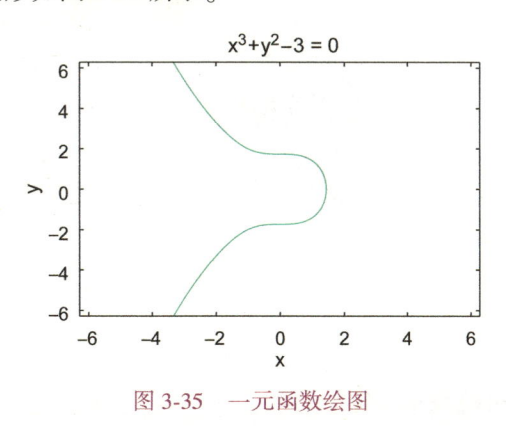

图 3-35 一元函数绘图

3.5.2 二元函数绘图

对于二元函数 $z=f(x,y)$,我们可以借用符号函数提供的 ezmesh() 函数绘制各类图形;也可以用 meshgrid() 函数获得矩阵 z,或利用循环语句 for(或 while)计算矩阵 z 的元素,

然后绘制二元函数图。

1. 函数 ezmesh( )

该函数的调用格式如下。

```
ezmesh(f)                              % 绘制函数 f(x,y) 的图形
    % 按 x、y 的默认取值范围(-2*pi<x<2*pi,-2*pi<y<2*pi)
ezmesh(f,domain)                       % 按照 domain 指定的取值范围绘制函数 f(x,y) 的图形
    % domain 可以是 4×1 的向量[xmin,xmax,ymin,ymax]
    % 也可以是 2×1 的向量[min,max],此时 min<x<max,min<y<max。
ezmesh(x,y,z)                          % 绘制函数 x=x(s,t)、y=y(s,t) 和 z=z(s,t) 的图形
    % 按 s、t 的默认取值范围(-2*pi<s<2*pi,-2*pi<t<2*pi)
ezmesh(x,y,z,[smin,smax,tmin,tmax])    % 按指定的取值范围绘制函数 f(x,y) 的图形
ezmesh(x,y,z,[min,max])                % 按指定的取值范围绘制函数 f(x,y) 的图形
ezmesh(___,n)                          % 绘制图形时,同时绘制 n×n 的网格,n=60(默认值)
ezmesh(___,'circ')                     % 绘制图形时,以指定区域的中心绘制图形
```

【例 3-29】 二元函数绘图示例。

首先在编辑器中编写以下程序并运行。

```
syms x,y;
f='sqrt(1-x^2-y)';
ezmesh(f)
```

运行程序后,输出图形如图 3-36 所示。

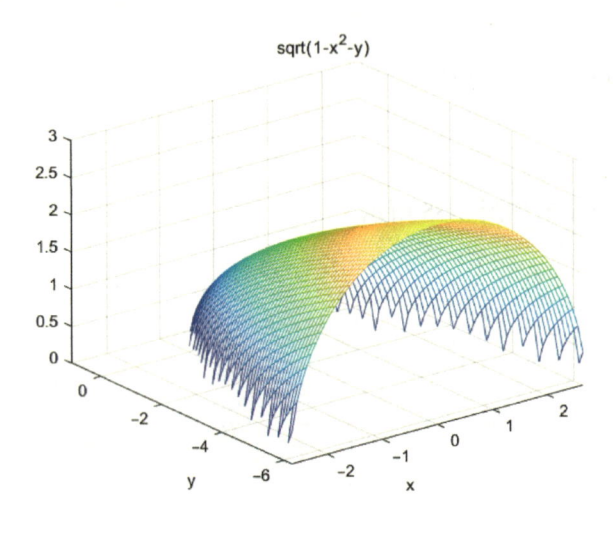

图 3-36 二元函数绘图 1

2. 利用函数 meshgrid( ) 获得矩阵 z

对于二元函数 $z=f(x,y)$,每一对 x 和 y 的值产生一个 z 的值,作为 x 与 y 的函数,z 是三维空间的一个曲面。MATLAB 将 z 存放在一个矩阵中,z 的行和列分别表示如下。

```
z(i,:)=f(x,y(i))
z(:,j)=f(x(j),y)
```

当 $z=f(x,y)$ 能用简单的表达式表示时,利用 meshgrid( ) 函数可以方便地获得所有 z 的数

据,然后用前面讲过的绘制三维图形的命令就可以绘制二元函数 $z=f(x,y)$。

【例 3-30】 绘制二元函数 $z=f(x,y)=x^3+y^3$ 的图形。

首先在编辑器中编写以下程序并运行。

```
x=0:0.1:2;                  % 给出 x 数据
y=-2:0.1:2;                 % 给出 y 数据
[X,Y]=meshgrid(x,y);        % 形成三维图形的 X 和 Y 数组
Z=X.^3+Y.^3;
surf(X,Y,Z)
xlabel('x'),ylabel('y'),zlabel('z')
title('z=x^3+y^3')
```

运行程序后,输出图形如图 3-37 所示。

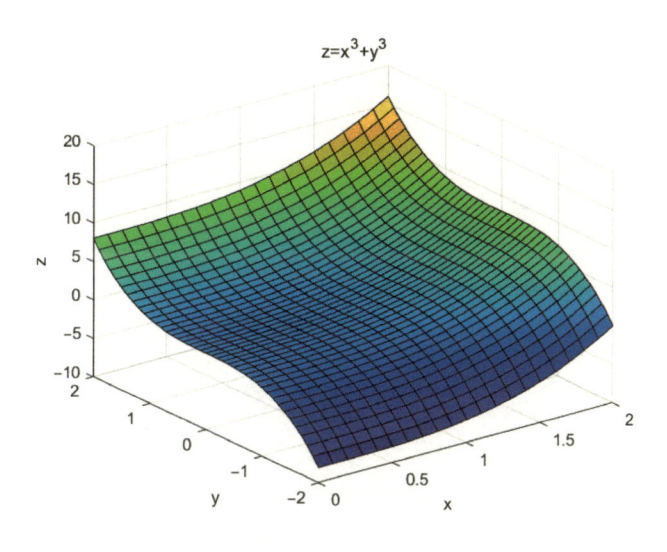

图 3-37 二元函数绘图 2

3. 用循环语句获得矩阵数据

【例 3-31】 用循环语句获得矩阵数据的方法绘图。

在编辑器中编写以下程序并运行。

```
x=0:0.1:2;                  % 给出 x 数据
y=-2:0.1:2;                 % 给出 y 数据
z1=y.^3;
z2=x.^3;
nz1=length(z1);
nz2=length(z2);
Z=zeros(nz1,nz2);
forr=1:nz1
    for c=1:nz2
        Z(r,c)=z1(r)+z2(c);
    end
end
surf(x,y,Z);
```

```
xlabel('x'),ylabel('y'),zlabel('z')
title('z=x^3+y^3')
```

运行程序后，输出图形同样如图 3-37 所示。

3.6 本章小结

通过本章的学习，读者不仅能掌握 MATLAB 的基本绘图方法，还可以学会如何对图形进行定制和美化，使其能够更有效地展示数据。本章内容为后续更高级的图形处理和数据可视化的学习奠定了基础，增强了 MATLAB 在科研、工程以及数据分析中的应用能力。

第 4 章
多子图与布局管理

在实际的数据分析中，我们往往需要在同一窗口中展示多个相关图形。MATLAB 提供了强大的多子图布局管理功能，本章将介绍如何创建多子图并进行布局管理。无论是简单的规则网格布局，还是更复杂的自定义布局，MATLAB 都能够轻松实现。通过学习这一部分的内容，读者将掌握如何灵活地安排多个子图，并为图形设计和报告制作提供更多的选择和灵活性。

4.1 多子图布局

在 MATLAB 中，利用 subplot( ) 函数可以创建多子图布局，用于将当前图窗划分为多个网格布局，并在指定位置创建子图。MATLAB 支持动态更新、替换现有子图、精确定位自定义子图以及设置子图属性，其调用格式如下。

```
subplot(m,n,p)                    % 将当前图窗划分为 m×n 网格,并在 p 指定的位置创建坐标区
subplot(m,n,p,'replace')          % 删除位置 p 的现有子图,并创建新的子图
subplot(m,n,p,'align')            % 创建对齐的子图(默认行为)
subplot(m,n,p,ax)                 % 将现有坐标区 ax 转换为 m×n 网格中的第 p 个子图
subplot('Position',pos)           % 通过指定自定义位置精确调整子图的大小和位置
subplot(m,n,p,'Name','Value')     % 通过名称-值对的形式,修改子图的属性
ax=subplot(m,n,p)                 % 可以获取子图的 Axes 对象,用于后续的修改操作
```

其中，m 为子图的行数，n 为子图的列数，p 指定子图的位置，编号从左到右、从上到下排列。pos 为指定子图的位置和大小，格式为 [left bottom width height]，值范围在 [0, 1] 之间，表示相对于整个图窗的比例。

下面通过实例展示利用 subplot( ) 函数创建多子图布局的方法。

4.1.1 规则网格布局

【例 4-1】 创建一个规则的 3×2 网格布局，绘制不同的数学函数。

在编辑器中编写以下程序并运行。

```
x=linspace(0,2*pi,100);

subplot(2,3,1);                   % 子图 1:绘制正弦函数
```

```matlab
plot(x,sin(x),'r','LineWidth',2);
title('Subplot 1: sin(x)');
grid on

subplot(2,3,2);                    % 子图 2：绘制余弦函数
plot(x,cos(x),'b--','LineWidth',2);
title('Subplot 2: cos(x)');
grid on

subplot(2,3,3);                    % 子图 3：绘制正切函数
plot(x,tan(x),'g:','LineWidth',2);
title('Subplot 3: tan(x)');
ylim([-5,5]);                      % 限制 y 轴范围
grid on

subplot(2,3,4);                    % 子图 4：绘制指数衰减函数
plot(x,exp(-x),'k-.','LineWidth',2);
title('Subplot 4: exp(-x)');
grid on

subplot(2,3,5);                    % 子图 5：绘制随机噪声
y=rand(1,100);                     % 生成随机数据
stem(x,y,'filled');
title('Subplot 5: Random Noise');
grid on

subplot(2,3,6);                    % 子图 6：绘制累积和
plot(x,cumsum(y),'m','LineWidth',2);
title('Subplot 6: Cumulative Sum');
grid on
```

运行程序后，输出图形如图 4-1 所示。

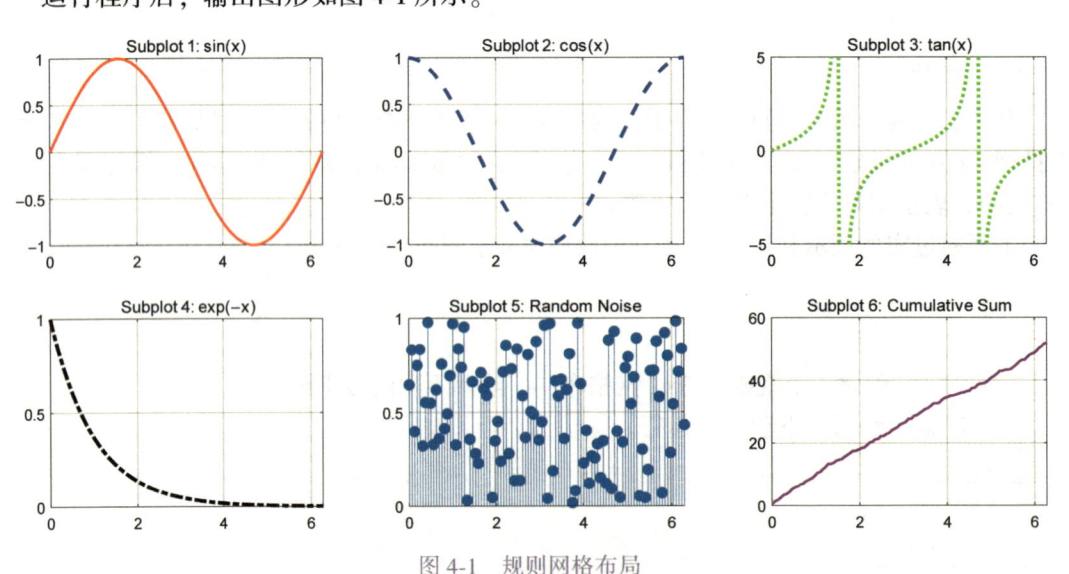

图 4-1　规则网格布局

4.1.2 合并子图

【例 4-2】 将部分网格单元合并，突出显示重要内容。

在编辑器中编写以下程序并运行。

```matlab
x=linspace(0,10,100);
y1=sin(x);
y2=cos(x);

% 合并第一行的两个子图
subplot(3,2,[1,2]);                              % 合并子图 1 和子图 2
plot(x,y1,'r',x,y2,'b--','LineWidth',2);
title('Merged Subplot: sin(x) and cos(x)');
legend('sin(x)','cos(x)');
grid on

subplot(3,2,3);                                  % 第二行子图：绘制条形图
bar(x(1:10),rand(1,10));                         % 生成条形图
title('Subplot 3: Bar Chart');
grid on

subplot(3,2,4);                                  % 第二行子图：绘制散点图
scatter(x,rand(1,100));                          % 生成散点图
title('Subplot 4: Scatter Plot');
grid on

% 合并第三行的两个子图
subplot(3,2,[5,6]);                              % 合并子图 5 和子图 6
plot(x,y1+y2,'k','LineWidth',2);                 % 绘制 sin(x)+cos(x)
title('Merged Subplot: sin(x)+cos(x)');
grid on
```

运行程序后，输出图形如图 4-2 所示。

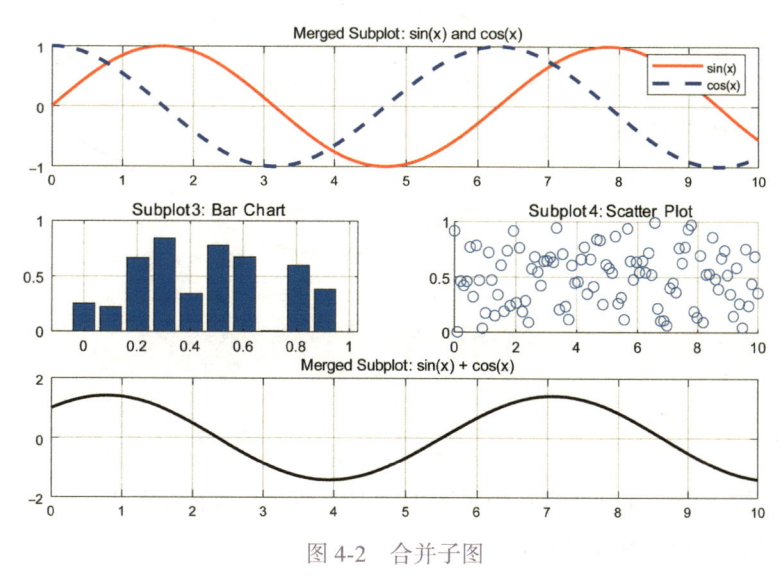

图 4-2 合并子图

4.1.3 自定义子图位置

【例 4-3】 通过 Position 参数调整子图的位置和大小。

在编辑器中编写以下程序并运行。

```
x=linspace(0,2*pi,100);
y1=sin(x);
y2=cos(x);

% 自定义第一个子图位置
subplot('Position',[0.1,0.6,0.35,0.35]);          % 子图位于窗口左上角
plot(x,y1,'r','LineWidth',2);
title('Custom Subplot 1: sin(x)');
grid on

% 自定义第二个子图位置
subplot('Position',[0.55,0.6,0.35,0.35]);         % 子图位于窗口右上角
plot(x,y2,'b--','LineWidth',2);
title('Custom Subplot 2: cos(x)');
grid on

% 自定义第三个子图位置
subplot('Position',[0.1,0.1,0.8,0.4]);            % 子图横跨整个下方
plot(x,y1+y2,'k','LineWidth',2);
title('Custom Subplot 3: sin(x)+cos(x)');
grid on
```

运行程序后,输出图形如图 4-3 所示。

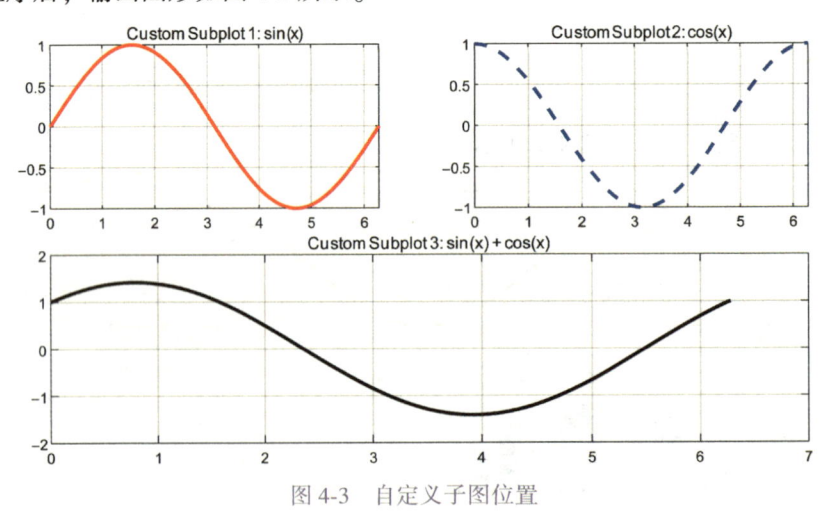

图 4-3 自定义子图位置

4.1.4 动态更新子图

【例 4-4】 续上例,在已经存在的子图中动态更新数据或替换图表。

在编辑器中编写以下程序并运行。

```matlab
x=linspace(0,2*pi,100);

% 创建子图 1
subplot(2,2,1);
plot(x,sin(x),'r','LineWidth',2);               % 绘制 sin(x)
title('Initial Subplot 1: sin(x)');
grid on

% 动态更新子图 1
subplot(2,2,1);                                 % 重新选中子图 1
plot(x,cos(x),'b--','LineWidth',2);             % 更新为 cos(x)
title('Updated Subplot 1: cos(x)');
grid on

% 创建子图 2：绘制指数函数
subplot(2,2,2);
plot(x,exp(-x),'r-.','LineWidth',2);            % 更新为指数函数
title('Subplot 2: exp(-x)');
grid on
```

运行程序后，输出图形如图 4-4 所示。

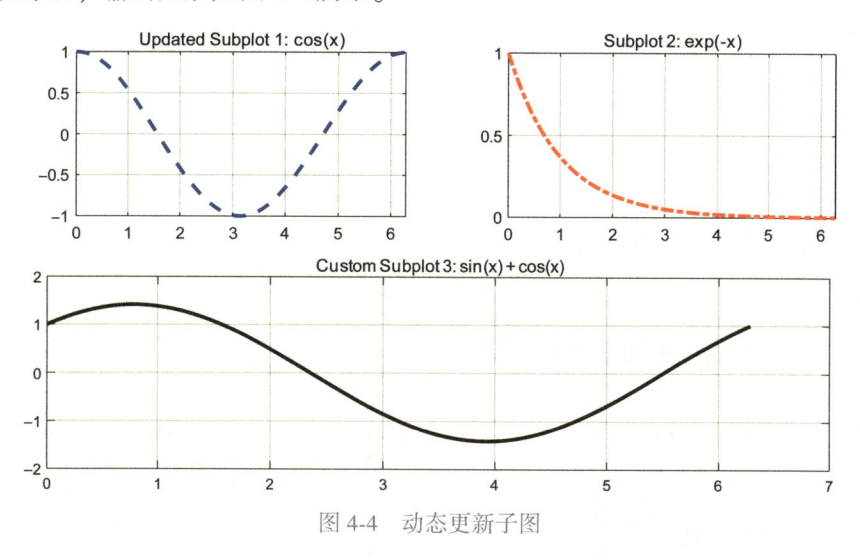

图 4-4　动态更新子图

4.1.5　综合应用

本小节将结合多种技巧，通过规则布局+动态更新+自定义位置应用的示例，展示复杂布局的创建与动态调整。

【例 4-5】　规则布局+动态更新+自定义位置应用示例。
首先在编辑器中编写以下程序并运行。

```matlab
x=linspace(0,10,100);
y1=sin(x);
```

```matlab
y2=cos(x);

% 创建规则网格布局
subplot(2,3,1);
plot(x,y1,'r','LineWidth',2);            % 绘制正弦函数
title('Subplot 1: sin(x)');
grid on
subplot(2,3,2);
plot(x,y2,'b--','LineWidth',2);          % 绘制余弦函数
title('Subplot 2: cos(x)');
grid on

% 更新第三个子图的内容
subplot(2,3,3);
plot(x,y1+y2,'k','LineWidth',2);         % 绘制 sin(x)+cos(x)
title('Subplot 3: sin(x)+cos(x)');
grid on

% 自定义子图位置
subplot('Position',[0.1,0.1,0.35,0.35]);
scatter(x,rand(1,100),'filled');         % 绘制散点图
title('Custom Subplot: Scatter Plot');

% 更新子图 1 为条形图
subplot(2,3,1);
bar(x(1:10),rand(1,10));                 % 绘制条形图
title('Subplot 1: Bar Chart');
grid on
```

运行程序后，输出图形如图 4-5 所示。

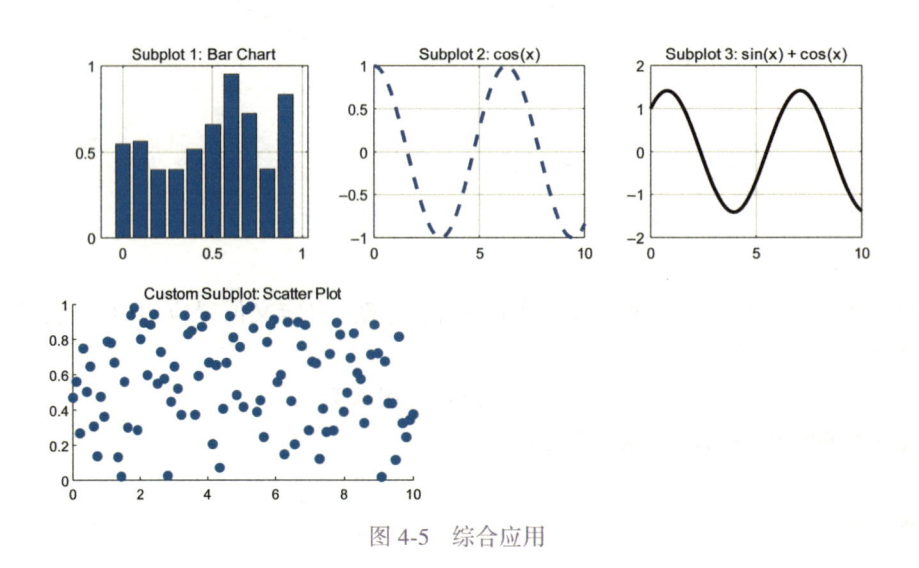

图 4-5　综合应用

4.2 分块图布局

在 MATLAB 中，利用 tiledlayout( )函数可以在 MATLAB 图窗中创建灵活且可自定义的多子图布局。它支持规则网格、动态调整布局、设置间距以及子图排列方式，提供了比传统 subplot 更强大的功能。其调用格式如下。

```
tiledlayout(m,n)            % 创建一个 m×n 的分块图布局,用于展示多个子图(绘图区域)
    % 如果当前没有图窗,会自动创建一个图窗并将布局添加到其中
    % 如果当前图窗已有布局或坐标区,会被替换为新布局
    % 布局会生成覆盖整个图窗的不可见网格,每个网格可以容纳一个坐标区
```

说明：创建布局后，先通过调用 nexttile 函数将坐标区对象放置到布局中，然后调用绘图函数在该坐标区中绘图。

```
tiledlayout(arrangement)    % 创建动态调整的布局,可以根据需要自动调整坐标区排列
```

参数 arrangement 的选项如下。

1)"flow"：根据图窗大小和已有坐标区数量，自动调整排列，以保持纵横比约为 4∶3。
2)"vertical"：垂直堆叠，新增坐标区从上到下排列。
3)"horizontal"：水平堆叠，新增坐标区从左到右排列。

提示：使用时可以不带括号指定 arrangement 参量，如 tiledlayout vertical 为坐标区的垂直堆叠创建布局。

```
tiledlayout(___,Name,Value)   % 使用名称-值对组参数指定布局的其他选项
tiledlayout(parent,___)       % 在指定的父容器中而不是在当前图窗中创建布局
    % 父容器指定为 Figure、Panel、Tab 或 TiledChartLayout 对象
t=tiledlayout(___)            % 返回 TiledChartLayout 对象 t
```

函数 tiledlayout( )的名称-值对参数包括 TileSpacing（图块间距）与 Padding（布局周围的补白）两个，具体如下。

1) TileSpacing 属性控制图块之间的间距，指定为"loose""compact""tight"或"none"。
2) Padding 属性控制布局周围的补白，指定为"loose""compact"或"tight"。布都会为所有装饰元素（如轴标签）提供空间，知识空间紧凑程度有所差别。

子图创建后可以使用 nexttile 函数选择布局中的下一个图块（子图位置），然后在该图块上绘图。其调用格式如下。

```
nexttile      % 在分块图布局中创建一个新的坐标区对象,并将其放入下一个可用图块中
```

如果当前图窗中没有布局，函数 nexttile( )会自动创建一个新的布局，使用"flow"模式排列图块。生成的坐标区会成为当前活动的坐标区，后续的绘图命令会应用到该坐标区中。

```
nexttile(span)    % 在布局中创建一个占据多行或多列的坐标区对象
    % span 指定为[ r c ]形式的向量表示图块占据的行数和列数
```

```
nexttile(tilelocation)              % 在布局中指定具体位置(图块编号)创建或操作坐标区
        % tilelocation 为指定图块位置的索引(按行优先顺序编号)
nexttile(tilelocation,span)         % 在指定位置创建占据多行或多列的坐标区
nexttile(t,___)                     % 对特定的布局对象进行操作,而不是默认的当前图窗布局。
ax=nexttile(___)                    % 返回创建的坐标区对象,可用于进一步设置属性或传递给其他函数
```

4.2.1 创建 n×m 布局

【例 4-6】 创建一个 2×2 分块图布局,并在坐标区中绘图。
在编辑器中编写以下程序并运行。

```
tiledlayout(2,2);           % 创建一个 2×2 的分块图布局
[X,Y,Z]=peaks(20);          % 生成测试数据,预定义曲面的坐标

nexttile                    % 图块 1
surf(X,Y,Z)                 % 绘制 3D 曲面图
nexttile                    % 图块 2
contour(X,Y,Z)              % 绘制等高线图
nexttile                    % 图块 3
imagesc(Z)                  % 绘制矩阵图像
nexttile                    % 图块 4
plot3(X,Y,Z)                % 绘制 3D 散点图
```

运行程序后,输出图形如图 4-6 所示。示例中,通过调用 nexttile( ) 函数,在第一个图块中创建一个坐标区对象,然后调用 surf( ) 函数以在坐标区中绘图。对其他三个图块使用不同绘图函数重复该过程。

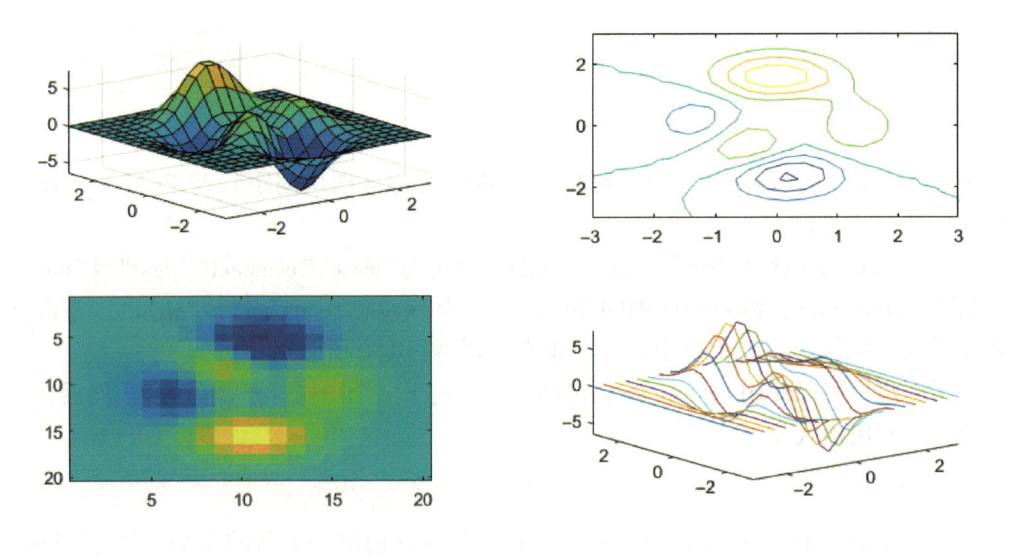

图 4-6 分块图布局

【例 4-7】 显示极坐标图和地理图。
在编辑器中编写以下程序并运行。

```matlab
tiledlayout(1,2)                              % 创建一个 1×2 的分块图布局
% 第一个图块:显示地理图
nexttile                                      % 切换到第一个图块
geoplot([47.62 61.20],[-122.33 -149.90],'g-*')  % 绘制地理图,连接两个城市
title('Geographic Plot')                      % 添加标题

% 第二个图块:显示极坐标散点图
nexttile                                      % 切换到第二个图块
theta=pi/4:pi/4:2*pi;                         % 极坐标角度
rho=[19 6 12 18 16 11 15 15];                 % 极坐标径向值
polarscatter(theta,rho)                       % 在极坐标中绘制散点图
title('Polar Scatter Plot')                   % 添加标题
```

运行程序后,输出图形如图 4-7 所示。

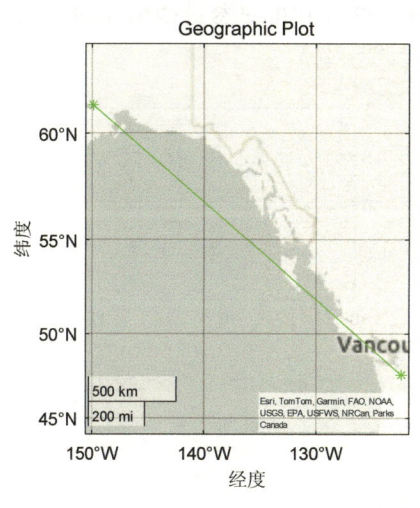

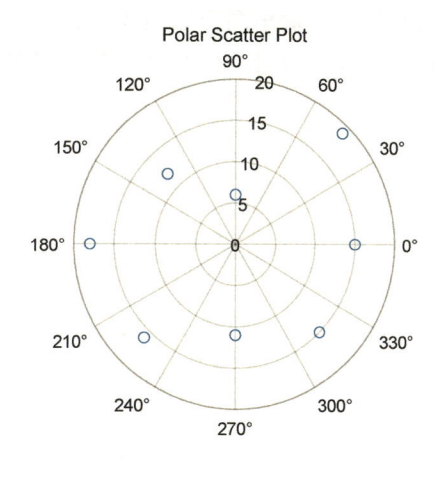

图 4-7 显示极坐标图和地理图

4.2.2 指定流式图块排列

【例 4-8】 指定流式图块排列。
在编辑器中编写以下程序并运行。

```matlab
% 创建四个坐标向量:x、y1、y2 和 y3
x=linspace(0,30);                % 创建从 0 到 30 的等间距点
y1=sin(x/2);                     % 计算第一组正弦值
y2=sin(x/3);                     % 计算第二组正弦值
y3=sin(x/4);                     % 计算第三组正弦值

tiledlayout('flow');             % 创建动态布局 flow

nexttile;                        % 创建第一个图块和坐标区,第一个图填充整个布局
plot(x,y1);                      % 绘制 y1 的曲线
```

MATLAB 科研绘图

```
nexttile;                            % 创建第二个图块
plot(x,y2);                          % 绘制 y2 的曲线

nexttile;                            % 创建第三个图块
plot(x,y3);                          % 绘制 y3 的曲线

% 创建第四个图块,并在同一坐标区中绘制三条线
nexttile;                            % 创建第四个图块
plot(x,y1);                          % 绘制 y1
holdon;                              % 保持当前坐标区
plot(x,y2);                          % 绘制 y2
plot(x,y3);                          % 绘制 y3
holdoff;                             % 释放当前坐标区
```

运行程序后,输出图形如图 4-8 所示。示例中,我们用 'flow' 参数调用 tiledlayout() 函数,以创建可容纳任意数量的坐标区的分块图布局。

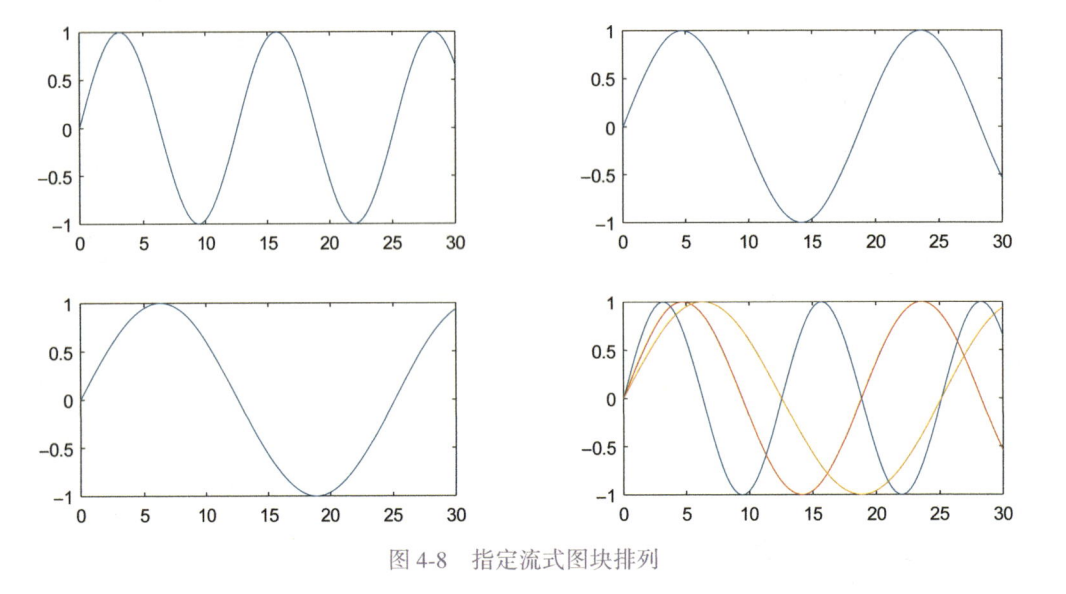

图 4-8 指定流式图块排列

4.2.3 图的堆叠

【例 4-9】 创建图的垂直堆叠。
在编辑器中编写以下程序并运行。

```
tiledlayout("horizontal")            % 创建一个垂直堆叠的分块图布局
x=0:0.1:5;                           % 生成从 0 到 5 的等间距点,步长为 0.1

% 通过调用 nexttile 函数后跟绘图函数来创建三个绘图
nexttile                             % 创建第一个图块
plot(x,sin(x))                       % 绘制正弦函数 sin(x)
nexttile                             % 创建第二个图块
plot(x,sin(x+1))                     % 绘制正弦函数 sin(x+1)
```

```
nexttile                              % 创建第三个图块
plot(x,sin(x+2))                      % 绘制正弦函数 sin(x+2)
```

运行程序后，输出图形如图 4-9 所示。在调用 tiledlayout 函数时，我们指定"horizontal"选项，创建一个分块图布局，该布局具有图的水平层叠。每次调用 nexttile 时，都会将一个新坐标区对象添加到堆叠的右侧。

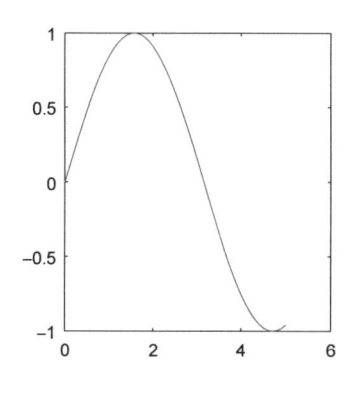

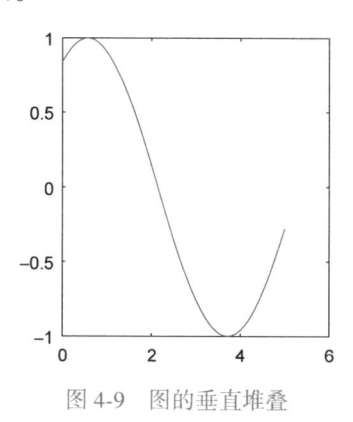

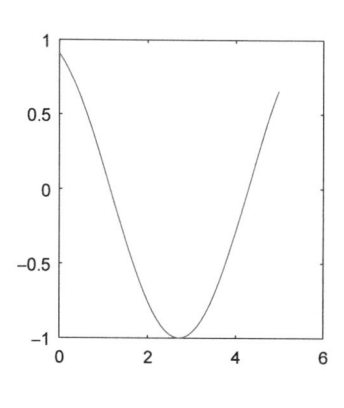

图 4-9 图的垂直堆叠

同样地，我们可以为"vertical"创建一个分块图布局，该布局具有图的垂直堆叠。读者可自行尝试。

4.2.4 调整布局间距

【例 4-10】 调整布局间距。
在编辑器中编写以下程序并运行。

```
% 创建五个坐标向量:x、y1、y2、y3 和 y4
x=linspace(0,30);                     % 生成从 0 到 30 的等间距点
y1=sin(x);                            % 计算 sin(x)
y2=sin(x/2);                          % 计算 sin(x/2)
y3=sin(x/3);                          % 计算 sin(x/3)
y4=sin(x/4);                          % 计算 sin(x/4)

t=tiledlayout(2,2);                   % 创建 2×2 的分块图布局,并存储布局对象

nexttile                              % 创建第一个图块
plot(x,y1)                            % 绘制 sin(x)
nexttile                              % 创建第二个图块
plot(x,y2)                            % 绘制 sin(x/2)
nexttile                              % 创建第三个图块
plot(x,y3)                            % 绘制 sin(x/3)
nexttile                              % 创建第四个图块
plot(x,y4)                            % 绘制 sin(x/4)

% 减小图块间距
t.TileSpacing='compact';              % 图块之间的间距设置为紧凑
t.Padding='compact';                  % 布局边缘与图窗边缘的间距设置为紧凑
```

运行程序后，输出图形如图 4-10 所示。

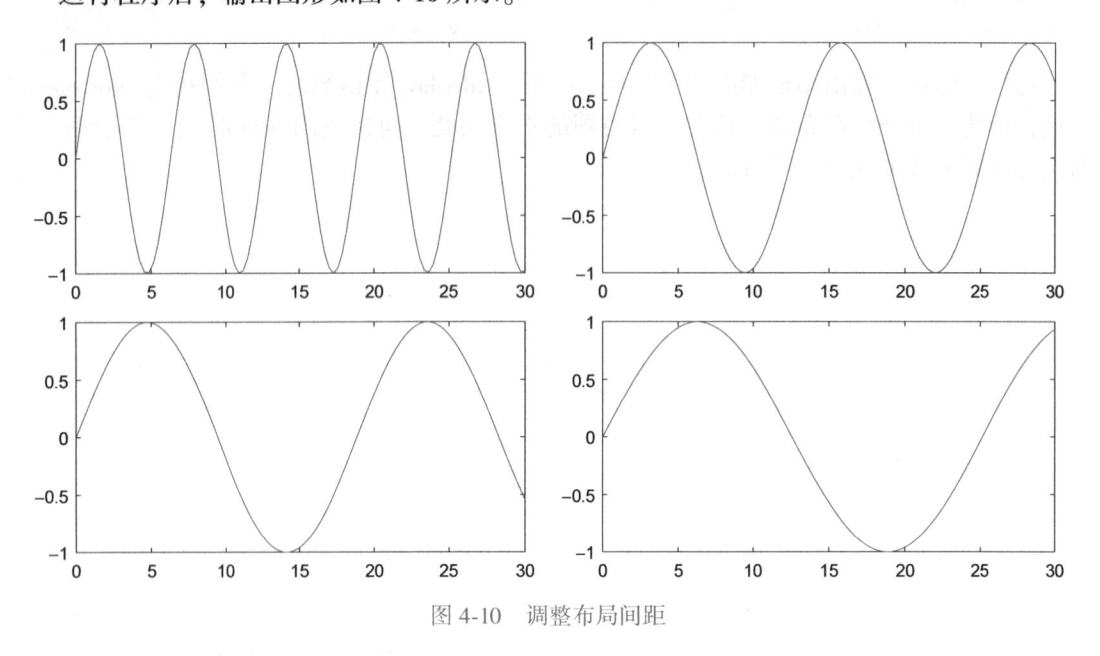

图 4-10 调整布局间距

4.2.5 创建共享标题和轴标签

【例 4-11】 创建共享标题和轴标签。
在编辑器中编写以下程序并运行。

```matlab
% 创建一个 2×2 的分块图布局,并设置 TileSpacing 为'Compact'以最小化图块间距
t=tiledlayout(2,2,'TileSpacing','Compact');

nexttile                          % 创建第一个图块
plot(rand(1,20))                  % 绘制随机数据
title('Sample 1')                 % 设置图块标题
nexttile                          % 创建第二个图块
plot(rand(1,20))                  % 绘制随机数据
title('Sample 2')                 % 设置图块标题
nexttile                          % 创建第三个图块
plot(rand(1,20))                  % 绘制随机数据
title('Sample 3')                 % 设置图块标题
nexttile                          % 创建第四个图块
plot(rand(1,20))                  % 绘制随机数据
title('Sample 4')                 % 设置图块标题

% 添加共享标题和轴标签
title(t,'Size vs. Distance')      % 设置布局的共享标题
xlabel(t,'Distance(mm)')          % 设置布局的共享 x 轴标签
ylabel(t,'Size(mm)')              % 设置布局的共享 y 轴标签
```

运行程序后，输出图形如图 4-11 所示。

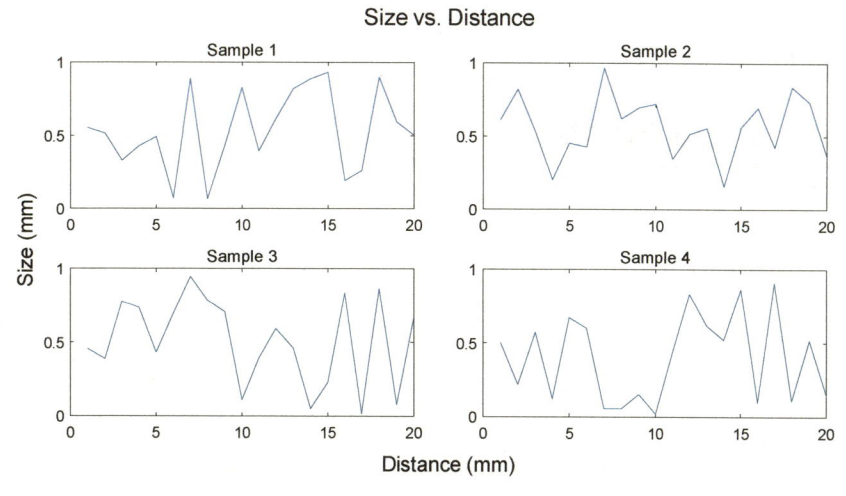

图 4-11 创建共享标题和轴标签

4.2.6 在面板中创建布局

【例 4-12】 在面板中创建布局。

在编辑器中编写以下程序并运行。

```
% 在图窗中创建一个面板
p=uipanel('Position',[0.1,0.2,0.8,0.6]);       % 创建面板,位置和大小为[左 下 宽 高]

% 在面板中创建一个 2×1 的分块图布局
t=tiledlayout(p,2,1);                          % 将面板对象 p 作为布局的父容器

% 第 1 个图块
nexttile(t)                                    % 在布局 t 的第一个图块中创建坐标区
stem(1:13)                                     % 绘制茎状图
% 第 2 个图块
nexttile(t)                                    % 在布局 t 的第二个图块中创建坐标区
bar([10,22,31,43,52])                          % 绘制柱状图
```

运行程序后,输出图形如图 4-12 所示。

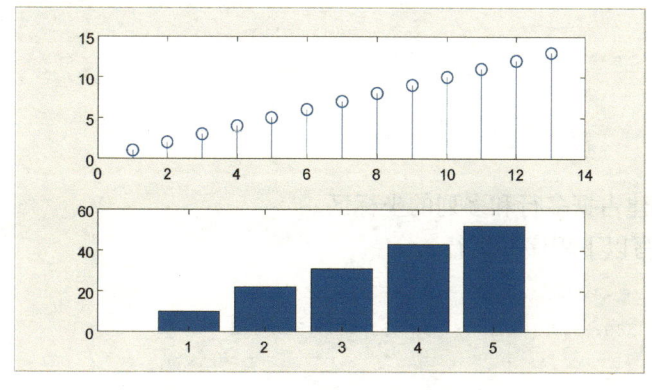

图 4-12 在面板中创建布局

4.2.7 对坐标区设置属性

【例 4-13】 对坐标区设置属性。
在编辑器中编写以下程序并运行。

```matlab
clear,clf
t=tiledlayout(2,1);                    % 创建一个 2×1 的分块图布局

% 第一个图块
ax1=nexttile;                          % 创建第一个图块并存储坐标区对象
plot([1 2 3 4 5],[11 6 10 4 18]);      % 在第一个图块中绘制折线图
ax1.XColor=[1 0 0];                    % 设置 x 轴颜色为红色
ax1.YColor=[1 0 0];                    % 设置 y 轴颜色为红色

% 第二个图块
ax2=nexttile;                          % 创建第二个图块并存储坐标区对象
plot([1 2 3 4 5],[5 1 12 9 2],'o');    % 在第二个图块中绘制散点图
ax2.XColor=[1 0 0];                    % 设置 x 轴颜色为红色
ax2.YColor=[1 0 0];                    % 设置 y 轴颜色为红色
```

运行程序后,输出图形如图 4-13 所示。

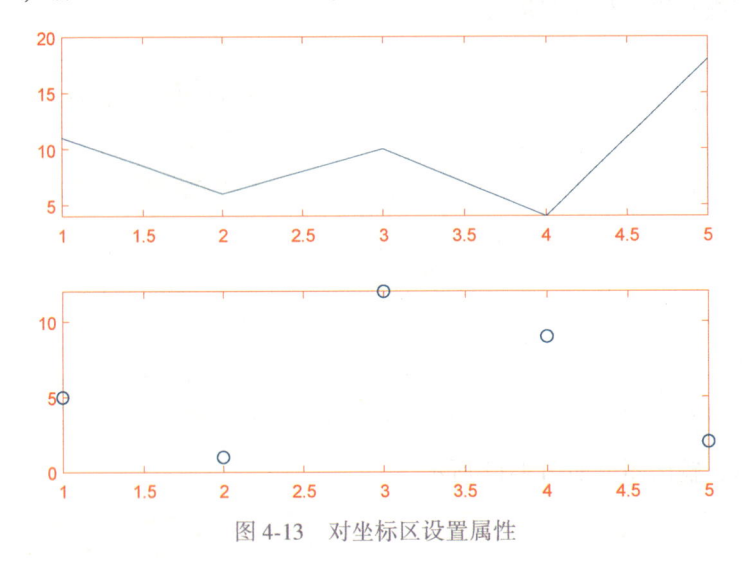

图 4-13 对坐标区设置属性

4.2.8 创建占据多行和多列的坐标区

【例 4-14】 创建占据多行和多列的坐标区。
在编辑器中编写以下程序并运行。

```matlab
% 定义保龄球联赛的数据
scores=[444 460 380; 387 366 500; 365 451 611; 548 412 452];
                                       % 每场比赛的分数数据
strikes=[9 6 5; 6 4 8; 4 7 16; 10 9 8];% 每场比赛的击球数量数据
```

```matlab
t=tiledlayout('flow');                          % 创建一个动态分块图布局
% 第一个图块：显示 Team 1 的击球数量
nexttile
plot([1 2 3 4],strikes(:,1),'-o')               % 绘制 Team 1 的击球数量折线图
title('Team 1 Strikes')                         % 设置标题
% 第二个图块：显示 Team 2 的击球数量
nexttile
plot([1 2 3 4],strikes(:,2),'-o')               % 绘制 Team 2 的击球数量折线图
title('Team 2 Strikes')                         % 设置标题
% 第三个图块：显示 Team 3 的击球数量
nexttile
plot([1 2 3 4],strikes(:,3),'-o')               % 绘制 Team 3 的击球数量折线图
title('Team 3 Strikes')                         % 设置标题
% 创建一个占据两行三列的图块
nexttile([2 3]);
bar([1 2 3 4],scores)                           % 绘制每场比赛的分数条形图
legend('Team 1','Team 2','Team 3','Location','northwest')   % 添加图例
xticks([1 2 3 4])                               % 设置 x 轴刻度
xlabel('Game')                                  % 设置 x 轴标签
ylabel('Score')                                 % 设置 y 轴标签

% 添加布局的总体标题
title(t,'April Bowling League Data')            % 设置整体布局的标题
```

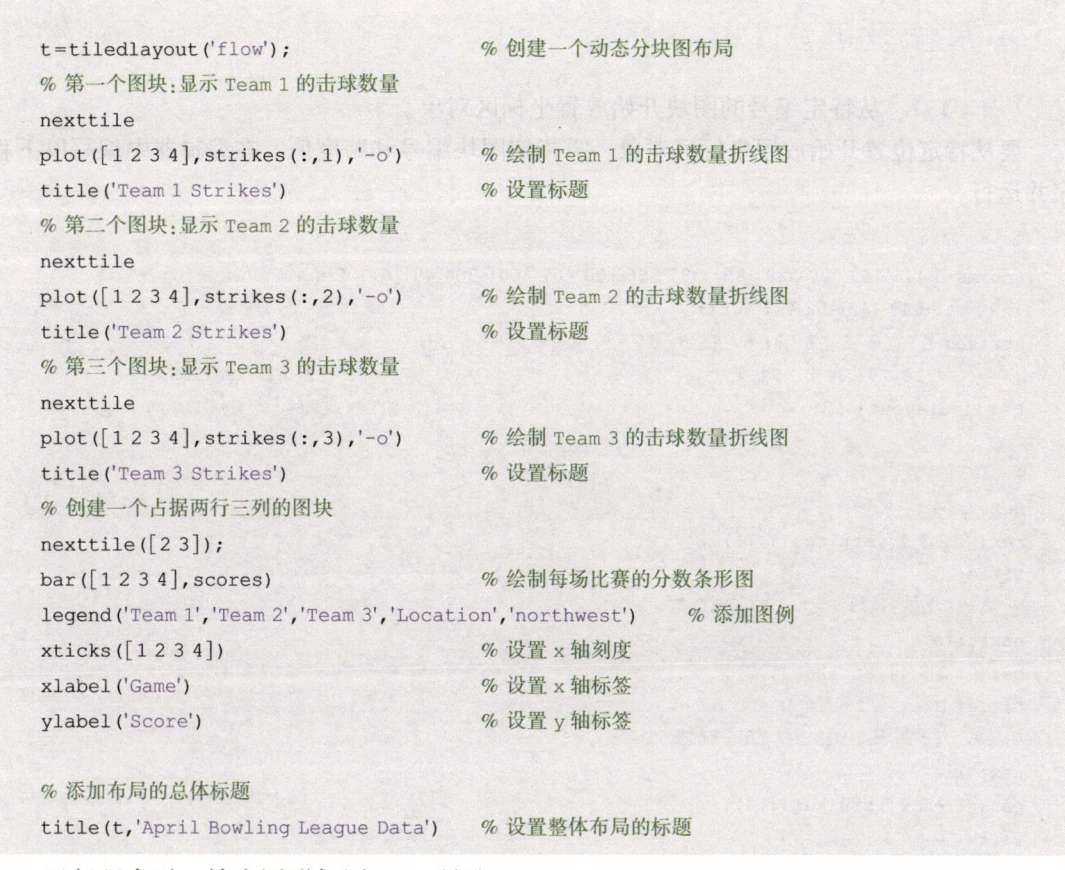

运行程序后，输出图形如图 4-14 所示。

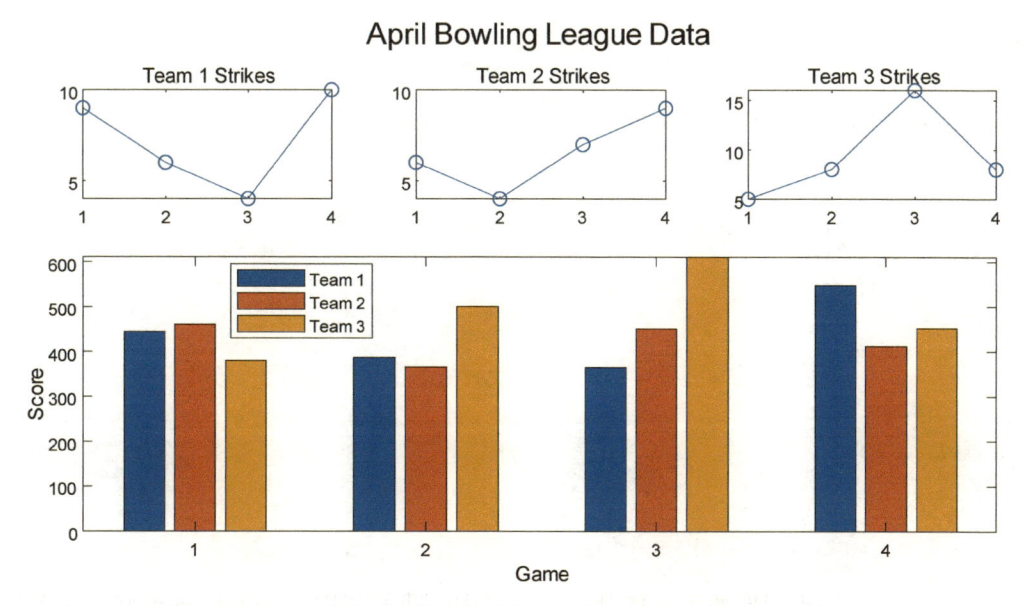

图 4-14　创建占据多行和多列的坐标区

4.2.9 在特定图块放置坐标区对象

【例 4-15】 从特定编号的图块开始放置坐标区对象。

要从特定位置开始放置坐标区对象，需指定图块编号和跨度值。在编辑器中编写以下程序并运行。

```matlab
% 定义保龄球联赛的数据
scores=[444 460 380 388 389; 387 366 500 467 460; 365 451 611 426 495;
        548 412 452 471 402];                  % 每场比赛的分数数据
strikes=[9 6 5 7 5; 6 4 8 10 7; 4 7 16 9 9;
        10 9 8 8 9];                           % 每场比赛的击球数量数据
t=tiledlayout(3,3);                            % 创建一个 3×3 的分块图布局

% 第一个图块:显示 Team 1 的击球次数
nexttile
bar([1 2 3 4],strikes(:,1))                    % 绘制 Team 1 的条形图
title('Team 1 Strikes')                        % 设置标题
% 第二个图块:显示 Team 2 的击球次数
nexttile
bar([1 2 3 4],strikes(:,2))                    % 绘制 Team 2 的条形图
title('Team 2 Strikes')                        % 设置标题
% 第三个图块:显示 Team 3 的击球次数
nexttile
bar([1 2 3 4],strikes(:,3))                    % 绘制 Team 3 的条形图
title('Team 3 Strikes')                        % 设置标题
% 第四个图块:显示 Team 4 的击球次数
nexttile
bar([1 2 3 4],strikes(:,4))                    % 绘制 Team 4 的条形图
title('Team 4 Strikes')                        % 设置标题
% 第五个图块:指定放置位置,显示 Team 5 的击球次数
nexttile(7)
bar([1 2 3 4],strikes(:,5))                    % 绘制 Team 5 的条形图
title('Team 5 Strikes')                        % 设置标题

% 创建一个较大的图块,显示所有团队的分数
nexttile(5,[2 2]);                             % 从第 5 个图块开始,占据两行两列
plot([1 2 3 4],scores,'--')                    % 绘制所有团队的分数折线图
labels={'Team 1','Team 2','Team 3','Team 4','Team 5'};  % 设置图例标签
legend(labels,'Location','northwest')          % 添加图例
% 配置 x 轴刻度和轴标签
xticks([1 2 3 4])                              % 设置 x 轴刻度
xlabel('Game')                                 % 添加 x 轴标签
ylabel('Score')                                % 添加 y 轴标签
% 添加布局的共享标题
title(t,'April Bowling League Data')           % 设置整体标题
```

运行程序后，输出图形如图 4-15 所示。示例中，我们调用 nexttile() 函数将坐标区的左上角放在第五个图块中，并使坐标区占据图块的两行和两列。将 x 轴配置为显示四个刻度,

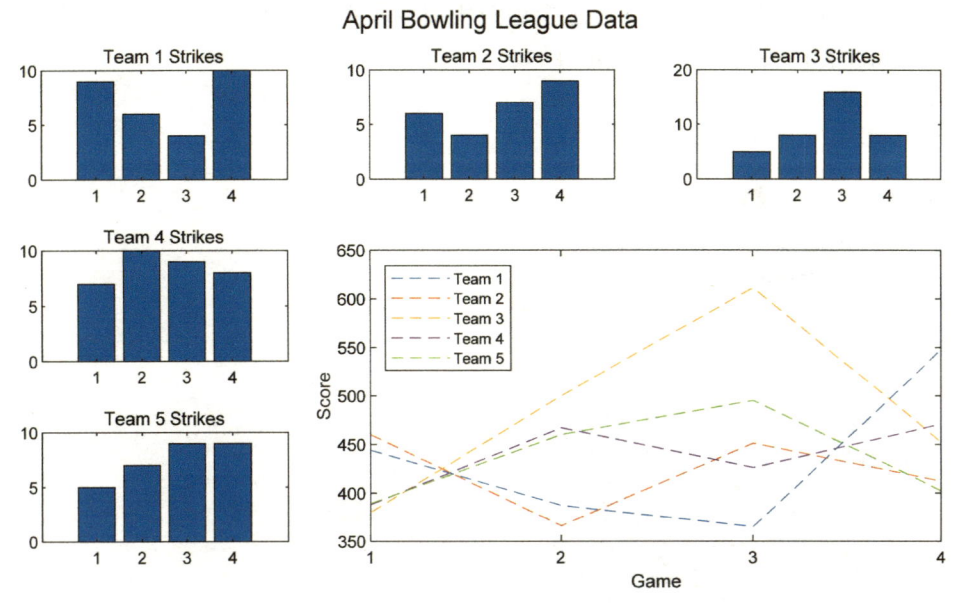

并为每个轴添加标签。最后在布局顶部添加一个共享标题。

图 4-15 在特定图块放置坐标区对象

4.2.10 配置或替换图块中的内容

【例 4-16】 重新配置上一个图块中的内容。

在编辑器中编写以下程序并运行。

```
% 创建一个 2×2 的分块图布局
tiledlayout(2,2);
[X,Y,Z]=peaks(20);              % 获取预定义曲面的坐标

nexttile                        % 第一个图块:显示 3D 曲面图
surf(X,Y,Z)
title('3D Surface')
nexttile                        % 第二个图块:显示等高线图
contour(X,Y,Z)
title('Contour Plot')
nexttile                        % 第三个图块:显示矩阵图像
imagesc(Z)
title('Image Plot')
nexttile                        % 第四个图块:显示 3D 点图
plot3(X,Y,Z)
title('3D Line Plot')

% 修改第三个图块中的颜色图
ax=nexttile(3);                 % 获取第三个图块的坐标区
colormap(ax,cool)               % 将颜色图更改为"cool"
```

MATLAB 科研绘图

运行程序后，输出图形如图 4-16 所示。可以看出，要更改第三个图块中的颜色图，首先需要获取该图块中的坐标区，并通过指定图块编号调用 nexttile( ) 函数，返回坐标区输出参量。然后将坐标区传递给 colormap( ) 函数。

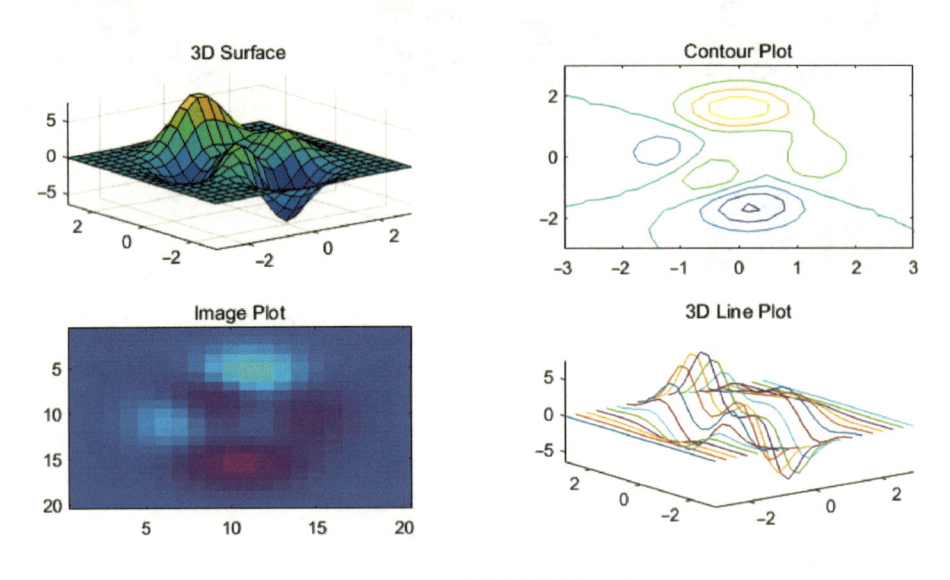

图 4-16　配置或替换图块中内容

【例 4-17】　重新配置跨图块坐标区。

在编辑器中编写以下程序并运行。

```
% 创建一个 2×3 的分块图布局
t=tiledlayout(2,3);
[X,Y,Z]=peaks;                  % 获取预定义曲面的坐标

nexttile                        % 第一个图块:显示等高线图
contour(X,Y,Z)
title('Contour Plot')
nexttile([2 2])                 % 第二个图块:占据两行两列的图块
contourf(X,Y,Z)                 % 绘制填充等高线图
title('Filled Contour Plot')
nexttile                        % 最后一个图块:显示矩阵图像
imagesc(Z)
title('Image Plot')

% 修改跨图块坐标区的颜色图
ax=nexttile(2);                 % 获取跨图块坐标区的对象
colormap(ax,hot)                % 将颜色图更改为 "hot"
```

运行程序后，输出图形如图 4-17 所示。可以看出，程序创建了一个 2×3 分块图布局，其中包含两个分别位于单独图块中的图，以及一个跨两行两列的图。

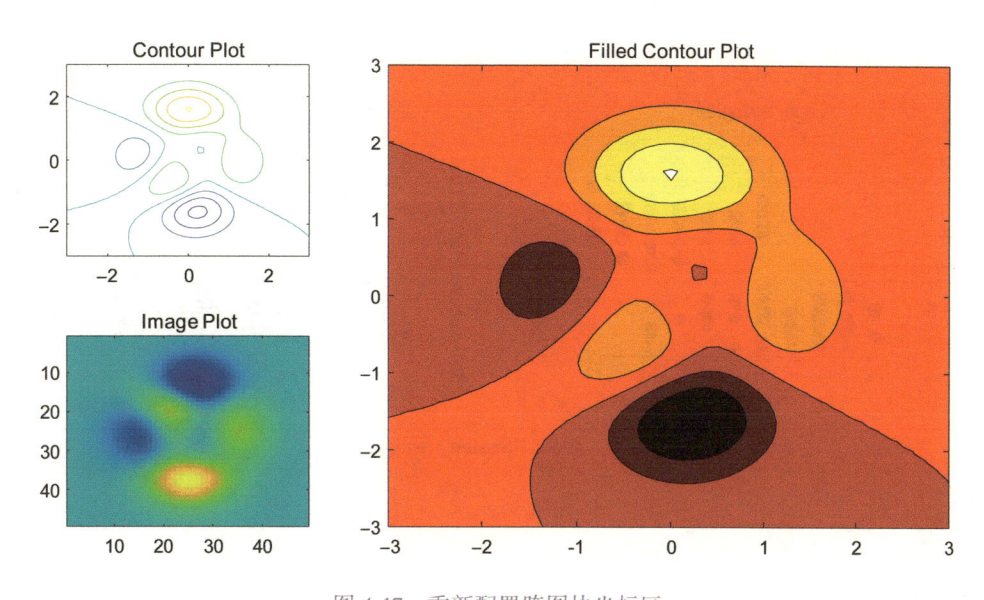

图 4-17 重新配置跨图块坐标区

【例 4-18】 替换上一个图块中的内容。
在编辑器中编写以下程序并运行。

```
load patients                                          % 加载 patients 数据集
tbl=table(Diastolic,Smoker,Systolic,Height,    ...
          Weight,SelfAssessedHealthStatus);            % 基于子集变量创建一个表

tiledlayout(2,2);                                      % 创建一个 2×2 的分块图布局
nexttile                                               % 第一个图块:散点图
scatter(tbl.Height,tbl.Weight)                         % 绘制身高与体重的散点图
title('Scatter Plot')
nexttile                                               % 第二个图块:热图
heatmap(tbl,'Smoker','SelfAssessedHealthStatus',    ...
        'Title','Smoker''s Health');                   % 绘制吸烟者健康状况热图
% 第三个和第四个图块:跨两列的堆叠图
nexttile([1 2])                                        % 占据底部两列
stackedplot(tbl,{'Systolic','Diastolic'})              % 绘制收缩压和舒张压的堆叠图
title('Blood Pressure Trends')

% 替换第一个图块内容:散点直方图
nexttile(1)                                            % 选择第一个图块
scatterhistogram(tbl,'Height','Weight'))               % 绘制身高与体重的散点直方图
title('Scatter Histogram')
```

运行程序后,输出图形如图 4-18 所示。可以看到,在第一个图块中显示散点图,第二个图块中显示热图,并显示跨底部两个图块的堆叠图。

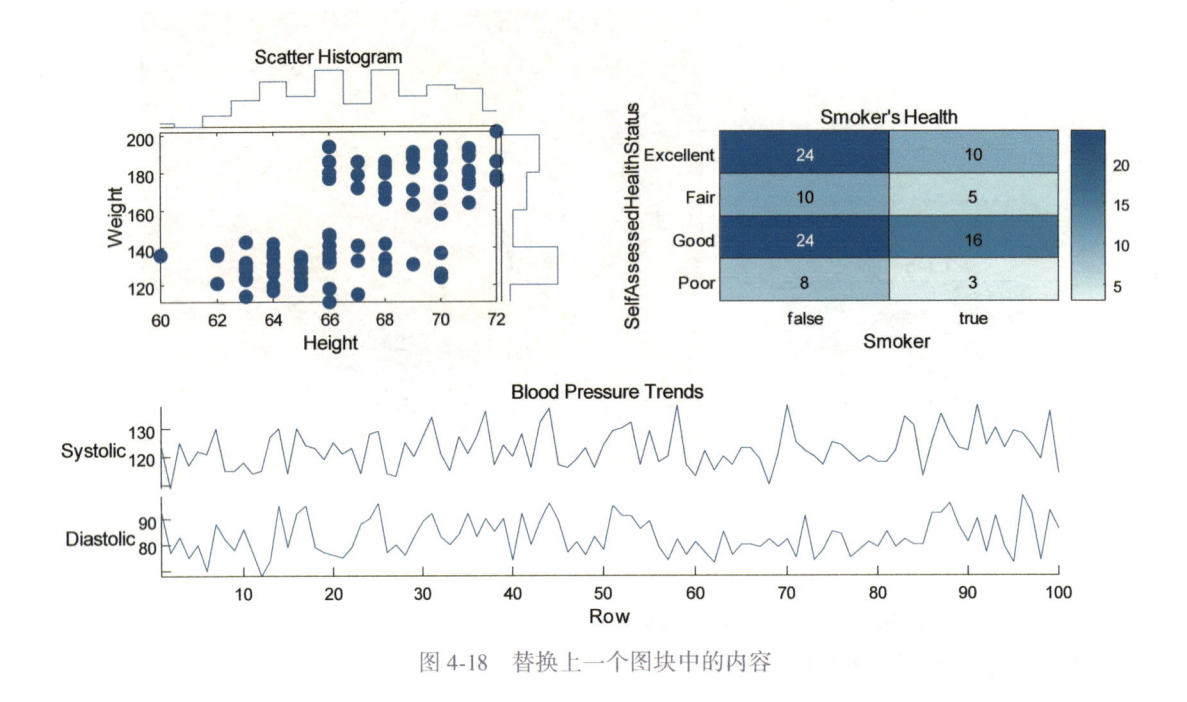

MATLAB 科研绘图

图 4-18 替换上一个图块中的内容

4.2.11 在单独图块中共享颜色栏

【例 4-19】 在单独图块中显示共享颜色栏。

在编辑器中编写以下程序并运行。

```matlab
Z1=peaks;                          % 获取 peaks 数据集
Z2=membrane;                       % 获取 membrane 数据集

tiledlayout(2,1);                  % 创建一个 2×1 的分块图布局
% 第一个图块:填充等高线图(peaks)
nexttile
contourf(Z1)                       % 绘制填充等高线图,输出略
title('Peaks Dataset')
% 第二个图块:填充等高线图(membrane)
nexttile
contourf(Z2)                       % 绘制填充等高线图,输出略
title('Membrane Dataset')

% 添加颜色栏并设置其位置
cb=colorbar;                       % 添加颜色栏
cb.Layout.Tile='east';             % 将颜色栏移动到布局的 east 图块
```

运行程序后,输出图形如图 4-19 所示。

Peaks Dataset

Membrane Dataset

图 4-19 在单独图块中共享颜色栏

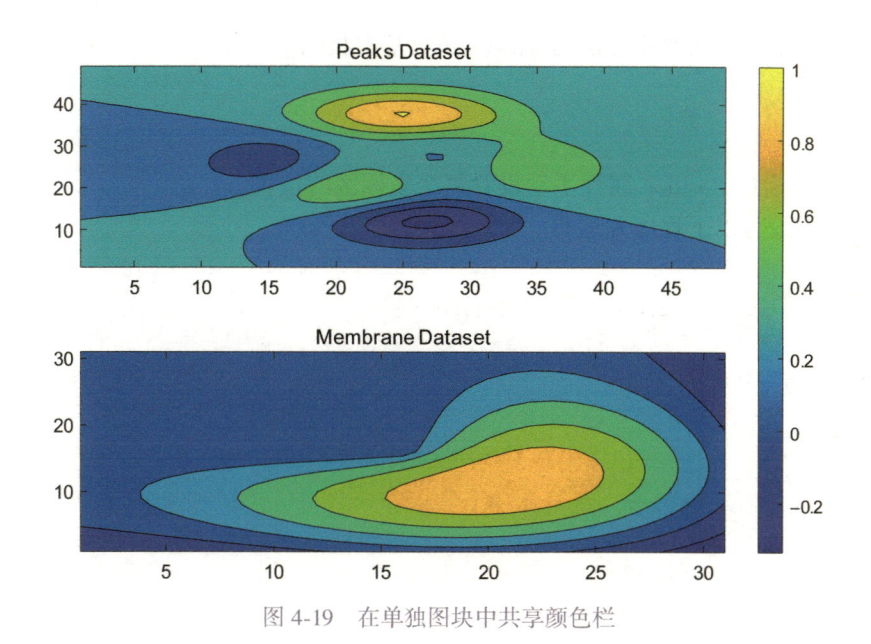

4.3 自定义坐标区

在 MATLAB 中，利用 axes() 函数可以在图窗中创建自定义笛卡尔坐标区。与 subplot() 或 tiledlayout() 不同，axes() 函数提供了更自由的位置和大小控制，适用于非规则布局或需要完全自定义子图位置的场景。其调用格式如下。

```
axes                    % 在当前图窗中创建一个默认的笛卡尔坐标区,并将其设置为当前活动的坐标区
                        % 如果当前图窗中已有其他坐标区,新的坐标区会被叠加在现有的坐标区上
                        % 如果没有图窗,会自动创建一个新的图窗
axes(Name,Value)        % 使用名称-值对组参量修改坐标区的外观,或控制数据的显示方式
axes(parent,Name,Value) % 在指定的父容器(如 Figure、Panel 或 Tab)中创建坐标区
ax=axes(___)            % 获取创建的 Axes 对象
axes(cax)               % 将指定的坐标对象 cax 设置为当前活动的坐标区
                        % 将 cax 移至父图窗 Children 属性的首位
                        % 如果父图窗的 HandleVisibility 属性为'on',cax 会成为当前活动的坐标区
```

常用名称-值对组参量见表 4-1。

表 4-1 名称-值对组参量

参 量	功 能	参 量	功 能
'Position'	指定坐标区的位置和大小 格式为 [left,bottom,width,height]	'Color'	设置背景颜色
'XLim'、'YLim'	设置 x 轴和 y 轴的范围	'Box'	是否绘制边框（'on'或'off'）
'GridColor'	设置网格线颜色	'Title'	设置标题

另外，利用坐标区函数 polaraxes() 可以创建极坐标区，利用 geoaxes() 函数可以创建地

理坐标区，这两个函数的使用方法与 axes( ) 函数基本相同。

4.3.1 自定义位置的多个坐标区

【例4-20】 通过 Position 属性手动设置每个坐标区的位置。
在编辑器中编写以下程序并运行。

```
% 创建第一个坐标区
ax1=axes('Position',[0.1,0.6,0.35,0.35]);
                    % 左下角为(0.1,0.6),宽度为0.35,高度为0.35
plot(ax1,sin(1:10));                        % 在第一个坐标区绘图
title(ax1,'Axes1:sin(x)');                  % 设置标题

% 创建第二个坐标区
ax2=axes('Position',[0.55,0.6,0.35,0.35]);  % 右上角
plot(ax2,cos(1:10));                        % 在第二个坐标区绘图
title(ax2,'Axes2:cos(x)');

% 创建第三个坐标区
ax3=axes('Position',[0.1,0.1,0.8,0.4]);     % 下方大区域
scatter(ax3,rand(1,10),rand(1,10));         % 在第三个坐标区绘图
title(ax3,'Axes3:ScatterPlot');
```

运行程序后，输出图形如图 4-20 所示。可以看出，每个 axes 坐标区的 Position 参数完全独立。通过调整 Position 的值 [left,bottom,width,height]，我们可以灵活布置多个坐标区。

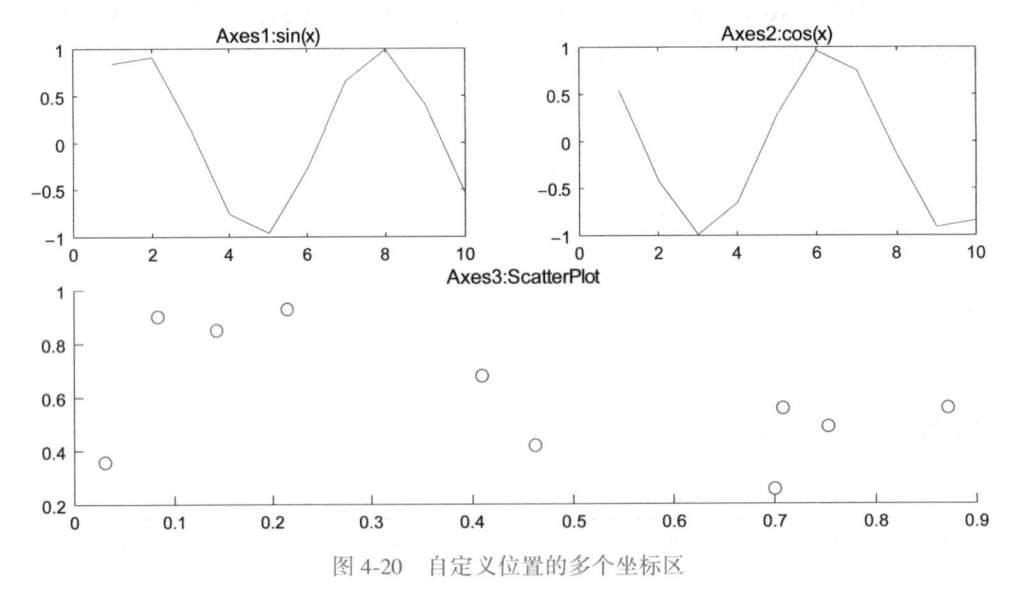

图 4-20 自定义位置的多个坐标区

4.3.2 重叠坐标区

【例4-21】 在同一个位置创建多个 axes，实现多层图形叠加的效果。
在编辑器中编写以下程序并运行。

```matlab
% 创建底层坐标区
ax1=axes('Position',[0.1,0.1,0.8,0.8]);          % 全屏区域
imagesc(rand(10));                                % 显示随机图像
title(ax1,'BackgroundImage');

% 创建上层坐标区
ax2=axes('Position',[0.3,0.3,0.4,0.4]);          % 局部区域
plot(ax2,sin(1:10),'r','LineWidth',2);            % 绘制曲线
title(ax2,'OverlayPlot');
set(ax2,'Color','none');                          % 设置透明背景
```

运行程序后，输出图形如图 4-21 所示。可以看出，上层坐标区通过设置 Color 为 'none' 实现了透明效果。通过叠加多个坐标区，我们可以实现复杂的多层图形效果。

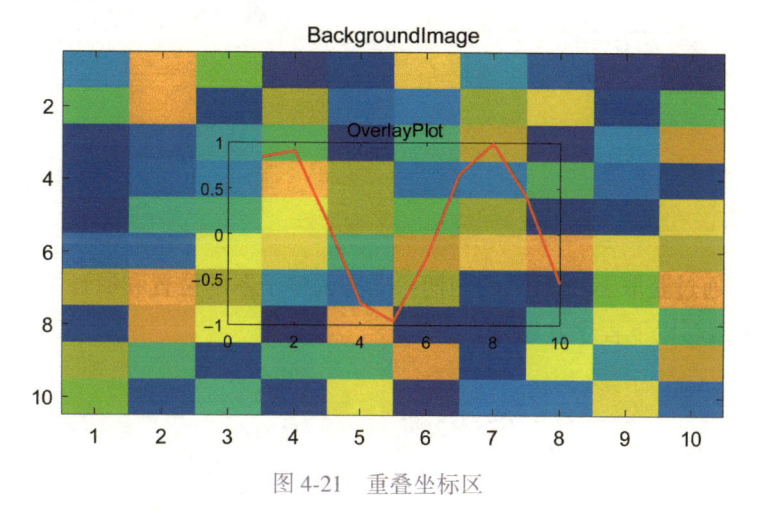

图 4-21　重叠坐标区

4.3.3　结合 uipanel 创建分块布局

【例 4-22】 与 uipanel 结合，在 GUI 界面中组织多个子图。

在编辑器中编写以下程序并运行。

```matlab
fig=uifigure('Name','AxeswithPanels');            % 创建图窗

% 创建左侧面板
panel1=uipanel(fig,'Position',[10,10,300,400],'Title','Panel1');
ax1=axes(panel1,'Position',[0.1,0.1,0.8,0.8]);    % 在面板中创建坐标区
plot(ax1,rand(1,10));
title(ax1,'Panel1:RandomPlot');

% 创建右侧面板
panel2=uipanel(fig,'Position',[320,10,300,400],'Title','Panel2');
ax2=axes(panel2,'Position',[0.1,0.1,0.8,0.8]);    % 在面板中创建坐标区
bar(ax2,rand(1,5));
title(ax2,'Panel2:BarChart');
```

运行程序后，输出图形如图 4-22 所示。本例中将 uipanel 作为容器，便于分组管理多个子图。在 uipanel 中使用 axes，以使布局更整洁。

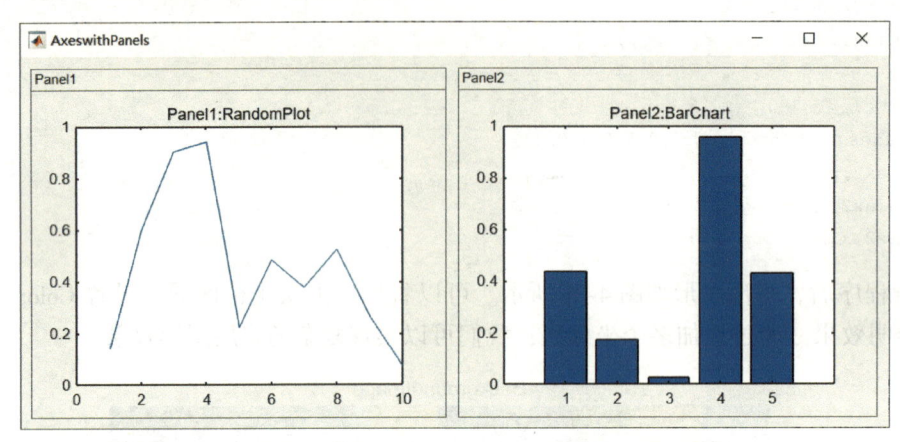

图 4-22　创建分块布局

4.3.4　动态调整布局

【例 4-23】　通过获取 axes 对象的句柄，动态调整子图的位置和属性。

在编辑器中编写以下程序并运行。

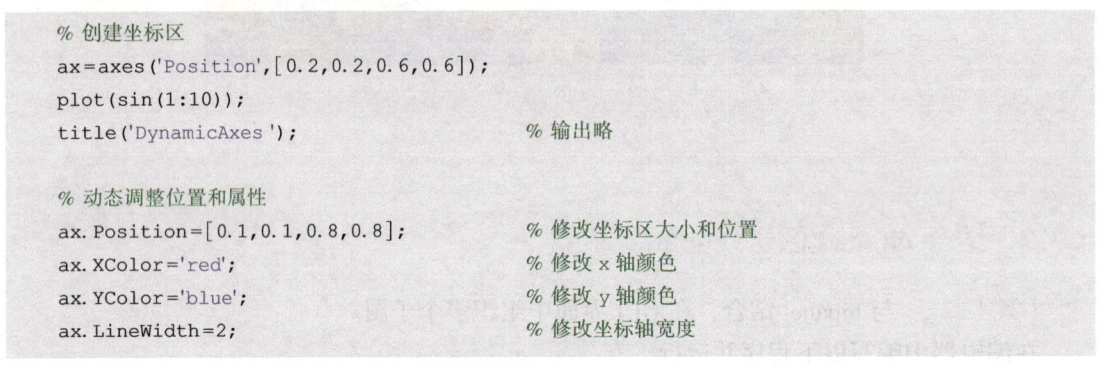

```
% 创建坐标区
ax=axes('Position',[0.2,0.2,0.6,0.6]);
plot(sin(1:10));
title('DynamicAxes');                  % 输出略

% 动态调整位置和属性
ax.Position=[0.1,0.1,0.8,0.8];         % 修改坐标区大小和位置
ax.XColor='red';                       % 修改 x 轴颜色
ax.YColor='blue';                      % 修改 y 轴颜色
ax.LineWidth=2;                        % 修改坐标轴宽度
```

运行程序后，输出图形如图 4-23 所示。

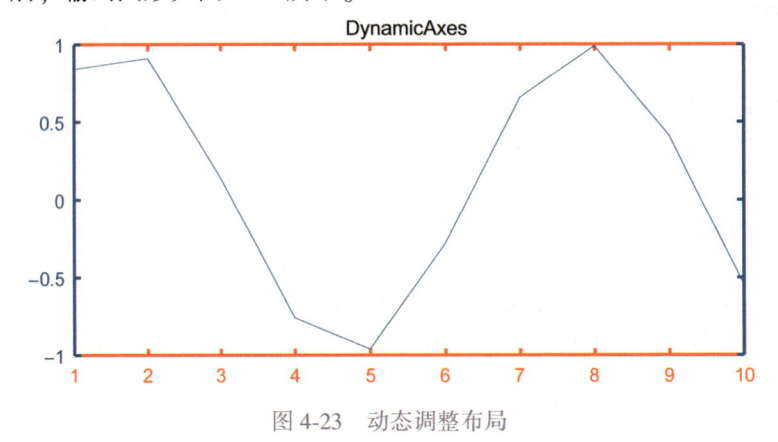

图 4-23　动态调整布局

【例 4-24】 不使用 nexttile 创建坐标区并手动定位。

在编辑器中编写以下程序并运行。

```
t=tiledlayout('flow');          % 创建一个分块图布局 t,并指定'flow'图块排列

% 在前三个图块中绘制随机数据
nexttile
plot(rand(1,10));               % 绘制第一个图块内容,输出略
title('Plot 1');
nexttile
plot(rand(1,10));               % 绘制第二个图块内容,输出略
title('Plot 2');
nexttile
plot(rand(1,10));               % 绘制第三个图块内容,输出略
title('Plot 3');
```

下面通过调用 geoaxes( ) 函数创建一个地理坐标区对象 gax,并将 t 指定为 parent 参量。默认情况下,坐标区进入第一个图块。因此通过将 gax.Layout.Tile 设置为 4,将其移至第四个图块;通过将 gax.Layout.TileSpan 设置为 [2 3],使坐标区占据图块的 2×3 的区域。

```
gax=geoaxes(t);                 % 创建一个地理坐标区对象 gax,并将 t 指定为 parent
gax.Layout.Tile=4;              % 将地理坐标区移动到第 4 个图块
gax.Layout.TileSpan=[2 3];      % 设置地理坐标区的跨度,使其占据2×3 的区域

% 使用 geoplot 函数绘制地理坐标数据
geoplot(gax,[47.62 61.20],[-122.33 -149.90],'g-*');
% 配置地理坐标区的地图中心和缩放级别
gax.MapCenter=[47.62 -122.33];  % 将地图中心设置为指定坐标
gax.ZoomLevel=2;                % 设置缩放级别
```

运行程序后,输出图形如图 4-24 所示。

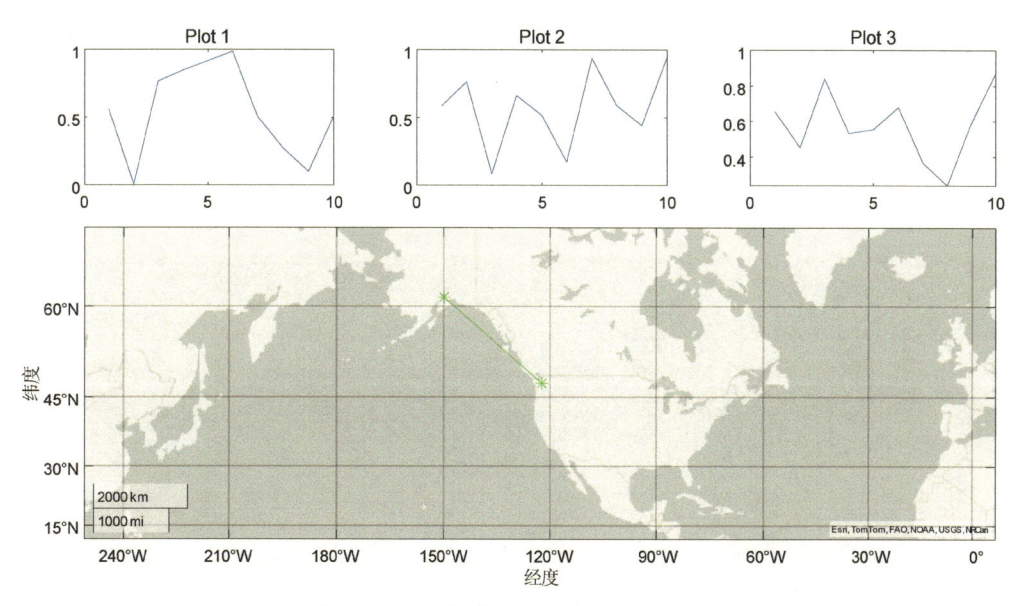

图 4-24 创建坐标区并手动定位

4.4 本章小结

本章详细介绍了 MATLAB 中多子图布局的创建方法,包括规则网格布局、合并子图、自定义布局等技巧。读者通过学习本章内容,能够根据实际需求调整图形布局,增强多图展示的灵活性和美观性。本章也为处理复杂数据集中的多图展示提供了强大的应用工具,从而提升了数据分析的表达能力。

第 5 章 图形注释与标注

为了使图形更具可读性和丰富信息量,与之配套的注释与标注不可或缺。本章将介绍如何为 MATLAB 图形添加标题、图例、坐标轴标签等内容,旨在帮助读者提升图形的表达效果。通过为图形添加详细的注释和解释,能够让图形更加清晰易懂。除此之外,MATLAB 还提供了文本标注和注释功能,读者可以通过该功能,对图形中的特定部分进行标记和说明,使其更加生动。

5.1 坐标轴信息

坐标轴是数学中用于表示点、线、面等图形位置的参考线,能够帮助读者测量、绘制和分析图形、方程和数据。在坐标轴上通常包括轴线、轴标签、轴刻度等信息。

5.1.1 设置坐标轴范围

在 MATLAB 中,利用函数 xlim() 可以设置当前坐标区中 x 坐标轴的范围,其调用格式如下。

```
xlim(limits)                    % 设置当前坐标区或图的 x 坐标轴范围
        % limits 指定为[xmin xmax]形式的二元素向量
xl=xlim                         % 以二元素向量形式返回当前范围
xlim(limitmethod)               % 指定自动范围选择的限制方法,可省略括号
        % 包括'tickaligned' 'tight'或'padded'(XLimitMethod 属性)
xlim(limitmode)                 % 指定自动或手动范围选择,括号可省略
        % 'auto'启用自动范围选择;'manual'将 x 轴范围冻结在当前值
m=xlim('mode')                  % 返回当前 x 坐标轴范围模式:'auto'或'manual'
```

另外,利用函数 ylim() 及 zlim() 可以设置当前坐标区中 y 坐标轴及 z 坐标轴的范围,它们的调用方式一致。

【例 5-1】 设置坐标轴范围。
在编辑器中编写以下程序并运行。

```
figure(1);
% 子图 1:简单正弦波
subplot(2,2,1);
```

MATLAB 科研绘图

```matlab
x=linspace(0,10,100);                          % 定义 x 数据
y=sin(x);                                      % 计算正弦值
plot(x,y,'-b','LineWidth',1.5);                % 绘制正弦曲线
xlim([0 10]);                                  % 将 x 坐标轴范围设置为 0 到 10
xlabel('x','FontSize',12);
ylabel('sin(x)','FontSize',12);
title('Sine Wave','FontSize',14);
grid on;

% 子图 2:三维曲面
subplot(2,2,2);
[X,Y,Z]=peaks;                                 % 生成曲面数据
surf(X,Y,Z,'EdgeColor','none');                % 绘制曲面并取消边框
xlim([0 inf]);                                 % 仅显示大于 0 的 x 值
xlabel('X','FontSize',12);
ylabel('Y','FontSize',12);
zlabel('Z','FontSize',12);
title('3D Surface (Peaks)','FontSize',14);
colormap jet;                                  % 设置颜色映射为 jet
colorbar;                                      % 添加颜色条
grid on;

% 子图 3:复合函数
subplot(2,2,[3,4]);                            % 合并第 3 和第 4 子图
x=linspace(-10,10,200);                        % 定义 x 数据
y=sin(4*x) ./ exp(x);                          % 计算复合函数
plot(x,y,'-r','LineWidth',1.5);                % 绘制复合曲线
xlim([0 10]);                                  % 指定 x 坐标轴范围
ylim([-0.4 0.8]);                              % 指定 y 坐标轴范围
xlabel('x','FontSize',12);
ylabel('f(x)','FontSize',12);
title('Damped Oscillation','FontSize',14);
grid on;
```

运行程序，输出图形如图 5-1 所示。

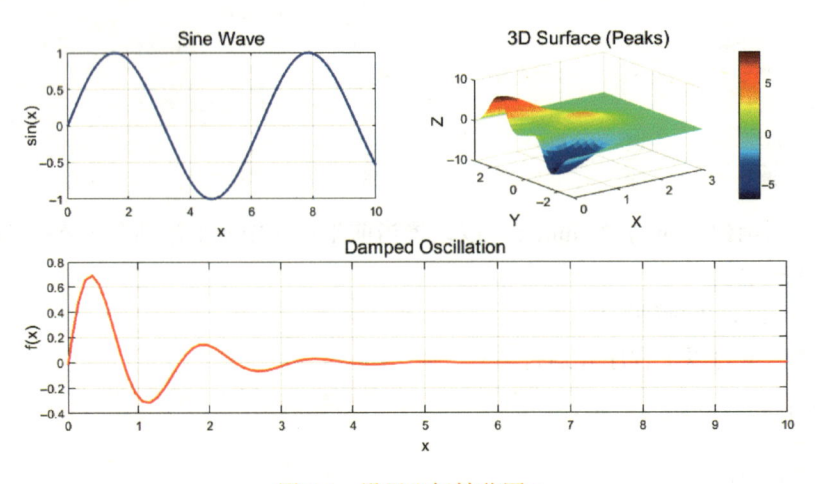

图 5-1 设置坐标轴范围 1

继续在编辑器窗口中输入以下语句。

```
figure(2);
[X,Y,Z]=peaks;                              % 生成样例数据

% 子图 1:三维曲面图 (Surface Plot)
subplot(1,2,1);
surf(X,Y,Z,'EdgeColor','none');             % 绘制曲面图,取消边框
zlim([-3 5]);                               % 设置 z 坐标轴范围为[-3,5]
xlabel('X','FontSize',12);
ylabel('Y','FontSize',12);
zlabel('Z','FontSize',12);
title('Surface Plot with Z Limit [-3,5]','FontSize',14);
colormap jet;                               % 使用 jet 颜色映射
colorbar;                                   % 添加颜色条
grid on;                                    % 打开网格
shading interp;                             % 使用插值着色,平滑曲面

% 子图 2:三维网格图(Mesh Plot)
subplot(1,2,2);
mesh(X,Y,Z);                                % 绘制网格图
zlim([-8 inf]);                             % 仅显示 Z 值大于-8 的部分
xlabel('X','FontSize',12);
ylabel('Y','FontSize',12);
zlabel('Z','FontSize',12);
title('Mesh Plot with Z Limit [0, \infty]', ...
        'FontSize',14,'Interpreter','tex');
colormap parula;                            % 使用 parula 颜色映射
grid on;                                    % 打开网格
```

运行程序,输出图形如图 5-2 所示。

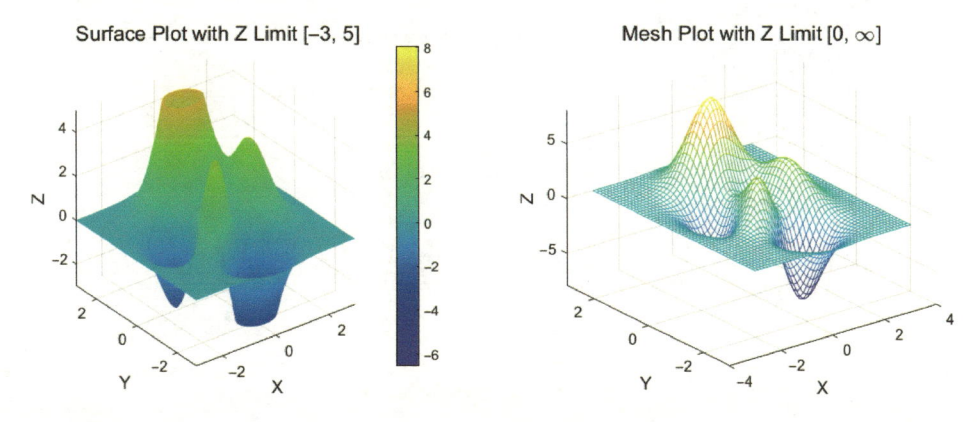

图 5-2　设置坐标轴范围 2

接着在编辑器窗口中输入以下语句。

```
figure(3);
% 创建布局
```

```matlab
tiledlayout(2,1,'TileSpacing','Compact','Padding','Compact');    % 紧凑布局

% 数据准备
x=linspace(0,5,1000);                        % 定义 x 数据
y=sin(100*x)./exp(x);                        % 定义复合函数 y

% 顶部图
ax1=nexttile;
plot(ax1,x,y,'b-','LineWidth',1.5);          % 绘制曲线
xlabel(ax1,'x','FontSize',12);
ylabel(ax1,'f(x)','FontSize',12);
title(ax1,'Full Range of f(x)','FontSize',14);    % 设置标题
grid(ax1,'on');                              % 添加网格
xlim(ax1,[0 5]);                             % 设置 x 轴范围
ylim(ax1,[-0.8 0.8]);                        % 限定 y 轴范围以突出主要变化区域

% 底部图
ax2=nexttile;
plot(ax2,x,y,'r-','LineWidth',1.5);          % 绘制曲线
xlabel(ax2,'x (Zoomed)','FontSize',12);
ylabel(ax2,'f(x)','FontSize',12);
title(ax2,'Zoomed View of f(x)','FontSize',14);   % 设置标题
grid(ax2,'on');                              % 添加网格
xlim(ax2,[0 1]);                             % 设置 x 轴范围
ylim(ax2,[-0.8 0.8]);                        % 限定 y 轴范围与顶部一致,便于对比
```

运行程序，输出图形如图 5-3 所示。

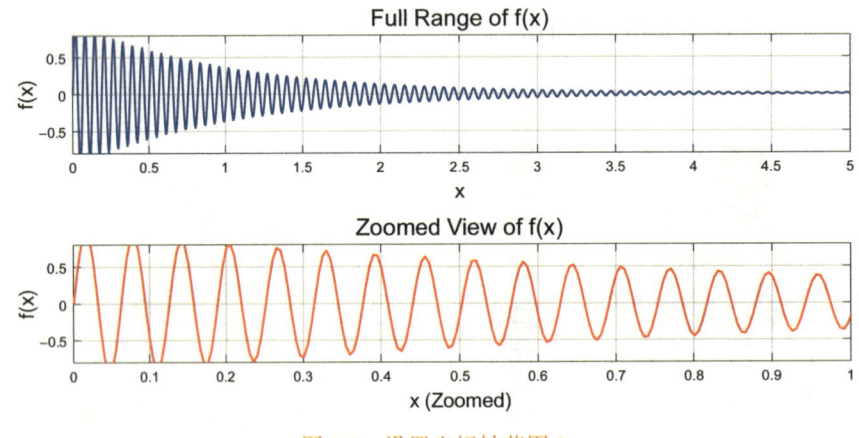

图 5-3　设置坐标轴范围 3

5.1.2　设置坐标轴刻度

在 MATLAB 中，利用函数 xticks( ) 可以设置当前坐标区中 x 坐标轴的刻度值，其调用格式如下。

```
xticks(ticks)              % 设置 x 轴刻度值,即 x 轴上显示刻度线的位置,ticks 递增值向量
xt=xticks                  % 以向量形式返回当前 x 轴刻度值。
xticks('auto')             % 设置自动模式,使坐标区确定 x 轴刻度值
xticks('manual')           % 设置手动模式,将 x 轴刻度值冻结在当前值
m=xticks('mode')           % 返回当前 x 轴刻度值模式:'auto'或'manual'
```

另外,利用函数 yticks( )及 zticks( )可以设置当前坐标区中 x 坐标轴及其刻度值,它们的调用方式一致。

【例 5-2】 展示不同的 xticks 和 xticklabels 用法。

在编辑器中编写以下程序并运行。

```
% 子图 1: 自定义刻度和标签
subplot(2,2,1);
x=linspace(0,10);
y=x.^2;
plot(x,y,'-b','LineWidth',1.5);            % 绘制二次函数曲线
xticks([0,5,10]);                          % 在 0、5 和 10 处显示刻度线
xticklabels({'x=0','x=5','x=10'});         % 为每个刻度线指定标签
xlabel('X-axis');
ylabel('Y-axis');
title('Custom Ticks and Labels');
grid on;                                   % 打开网格

% 子图 2: 非均匀刻度线
subplot(2,2,2);
x=linspace(-5,5);
y=x.^2;
plot(x,y,'-r','LineWidth',1.5);            % 绘制二次函数曲线
xticks([-5,-2.5,-1,0,1,2.5,5]);            % 非均匀值刻度线
xlabel('X-axis');
ylabel('Y-axis');
title('Non-Uniform Ticks');
grid on;                                   % 打开网格

% 子图 3: 均匀刻度线
subplot(2,2,3);
x=linspace(0,50);
y=sin(x/2);
plot(x,y,'-p','LineWidth',1.5);            % 绘制正弦曲线
xticks(0:10:50);                           % 以 10 为增量显示刻度线,从 0 到 50
xlabel('X-axis');
ylabel('Y-axis');
title('Uniform Ticks');
grid on;                                   % 打开网格

% 子图 4: 自定义 π 形式的刻度标签
subplot(2,2,4);
x=linspace(0,6*pi);
```

MATLAB 科研绘图

```
y=sin(x);
plot(x,y,'-m','LineWidth',1.5);    % 绘制正弦曲线
xlim([0,6*pi]);                    % 设置 x 轴范围
xticks(0:pi:6*pi);                 % 以 π 为增量显示刻度线
xticklabels({'0','\pi','2\pi','3\pi','4\pi','5\pi','6\pi'});
                                   % 使用文本显示 π 标签
xlabel('X-axis (\pi scale)');
ylabel('Y-axis');
title('Ticks with \pi Labels');
grid on;                           % 打开网格
```

运行程序，输出图形如图 5-4 所示。

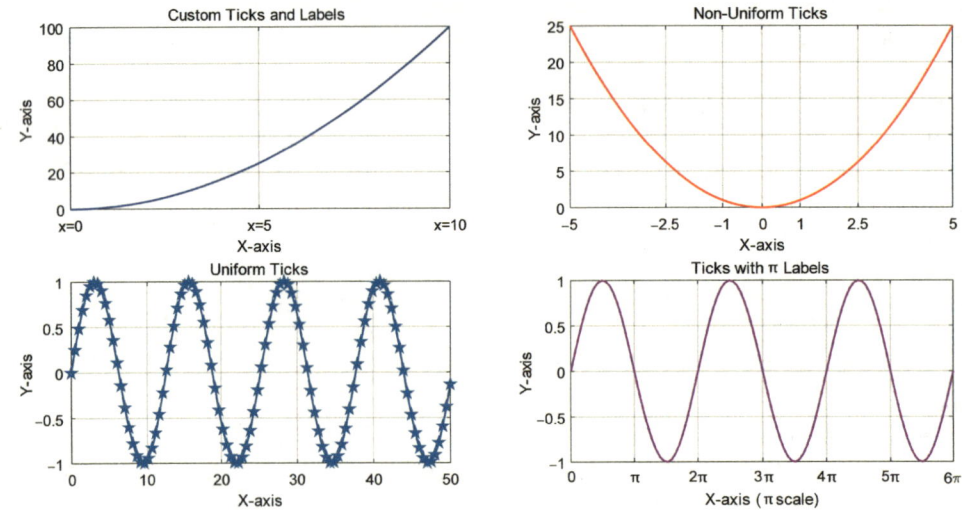

图 5-4　设置坐标轴刻度

5.1.3　添加轴标签

在 MATLAB 中，利用函数 xlabel() 可以为当前坐标区中的 x 轴添加一个标签，其调用格式如下。

```
xlabel(txt)              % 为当前坐标区或独立可视化的 x 轴添加文本标签
xlabel(target,txt)       % 为指定的目标对象(如坐标区或图窗)添加标签
xlabel(___,Name,Value)   % 使用一个或多个名称-值对组参数修改标签外观
t=xlabel(___)            % 返回 Text 对象,可以通过该对象动态设置或修改标签属性
```

名称-值对参数用于设置标签的外观属性，常用的名称-值对参量见表 5-1。

表 5-1　名称-值对参量

属性名称	说明	示例
FontSize	字体大小	'FontSize', 14
FontWeight	字体粗细（'normal'或 'bold'）	'FontWeight', 'bold'
Color	字体颜色（RGB 三元组或预定义颜色名称）	'Color', 'blue'

(续)

属性名称	说　　明	示　　例
Interpreter	控制文本的解释方式（'tex''latex'或 'none'）	'Interpreter'，'latex'
Rotation	标签的旋转角度（以度为单位）	'Rotation'，45
HorizontalAlignment	水平对齐方式（'left''center'或 'right'）	'HorizontalAlignment'，'center'

另外，利用函数 ylabel( ) 及 zlabel( ) 可以为当前坐标区中的 y 轴及 z 轴添加标签，它们的调用方式一致。

【例 5-3】 添加轴标签。

在编辑器中编写以下程序并运行。

```
% 创建第一个子图
subplot(1,2,1);
% 数据准备:非线性增长数据(人口数据示例)
x1=1:10;                                              % 年份
y1=[10,15,25,40,60,90,120,180,250,350];               % 人口(单位:千)
plot(x1,y1,'-o','LineWidth',1.5,'MarkerSize',8);      % 绘制带标记的曲线
xlabel({'Population Growth','(in thousands)'},'FontSize',12);   % 多行标签
ylabel('Population');
title('Population Growth Over Years');
grid on;

% 创建第二个子图
subplot(1,2,2);
% 数据准备:复杂的三角函数数据
x2=linspace(-4*pi,4*pi,500);                          % 更宽范围的 x 值
y2=sin(x2)+0.5*cos(2*x2);                             % 复合正弦和余弦函数
plot(x2,y2,'-b','LineWidth',1.5);                     % 绘制复合函数曲线
xlabel('-4 \pi \leq x \leq 4 \pi','Interpreter','tex','FontSize',12);
% 使用 TeX 标记
ylabel('f(x)=sin(x)+0.5*cos(2x)');
title('Trigonometric Function');
grid on;
```

运行程序，输出图形如图 5-5 所示。

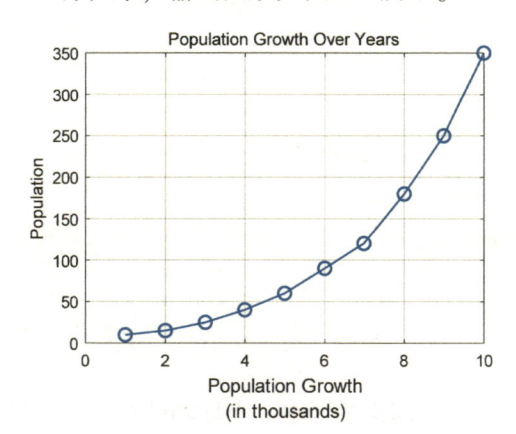

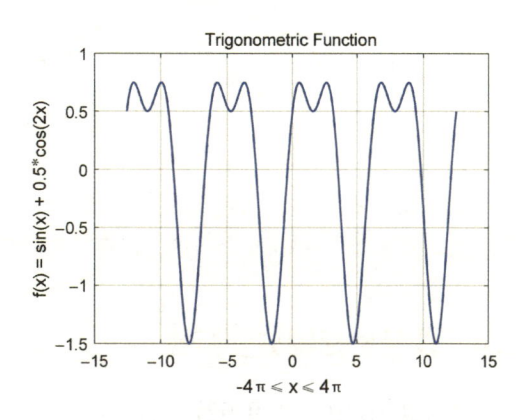

图 5-5　添加轴标签 1

【例 5-4】 为特定坐标区添加标签。

在编辑器中编写以下程序并运行。

```matlab
% 创建第一个坐标区
ax1=axes('Position',[0.1,0.6,0.8,0.3]);          % 第一个坐标区的位置和大小
x1=1:10;                                          % x 数据
y1=cumsum(rand(1,10));                            % 随机累积数据模拟增长趋势
plot(ax1,x1,y1,'-o','LineWidth',1.5,'MarkerSize',6,'Color','r');  % 绘制曲线
xlabel(ax1,'Time (days)','FontSize',12,'FontWeight','bold', ...
        'Color','b');                             % 设置 x 轴标签
ylabel(ax1,'Cumulative Value','FontSize',12);    % 设置 y 轴标签
title(ax1,'Growth Over Time','FontSize',14);     % 设置标题
grid(ax1,'on');                                   % 打开网格

% 创建第二个坐标区
ax2=axes('Position',[0.1,0.2,0.8,0.3]);          % 第二个坐标区的位置和大小
x2=linspace(0,2*pi,50);                           % x 数据
y2=sin(x2)+0.1*rand(1,50);                        % 正弦函数叠加随机噪声
plot(ax2,x2,y2,'-s','LineWidth',1.5,'MarkerSize',6,'Color','g');  % 绘制曲线
xlabel(ax2,'Angle (radians)','FontSize',12,'FontWeight','bold', ...
        'Color','m');                             % 设置 x 轴标签
ylabel(ax2,'Amplitude','FontSize',12);           % 设置 y 轴标签
title(ax2,'Noisy Sine Wave','FontSize',14);      % 设置标题
grid(ax2,'on');                                   % 打开网格
```

运行程序，输出图形如图 5-6 所示。

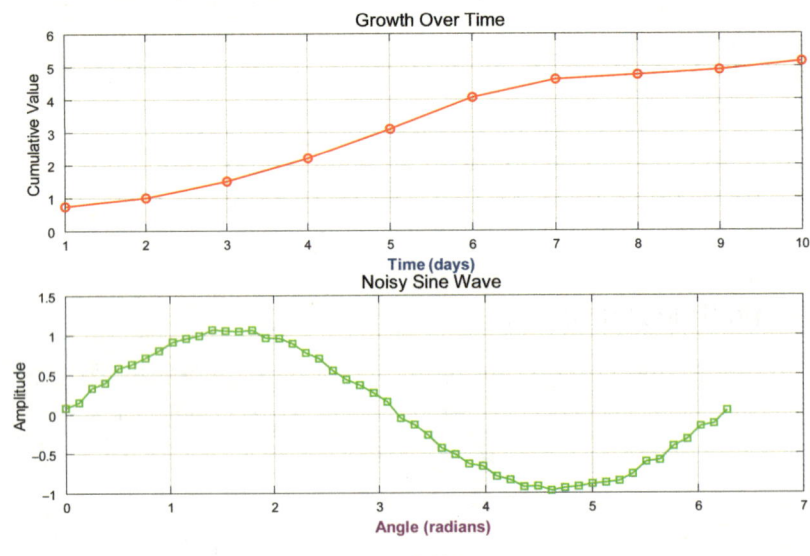

图 5-6　添加轴标签 2

5.1.4　设置坐标轴刻度标签

在 MATLAB 中，利用函数 xticklabels( ) 可以设置当前坐标区中 x 坐标轴的刻度值，其调用格式如下。

```
xticklabels(labels)              % 设置当前坐标区的 x 轴刻度标签
        % labels 指定为字符串数组或字符向量元胞数组
xl=xticklabels                   % 返回当前坐标区的 x 轴刻度标签。
xticklabels('auto')              % 设置自动模式,使坐标区确定 x 轴刻度标签
xticklabels('manual')            % 设置手动模式,将 x 轴刻度标签冻结在当前值
m=xticklabels('mode')            % 返回 x 轴刻度标签模式的当前值:'auto'或'manual'
```

另外,利用函数 yticklabels( ) 及 zticklabels( ) 可以设置当前坐标区中 y 坐标轴及 z 坐标轴的刻度值标签,它们的调用方式一致。

【例 5-5】 展示使用函数 xticks( ) 和 xticklabels( ) 控制自定义刻度和标签,并将刻度标签恢复为默认值。

在编辑器中编写以下程序并运行。

```
% 第一个绘图:自定义刻度和标签
figure(1);
x=linspace(0,10);
y=x.^2;
plot(x,y,'-b','LineWidth',1.5);          % 绘制二次函数曲线
xticks([0,5,10]);                         % 在 0、5 和 10 处显示 x 轴的刻度线
xticklabels({'x=0','x=5','x=10'});        % 为每个刻度线指定标签
xlabel('X-axis');
ylabel('Y-axis');
title('Custom X-Ticks and Labels');
grid on;
```

运行程序,输出图形如图 5-7 所示。

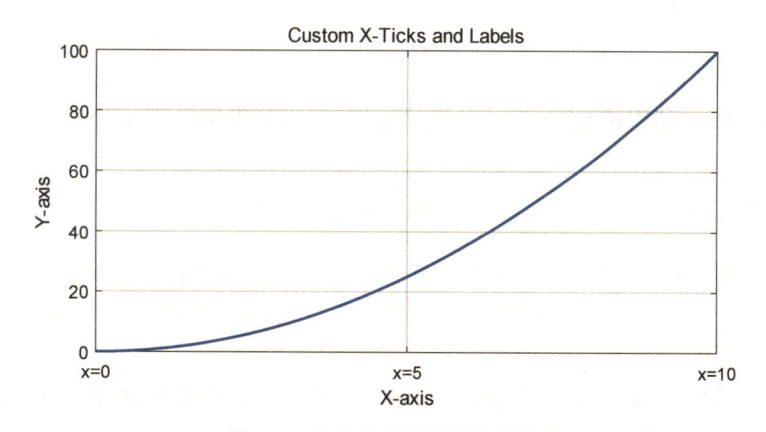

图 5-7　自定义坐标轴刻度标签

继续在编辑器窗口中输入以下语句。

```
% 第二个绘图:柱状图与自定义标签
figure(2);
stem(1:10,'r','LineWidth',1.5);           % 绘制柱状图
xticks([1,4,6,10]);                        % 指定 x 轴刻度值
xticklabels({'A','B','C','D'});            % 为刻度线设置标签
```

```
xlabel('X-axis');
ylabel('Y-axis');
title('Stem Plot with Custom Labels');
grid on;
```

运行程序，输出图形如图 5-8a 所示。

将 x 轴刻度标签设置回默认标签，可采用以下语句。

```
% 恢复默认刻度和标签
xticks('auto');              % 设置 x 轴刻度为自动模式
xticklabels('auto');         % 设置 x 轴刻度标签为自动模式
```

运行程序，输出图形如图 5-8b 所示。

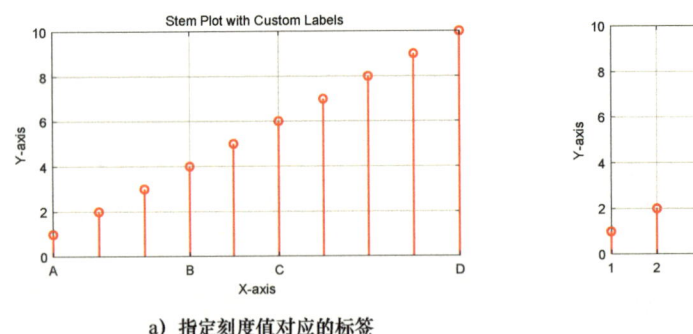

a) 指定刻度值对应的标签　　　　　　　　b) 设置回默认标签

图 5-8　设置坐标轴刻度标签

5.1.5　旋转坐标轴刻度标签

在 MATLAB 中，利用函数 xticklabels() 可以设置当前坐标区中 x 坐标轴的刻度值，其调用格式如下。

```
xtickangle(angle)        % 将当前坐标区的 x 轴刻度标签旋转到指定角度(以度为单位)
                         % 其中 0 表示水平,正值表示逆时针旋转,负值表示顺时针旋转
xtickangle(ax,angle)     % 旋转 ax 指定的坐标区的刻度标签,而非旋转当前坐标区
ang=xtickangle           % 以标量值形式返回当前坐标区的 x 轴刻度标签的旋转角度
ang=xtickangle(ax)       % 使用 ax 指定的坐标区,而不是使用当前坐标区。
```

另外，利用函数 ytickangle() 及 ztickangle() 可以旋转当前坐标区中 y 坐标轴及 z 坐标轴的刻度值标签，它们的调用方式一致。

【例 5-6】　展示使用函数 xtickangle()、ytickangle() 和 ztickangle() 设置轴刻度标签的旋转角度。

在编辑器中编写以下程序并运行。

```
% 子图 1:x 轴刻度标签旋转
subplot(1,3,1);
x=linspace(0,10,21);                    % 定义 x 数据
y=x.^2;                                 % 定义 y 数据
```

```
stem(x,y,'b','LineWidth',1.5);              % 绘制柱状图
xtickangle(45);                              % 将 x 轴刻度标签旋转 45 度
xlabel('X-axis');ylabel('Y-axis');
title('X-Ticks Rotated (45°)');
grid on;                                     % 打开网格

% 子图 2：y 轴刻度标签旋转
subplot(1,3,2);
stem(x,y,'r','LineWidth',1.5);              % 绘制柱状图
ytickangle(90);                              % 将 y 轴刻度标签旋转 90 度
xlabel('X-axis');ylabel('Y-axis');
title('Y-Ticks Rotated (90°)');
grid on;                                     % 打开网格

% 子图 3：z 轴刻度标签旋转
subplot(1,3,3);
[x,y,z]=peaks;                               % 生成曲面数据
surf(x,y,z,'EdgeColor','none');             % 绘制曲面图，取消边框
ztickangle(-45);                             % 将 z 轴刻度标签旋转-45 度
xlabel('X-axis');ylabel('Y-axis');zlabel('Z-axis');
title('Z-Ticks Rotated (-45°)');
colormap jet;                                % 使用 jet 颜色映射
colorbar;                                    % 添加颜色条
grid on;                                     % 打开网格
```

运行程序，输出图形如图 5-9 所示。

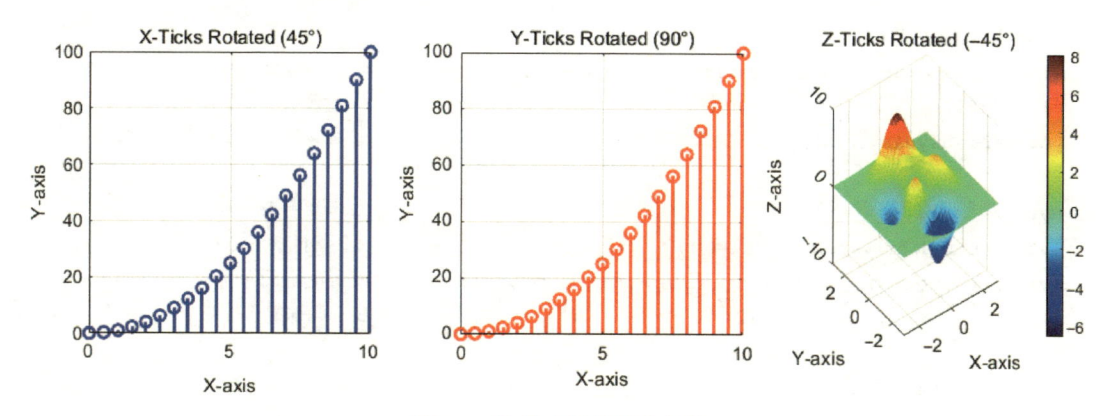

图 5-9 旋转坐标轴刻度标签

5.1.6 创建双 y 轴图

在 MATLAB 中，利用 yyaxis 命令可以创建双 y 轴图，其调用格式如下。

```
yyaxis left          % 激活当前坐标区中与左侧 y 轴关联的一侧，后续图形命令的目标为左侧
                     % 若当前坐标区中无双 y 轴，将添加第二个 y 轴；若没有坐标区，将首先创建坐标区
yyaxis right         % 激活当前坐标区中与右侧 y 轴关联的一侧，后续图形命令的目标为右侧
```

```
yyaxis(ax,___)                          % 指定 ax 坐标区(而不是当前坐标区)的活动侧
```

【例 5-7】 利用 yyaxis 命令在同一图形中绘制双 y 轴数据,并结合散点图和曲线图实现复杂数据的可视化需求。

首先在编辑器中编写以下程序并运行。

```
% 子图 1: 使用双 y 轴绘制正弦和指数函数
subplot(1,2,1);
x=linspace(0,10);
y=sin(3*x);                                        % 左侧 y 轴数据
z=sin(3*x).*exp(0.5*x);                            % 右侧 y 轴数据

yyaxis left;                                       % 激活左侧 y 轴
plot(x,y,'-b','LineWidth',1.5);                    % 绘制左侧曲线
ylabel('sin(3x)','FontSize',12);                   % 左侧 y 轴标签
xlabel('X-axis','FontSize',12);

yyaxis right;                                      % 激活右侧 y 轴
plot(x,z,'-r','LineWidth',1.5);                    % 绘制右侧曲线
ylabel('sin(3x)*exp(0.5x)','FontSize',12);         % 右侧 y 轴标签
ylim([-150,150]);                                  % 设置右侧 y 轴范围
title('Sine and Exponential Functions','FontSize',14);  % 添加标题
grid on;                                           % 打开网格

% 子图 2: 使用双 y 轴展示 Highway Data
subplot(1,2,2);
load('accidents.mat','hwydata');                   % 加载数据集
ind=1:51;                                          % 设置索引为 1 到 51
drivers=hwydata(:,5);                              % 提取驾驶员数据(第 5 列)

yyaxis left;                                       % 激活左侧 y 轴
scatter(ind,drivers,'b','filled');                 % 绘制左侧散点图
ylabel('Licensed Drivers (thousands)','FontSize',12);  % 左侧 y 轴标签
xlabel('States','FontSize',12);                    % x 轴标签

pop=hwydata(:,7);                                  % 提取车辆行驶里程数据(第 7 列)
yyaxis right;                                      % 激活右侧 y 轴
scatter(ind,pop,'r','filled');                     % 绘制右侧散点图
ylabel('Vehicle Miles Traveled (millions)','FontSize',12);  % 右侧 y 轴标签
title('Highway Data Analysis','FontSize',14);      % 添加标题
grid on;                                           % 打开网格
```

运行程序,输出图形如图 5-10 所示。

【例 5-8】 展示 yyaxis 和 cla 命令的联合使用,适用于在双 y 轴图形中动态更新或清除部分数据的场景。

首先在编辑器中编写以下程序并运行。

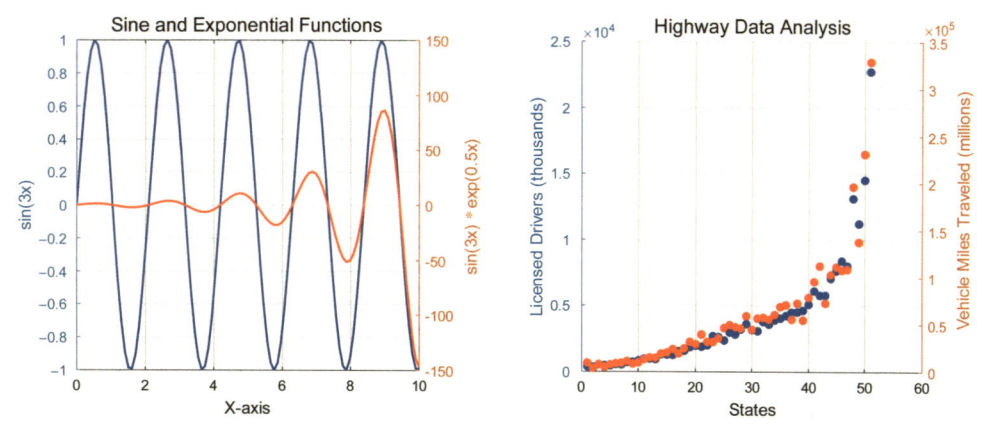

图 5-10 绘制双 y 轴数据图

```matlab
% 数据准备
x=linspace(0,10);              % 定义 x 数据
yl1=sin(x);                    % 左侧 y 轴第一组数据
yl2=sin(x/2);                  % 左侧 y 轴第二组数据
yr1=x;                         % 右侧 y 轴第一组数据
yr2=x.^2;                      % 右侧 y 轴第二组数据

% 激活左侧 y 轴并绘制曲线
yyaxis left;                                              % 激活左侧 y 轴
plot(x,yl1,'-b','LineWidth',1.5,'DisplayName','sin(x)');   % 绘制 sin(x)
hold on;                                                  % 保持当前图形
plot(x,yl2,'--g','LineWidth',1.5,'DisplayName','sin(x/2)');% 绘制 sin(x/2)
ylabel('Left Y-axis','FontSize',12);                      % 设置左侧 y 轴标签

% 激活右侧 y 轴并绘制曲线
yyaxis right;                                             % 激活右侧 y 轴
plot(x,yr1,'-r','LineWidth',1.5,'DisplayName','x');       % 绘制 x
plot(x,yr2,'--m','LineWidth',1.5,'DisplayName','x^2');    % 绘制 x^2
ylabel('Right Y-axis','FontSize',12);                     % 设置右侧 y 轴标签
xlabel('X-axis','FontSize',12);                           % 设置 x 轴标签
title('Double Y-Axis Plot with Clear Command','FontSize',14); % 设置标题
grid on;                                                  % 打开网格
```

运行程序，输出图形如图 5-11a 所示。

通过激活左侧并使用 cla 命令可以清除左侧的图，需要输入的语句如下。

```matlab
% 清除左侧 y 轴的图形
yyaxis left;                          % 激活左侧 y 轴
cla;                                  % 清除左侧 y 轴的图形
% 添加图例
legend('show','Location','best');     % 显示图例
```

运行程序，输出图形如图 5-11b 所示。

MATLAB 科研绘图

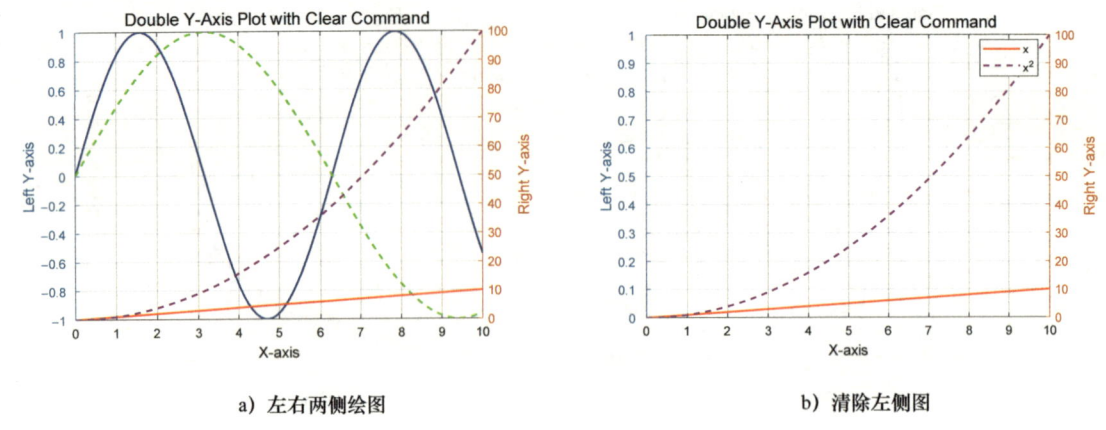

a）左右两侧绘图 b）清除左侧图

图 5-11　绘制多组数据

5.2　坐标轴操作

5.2.1　显示坐标区轮廓

在 MATLAB 中，使用 box 命令可以开启或封闭二维图形的坐标框，坐标框默认处于开启状态。其调用格式如下。

```
box on            % 通过将当前坐标区的 Box 属性设置为'on'在坐标区周围显示框轮廓
box off           % 通过将当前坐标区的 Box 属性设置为'off'去除坐标区周围的框轮廓
box               % 切换框轮廓的显示。
box(ax,___)       % 使用 ax 指定的坐标区,而不是使用当前坐标区
```

【例 5-9】　展示使用 box 命令和坐标区属性设置显示坐标区轮廓。
在编辑器中编写以下程序并运行。

```
% 子图 1：显示围绕坐标区的框轮廓（默认样式）
subplot(2,2,1);
[X,Y,Z]=peaks;                              % 生成样例数据
surf(X,Y,Z,'EdgeColor','none');             % 绘制曲面图并取消边框
colormap jet;                               % 使用 jet 颜色映射
colorbar;                                   % 添加颜色条
title('Default Box Style','FontSize',12);   % 添加标题
box on;                                     % 显示默认的框轮廓

% 子图 2：设置 BoxStyle 属性为 'full'
subplot(2,2,2);
surf(X,Y,Z,'EdgeColor','none');             % 绘制曲面图并取消边框
colormap parula;                            % 使用 parula 颜色映射
colorbar;                                   % 添加颜色条
title('Full Box Style','FontSize',12);      % 添加标题
box on;                                     % 显示框轮廓
```

```matlab
ax=gca;                                          % 获取当前坐标区句柄
ax.BoxStyle='full';                              % 设置框样式为'full'

% 子图 3：默认框轮廓的散点图
x=rand(20,1);                                    % 随机生成 x 数据
y=rand(20,1);                                    % 随机生成 y 数据
subplot(2,2,3);
scatter(x,y,'filled');                           % 绘制散点图
title('Default Box Style (Scatter)','FontSize',12); % 添加标题
xlabel('X-axis');                                % 添加 x 轴标签
ylabel('Y-axis');                                % 添加 y 轴标签
box on;                                          % 显示默认框轮廓

% 子图 4：更改框轮廓颜色
subplot(2,2,4);
scatter(x,y,'filled');                           % 绘制散点图
title('Custom X-Axis Box Color','FontSize',12);  % 添加标题
xlabel('X-axis');                                % 添加 x 轴标签
ylabel('Y-axis');                                % 添加 y 轴标签
box on;                                          % 显示默认框轮廓
ax=gca;                                          % 获取当前坐标区句柄
ax.XColor='red';                                 % 更改 x 轴方向的框轮廓颜色
ax.YColor='blue';                                % 更改 y 轴方向的框轮廓颜色
```

运行程序，输出图形如图 5-12 所示。

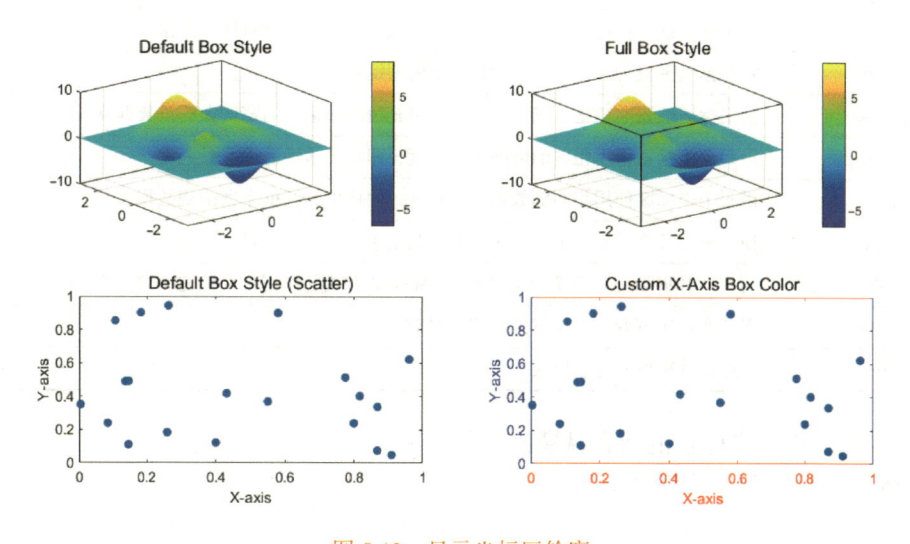

图 5-12　显示坐标区轮廓

5.2.2　设置坐标轴范围和纵横比

通常，MATLAB 可以自动根据曲线数据的范围选择合适的坐标系，从而使曲线尽可能清晰地显示出来。当我们对自动产生的坐标轴不满意时，可以利用函数 axis( ) 设置当前坐标区中坐标轴的范围和纵横比，其调用格式如下。

```
axis(limits)              % 指定当前坐标区的范围。以包含 4、6 或 8 个元素的向量形式指定范围
axis style                % 使用预定义样式设置轴范围和尺度
         % 指定为 tight、padded、fill、equal、image、square、vis3d、normal
axis mode                 % 设置是否自动选择范围。指定为 manual、auto 或半自动选项,如'auto x'
axis ij                   % 将原点放在坐标区的左上角,y 值按从上到下的顺序逐渐增加
         % 默认为 xy,即将原点放在左下角,y 值按从下到上的顺序逐渐增加
axis off                  % 关闭坐标区背景的显示,坐标区中的绘图仍会显示,默认为 on
lim=axis                  % 返回当前坐标区的 x 轴和 y 坐标轴范围
[m,v,d]=axis('state')     % 返回坐标轴范围选择、坐标区可见性和 y 轴方向的当前设置
```

1) 在笛卡尔坐标下,通过以下形式指定范围 limits。

[xmin xmax ymin ymax]:x 坐标轴范围设置为 xmin~xmax,y 坐标轴范围设置为 ymin~ymax。

[xmin xmax ymin ymax zmin zmax]:保持以上设置外将 z 坐标轴范围设置为 zmin~zmax。

[xmin xmax ymin ymax zmin zmax cmin cmax]:保持以上设置外将颜色范围设置为 cmin~cmax。在颜色图中,cmin、cmax 分别对应第一种和最后一种颜色的数据值。

2) 在极坐标下,通过以下形式指定范围 limits。

[thetamin thetamax rmin rmax]:将 theta 坐标轴范围设置为 thetamin~thetamax,r 坐标轴范围设置为 rmin~rmax。

坐标轴范围和尺度控制参数 style 的取值见表 5-2。

表 5-2 坐标轴范围和尺度控制方法

格 式	功 能
axis tickaligned	将坐标区框的边缘与最接近数据的刻度线对齐,但不排除任何数据
axis tight	将数据范围设为坐标范围,使轴框紧密围绕数据
axis padded	使坐标区框紧贴数据,仅保留很窄的填充边距。边距的宽度大约是数据范围的 7%
axis equal	沿每个坐标轴使用相同的数据单位长度,即纵、横轴采用等长刻度
axis image	沿每个坐标区使用相同的数据单位长度,并使坐标区框紧密围绕数据
axis square	使用相同长度的坐标轴线,相应调整数据单位之间的增量
axis fill	启用"伸展填充"行为(默认值)。Manual 方式起作用,坐标充满整个绘图区
axis vis3d	保持宽高比不变,确保三维旋转时图形大小不变
axis normal	还原默认矩形坐标系形式

【例 5-10】 设置坐标轴范围和纵横比。
在编辑器中编写以下程序并运行。

```
% 子图1:正弦函数曲线,设置自定义坐标轴范围
subplot(2,2,1);
x=linspace(0,2*pi);                        % 定义 x 数据范围
y=sin(x);                                  % 计算正弦值
plot(x,y,'-o','LineWidth',1.5,'MarkerSize',6);  % 绘制正弦函数曲线,带圆形标记
axis([0,2*pi,-1.5,1.5]);                   % 设置 x 轴范围为[0,2π],y 轴范围为[-1.5,1.5]
xlabel('X-axis (radians)','FontSize',12);
ylabel('Y-axis','FontSize',12);
title('Sine Function with Custom Axis','FontSize',14);
```

```matlab
grid on;                                    % 打开网格

% 子图 2: 阶梯图,添加填充边距
subplot(2,2,2);
x=0:12;                                     % 定义 x 数据
y=sin(x);                                   % 计算正弦值
stairs(x,y,'LineWidth',1.5);                % 绘制阶梯图
axis padded;                                % 在图形和边框之间添加填充
xlabel('X-axis','FontSize',12);
ylabel('Y-axis','FontSize',12);
title('Stairs Plot with Padded Axis','FontSize',14);
grid on;                                    % 打开网格

% 子图 3: 颜色图,默认坐标系
subplot(2,2,3);
C=eye(12);                                  % 创建单位矩阵
pcolor(C);                                  % 绘制颜色图
colormap summer;                            % 使用 summer 颜色图
colorbar;                                   % 添加颜色条
xlabel('X-axis','FontSize',12);
ylabel('Y-axis','FontSize',12);
title('Pcolor with Default Axis','FontSize',14);

% 子图 4: 颜色图,反转坐标系
subplot(2,2,4);
pcolor(C);                                  % 绘制颜色图
colormap summer;                            % 使用 summer 颜色图
colorbar;                                   % 添加颜色条
axis ij;                                    % 反转坐标系,使 y 轴值从上到下增加
xlabel('X-axis','FontSize',12);
ylabel('Y-axis (Reversed)','FontSize',12);
title('Pcolor with Reversed Axis','FontSize',14);
```

运行程序,输出图形如图 5-13 所示。

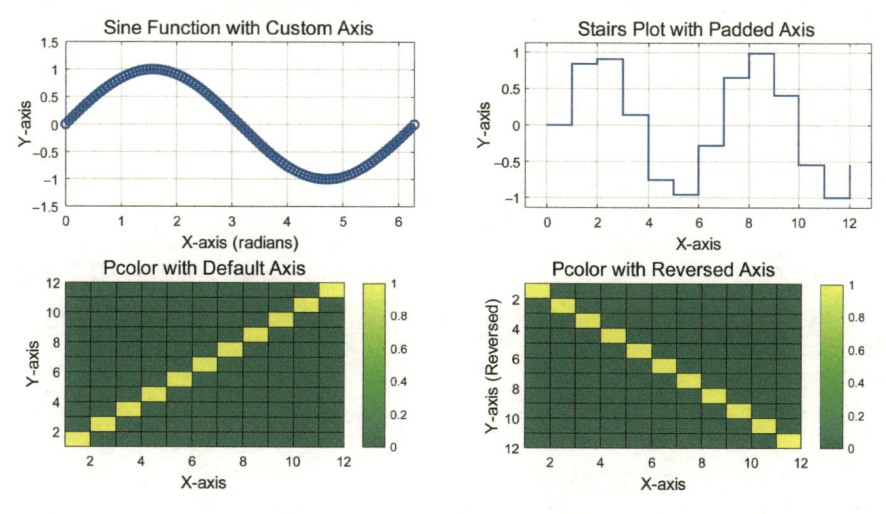

图 5-13　设置坐标轴范围和纵横比

MATLAB 科研绘图

【例 5-11】 展示 MATLAB 中 axis 多种选项的使用方法。
在编辑器中编写以下程序并运行。

```matlab
clear,clf                                    % 清空工作区和图形窗口
% 数据准备:生成椭圆
t=0:2*pi/99:2*pi;                            % 定义角度范围
x=1.15*cos(t);                               % 椭圆的 x 数据
y=3.25*sin(t);                               % 椭圆的 y 数据

% 子图 1: Normal 坐标轴
subplot(2,3,1);
plot(x,y,'-b','LineWidth',1.5);              % 绘制椭圆
grid on;                                      % 打开网格
axis normal;                                  % 使用 normal 模式,默认比例
title('Normal Axis','FontSize',12);           % 添加标题
xlabel('X-axis','FontSize',10);
ylabel('Y-axis','FontSize',10);

% 子图 2: Equal 坐标轴
subplot(2,3,2);
plot(x,y,'-r','LineWidth',1.5);              % 绘制椭圆
grid on;                                      % 打开网格
axis equal;                                   % 使用 equal 模式,保持单位比例一致
title('Equal Axis','FontSize',12);            % 添加标题
xlabel('X-axis','FontSize',10);
ylabel('Y-axis','FontSize',10);

% 子图 3: Square 坐标轴
subplot(2,3,3);
plot(x,y,'-g','LineWidth',1.5);              % 绘制椭圆
grid on;                                      % 打开网格
axis square;                                  % 使用 square 模式,坐标区变为正方形
title('Square Axis','FontSize',12);           % 添加标题
xlabel('X-axis','FontSize',10);
ylabel('Y-axis','FontSize',10);

% 子图 4: Image 坐标轴+关闭框
subplot(2,3,4);
plot(x,y,'-m','LineWidth',1.5);              % 绘制椭圆
grid on;                                      % 打开网格
axis image;                                   % 使用 image 模式,保持比例且适配图像
box off;                                      % 关闭坐标区的框
title('Image Axis (Box Off)','FontSize',12); % 添加标题
xlabel('X-axis','FontSize',10);
ylabel('Y-axis','FontSize',10);

% 子图 5: Image Fill 坐标轴+关闭框
subplot(2,3,5);
```

```
plot(x,y,'-c','LineWidth',1.5);              % 绘制椭圆
grid on;                                      % 打开网格
axis image fill;                              % 使用 image fill 模式,填满整个坐标区
box off;                                      % 关闭坐标区的框
title('Image Fill Axis','FontSize',12);       % 添加标题
xlabel('X-axis','FontSize',10);
ylabel('Y-axis','FontSize',10);

% 子图 6: Tight 坐标轴
subplot(2,3,6);
plot(x,y,'-k','LineWidth',1.5);              % 绘制椭圆
grid on;                                      % 打开网格
axis tight;                                   % 使用 tight 模式,坐标轴紧贴数据
box off;                                      % 关闭坐标区的框
title('Tight Axis','FontSize',12);            % 添加标题
xlabel('X-axis','FontSize',10);
ylabel('Y-axis','FontSize',10);
```

运行程序,输出图形如图 5-14 所示。

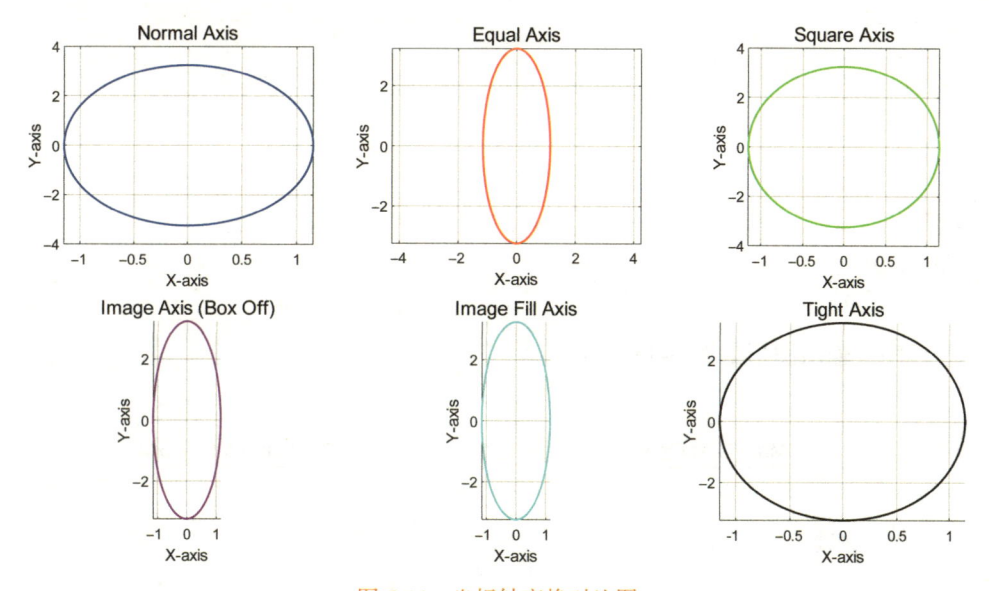

图 5-14 坐标轴变换对比图

5.2.3 显示或隐藏坐标区网格线

在 MATLAB 中,利用 grid 命令可以设置显示或隐藏坐标区网格线,其调用格式如下。

```
grid on              % 显示 gca 命令返回的当前坐标区的主网格线,主网格线从每个刻度线延伸
grid off             % 删除当前坐标区或图上的所有网格线
grid                 % 切换改变主网格线的可见性
grid minor           % 切换改变次网格线的可见性,次网格线出现在刻度线之间
grid(target,___)     % 使用 target 指定的坐标区或独立可视化,而不是使用当前坐标区
```

【例 5-12】 展示 grid 和 grid minor 命令的用法，对比主网格线和次网格线的功能。在编辑器中编写以下程序并运行。

```matlab
% 数据准备
x=linspace(0,10);                              % 定义 x 数据范围
y=sin(x);                                      % 计算正弦值

% 子图 1：显示主网格线
subplot(1,2,1);                                % 创建第一个子图
plot(x,y,'-b','LineWidth',1.5);                % 绘制正弦曲线
grid on;                                       % 打开主网格线
xlabel('X-axis','FontSize',12);                % 添加 x 轴标签
ylabel('Y-axis','FontSize',12);                % 添加 y 轴标签
title('Main Grid Only','FontSize',14);         % 设置标题
xlim([0,10]);                                  % 设置 x 轴范围
ylim([-1.5,1.5]);                              % 设置 y 轴范围

% 子图 2：显示主网格线和次网格线
subplot(1,2,2);                                % 创建第二个子图
plot(x,y,'-r','LineWidth',1.5);                % 绘制正弦曲线
grid on;                                       % 打开主网格线
grid minor;                                    % 打开次网格线
xlabel('X-axis','FontSize',12);                % 添加 x 轴标签
ylabel('Y-axis','FontSize',12);                % 添加 y 轴标签
title('Main and Minor Grid','FontSize',14);    % 设置标题
xlim([0,10]);                                  % 设置 x 轴范围
ylim([-1.5,1.5]);                              % 设置 y 轴范围
```

运行程序，输出图形如图 5-15 所示。

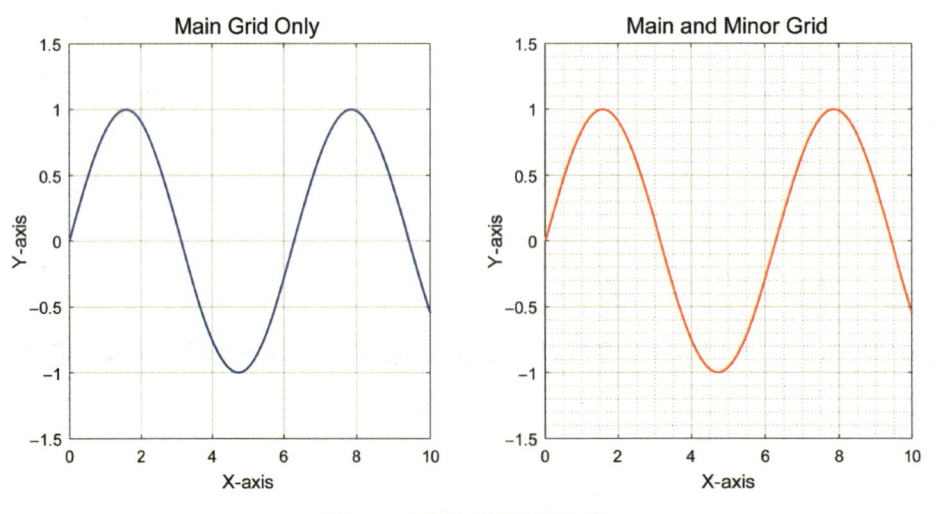

图 5-15　显示坐标区网格线

【例 5-13】 展示不同的绘图方式以及网格线的控制。
在编辑器中编写以下程序并运行。

```matlab
clear,clf                                    % 清空工作区和图形窗口
% 数据准备
x1=0:0.1:10;                                 % 第一组 x 数据
y1=exp(0.5*x1);                              % 第一组 y 数据（指数增长）
x2=1:1:100;                                  % 第二组 x 数据
y2=sqrt(x2);                                 % 第二组 y 数据（平方根函数）
x3=1:1:100;                                  % 第三组 x 数据
y3=log(x3);                                  % 第三组 y 数据（对数函数）

% 子图 1：常规绘图 (plot)
subplot(2,2,1);
plot(x1,y1,'-b','LineWidth',1.5);            % 使用 plot 函数绘制指数增长
grid on;                                     % 打开网格
title('Plot (Exponential Growth)','FontSize',12);  % 添加标题
xlabel('X-axis','FontSize',10);              % 添加 x 轴标签
ylabel('Y-axis','FontSize',10);              % 添加 y 轴标签

% 子图 2：半对数绘图 (semilogy)
subplot(2,2,2);
semilogy(x2,y2,'-r','LineWidth',1.5);        % 绘制 x 轴为线性刻度，y 轴为对数刻度
grid on;                                     % 打开网格
title('Semilogy (Square Root)','FontSize',12); % 添加标题
xlabel('X-axis','FontSize',10);              % 添加 x 轴标签
ylabel('Log(Y-axis)','FontSize',10);         % 添加 y 轴标签

% 子图 3：半对数绘图 (semilogx)
subplot(2,2,3);
semilogx(x3,y3,'-g','LineWidth',1.5);        % 绘制 x 轴为对数刻度，y 轴为线性刻度
grid on;                                     % 打开网格
title('Semilogx (Logarithm)','FontSize',12); % 添加标题
xlabel('Log(X-axis)','FontSize',10);         % 添加 x 轴标签
ylabel('Y-axis','FontSize',10);              % 添加 y 轴标签

% 子图 4：关闭网格 (grid off)
subplot(2,2,4);
plot(x3,y3,'-k','LineWidth',1.5);            % 使用 plot 函数绘制对数函数
grid off;                                    % 关闭网格
title('Grid Off (Logarithm)','FontSize',12); % 添加标题
xlabel('X-axis','FontSize',10);              % 添加 x 轴标签
ylabel('Y-axis','FontSize',10);              % 添加 y 轴标签
```

运行程序，输出图形如图 5-16 所示。

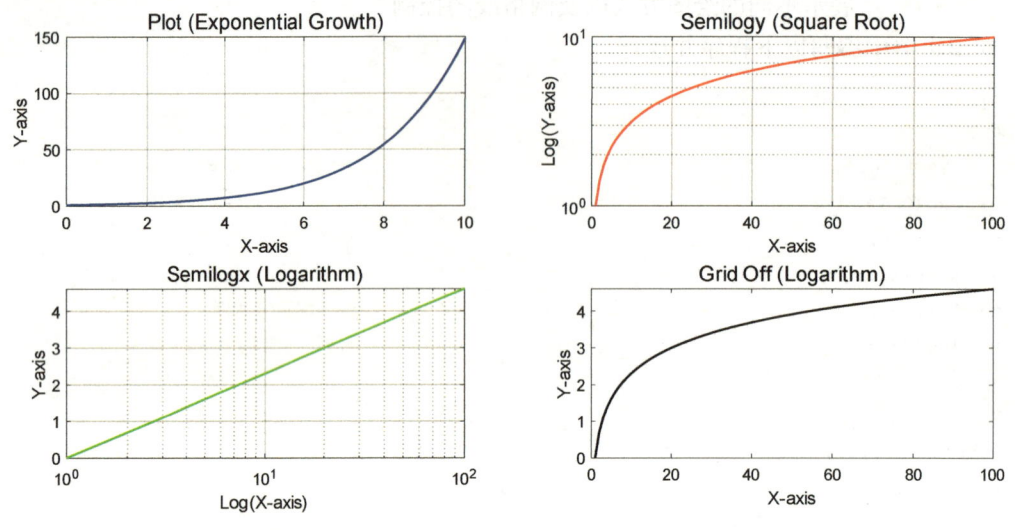

图 5-16　不同刻度的二维图

5.2.4　同步坐标区范围

在 MATLAB 中，利用 linkaxes( ) 函数可以同步多个坐标区的轴范围。用户在一个坐标区中进行缩放或平移操作时，所有被同步的坐标区会显示相同的数据范围。这在对比多个图表的分布、趋势时非常实用。

```
linkaxes(ax)                    % 同步指定的 ax 向量中所有坐标区的 x、y、z 轴范围
         % 初次调用时，linkaxes 会选择覆盖所有指定坐标区的轴范围。
         % 同步后，所有绑定的坐标区的范围将保持一致。
linkaxes(ax,dimension)          % 同步 ax(坐标区句柄向量)中所有坐标区指定维度的范围
linkaxes(ax,'off')              % 解除 ax 向量中所有坐标区之间的范围绑定，使其不再联动
```

其中，dimension 取'x'时，仅同步 x 轴范围；取'y'时，仅同步 y 轴范围；取'xy'时，同步 x 和 y 轴范围；取'z'时，仅同步 z 轴范围。

说明： 两个坐标区的 x 和 y 轴范围保持一致后，在一个坐标区中进行缩放或平移操作，另一个坐标区会自动更新范围。

【例 5-14】 展示使用 linkaxes 同步多个坐标区的轴范围。
在编辑器中编写以下程序并运行。

```
clear,clf                                           % 清空工作区和图形窗口
% 第一部分:同步两个坐标区的 x 和 y 轴范围
% 创建两个子图
ax1=subplot(2,1,1);                                 % 第一个子图
plot(1:10,rand(10,1),'-o','LineWidth',1.5);         % 绘制随机数据
grid on;                                            % 打开网格
title('Sync X and Y Axes (Subplot 1)','FontSize',12);% 添加标题
xlabel('X-axis','FontSize',10);                     % 添加 x 轴标签
```

```matlab
ylabel('Y-axis','FontSize',10);                          % 添加 y 轴标签

ax2=subplot(2,1,2);                                      % 第二个子图
plot(1:10,rand(10,1),'-s','LineWidth',1.5);              % 绘制随机数据
grid on;                                                 % 打开网格
title('Sync X and Y Axes (Subplot 2)','FontSize',12);    % 添加标题
xlabel('X-axis','FontSize',10);                          % 添加 x 轴标签
ylabel('Y-axis','FontSize',10);                          % 添加 y 轴标签

linkaxes([ax1,ax2],'xy');                                % 同步两个子图的 x 和 y 轴范围
```

运行程序后，输出图形如图 5-17 所示。接着，在编辑器中编写以下程序并运行。

```matlab
% 第二部分:仅同步两个坐标区的 x 轴范围
figure;                                                  % 清空图形窗口
% 创建两个子图
ax1=subplot(2,1,1);                                      % 第一个子图
plot(1:10,rand(10,1),'-r','LineWidth',1.5);              % 绘制随机数据
grid on;                                                 % 打开网格
title('Sync Only X-Axis (Subplot 1)','FontSize',12);     % 添加标题
xlabel('X-axis','FontSize',10);                          % 添加 x 轴标签
ylabel('Y-axis','FontSize',10);                          % 添加 y 轴标签

ax2=subplot(2,1,2);                                      % 第二个子图
plot(1:10,rand(10,1),'-g','LineWidth',1.5);              % 绘制随机数据
grid on;                                                 % 打开网格
title('Sync Only X-Axis (Subplot 2)','FontSize',12);     % 添加标题
xlabel('X-axis','FontSize',10);                          % 添加 x 轴标签
ylabel('Y-axis','FontSize',10);                          % 添加 y 轴标签

linkaxes([ax1,ax2],'x');                                 % 仅同步两个子图的 x 轴范围
```

运行程序后，输出图形如图 5-18 所示。从图中可以看出，只有 x 轴范围被同步，y 轴范围是独立的。

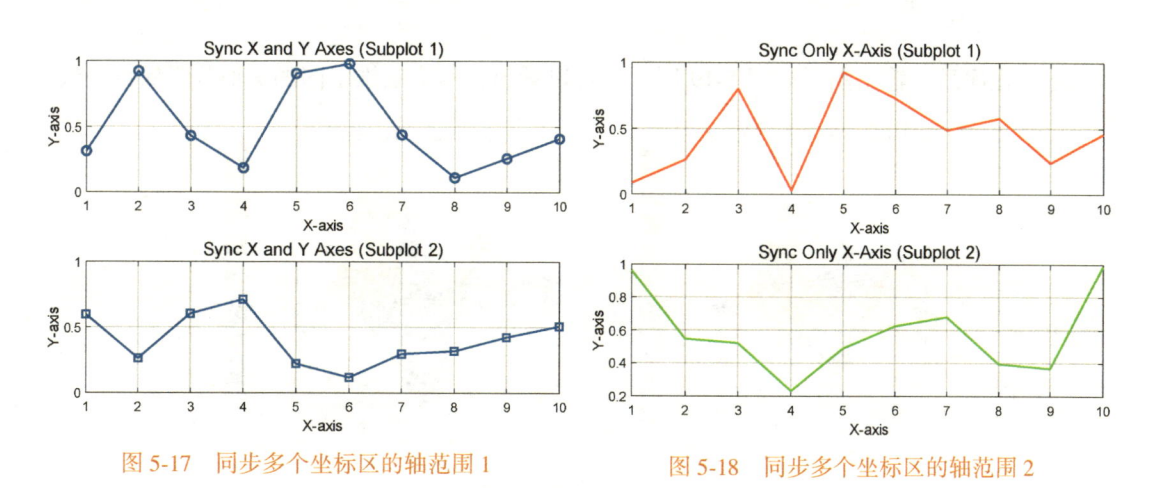

图 5-17　同步多个坐标区的轴范围 1

图 5-18　同步多个坐标区的轴范围 2

MATLAB 科研绘图

【例 5-15】 展示使用 linkaxes 同步两个三维子图的 z 轴范围。
在编辑器中编写以下程序并运行。

```matlab
clear,clf
% 数据准备
[X,Y]=meshgrid(linspace(-3,3,50));      % 创建网格数据
Z1=sin(X).*cos(Y);                      % 第一组三维数据
Z2=(sin(X).*cos(Y))*2;                  % 第二组三维数据,放大 z 值

% 创建第一个三维子图
ax1=subplot(1,2,1);                     % 第一个子图
surf(X,Y,Z1,'EdgeColor','none');        % 绘制第一组曲面图
colormap(ax1,'jet');                    % 使用 jet 颜色映射
colorbar;                               % 添加颜色条
xlabel('X-axis','FontSize',12);
ylabel('Y-axis','FontSize',12);
zlabel('Z-axis','FontSize',12);
title('Surface Plot 1 (Sin*Cos)','FontSize',14);
grid on;                                % 打开网格
view(45,30);                            % 设置视角

% 创建第二个三维子图
ax2=subplot(1,2,2);                     % 第二个子图
surf(X,Y,Z2,'EdgeColor','none');        % 绘制第二组曲面图,放大 z 值
colormap(ax2,'parula');                 % 使用 parula 颜色映射
colorbar;                               % 添加颜色条
xlabel('X-axis','FontSize',12);
ylabel('Y-axis','FontSize',12);
zlabel('Z-axis','FontSize',12);
title('Surface Plot 2 (Scaled)','FontSize',14);
grid on;                                % 打开网格
view(45,30);                            % 设置视角

% 同步两个子图的 z 轴范围
linkaxes([ax1,ax2],'z');                % 仅同步 z 轴范围
```

运行程序后,输出图形如图 5-19 所示。可以看出,两个三维子图的 z 轴范围保持一致。

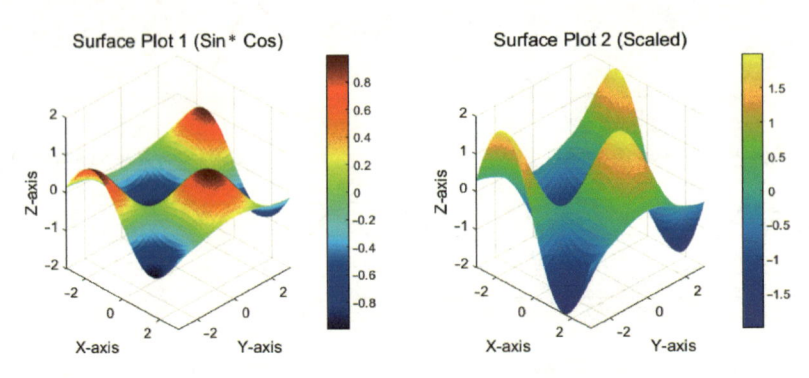

图 5-19 同步两个三维子图的 z 轴范围

【例 5-16】 展示使用 linkaxes 同步子图的坐标范围,并通过动态修改一个子图的坐标范围,实现自动同步功能。

在编辑器中编写以下程序并运行。

```matlab
clear,clf
% 创建第一个子图
ax1=subplot(2,1,1);                                 % 创建第一个子图
x1=linspace(0,10,100);                              % 定义 x 数据
y1=sin(x1).*exp(-0.1*x1);                           % 定义 y 数据(正弦指数衰减)
plot(x1,y1,'-b','LineWidth',1.5);                   % 绘制曲线
grid on;                                            % 打开网格
title('Subplot 1: Sinusoidal Decay','FontSize',12); % 添加标题
xlabel('X-axis','FontSize',10);                     % 添加 x 轴标签
ylabel('Y-axis','FontSize',10);                     % 添加 y 轴标签

% 创建第二个子图
ax2=subplot(2,1,2);                                 % 创建第二个子图
x2=linspace(0,10,100);                              % 定义 x 数据
y2=cos(x2).*exp(-0.2*x2);                           % 定义 y 数据(余弦指数衰减)
plot(x2,y2,'-r','LineWidth',1.5);                   % 绘制曲线
grid on;                                            % 打开网格
title('Subplot 2: Cosine Decay','FontSize',12);     % 添加标题
xlabel('X-axis','FontSize',10);                     % 添加 x 轴标签
ylabel('Y-axis','FontSize',10);                     % 添加 y 轴标签

% 同步两个子图的 x 和 y 轴范围
linkaxes([ax1,ax2],'xy');                           % 同步 x 和 y 轴范围

% 动态修改第一个子图的坐标范围
xlim(ax1,[-2 12]);                                  % 修改第一个子图的 x 轴范围
ylim(ax1,[-1 1]);                                   % 修改第一个子图的 y 轴范围
```

运行程序后,输出图形如图 5-20 所示。

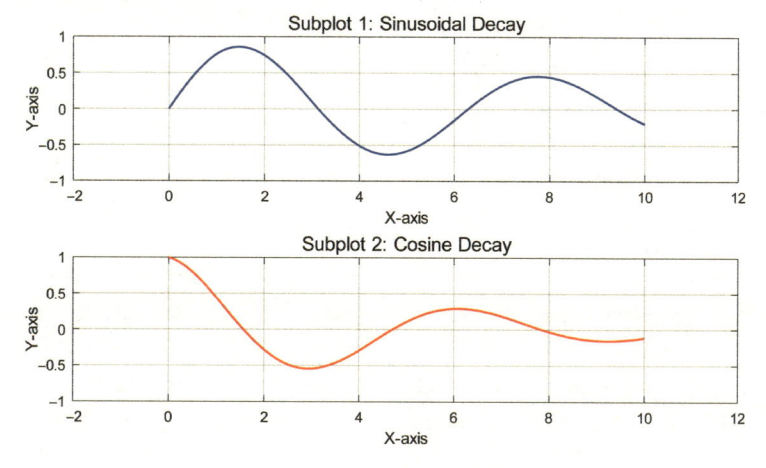

图 5-20 同步子图的坐标范围

5.3 添加标题与图例

标题通常是指位于图上方或下方的简短文字，包含图的主标题和副标题两种，用于概括性地描述图的主题或内容，引导读者理解图的主要信息。

图例是指向数据系列的一种小图形标签，通常可以视为数据系列的标题。图例通常包含一个图形标签（数据系列图形）和一个文本标签（数据系列的标题或主题文本）。本节将介绍如何在 MATLAB 中添加图例。

5.3.1 添加标题

在 MATLAB 中，利用函数 title() 可以在当前坐标区中添加一个标题。

```
title(titletext)                        % 将指定的标题添加到当前坐标区中
title(titletext,subtitletext)           % 在标题下添加副标题
title(___,Name,Value)                   % 使用一个或多个名称-值对组参数修改标题外观
title(target,___)                       % 将标题添加到指定的目标对象
t=title(___)                            % 返回用于标题的对象
[t,s]=title(___)                        % 返回用于标题和副标题的对象
```

【例 5-17】 展示在两个子图中分别添加静态和动态标题，其中动态标题通过调用 date() 函数生成。

在编辑器中编写以下程序并运行。

```
clear,clf
% 子图 1: 添加静态标题
subplot(1,2,1);                                          % 创建第一个子图
x1=linspace(0,2*pi,100);                                 % 定义 x 数据
y1=sin(x1).*exp(-0.2*x1);                                % 定义 y 数据(正弦指数衰减)
plot(x1,y1,'-b','LineWidth',1.5);                        % 绘制曲线
grid on;                                                 % 打开网格
title('Damped Sine Wave','FontSize',14);                 % 添加静态标题
xlabel('X-axis (radians)','FontSize',12);                % 添加 x 轴标签
ylabel('Y-axis','FontSize',12);                          % 添加 y 轴标签

% 子图 2: 添加动态标题(显示当前日期)
subplot(1,2,2);                                          % 创建第二个子图
x2=linspace(0,4*pi,200);                                 % 定义 x 数据
y2=cos(x2).*sin(x2/2);                                   % 定义 y 数据(余弦正弦叠加)
plot(x2,y2,'-r','LineWidth',1.5);                        % 绘制曲线
grid on;                                                 % 打开网格
title(['Generated on: ',date],'FontSize',14);            % 调用 date 函数动态生成标题
xlabel('X-axis (radians)','FontSize',12);                % 添加 x 轴标签
ylabel('Y-axis','FontSize',12);                          % 添加 y 轴标签
```

运行程序，输出图形如图 5-21 所示。

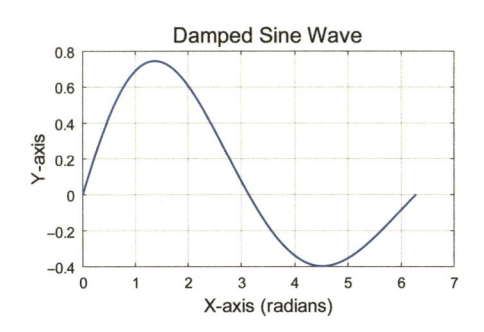

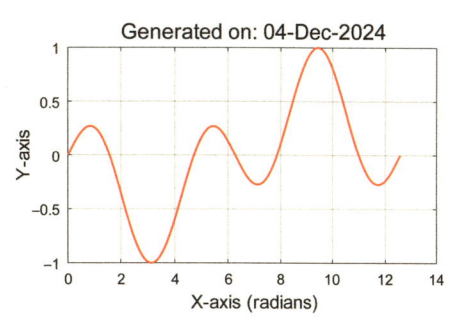

图 5-21 添加静态和动态标题

【例 5-18】 展示创建标题和副标题,并设置属性。
在编辑器中编写以下程序并运行。

```
clear,clf
% 数据准备
x=linspace(0,2*pi,100);              % 定义 x 数据
y=sin(x);                            % 正弦函数 y 数据
p=polyfit(x,y,1);                    % 线性拟合,计算拟合直线的斜率和截距
y_fit=polyval(p,x);                  % 计算拟合直线上的 y 值

% 绘制正弦曲线和拟合直线
plot(x,y,'-b','LineWidth',1.5);      % 绘制正弦函数
hold on;                             % 保持当前图形
plot(x,y_fit,'--r','LineWidth',1.5); % 绘制拟合直线
hold off;                            % 释放当前图形
grid on;                             % 打开网格
xlabel('X-axis (radians)','FontSize',12);   % 添加 x 轴标签
ylabel('Y-axis','FontSize',12);             % 添加 y 轴标签

% 添加主标题和副标题
slope=sprintf('Slope=%.2f',p(1));           % 格式化斜率
intercept=sprintf('y-Intercept=%.2f',p(2)); % 格式化截距
[t,s]=title('Sine Wave and Linear Fit', ...
    [slope,',',intercept], ...              % 将斜率和截距作为副标题
'Color','blue');                            % 设置标题颜色为蓝色

% 自定义标题属性
t.FontSize=16;                       % 主标题字体大小设置为 16
t.FontWeight='bold';                 % 主标题字体加粗

% 自定义副标题属性
s.FontAngle='italic';                % 副标题字体设置为斜体
s.FontSize=12;                       % 副标题字体大小设置为 12
```

运行程序,输出图形如图 5-22 所示。

【例 5-19】 展示在指定的坐标区上添加标题。
在编辑器中编写以下程序并运行。

MATLAB 科研绘图

图 5-22　创建标题和副标题

```
clear,clf
tiledlayout(1,2);                              % 创建 1×2 分块图布局

% 创建第一个子图:正弦调制信号
ax1=nexttile;                                  % 创建第一个子图的坐标区
x1=linspace(0,2*pi,200);                       % 定义 x 数据
y1=sin(x1).*exp(-0.2*x1);                      % 正弦信号与指数衰减的调制
plot(ax1,x1,y1,'-b','LineWidth',1.5);          % 绘制正弦调制信号
grid(ax1,'on');                                % 打开网格
xlabel(ax1,'X-axis (radians)','FontSize',12);  % 添加 x 轴标签
ylabel(ax1,'Amplitude','FontSize',12);         % 添加 y 轴标签
title(ax1,'Damped Sine Wave','FontSize',14);   % 添加标题

% 创建第二个子图:多项式函数
ax2=nexttile;                                  % 创建第二个子图的坐标区
x2=linspace(-2,2,200);                         % 定义 x 数据
y2=x2.^3-2*x2.^2+0.5*x2+1;                     % 定义多项式函数
plot(ax2,x2,y2,'-r','LineWidth',1.5);          % 绘制多项式曲线
grid(ax2,'on');                                % 打开网格
xlabel(ax2,'X-axis','FontSize',12);            % 添加 x 轴标签
ylabel(ax2,'Y-axis','FontSize',12);            % 添加 y 轴标签
title(ax2,'Polynomial Curve','FontSize',14);   % 添加标题
```

运行程序,输出图形如图 5-23 所示。

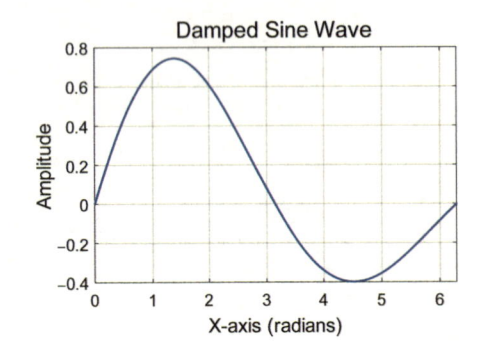

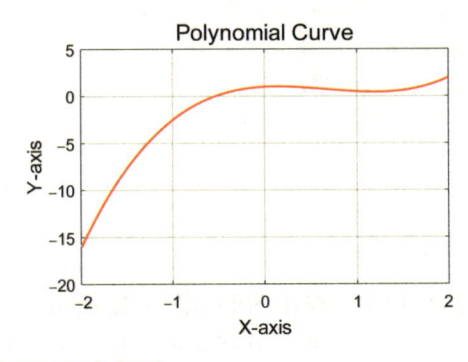

图 5-23　在指定的坐标区上添加标题

5.3.2 添加副标题

在 MATLAB 中，利用函数 subtitle( ) 可以在当前坐标区中添加一个副标题。

```
subtitle(txt)                    % 将指定的副标题文本添加到当前坐标区
subtitle(___,Name,Value)         % 使用一个或多个名称-值对组参数设置文本对象的属性
subtitle(target,___)             % 指定副标题的目标对象(坐标区、分块图布局或对象数组)
t=subtitle(___)                  % 返回副标题的文本对象
```

【例 5-20】 展示添加副标题。

在编辑器中编写以下程序并运行。

```
clear,clf
% 数据准备
x=linspace(-10,10,200);                          % 定义 x 数据范围
a=0.5;                                           % 抛物线的系数
b=-2;                                            % 一次项系数
c=3;                                             % 常数项
y=a*x.^2+b*x+c;                                  % 抛物线方程 y=ax^2+bx+c

% 绘制抛物线
plot(x,y,'-b','LineWidth',1.5);                  % 绘制抛物线
grid on;                                         % 打开网格
xlabel('X-axis','FontSize',12);                  % 添加 x 轴标签
ylabel('Y-axis','FontSize',12);                  % 添加 y 轴标签

% 添加主标题
title('Parabola Curve','FontSize',14);           % 设置主标题
% 添加静态副标题
subtitle('Equation: y=0.5x^2-2x+3','FontSize',12); % 静态副标题
% 更改副标题颜色
subtitle('Equation: y=0.5x^2-2x+3','Color','red', ...
    'FontSize',12);                              % 红色副标题

% 动态生成副标题
a_value=0.5;                                     % 定义动态参数 a
b_value=-2;                                      % 定义动态参数 b
c_value=3;                                       % 定义动态参数 c
dynamic_txt=['Equation: y=',num2str(a_value),'x^2', ...
    num2str(b_value),'x+',num2str(c_value)];     % 动态拼接字符串
subtitle(dynamic_txt,'FontSize',12,'FontAngle','italic'); % 动态生成副标题
```

运行程序，输出图形如图 5-24 所示。

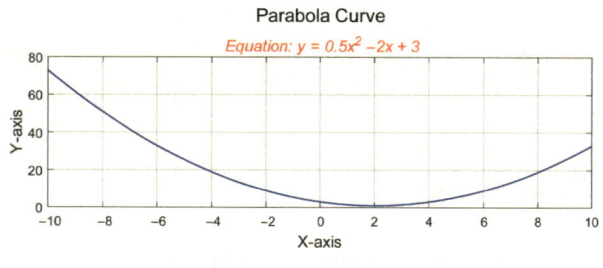

图 5-24 添加副标题

MATLAB 科研绘图

【例 5-21】 展示直方图和指数函数曲线的综合效果，同时添加包含希腊符号、上标和下标的副标题。

在编辑器中编写以下程序并运行。

```
clear,clf
% 子图 1: 正态分布的直方图
subplot(1,2,1);                                          % 创建第一个子图
data=3*randn(1,200)+20;                                  % 正态分布数据,均值为 20,标准差为 3
histogram(data,'BinWidth',1,'FaceColor','c','EdgeColor','k');   % 绘制直方图
grid on;                                                 % 打开网格
xlabel('Value','FontSize',12);                           % 添加 x 轴标签
ylabel('Frequency','FontSize',12);                       % 添加 y 轴标签
title('Gaussian Distribution','FontSize',14);            % 添加标题
txt='{\it \mu}=20,{\it \sigma}=3';                       % TeX 标记字符向量,描述均值和标准差
subtitle(txt,'FontSize',12,'FontAngle','italic');        % 添加副标题

% 子图 2: 多项式函数的对比曲线
subplot(1,2,2);                                          % 创建第二个子图
x=linspace(-5,5,300);                                    % 定义 x 数据
y1=2*x.^3-5*x.^2+4*x+1;                                  % 第一条多项式函数数据
y2=-x.^3+3*x.^2-2*x-1;                                   % 第二条多项式函数数据
plot(x,y1,'-b','LineWidth',1.5);                         % 绘制第一条多项式曲线
hold on;                                                 % 保持当前图形
plot(x,y2,'-r','LineWidth',1.5);                         % 绘制第二条多项式曲线
hold off;                                                % 释放当前图形
grid on;                                                 % 打开网格
xlabel('X-axis','FontSize',12);                          % 添加 x 轴标签
ylabel('Y-axis','FontSize',12);                          % 添加 y 轴标签
title('Polynomial Comparison','FontSize',14);            % 添加标题
txt='y_1=2x^3-5x^2+4x+1,y_2=-x^3+3x^2-2x-1';             % TeX 标记字符向量
subtitle(txt,'FontSize',10,'FontAngle','italic');        % 添加副标题
```

运行程序，输出图形如图 5-25 所示。

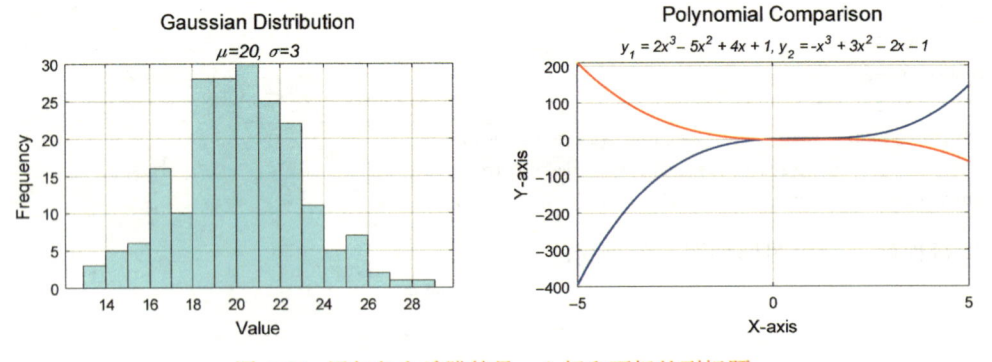

图 5-25 添加包含希腊符号、上标和下标的副标题

5.3.3 添加副标题到子图网格

在 MATLAB 中，利用函数 sgtitle( ) 可以在子图网格中添加标题。

```
sgtitle(txt)                        % 在当前图窗或新创建图窗子图的网格上方添加标题
sgtitle(target,txt)                 % 将标题添加到指定的图窗、面板或选项卡中的子图网格
sgtitle(___,Name,Value)             % 使用一个或多个名称-值对组参数修改文本属性
sgt=sgtitle(___)                    % 返回用于创建标题的子图 Text 对象
```

【例 5-22】 创建带有四个子图的图窗,并为每个子图添加标题,同时将总标题添加到子图网格中。

在编辑器中编写以下程序并运行。

```
clear,clf
% 子图 1: 正态分布直方图
subplot(2,2,1);
data1=randn(1,100);                                 % 生成标准正态分布数据
histogram(data1,'FaceColor','c','EdgeColor','k');   % 绘制直方图
grid on;                                            % 打开网格
title('Normal Distribution');                       % 添加标题
xlabel('Value');                                    % 添加 x 轴标签
ylabel('Frequency');                                % 添加 y 轴标签

% 子图 2: 正弦函数
subplot(2,2,2);
x2=linspace(0,2*pi,100);                            % 定义 x 数据
y2=sin(x2);                                         % 正弦函数
plot(x2,y2,'-b','LineWidth',1.5);                   % 绘制正弦函数
grid on;                                            % 打开网格
title('Sine Function');                             % 添加标题
xlabel('X-axis');                                   % 添加 x 轴标签
ylabel('Y-axis');                                   % 添加 y 轴标签

% 子图 3: 抛物线
subplot(2,2,3);
x3=linspace(-10,10,100);                            % 定义 x 数据
y3=x3.^2;                                           % 抛物线
plot(x3,y3,'-r','LineWidth',1.5);                   % 绘制抛物线
grid on;                                            % 打开网格
title('Parabola');                                  % 添加标题
xlabel('X-axis');                                   % 添加 x 轴标签
ylabel('Y-axis');                                   % 添加 y 轴标签

% 子图 4: 散点图
subplot(2,2,4);
x4=rand(1,50)*10;                                   % 生成随机 x 数据
y4=rand(1,50)*10;                                   % 生成随机 y 数据
scatter(x4,y4,50,'filled');                         % 绘制散点图
grid on;                                            % 打开网格
title('Random Scatter');                            % 添加标题
xlabel('X-axis');                                   % 添加 x 轴标签
ylabel('Y-axis');                                   % 添加 y 轴标签
```

MATLAB 科研绘图

```matlab
% 添加总标题
sgtitle('Data Visualization Grid','FontSize',16); % 设置总标题
```

运行程序，输出图形如图 5-26 所示。

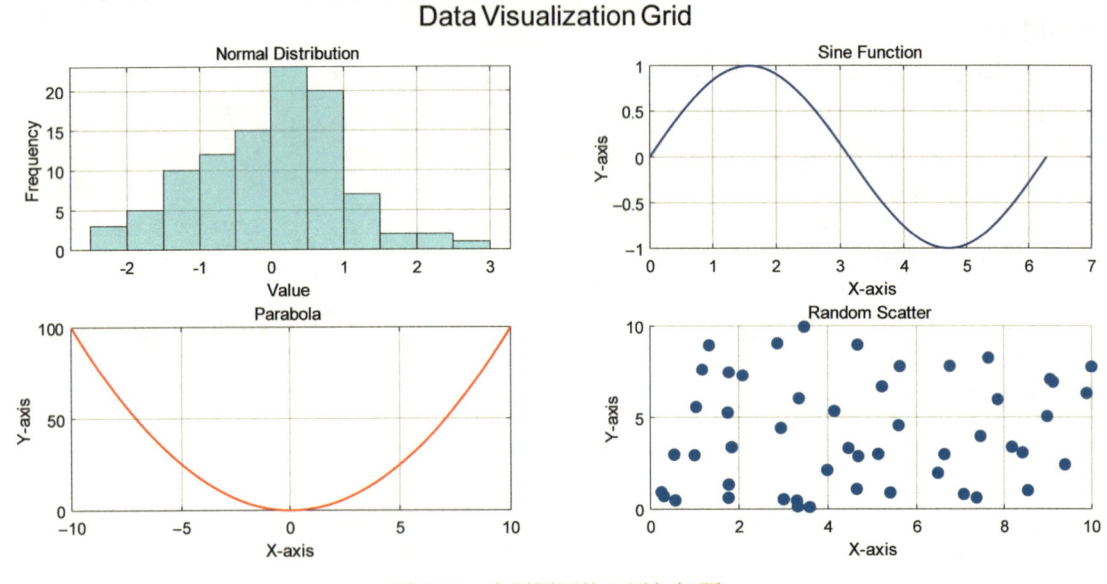

图 5-26　在子图网格上添加标题

【例 5-23】　修改 sgtitle 的样式属性来增强可视化效果，展示通过设置属性来修改标题外观。

在编辑器中编写以下程序并运行。

```matlab
clear,clf
% 子图 1: 抛物线
subplot(1,2,1);                                     % 创建第一个子图
x1=linspace(-5,5,100);                              % 定义 x 数据
y1=x1.^2;                                           % 抛物线数据
plot(x1,y1,'-b','LineWidth',1.5);                   % 绘制抛物线
grid on;                                            % 打开网格
title('Quadratic Function','FontSize',14);          % 添加标题
xlabel('X-axis','FontSize',12);                     % 添加 x 轴标签
ylabel('Y-axis','FontSize',12);                     % 添加 y 轴标签

% 子图 2: 正弦波与余弦波
subplot(1,2,2);                                     % 创建第二个子图
x2=linspace(0,2*pi,100);                            % 定义 x 数据
y2=sin(x2);                                         % 正弦波
y3=cos(x2);                                         % 余弦波
plot(x2,y2,'-r','LineWidth',1.5);                   % 绘制正弦波
hold on;
plot(x2,y3,'-g','LineWidth',1.5);                   % 绘制余弦波
```

```
hold off;
grid on;                                                % 打开网格
title('Sine and Cosine Waves','FontSize',14);           % 添加标题
xlabel('X-axis (radians)','FontSize',12);               % 添加 x 轴标签
ylabel('Y-axis','FontSize',12);                         % 添加 y 轴标签
legend({'sin(x)','cos(x)'},'Location','best');          % 添加图例

% 添加总标题并设置属性
pcolor=sgtitle('Data Visualization Grid','Color','red');% 设置总标题并更改颜色
pcolor.FontSize=20;                                     % 更改总标题字体大小
pcolor.FontWeight='bold';                               % 设置总标题字体加粗
```

运行程序，输出图形如图 5-27 所示。

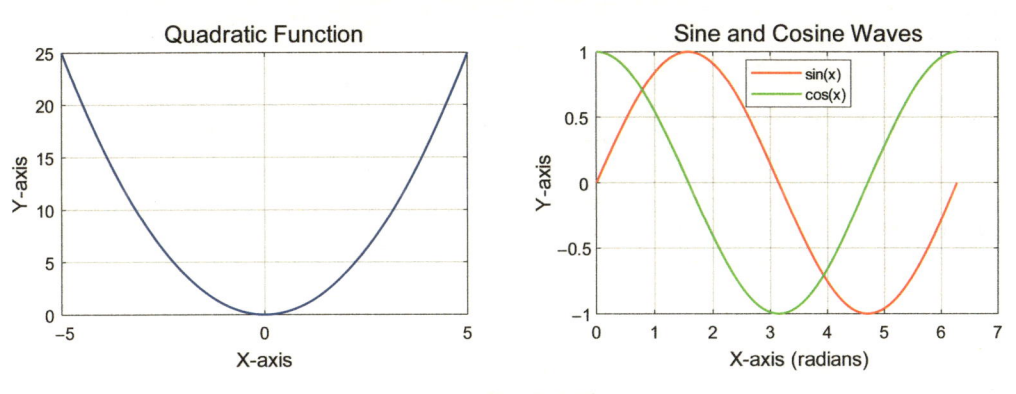

图 5-27　修改标题外观

5.3.4　添加图例

在 MATLAB 中，利用函数 legend( ) 可以为每个绘制的数据序列创建一个带有描述性标签的图例。在编辑器中编写以下程序并运行。

```
legend                              % 为每个绘制的数据序列创建一个带有描述性标签的图例
legend(vsbl)                        % 控制图例的可见性，其中 vsbl 为'hide''show'或'toggle'
legend('off')                       % 删除图例

legend(label1,...,labelN)           % 设置图例标签，以字符向量或字符串列表形式指定标签
legend(labels)                      % 使用字符向量元胞数组、字符串数组或字符矩阵设置标签
                                    % legend('Jan','Feb')同 legend({'Jan','Feb'})

legend(subset,___)                  % 仅在图例中包括 subset 中列出的数据序列的项
legend(target,___)                  % 使用 target 指定的坐标区或独立可视化，而非使用当前坐标区
legend(___,'Location',lcn)          % 设置图例位置
legend(___,'Orientation',ornt)      % ornt 为'horizontal'时并排显示图例项
                                    % 默认为垂直堆叠图例项
legend(___,Name,Value)              % 使用一个或多个名称-值对组参数来设置图例属性
```

MATLAB 科研绘图

```
legend(bkgd)                              % bkgd 为'boxoff'时删除图例背景和轮廓,默认显示图例背景和轮廓
pcolor=legend(___)                        % 返回 Legend 对象
```

【例 5-24】 展示如何绘制多条线条并为其添加图例,同时改善代码的清晰性和可视化效果。在编辑器中编写以下程序并运行。

```matlab
clear,clf
% 数据准备
x=linspace(0,2*pi,200);                   % 定义 x 数据,从 0 到 2π,生成 200 个点
y1=sin(x);
y2=sin(2*x);
y3=sin(3*x);

% 绘制前两条曲线
plot(x,y1,'-b','LineWidth',1.5);          % 绘制 sin(x)蓝色曲线
hold on;
plot(x,y2,'-r','LineWidth',1.5);          % 绘制 sin(2x)红色曲线

% 添加图例
legend('sin(x)','sin(2x)','Location','best');   % 图例位置自动调整为最佳位置

% 绘制第三条曲线,并通过'DisplayName'添加图例标签
plot(x,y3,'-g','LineWidth',1.5, ...
    'DisplayName','sin(3x)');             % 绘制 sin(3x)绿色曲线

hold off;                                 % 保持当前图形

% 添加网格和坐标轴标签
grid on;                                  % 打开网格
xlabel('X-axis (radians)','FontSize',12); % 添加 x 轴标签
ylabel('Y-axis','FontSize',12);           % 添加 y 轴标签
title('Sine Functions with Legend','FontSize',14);   % 添加标题

% 添加图例(包括通过'DisplayName'指定的标签)
legend show;                              % 显示所有包含'DisplayName'属性的曲线标签
```

运行程序,输出图形如图 5-28 所示。

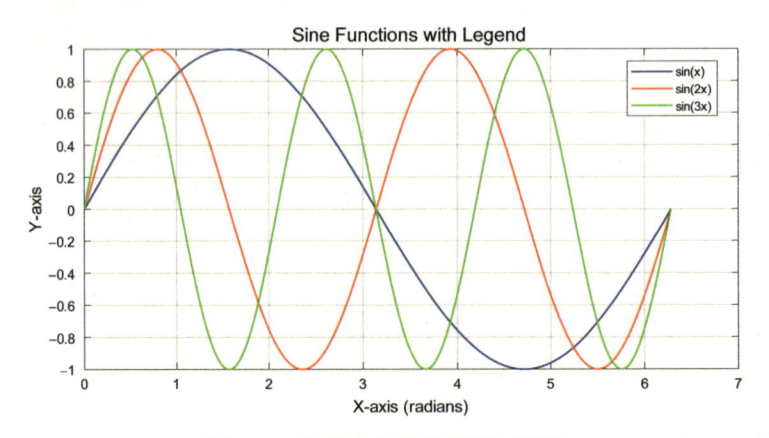

图 5-28 绘制多条线条并添加图例

通过如下语句可以直接删除图例。

```
legend('off')          % 删除图例
```

> **注意：** 如果不希望在坐标区中添加或删除数据序列时自动更新图例，可以将图例的 AutoUpdate 属性设置为'off'。

【例 5-25】 在执行绘图命令时指定图例标签，随后添加图例。

在编辑器中编写以下程序并运行。

```matlab
clear,clf
% 数据准备
x=linspace(0,pi,200);                                  % 定义 x 数据，从 0 到 π,生成 200 个点
y1=sin(x);
y2=sin(2*x);

% 绘制第一条曲线并设置 DisplayName
plot(x,y1,'-b','LineWidth',1.5,'DisplayName','sin(x)');
                                                       % 绘制 sin(x)蓝色曲线
hold on;
% 绘制第二条曲线并设置 DisplayName
plot(x,y2,'-r','LineWidth',1.5,'DisplayName','sin(2x)');
                                                       % 绘制 sin(2x)红色曲线
hold off;

% 添加网格和坐标轴标签
grid on;                                               % 打开网格
xlabel('X-axis (radians)','FontSize',12);              % 添加 x 轴标签
ylabel('Y-axis','FontSize',12);                        % 添加 y 轴标签
title('Sine Functions with Dynamic Legend','FontSize',14); % 添加标题

% 显示图例
legend show;             % 自动显示设置了'DisplayName'属性的曲线图例
```

运行程序，输出图形如图 5-29 所示。

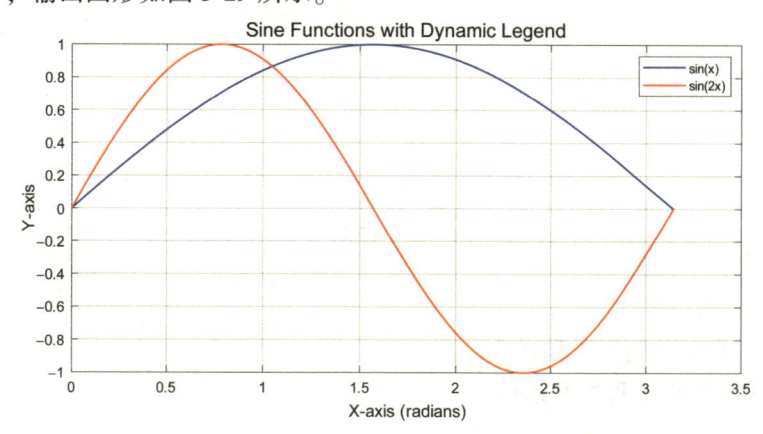

图 5-29 在执行绘图命令时指定图例标签

【例 5-26】 将标签指定为''来排除零位置虚线的图例。

在编辑器中编写以下程序并运行。

```
clear,clf
% 数据准备
x=0:0.2:10;                                              % 定义 x 数据,从 0 到 10,每步长 0.2
y1=sin(x);                                               % 正弦函数 sin(x)
y2=sin(x+1);                                             % 相位偏移为 1 的正弦函数

% 绘制正弦曲线
plot(x,y1,'-b','LineWidth',1.5,'DisplayName','sin(x)');  % 绘制 sin(x)
hold on;
plot(x,y2,'-r','LineWidth',1.5,'DisplayName','sin(x+1)');% 绘制 sin(x+1)

% 添加水平虚线 y=0,并设置图例
yline(0,'--k','DisplayName','y=0');                      % 水平虚线,图例标签为 y=0

% 添加网格、标题和坐标轴标签
grid on;                                                 % 打开网格
xlabel('X-axis','FontSize',12);                          % 添加 x 轴标签
ylabel('Y-axis','FontSize',12);                          % 添加 y 轴标签
title('Sine Functions with Reference Line','FontSize',14);% 添加标题

% 显示图例
legend show;                                             % 显示所有包含'DisplayName'属性的曲线标签
hold off;                                                % 释放图形
```

运行程序,输出图形如图 5-30 所示。

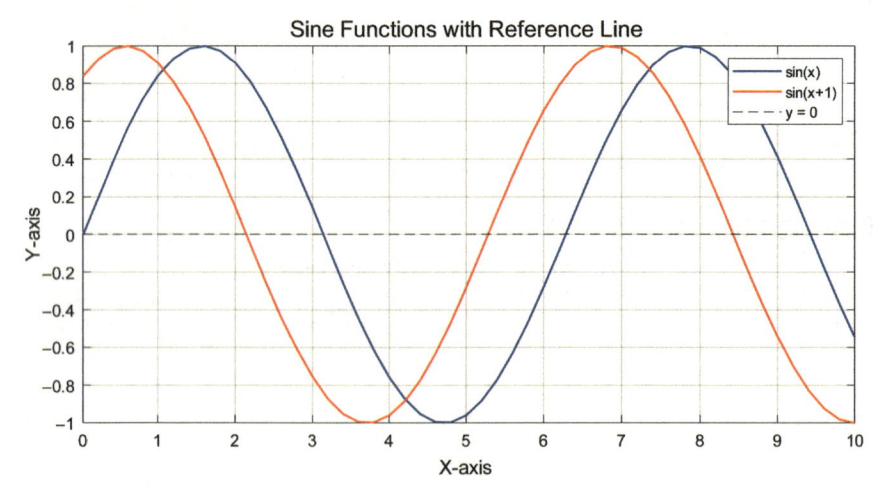

图 5-30 排除零位置虚线的图例

【例 5-27】 指定图例位置和列数。

在编辑器中编写以下程序并运行。

```matlab
clear,clf
% 数据准备
x=linspace(0,pi,200);                               % 定义 x 数据,从 0 到 π,生成 200 个点
y1=cos(x);
y2=cos(2*x);
y3=cos(3*x);
y4=cos(4*x);

% 绘制余弦曲线
plot(x,y1,'-b','LineWidth',1.5);                    % 绘制 cos(x) 蓝色曲线
hold on;
plot(x,y2,'--r','LineWidth',1.5);                   % 绘制 cos(2x) 红色虚线
plot(x,y3,':g','LineWidth',1.5);                    % 绘制 cos(3x) 绿色点线
plot(x,y4,'-.m','LineWidth',1.5);                   % 绘制 cos(4x) 品红色点划线
hold off;

% 添加网格和坐标轴标签
grid on;                                            % 打开网格
xlabel('X-axis (radians)','FontSize',12);           % 添加 x 轴标签
ylabel('Y-axis','FontSize',12);                     % 添加 y 轴标签
title('Cosine Functions with Multi-Column Legend','FontSize',14);  % 添加标题

% 添加图例
legend({'cos(x)','cos(2x)','cos(3x)','cos(4x)'}, ...  % 图例标签
'Location','northwest', ...                         % 图例位置为左上角
'NumColumns',2, ...                                 % 图例分为两列
'FontSize',10);                                     % 设置图例字体大小
```

运行程序，输出图形如图 5-31 所示。

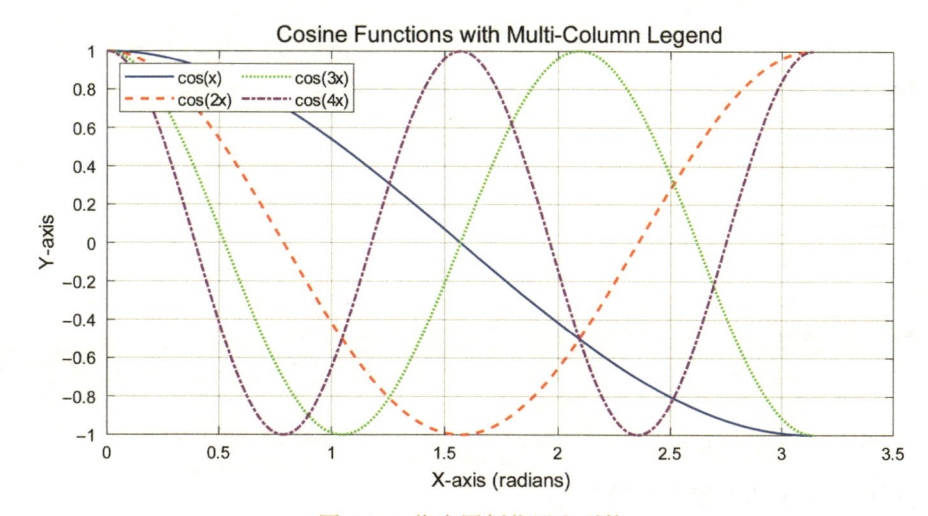

图 5-31　指定图例位置和列数

【例 5-28】 在布局的一个单独图块中显示两个或多个图之间的共享图例。
在编辑器中编写以下程序并运行。

```
clear,clf
% 创建流式图块布局
t=tiledlayout('flow','TileSpacing','compact');          % 使用流式布局,紧凑的图块间距

% 第一个图块
nexttile;
plot(rand(5),'LineWidth',1.5);                          % 绘制随机数据
title('Random Data 1');                                 % 添加标题
xlabel('X-axis');                                       % 添加 x 轴标签
ylabel('Y-axis');                                       % 添加 y 轴标签

% 第二个图块
nexttile;
plot(rand(5),'LineWidth',1.5);                          % 绘制随机数据
title('Random Data 2');                                 % 添加标题
xlabel('X-axis');                                       % 添加 x 轴标签
ylabel('Y-axis');                                       % 添加 y 轴标签

% 第三个图块
nexttile;
plot(rand(5),'LineWidth',1.5);                          % 绘制随机数据
title('Random Data 3');                                 % 添加标题
xlabel('X-axis');                                       % 添加 x 轴标签
ylabel('Y-axis');                                       % 添加 y 轴标签

% 创建图例并放置在第四个图块中
lgd=legend('Dataset 1','Dataset 2','Dataset 3',...
    'Dataset 4','Dataset 5');                           % 添加图例
lgd.Layout.Tile=4;                                      % 将图例放置在图块网格中的第四个图块中
lgd.FontSize=10;                                        % 设置图例字体大小

% 第四个图块
nexttile;
plot(rand(5),'LineWidth',1.5);                          % 绘制随机数据
title('Random Data 4');                                 % 添加标题
xlabel('X-axis');                                       % 添加 x 轴标签
ylabel('Y-axis');                                       % 添加 y 轴标签

% 将图例移到布局外侧的 east 区域
lgd.Layout.Tile='east';                                 % 将图例移到外侧区域 east
```

运行程序,输出图形如图 5-32 所示。

【例 5-29】 将绘制的部分图形对象包含在图例中。

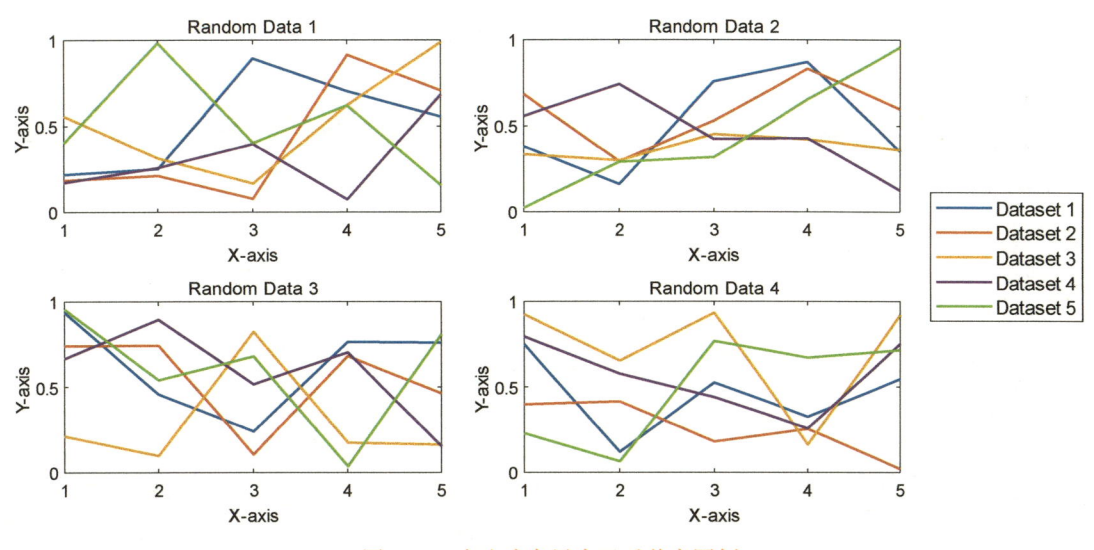

图 5-32　在流式布局中显示共享图例

在编辑器中编写以下程序并运行。

```
clear,clf
% 数据准备
x=linspace(0,pi,200);       % 定义 x 数据,从 0 到 π,生成 200 个点
y1=sin(x);                                              % 第一条曲线数据 sin(x)
y2=sin(2*x);                                            % 第二条曲线数据 sin(2x)
y3=sin(3*x);                                            % 第三条曲线数据 sin(3x)

% 绘制第一条曲线并返回 Line 对象
p1=plot(x,y1,'-b','LineWidth',1.5);                     % 蓝色实线 sin(x)
hold on;

% 绘制第二条曲线并返回 Line 对象
p2=plot(x,y2,'--r','LineWidth',1.5);                    % 红色虚线 sin(2x)

% 绘制第三条曲线并返回 Line 对象
p3=plot(x,y3,':g','LineWidth',1.5);                     % 绿色点线 sin(3x)
hold off;

% 添加网格和坐标轴标签
grid on;                                                % 打开网格
xlabel('X-axis (radians)','FontSize',12);               % 添加 x 轴标签
ylabel('Y-axis','FontSize',12);                         % 添加 y 轴标签
title('Sine Functions with Selected Legend','FontSize',14);  % 添加标题

% 添加图例,仅包含第一条和第三条曲线
legend([p1,p3],{'sin(x)','sin(3x)'},    ...
'Location','best','FontSize',10);                       % 指定图例的 Line 对象
```

运行程序,输出图形如图 5-33 所示。

MATLAB 科研绘图

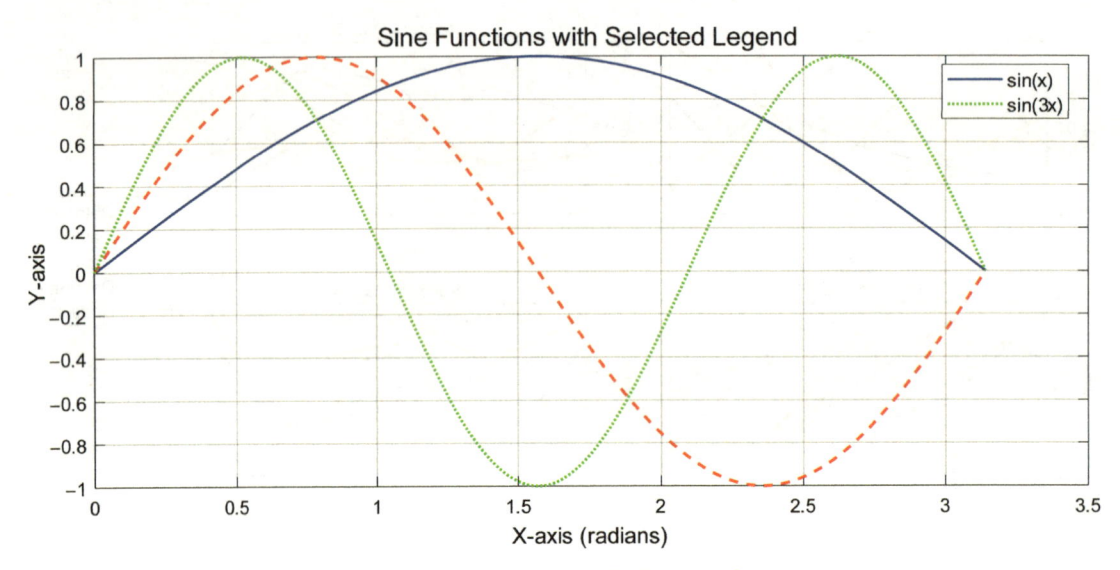

图 5-33　在图例中包含部分图形对象

【例 5-30】 添加包含 LaTeX 标记的图例。

在编辑器中编写以下程序并运行。

```
clear,clf
% 数据准备
x=0:0.1:10;                                          % 定义 x 数据
y=sin(x);                                            % 正弦函数
dy=cos(x);                                           % 正弦函数的一阶导数

% 绘制曲线
plot(x,y,'-b','LineWidth',1.5);                      % 绘制 sin(x)蓝色曲线
hold on;
plot(x,dy,'--r','LineWidth',1.5);                    % 绘制 sin(x)的导数 cos(x)红色虚线
hold off;

% 添加图例并设置 LaTeX 解释器
legend('$ \sin(x) $','$ \frac{d}{dx}\sin(x) $', ...
    'Interpreter','latex', ...                       % 使用 LaTeX 格式
    'FontSize',12);                                  % 设置图例字体大小
% 删除图例的背景和轮廓
legend('boxoff');                                    % 移除图例框线
% 添加网格、标题和坐标轴标签
grid on;                                             % 打开网格
xlabel('X-axis (radians)','FontSize',12);            % 添加 x 轴标签
ylabel('Y-axis','FontSize',12);                      % 添加 y 轴标签
title('Sine Function and Its Derivative','FontSize',14);  % 添加标题
```

运行程序，输出图形如图 5-34 所示。

【例 5-31】 为图例添加标题。

在编辑器中编写以下程序并运行。

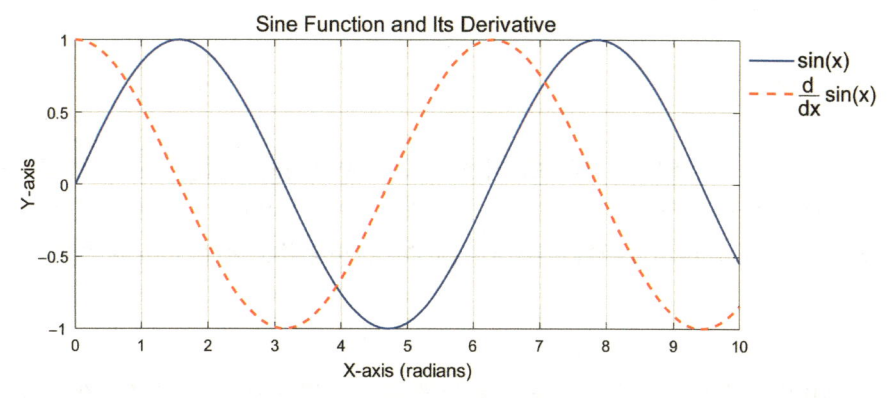

图 5-34　添加包含 LaTeX 标记的图例

```
clear,clf
% 数据准备
x=linspace(0,pi,200);                                   % 定义 x 数据,从 0 到 π,生成 200 个点
y1=cos(x);                                              % 第一条曲线数据 cos(x)
y2=cos(2*x);                                            % 第二条曲线数据 cos(2x)

% 绘制第一条曲线
plot(x,y1,'-b','LineWidth',1.5);                        % 蓝色实线表示 cos(x)
hold on;
% 绘制第二条曲线
plot(x,y2,'--r','LineWidth',1.5);                       % 红色虚线表示 cos(2x)
hold off;

% 添加网格、标题和坐标轴标签
grid on;                                                % 打开网格
xlabel('X-axis (radians)','FontSize',12);               % 添加 x 轴标签
ylabel('Y-axis','FontSize',12);                         % 添加 y 轴标签
title('Cosine Functions with Legend Title','FontSize',14);  % 添加主标题
% 添加图例并设置标题
lgd=legend('cos(x)','cos(2x)','FontSize',12,'Location','best');  % 添加图例
title(lgd,'Legend Title','FontSize',12,'FontWeight','bold');     % 为图例添加标题
```

运行程序,输出图形如图 5-35 所示。

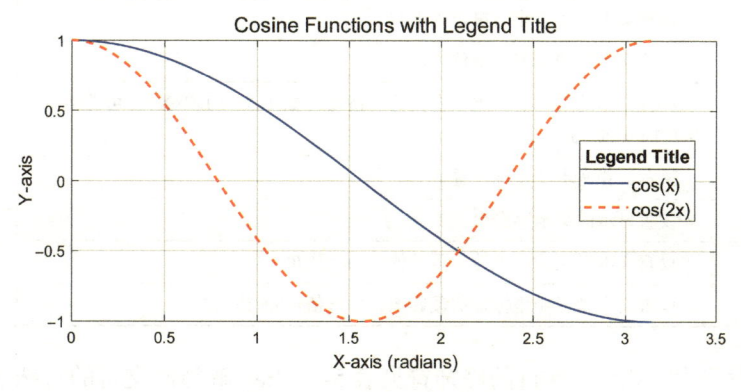

图 5-35　为图例添加标题

5.4 添加文本与注释

MATLAB 中的文本注释是用于在图形中添加文字或说明的工具，可以为数据图形提供详细的标注和解释。文本注释可以通过多个方法添加，例如使用 text( ) 函数直接在坐标系中添加文字，或者使用 annotation( ) 函数在图窗中创建带有更多样式和布局控制的注释。

5.4.1 自动添加文本

在 MATLAB 中，用户可以在图形的任意位置加注一串文本作为注释。在任意位置加注文本可以使用坐标轴确定文字位置的 text( ) 函数。

```
text(x,y,txt)           % 在二维坐标区中,向某一指定点或多个点添加文本
        % 若 x、y 是标量,则文本 txt 添加到单个点
        % 若 x、y 是长度相同的向量,txt 可以是字符串数组或元胞数组,在对应点分别显示文本
text(x,y,z,txt)         % 在三维坐标区中,向指定的三维点添加文本。
text(___,Name,Value)    % 通过名称-值对组,设置文本对象的属性
text(ax,___)            % 在指定的坐标区 ax 中添加文本,而不是当前默认坐标区
t=text(___)             % 返回创建的文本对象 t,通过 t 可以进一步修改文本属性
```

名称-值对参数用于设置文本属性，常用的名称-值对参量见表 5-3。

表 5-3 名称-值对参量

参 数	描 述	示 例 值
FontSize	设置文本的字体大小,单位为磅	14
FontWeight	设置文本的字体粗细,可选值: 'normal' 'bold' 'light' 或 'demi'	'bold'
FontAngle	设置文本的字体倾斜度,可选值: 'normal' 或 'italic'	'italic'
Color	设置文本的颜色,可以是 RGB 三元组或字符串指定的颜色名称	'red' 或 [1,0,0]
HorizontalAlignment	设置文本的水平对齐方式,可选值: 'left' 'center' 或 'right'	'center'
VerticalAlignment	设置文本的垂直对齐方式,可选值: 'top' 'middle' 'baseline' 或 'bottom'	'top'
BackgroundColor	设置文本背景的颜色,可以是 RGB 三元组或颜色名称	'yellow' 或 [1,1,0]
EdgeColor	设置文本边框颜色,可以是 RGB 三元组或颜色名称	'black'
Margin	设置文本边距大小,单位为点数	5
Rotation	设置文本旋转角度,单位为度数	45
Interpreter	设置文本的解释器,用于支持特殊格式（如 TeX 或 LaTeX）,可选值: 'tex' 'latex' 或 'none'	'latex'
Position	显示设置文本的坐标位置	[x,y] 或 [x,y,z]
String	设置显示的文本字符串	'Hello World'
Visible	设置文本对象的可见性,可选值: 'on' 或 'off'	'on'
Clipping	设置文本是否受坐标轴剪裁影响,可选值: 'on' 或 'off'	'on'

当解释器设置为 'tex' 时，支持的修饰符见表 5-4。'tex' 解释器支持的特殊字符见表 5-5。

第5章 图形注释与标注

表 5-4 支持的修饰符

修 饰 符	描 述	示 例
^{ }	上标	'text^{superscript}'
_{ }	下标	'text_{subscript}'
\bf	粗体	'\bf text'
\it	斜体	'\it text'
\sl	伪斜体（通常与斜体相同）	'\sl text'
\rm	常规字体	'\rm text'
\fontname{specifier}	字体名称。将 specifier 替换为字体系列的名称，可以将此说明符与其他修饰符结合使用	'\fontname{Courier} text'
\fontsize{specifier}	字体大小。将 specifier 替换为以磅为单位的数值标量值	'\fontsize{15} text'
\color{specifier}	字体颜色。将 specifier 替换为以下颜色之一：red、green、yellow、magenta、blue、black、white、gray、darkGreen、orange 或 lightBlue	'\color{magenta} text'
\color[rgb]{specifier}	自定义字体颜色。将 specifier 替换为三元素 RGB 三元组	'\color[rgb]{0,0.5,0.5} text'

表 5-5 支持的特殊字符

字符序列	符 号	字符序列	符 号	字符序列	符 号	字符序列	符 号
\alpha	α	\upsilon	υ	\sim	~	\cap	∩
\angle	∠	\phi	φ	\leq	≤	\supset	⊃
\ast	*	\chi	χ	\infty	∞	\int	∫
\beta	β	\psi	ψ	\clubsuit	♣	\rfloor	⌋
\gamma	γ	\omega	ω	\diamondsuit	◆	\lfloor	⌊
\delta	δ	\Gamma	Γ	\heartsuit	♥	\perp	⊥
\epsilon	ϵ	\Delta	Δ	\spadesuit	♠	\wedge	∧
\zeta	ζ	\Theta	Θ	\leftrightarrow	↔	\rceil	⌉
\eta	η	\Lambda	Λ	\leftarrow	←	\vee	∨
\theta	θ	\Xi	Ξ	\Leftarrow	⇐	\in	∈
\vartheta	ϑ	\Pi	Π	\uparrow	↑	\lceil	⌈
\iota	ι	\Sigma	Σ	\rightarrow	→	\cdot	·
\kappa	κ	\Upsilon	Υ	\Rightarrow	⇒	\neg	¬
\lambda	λ	\Phi	Φ	\downarrow	↓	\times	×
\mu	μ	\Psi	Ψ	\circ	°	\surd	√
\nu	ν	\Omega	Ω	\pm	±	\varpi	ϖ
\xi	ξ	\forall	∀	\geq	≥	\rangle	〉
\pi	π	\exists	∃	\propto	∝	\langle	〈
\rho	ρ	\ni	∋	\partial	∂	\supseteq	⊇
\sigma	σ	\cong	≅	\bullet	●	\subset	⊂

163

MATLAB 科研绘图

(续)

字符序列	符号	字符序列	符号	字符序列	符号	字符序列	符号
\varsigma	ς	\approx	≈	\div	÷	\O	o
\tau	τ	\Re	ℜ	\neq	≠	\nabla	∇
\equiv	≡	\oplus	⊕	\aleph	ℵ	\ldots	...
\Im	ℑ	\cup	∪	\wp	℘	\prime	′
\otimes	⊗	\subseteq	⊆	\oslash	∅	\0	∅
\mid	|	\copyright	©				

【例 5-32】 展示多种文本标注方式。

在编辑器中编写以下程序并运行。

```
clear,clf
figure;
% 子图 1:绘制线条并在沿线两个点添加相同的文本
subplot(2,2,1);
x=linspace(-5,5,200);                                       % 更平滑的 x 数据
y=x.^3-12*x;                                                % 多项式函数
plot(x,y,'-b','LineWidth',1.5);                             % 绘制曲线
hold on;
xt=[-2 2];
yt=[16 -16];
str='dy/dx=0';
text(xt,yt,str,'HorizontalAlignment','center','FontSize',12); % 添加文本
title('Same Text at Two Points','FontSize',12);             % 添加标题
xlabel('X-axis','FontSize',10);
ylabel('Y-axis','FontSize',10);
grid on;
hold off;

% 子图 2:向两个点添加不同文本
subplot(2,2,2);
plot(x,y,'-r','LineWidth',1.5);                             % 绘制曲线
hold on;
str={'Local Max','Local Min'};
text(xt,yt,str,'HorizontalAlignment','right',     ...
    'FontSize',12,'Color','green');                         % 添加文本
title('Different Text at Two Points','FontSize',12);        % 添加标题
xlabel('X-axis','FontSize',10);
ylabel('Y-axis','FontSize',10);
grid on;
hold off;

% 子图 3:多行文本和嵌套多行文本
subplot(2,2,3);
plot(1:10,'-g','LineWidth',1.5);                            % 简单曲线
```

```matlab
hold on;
str1={'A simple plot','from 1 to 10'};
text(2,7,str1,'FontSize',12,'Color','blue');          % 添加多行文本
str2={{'A simple plot','from 1 to 10'},'y=x'};
text([2 8],[7 7],str2,'FontSize',12,'Color','magenta');  % 添加嵌套多行文本
title('Multi-line and Nested Text','FontSize',12);    % 添加标题
xlabel('X-axis','FontSize',10);
ylabel('Y-axis','FontSize',10);
grid on;
hold off;

% 子图 4:修改文本属性和调整范围
subplot(2,2,4);
x=linspace(-5,5,200);                                  % 平滑 x 数据
y=x.^3-12*x;                                           % 多项式函数
plot(x,y,'-k','LineWidth',1.5);                        % 绘制曲线
hold on;
t=text([-2 2],[16 -16],'dy/dx=0');
t(1).Color='red';
t(1).FontSize=14;
t(2).Color='blue';
t(2).FontSize=14;

% 绘制正弦波图并添加超出范围的文本
x=0:0.1:10;
y=sin(x);
plot(x,y,'--m','LineWidth',1.5);                       % 绘制正弦波
text(1.1,1.1,"Peak",'AffectAutoLimits',"on", ...
    'FontSize',12,'Color','black');                    % 添加文本
title('Modify Text and Adjust Limits','FontSize',12);  % 添加标题
xlabel('X-axis','FontSize',10);
ylabel('Y-axis','FontSize',10);
grid on;
hold off;
% 调整布局
sgtitle('Text Annotation Examples','FontSize',16);     % 添加总标题
```

运行程序后,输出图形如图 5-36 所示。

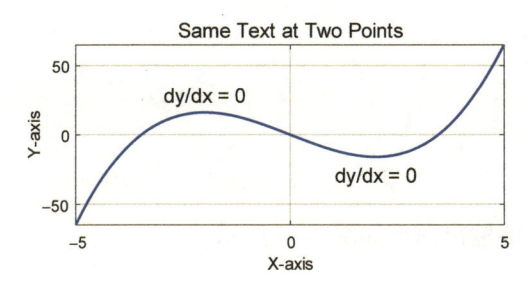

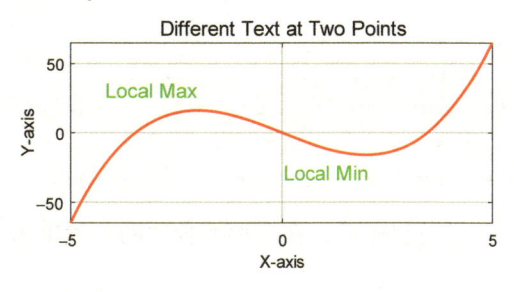

图 5-36　为曲线加注名称

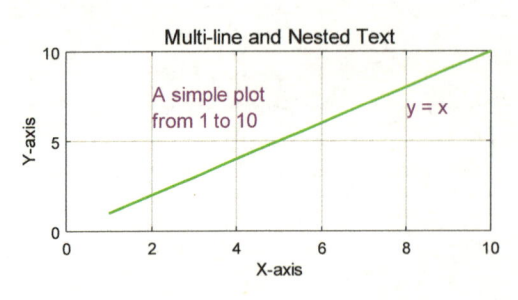

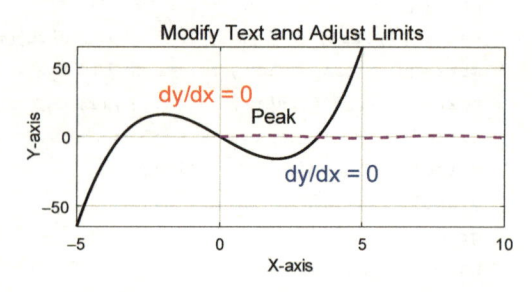

图 5-36　为曲线加注名称（续）

5.4.2　交互式添加文本

在 MATLAB 中，用户还可以使用鼠标确定文字位置，函数为 gtext( )。其调用格式如下。

```
gtext(str)                  % 在使用鼠标选择的位置插入文本 str
gtext(str,Name,Value)       % 使用一个或多个名称-值对组参量指定文本属性
t=gtext(___)                % 返回由 gtext 创建的文本对象的数组
```

执行语句后会在图中出现一个十字形指针，按住鼠标左键，将该指针拖动到需要添加文字的地方，然后单击鼠标左键，就可以将 gtext 命令中的字符串添加到图形中。

【例 5-33】　展示如何通过鼠标交互在图形上添加文本标注。
在编辑器中编写以下程序并运行。

```
clear,clf
% 绘制曲线
x=linspace(0,2*pi,100);                                    % 定义 x 数据
y=sin(x);                                                  % 定义 y 数据
plot(x,y,'-b','LineWidth',1.5);                            % 绘制正弦曲线
grid on;                                                   % 打开网格
xlabel('X-axis (radians)','FontSize',12);                  % 添加 x 轴标签
ylabel('Y-axis','FontSize',12);                            % 添加 y 轴标签
title('Interactive Text Annotation with gtext','FontSize',14);  % 添加标题

% 提示用户使用 gtext 添加文本
disp('Click on the graph to place the text annotation.');
gtext('This is a sine wave');                              % 使用 gtext 添加交互文本
% 再次提示用户使用 gtext 添加另一个文本
disp('Click again to place another text annotation.');
gtext('Add another annotation here');                      % 再次使用 gtext 添加交互文本
```

运行程序后，在图形上合适的位置单击，最终输出图形如图 5-37 所示。

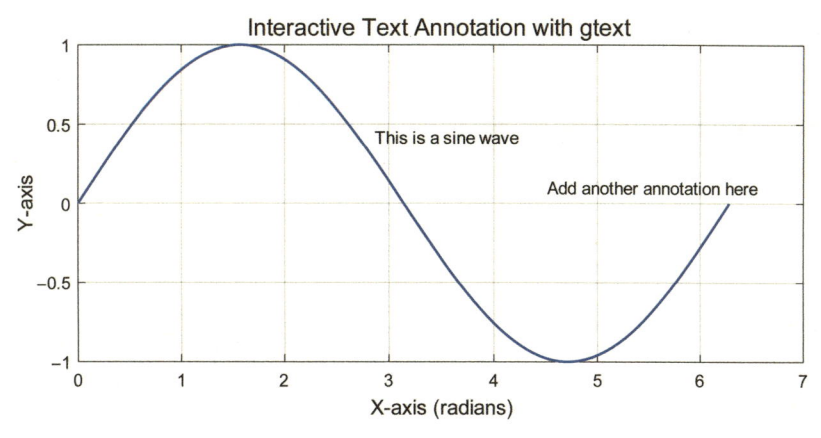

图 5-37　交互式添加文本

5.4.3　创建注释

在 MATLAB 中，利用 annotation( ) 函数可以在图形上添加注释元素，例如文本框、箭头、线条、矩形和椭圆等。注释元素独立于坐标轴，其位置以图形窗口的归一化坐标表示，能够很好地强调某些关键点或区域。

```
annotation(lineType,x,y)              % 在当前图窗中创建一个两点之间延伸的线条或箭头注释
        % lineType 指定为'line''arrow''doublearrow'或'textarrow'
        % x 和 y 分别指定为[x_beginx_end]和[y_beginy_end]形式的二元素向量
annotation(lineType)                  % 在点(0.3,0.3)和(0.4,0.4)之间的默认位置创建注释
annotation(shapeType,dim)             % 创建具有特定大小和位置的矩形、椭圆或文本框注释
        % shapeType 指定为'rectangle''ellipse'或'textbox'
        % 指定 dim 作为[xywh]形式的四元素向量。x 和 y 元素确定位置,w 和 h 元素确定大小
annotation(shapeType)                 % 在默认位置创建注释,左下角在(0.3,0.3),宽度、高度均为 0.1
annotation(___,Name,Value)            % 用于创建注释并将属性指定为名称-值对组参量
annotation(container,___)             % 在 container 指定的图窗、uipanel 或 uitab 中创建注释
an=annotation(___)                    % 返回注释对象
```

【例 5-34】　展示利用 annotation( ) 函数添加注释。
在编辑器中编写以下程序并运行。

```
% 创建一个简单线图并向图窗添加文本箭头
figure;
plot(1:10,'-b','LineWidth',1.5);
grid on;
x=[0.3 0.5];
y=[0.6 0.5];
annotation('textarrow',x,y,'String','y=x','FontSize',12,'Color','blue');

% 创建一个简单线图并向图窗添加文本框注释
figure;
plot(1:10,'-r','LineWidth',1.5);
grid on;
```

```matlab
dim=[0.2 0.5 0.3 0.3];
str='Straight Line Plot from 1 to 10';
annotation('textbox',dim,'String',str,'FitBoxToText','on',    ...
    'FontSize',12,'BackgroundColor','yellow','EdgeColor','black');

% 创建文本框注释而不设置 FitBoxToText 属性
figure;
plot(1:10,'-g','LineWidth',1.5);
grid on;
dim=[0.2 0.5 0.3 0.3];
str='Straight Line Plot from 1 to 10';
annotation('textbox',dim,'String',str,'FontSize',12,'EdgeColor','black');

% 创建包含多行文本的文本框注释
figure;
plot(1:10,'-m','LineWidth',1.5);
grid on;
dim=[0.2 0.5 0.3 0.3];
str={'Straight Line Plot','from 1 to 10'};
annotation('textbox',dim,'String',str,'FitBoxToText','on',    ...
    'FontSize',12,'BackgroundColor','cyan','EdgeColor','black');

% 创建一个针状图并向图窗添加矩形注释
figure;
data=[2 4 6 7 8 7 5 2];
stem(data,'LineWidth',1.5);
grid on;
dim1=[0.3 0.68 0.2 0.2];
annotation('rectangle',dim1,'Color','red','LineWidth',2);
dim2=[0.74 0.56 0.1 0.1];
annotation('rectangle',dim2,'FaceColor','blue','FaceAlpha',0.2);

% 创建一个简单线图并向图窗添加椭圆注释
figure;
x=linspace(-4,4,100);
y=x.^3-12*x;
plot(x,y,'-k','LineWidth',1.5);
grid on;
dim=[0.2 0.74 0.25 0.15];
annotation('ellipse',dim);
% 使用相同的尺寸绘制一个红色矩形,以显示椭圆如何填充矩形区域
annotation('rectangle',dim,'Color','red','LineWidth',2);

% 创建一个简单的线图,并通过组合使用线条和箭头注释向图形添加一个弯曲箭头
figure;
plot(1:10,'-c','LineWidth',1.5);
grid on;
x1=[0.3 0.3];
```

```
y1=[0.3 0.4];
annotation('line',x1,y1,'Color','blue','LineWidth',1.5);
xa=[0.3 0.4];
ya=[0.4 0.4];
annotation('arrow',xa,ya,'Color','blue','LineWidth',1.5);

% 创建后修改注释
figure;
plot(1:10,'-b','LineWidth',1.5);
grid on;
x=[0.3,0.5];
y=[0.6,0.5];
a=annotation('textarrow',x,y,'String','y=x','FontSize',12);
% 使用 a 修改注释文本箭头的属性。例如，将颜色更改为红色，将字体大小更改为 14 磅
a.Color='red';
a.FontSize=14;
```

运行程序后，输出图形如图 5-38 所示。

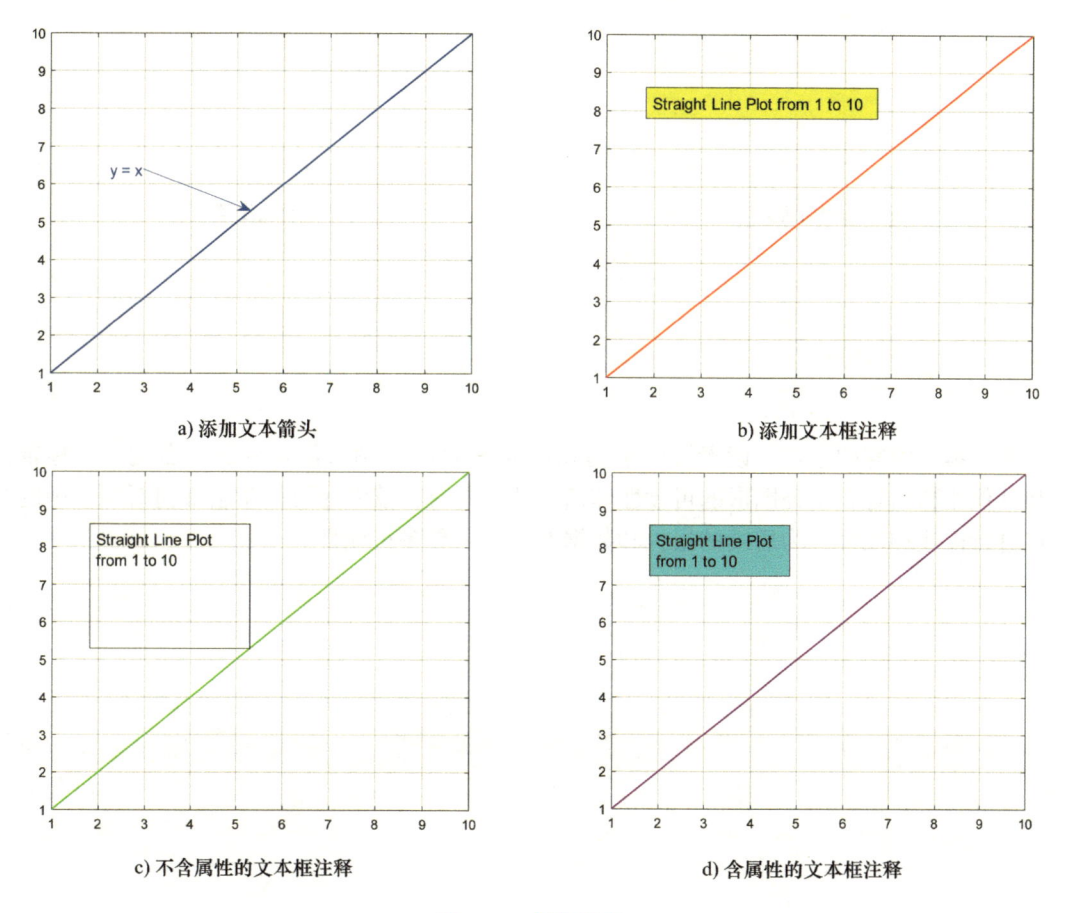

a) 添加文本箭头

b) 添加文本框注释

c) 不含属性的文本框注释

d) 含属性的文本框注释

图 5-38 添加注释

e) 添加矩形注释　　　　　　　　　　　　f) 添加椭圆注释

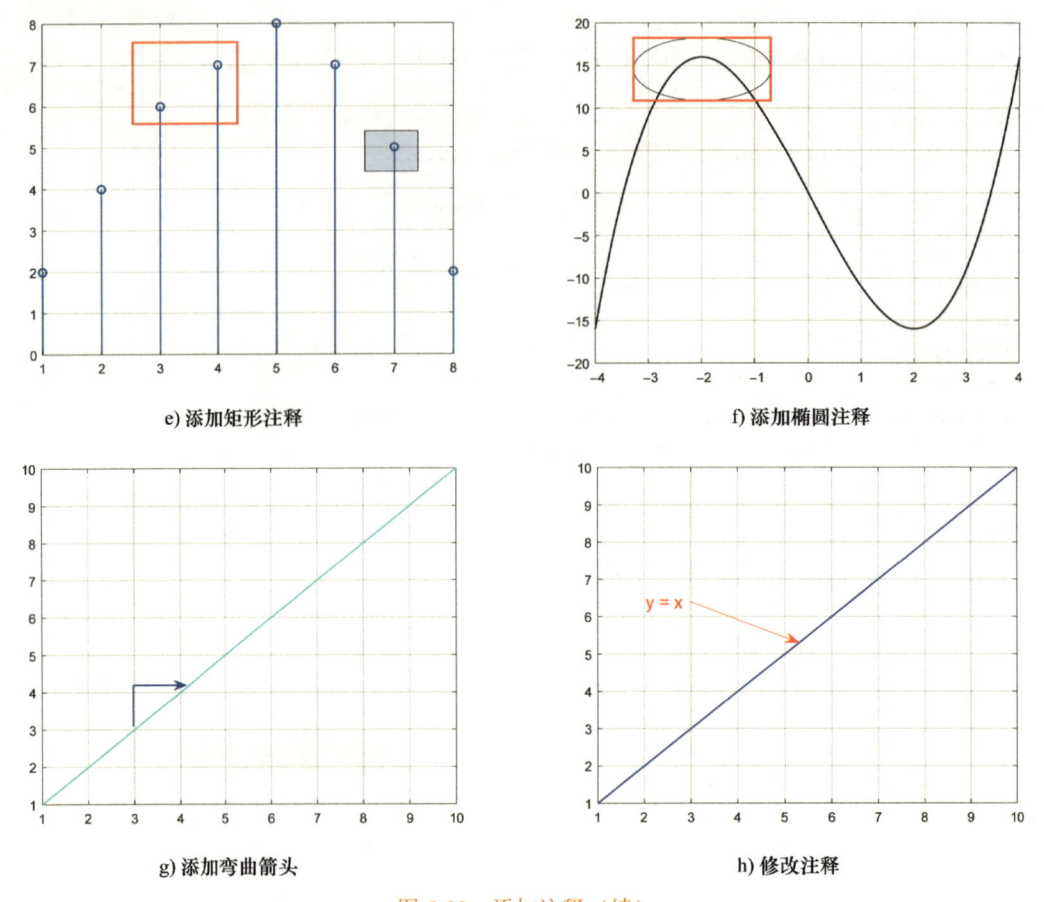

g) 添加弯曲箭头　　　　　　　　　　　　h) 修改注释

图 5-38　添加注释（续）

5.5　本章小结

通过本章内容的学习，读者可以掌握如何为 MATLAB 图形添加标题、图例、坐标轴标签和其他注释内容，增强图形的可读性和信息性。同时，读者还可以学会如何对图形中的关键点进行标注和注释，为后续的报告和数据展示提供更多可能性。

第 6 章
二 维 线 图

二维线图是展示数据关系和变化趋势的常见图形类型。本章将介绍多种常见的二维线图,包括基本的线图、阶梯图、误差条图等。通过这些图形,读者能够清晰地理解展示数据的变化趋势以及数据之间的关系。同时,本章还将介绍如何设置图形的坐标轴、刻度和样式,使图形更加美观和易于理解。

6.1 阶梯图

阶梯图是一种连接数据点并使用直线段表示每个数据点变化的图形表示方式,特别适合展示离散数据或分段常数函数的变化。与常规的折线图不同,阶梯图通过直线连接相邻数据点,并且每一段直线起点与终点的高度保持不变,直到下一个数据点被绘制。

在 MATLAB 中,利用函数 stairs( ) 可以创建阶梯图,其调用格式如下。

```
stairs(Y)                    % 绘制 Y 中元素的阶梯。
    % Y 为向量,则绘制一个线条;Y 为矩阵,则为每个矩阵列绘制一个线条
stairs(X,Y)                  % 在 Y 中由 X 指定的位置绘制元素,X 和 Y 必须是相同大小的向量或矩阵
    % X 可以是行或列向量,Y 必须是包含 length(X) 行的矩阵
stairs(___,LineSpec)         % 指定线型、标记符号和颜色
stairs(___,Name,Value)       % 使用一个或多个名称-值对组参数修改阶梯图
[xb,yb]=stairs(___)          % 不创建绘图,返回矩阵 xb 和 yb,利用 plot(xb,yb) 绘阶梯图
```

【例 6-1】 创建阶梯图。
在编辑器中编写以下程序并运行。

```
clear,clf                                    % 清空工作区和图形窗口
% 数据准备
X1=linspace(0,2*pi,60)';                     % 从 0 到 2π 的 60 个均匀分布的点
Y1=[sin(X1),0.8*sin(2*X1)];                  % 两个正弦波,一个频率倍增且幅值缩小
X2=linspace(0,3*pi,25);                      % 从 0 到 3π 的 25 个点
Y2=cos(0.5*X2);                              % 频率较低的余弦波

% 子图 1:绘制两个正弦波的阶梯图
subplot(1,2,1);
stairs(Y1,'LineWidth',1.5);                  % 绘制阶梯图,增加线宽
grid on;                                     % 打开网格
```

```matlab
xlabel('Sample Index','FontSize',12);              % 添加 x 轴标签
ylabel('Amplitude','FontSize',12);                 % 添加 y 轴标签
title('Sine Waves (Stairs)','FontSize',14);        % 添加标题
legend({'sin(x)','0.8*sin(2x)'}, ...
    'Location','best','FontSize',10);              % 添加图例

% 子图 2:绘制余弦波的阶梯图
subplot(1,2,2);
stairs(Y2,'--*b','LineWidth',1.5);                 % 使用绿色星形标记和虚线样式
grid on;                                           % 打开网格
xlabel('Sample Index','FontSize',12);              % 添加 x 轴标签
ylabel('Amplitude','FontSize',12);                 % 添加 y 轴标签
title('Cosine Wave (Stairs)','FontSize',14);       % 添加标题
legend({'cos(0.5x)'},'Location','best','FontSize',10); % 添加图例
```

运行程序后,输出图形如图 6-1 所示。

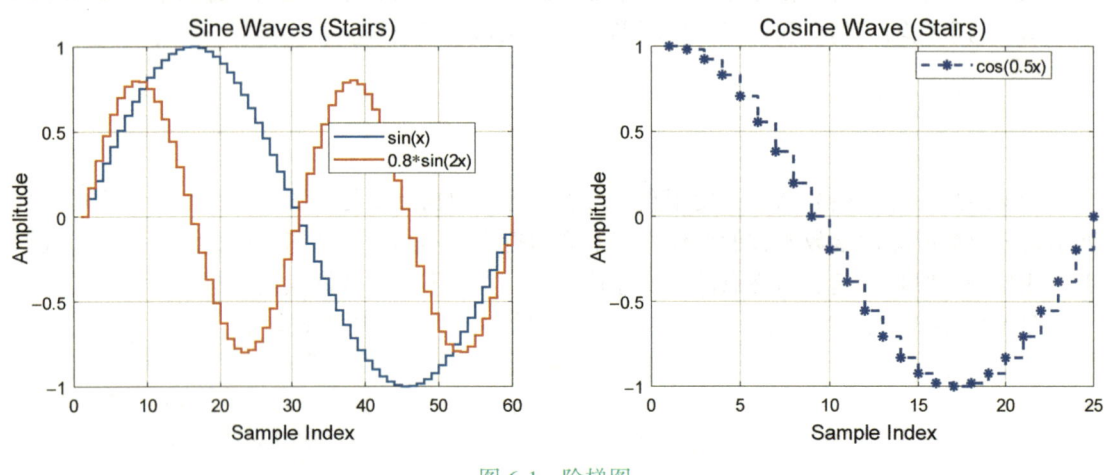

图 6-1　阶梯图

继续在编辑器窗口中输入以下语句。运行程序,观察输出图形,结果略。

```matlab
stairs(X1,Y1)               % 在指定的 x 值处绘制多个数据序列,输出略
[xb,yb]=stairs(X1,Y1);      % 返回两个大小相等的矩阵 xb 和 yb,不绘图
plot(xb,yb)                 % 使用 plot 函数通过 xb 和 yb 创建阶梯图,输出略
```

6.2　含误差条的线图

含误差条的线图是指每个数据点都会附带上下误差条。这些误差条反映了测量的精度或可能的偏差范围,通常用于科学实验、工程测试,以及其他需要考虑误差的场合。

在 MATLAB 中,利用函数 errorbar( ) 可以创建含误差条的线图,其调用格式如下。

```matlab
errorbar(y,err)             % 创建 y 中数据的线图,并在每个数据点处绘制一个垂直误差条
        % err 中的值确定数据点上方和下方的每个误差条的长度
errorbar(x,y,err)           % 绘制 y 对 x 的图,并在每个数据点处绘制一个垂直误差条
```

```
errorbar(x,y,neg,pos)                    % 在每个数据点处绘制一个垂直误差条
        % neg 确定数据点下方的长度,pos 确定数据点上方的长度
errorbar(___,ornt)                       % 设置误差条的方向,为'horizontal''both''vertical'(默认)
errorbar(x,y,yneg,ypos,xneg,xpos)        % 绘制 y 对 x 的图,同时绘制水平和垂直误差条
        % yneg 和 ypos 输入分别设置垂直误差条下部和上部的长度
        % xneg 和 xpos 输入分别设置水平误差条左侧和右侧的长度
errorbar(___,LineSpec)                   % 设置线型、标记符号和颜色
```

【例 6-2】 含误差条的线图绘制。
在编辑器中编写以下程序并运行。

```
clear,clf                                       % 清空工作区和图形窗口
% 子图 1:基本误差条
subplot(2,2,1);
x1=1:5:50;
y1=[10 20 15 25 30 35 28 40 45 50];
err1=[2 4 3 5 2 6 4 3 5 4];
errorbar(x1,y1,err1,'LineWidth',1.5);           % 基本误差条
grid on;
title('Basic Error Bars','FontSize',12);
xlabel('X-axis');
ylabel('Y-axis');

% 子图 2:双向误差条
subplot(2,2,2);
x2=linspace(0,2*pi,8);
y2=exp(-0.5*x2).*sin(x2);                       % 衰减正弦函数
err2=[0.2 0.3 0.2 0.4 0.3 0.2 0.4 0.3];
errorbar(x2,y2,err2,'both','o','LineWidth',1.5); % 双向误差条,带圆形标记
grid on;
title('Both Sides Error Bars','FontSize',12);
xlabel('X-axis');
ylabel('Y-axis');

% 子图 3:指数函数误差条
subplot(2,2,3);
x3=linspace(0,5,12);
y3=log(x3+1);                                   % 对数函数
err3=0.2*y3;                                    % 误差与值成比例
errorbar(x3,y3,err3,'-s','MarkerSize',5,...     % 数据点显示正方形标记
    'MarkerEdgeColor','red',...                 % 标记边框颜色
    'MarkerFaceColor','cyan',...                % 标记填充颜色
    'LineWidth',1.5);                           % 线条宽度
grid on;
title('Logarithmic Function','FontSize',12);
xlabel('X-axis');
ylabel('Y-axis');

% 子图 4:水平和垂直误差条
```

MATLAB 科研绘图

```
subplot(2,2,4);
x4=1:2:20;
y4=sqrt(x4);                                                    % 平方根函数
yneg=[0.2 0.1 0.3 0.2 0.3 0.2 0.1 0.4 0.2 0.3];
ypos=[0.3 0.2 0.4 0.3 0.4 0.3 0.2 0.5 0.3 0.4];
xneg=[0.1 0.2 0.3 0.2 0.2 0.3 0.2 0.4 0.3 0.2];
xpos=[0.2 0.3 0.4 0.3 0.3 0.4 0.3 0.5 0.4 0.3];
errorbar(x4,y4,yneg,ypos,xneg,xpos,'o','LineWidth',1.5);        % 水平和垂直误差条
grid on;
title('Horizontal and Vertical Error Bars','FontSize',12);
xlabel('X-axis');
ylabel('Y-axis');

% 添加总标题
sgtitle('Error Bar Examples (New Data)','FontSize',14);
```

运行程序后，输出图形如图 6-2 所示。

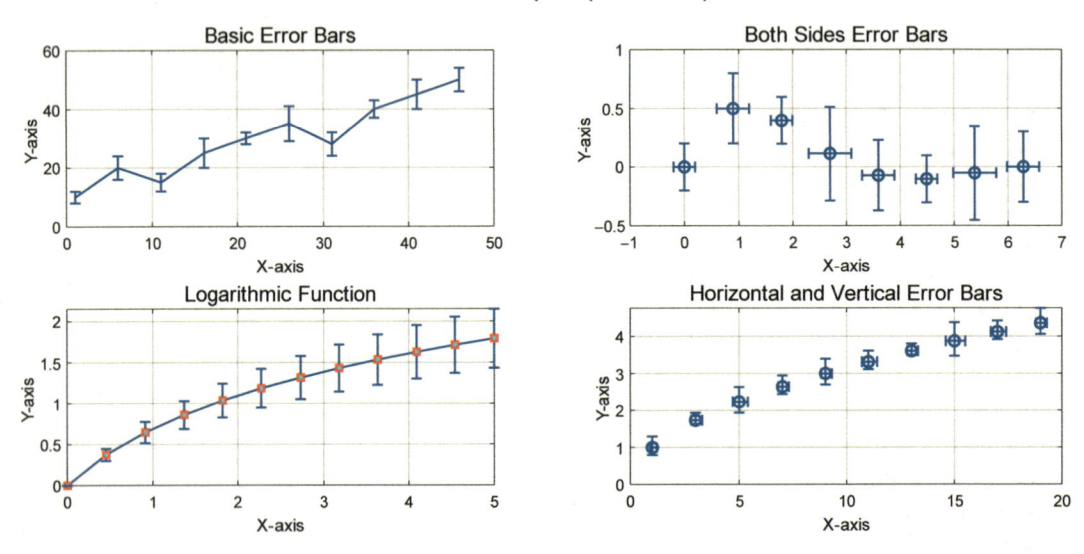

图 6-2　含误差条的线图

6.3　面积图

面积图通过填充数据下方的区域，来展示数据随时间变化的累计效果或区间分布。这类图形特别适合表示类别或数据的堆积，如多项式函数、累计和、频率分布等。与普通的折线图相比，面积图通过填充折线图线下的区域来提供额外的信息。

在 MATLAB 中，利用函数 area() 可以创建面积图，其调用格式如下。

```
area(X,Y)            % 绘制 Y 中的值对 x 坐标 X 的图,并根据 Y 的形状填充曲线之间的区域
      % Y 是向量,则包含一条曲线,并填充该曲线和水平轴之间的区域
      % Y 是矩阵,则对 Y 中的每列都包含一条曲线,填充曲线之间的区域并将其堆叠
area(Y)              % 绘制 Y 对一组隐式 x 坐标的图,并填充曲线之间的区域
      % Y 是向量,则 x 坐标范围从 1 到 length(Y)
      % Y 是矩阵,则 x 坐标的范围是从 1 到 Y 中的行数
area(___,basevalue)  % 指定区域图的基准值(水平基线),并填充曲线和基线线间的区域
```

【例 6-3】 面积图绘制。

在编辑器中编写以下程序并运行。

```
clear,clf
% 数据准备
x=linspace(0,10,100);                              % x 轴数据
Y=[sin(x);cos(x);0.5*sin(2*x)]';                   % 生成曲线数据

% 子图 1:堆叠面积图
subplot(1,3,1);
area(x,Y,'LineWidth',1.5);                         % 创建堆叠面积图
grid on;                                           % 显示网格
title('Stacked Area Plot');
xlabel('X-axis');
ylabel('Y-axis');

% 子图 2:带基准值的面积图
subplot(1,3,2);
basevalue=-0.5;
area(x,Y,basevalue,'LineWidth',1.5);               % 在基准值为 -0.5 的区域中显示数据
grid on;
title('Area Plot with Base Value');
xlabel('X-axis');
ylabel('Y-axis');

% 子图 3:带线型设置的面积图
subplot(1,3,3);
area(x,Y,'LineStyle','--','LineWidth',1.5);        % 使用虚线作为边框
grid on;
title('Dashed Line Area Plot');
xlabel('X-axis');
ylabel('Y-axis');

% 添加总标题
sgtitle('Area Plot Examples with Curves');
```

运行程序后,输出图形如图 6-3 所示。

MATLAB 科研绘图

图 6-3　面积图

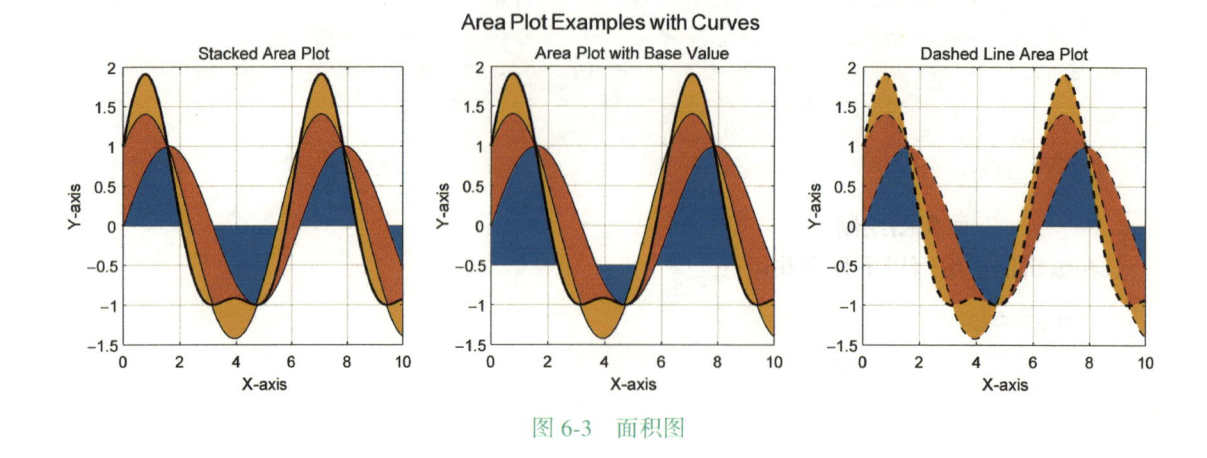

6.4　堆叠线图

堆叠线图是一种特殊的图形，用于显示多个数据集在同一时间或同一变量下的累积或分布情况。堆叠图特别适合展示不同数据系列的相对贡献，或在时间序列数据中查看多个变量随时间变化的累计影响。

在 MATLAB 中，利用函数 stackedplot( ) 可以绘制具有公共 x 轴的几个变量的堆叠线图，其调用格式如下。

```
stackedplot(tbl)                    % 在堆叠图中绘制表或时间表的变量,最多 25 个变量
            % 在垂直层叠的单独 y 轴中绘制变量,这些变量共享一个公共 x 轴
            % 若 tbl 是表,则绘制变量对行号的图;若是时间表,则绘制变量对行时间的图
stackedplot                         % 绘制 tbl 的所有数值、逻辑、分类、日期时间和持续时间变量
            % 忽略具有任何其他数据类型的表变量
stackedplot(tbl,vars)               % 仅绘制 vars 指定的表或时间表变量
stackedplot(___,'XVariable',xvar)   % 指定为堆叠图提供 x 值的表变量,仅支持表
stackedplot(X,Y)                    % 绘制 Y 列对向量 X 的图,最多 25 列
stackedplot(Y)                      % 绘制 Y 列对其行号的图。x 轴的刻度范围是从 1 到 Y 的行数
```

【例 6-4】　绘制时间表变量堆叠线图。
在编辑器中编写以下程序并运行。

```
tbl=readtimetable('outages.csv','TextType','string');
                    % 将电子表格中的数据读取到一个时间表中
head(tbl,5)         % 查看前五行,输出略
tbl=sortrows(tbl);  % 对时间表进行排序,使其行时间按顺序排列
head(tbl,5)         % 查看排序后的前五行,输出略
stackedplot(tbl)
```

运行程序后，输出图形如图 6-4 所示。
下面重新排列变量并绘制变量表。在编辑器中编写以下程序并运行。

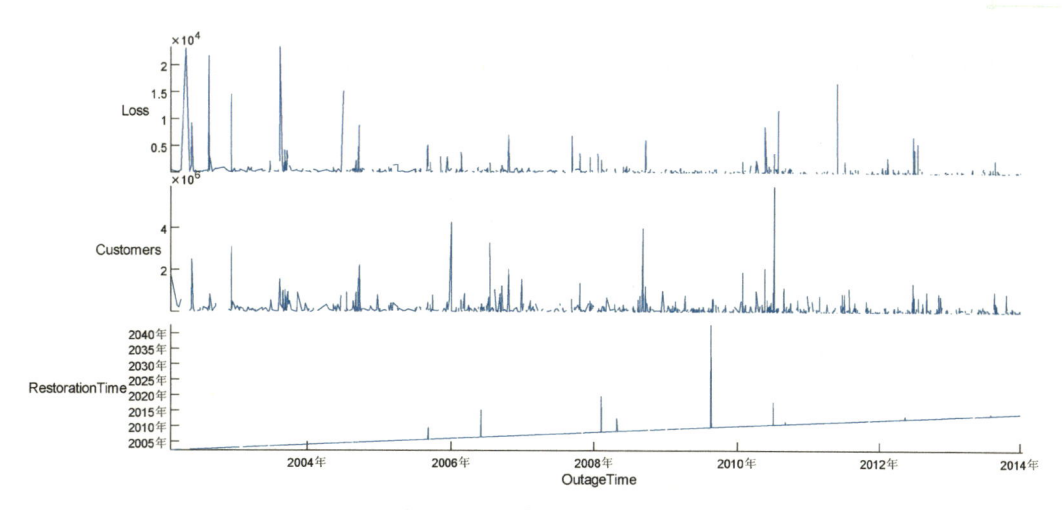

图 6-4 时间表变量堆叠线图

```
tbl=sortrows(tbl);                              % 对时间表按行时间排序
head(tbl,3);                                    % 查看时间表前 3 行
% 绘制堆叠图以可视化特定变量
stackedplot(tbl,["RestorationTime","Loss","Customers"], ...
    'Title','Outage Data Analysis',    ...      % 添加标题
    'XLabel','Time',   ...                      % 添加 x 轴标签
    'DisplayLabels',{'Restoration Time','Loss ($)','Customers Affected'});
                                                % 自定义变量显示名称
```

运行程序后,输出图形如图 6-5 所示。

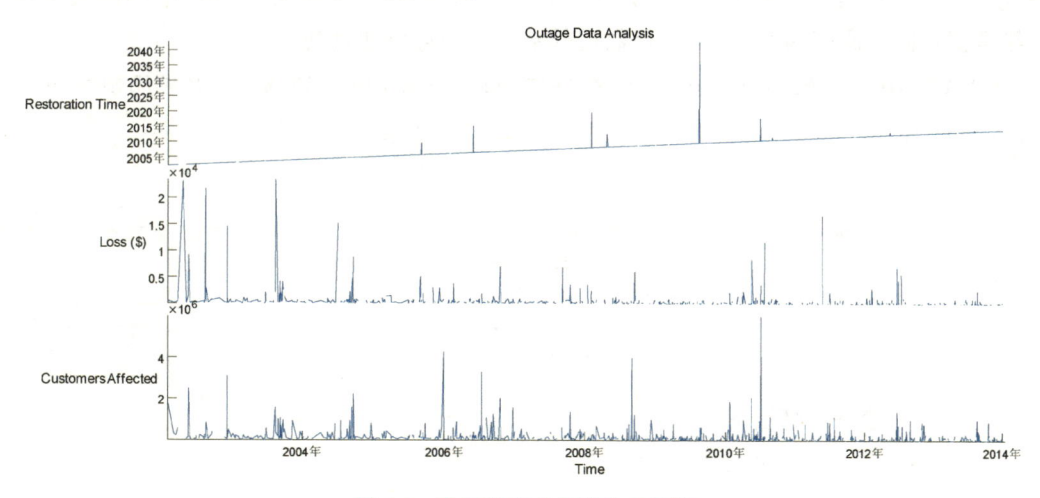

图 6-5 重新排列变量的堆叠线图

【例 6-5】 绘制表变量堆叠线图。
在编辑器中编写以下程序并运行。

```
tbl=readtable("patients.xls ","TextType","string");   % 根据患者数据创建表
head(tbl,3)
stackedplot(tbl,["Height","Weight","Systolic"])       % 绘制表中的 3 个变量
```

运行程序后，输出图形如图 6-6 所示。

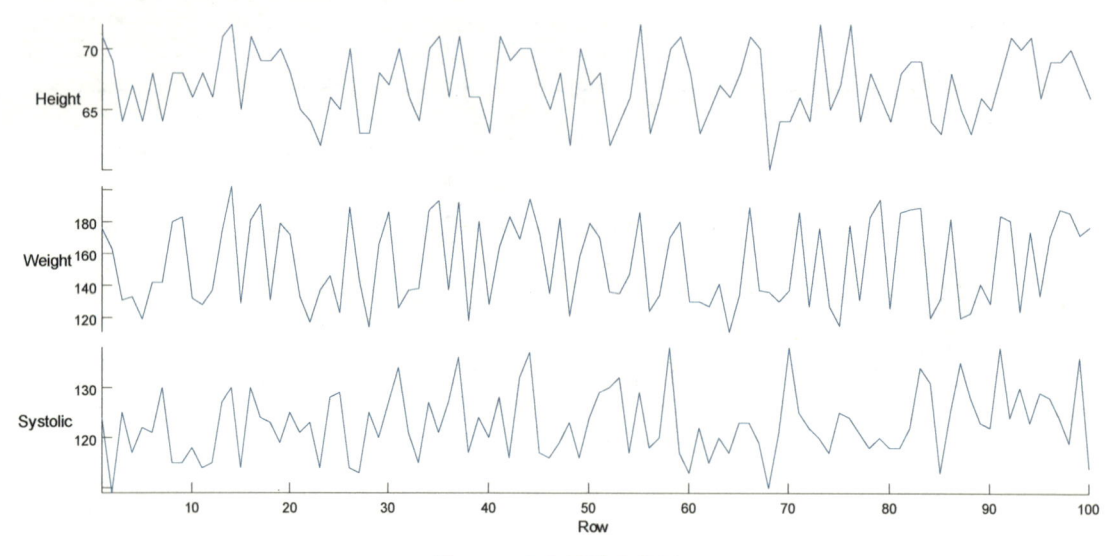

图 6-6　表变量堆叠线图

6.5　等高线图

等高线图（Contour Plot）是将三维数据中的一个变量（通常是 Z 值）绘制为等高线，并显示在二维坐标系中的图形表示方式。它通过在图中绘制线条来表示不同的数值区域（三维数据在固定高度的切片），使得数据的结构和趋势更加直观。

在 MATLAB 中，利用 contour( ) 函数可以绘制二维数据的等高线图。其调用格式如下。

```
contour(Z)                        % 创建一个包含矩阵 Z 的等值线的等高线图（自动选择）
        % Z 包含 x-y 平面上的高度值，z 的列和行索引分别是平面中的 x 和 y 坐标
contour(X,Y,Z)                    % 指定 Z 中各值的 x 和 y 坐标
contour(___,levels)               % 将要显示的等高线指定为上述任一语法中的最后一个参量
        % 将 levels 指定为标量值 n，以在 n 个自动选择的层级（高度）上显示等高线
        % 将 levels 指定为单调递增值的向量，可以在某些特定高度绘制等高线
        % 将 levels 指定为二元素行向量[k k]，可以在一个高度(k)绘制等高线
contour(___,LineSpec)             % 指定等高线的线型和颜色
```

【例 6-6】　绘制等高线图。
在编辑器中编写以下程序并运行。

```
figure;

% 示例 1:绘制简单等高线图
subplot(2,2,1);
[X,Y,Z]=peaks;
contour(X,Y,Z);                           % 绘制等高线图
xlabel('X-axis');                         % 添加 x 轴标签
ylabel('Y-axis');                         % 添加 y 轴标签
```

```matlab
title('Simple Contour Plot');            % 添加标题
grid on;                                  % 显示网格

% 示例 2:指定等高线数量
subplot(2,2,2);
contour(X,Y,Z,10);                        % 绘制包含 10 条等高线的图
xlabel('X-axis');                         % 添加 x 轴标签
ylabel('Y-axis');                         % 添加 y 轴标签
title('Contour with 10 Levels');          % 添加标题
grid on;                                  % 显示网格

% 示例 3:填充等高线图
subplot(2,2,3);
contourf(X,Y,Z,10);                       % 填充等高线图,并设置 10 条等高线
colorbar;                                 % 添加颜色条
xlabel('X-axis');                         % 添加 x 轴标签
ylabel('Y-axis');                         % 添加 y 轴标签
title('Filled Contour Plot');             % 添加标题
grid on;                                  % 显示网格

% 示例 4:显示高度标签并自定义线型和颜色
subplot(2,2,4);
[C,h]=contour(X,Y,Z,10,'LineWidth',1.5,'LineColor','r');   % 设置线宽和颜色
clabel(C,h);                              % 在等高线上添加高度标签
xlabel('X-axis');                         % 添加 x 轴标签
ylabel('Y-axis');                         % 添加 y 轴标签
title('Contour with Labels');             % 添加标题
grid on;                                  % 显示网格
```

运行程序后,输出图形如图 6-7 所示。

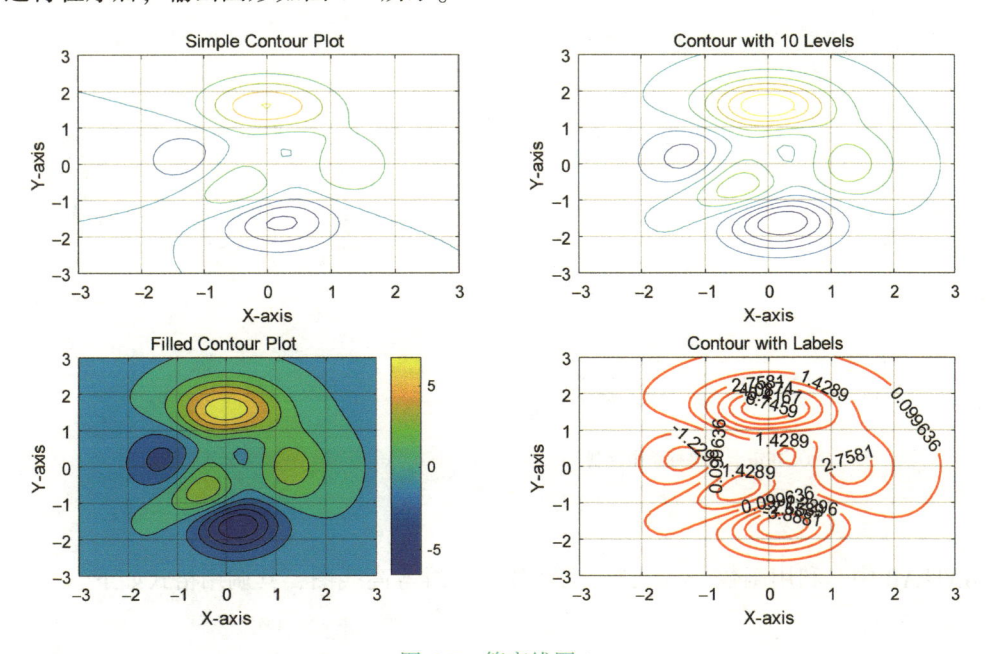

图 6-7 等高线图 1

MATLAB 科研绘图

【例 6-7】 在特殊坐标系中绘制等高线图。

在编辑器中编写以下程序并运行。

```
clear,clf
% 创建极坐标网格
[th,r]=meshgrid((0:5:360)*pi/180,0:0.05:1);    % 角度从 0 到 360,半径从 0 到 1
[X,Y]=pol2cart(th,r);                          % 将极坐标转换为笛卡尔坐标
% 计算复数函数值
Z=X+1i*Y;
f=(Z.^4-1).^(1/4);                             % 复数函数

% 子图 1:在笛卡尔坐标系中绘制等高线图
subplot(1,2,1);
contour(X,Y,abs(f),30);                        % 绘制等高线
axis([-1 1 -1 1]);                             % 设置坐标轴范围
xlabel('X');
ylabel('Y');
title('Contour Plot in Cartesian Coordinates');% 添加标题
grid on;                                       % 添加网格

% 子图 2:在极坐标系中绘制等高线图
subplot(1,2,2);
polar([0 2*pi],[0 1]);                         % 绘制极坐标背景
hold on;
contour(X,Y,abs(f),30);                        % 在极坐标系中叠加等高线图
title('Contour Plot in Polar Coordinates');    % 添加标题
grid on;                                       % 添加网格
```

运行程序后,输出图形如图 6-8 所示。

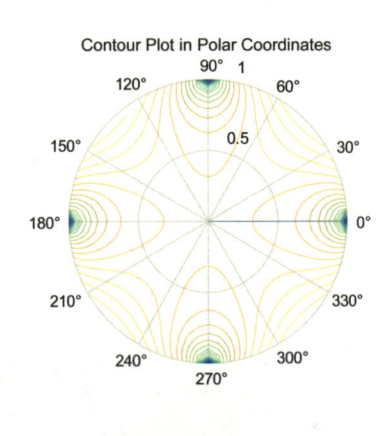

a) 在笛卡尔坐标系中绘制　　　　　b) 在极坐标系中绘制

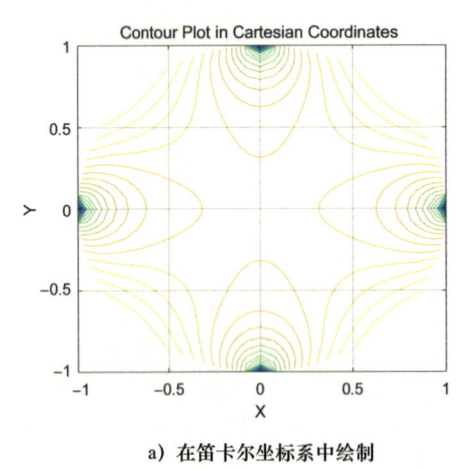

图 6-8　等高线图 2

MATLAB 中,利用函数 contour3( ) 可以绘制三维等高线图,其调用格式如下。

```
contour3(Z)          % 创建包含矩阵 Z 的等值线的三维等高线图,Z 包含 x-y 平面上的高度值
                     % Z 的列和行索引分别是平面中的 x 和 y 坐标
```

```
contour3(X,Y,Z)                    % 指定 Z 中各值的 x 和 y 坐标
contour3(___,levels)               % 在 n 个(levels)层级(高度)上显示等高线(n 条等高线)
          % levels 指定为单调递增值的向量,表示在某些特定高度绘制等高线
          % levels 指定为二元素行向量[k k],表示在一个高度(k)绘制等高线
contour3(___,LineSpec)             % 指定等高线的线型和颜色
```

利用函数 clabel( ) 可以为等高线图添加高程标签,其调用格式如下。

```
clabel(C,h)                % 为当前等高线图添加标签,将旋转文本插入每条等高线
clabel(C,h,v)              % 为由向量 v 指定的等高线层级添加标签
clabel(C,h,'manual')       % 通过鼠标选择位置添加标签,图窗中按 Return 键终止
          % 单击鼠标或按空格键可标记最接近十字准线中心的等高线
clabel(C)                  % 使用'+'符号和垂直向上的文本为等高线添加标签
clabel(C,v)                % 将垂直向上的标签添加到由向量 v 指定的等高线层级
```

注意: 参数(C,h)必须为等高线图函数族函数的返回值。

【例 6-8】 绘制函数 peaks( ) 的曲面及其对应的三维等高线。
在编辑器中编写以下程序并运行。

```
clear,clf
x=-5:0.2:5; y=x;                                % 定义 x 和 y 范围
[X,Y]=meshgrid(x,y);                            % 创建网格
% 计算新的函数值
Z=sin(sqrt(X.^2+Y.^2))./sqrt(X.^2+Y.^2);        % 二维 sinc 函数

% 子图 1:绘制 sinc 函数的三维网格图
subplot(1,2,1);
mesh(X,Y,Z);
xlabel('x');
ylabel('y');
zlabel('z');
title('3D Mesh Plot of sinc Function');         % 添加三维网格图标题
axis('square');                                 % 设置坐标轴为正方形
grid on;                                        % 添加网格线

% 子图 2:绘制 sinc 函数的三维等高线图
subplot(1,2,2);
[c,h]=contour3(x,y,Z);                          % 绘制三维等高线
clabel(c,h);                                    % 添加等高线标签
xlabel('x');
ylabel('y');
zlabel('z');
title('3D Contour Plot of sinc Function');      % 添加三维等高线图标题
axis('square');                                 % 设置坐标轴为正方形
grid on;                                        % 添加网格线
```

运行程序后,输出图形如图 6-9 所示。

MATLAB 科研绘图

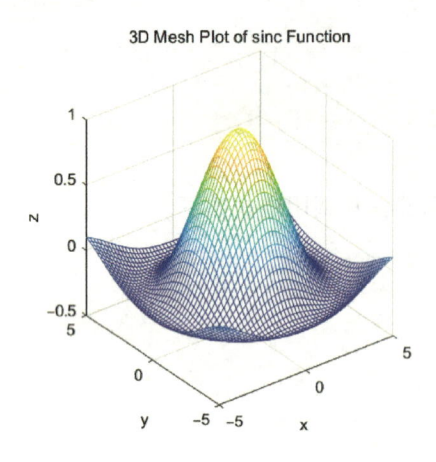

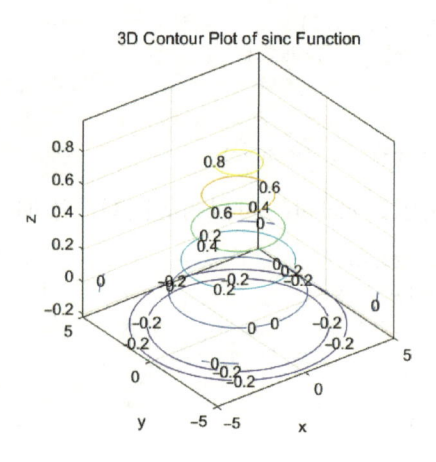

图 6-9　函数曲面及其三维等高线图

6.6　双对数刻度图

双对数刻度图通常用于展示数据在对数尺度下的关系，特别适合分析幂律关系或跨越多个数量级的数据趋势。

在 MATLAB 中，利用 loglog( )函数可以绘制双对数刻度图，其特点是能同时将 x 轴和 y 轴转换为对数刻度，用于表示具有幂律关系或指数增长的关系。其调用格式如下。

（1）针对向量和矩阵数据

```
loglog(X,Y)                    % 在 x 轴和 y 轴上应用以 10 为底的对数刻度来绘制 x 和 y 坐标
        % 要绘制由线段连接的一组坐标,请将 X 和 Y 指定为相同长度的向量
        % 要在同一组坐标区上绘制多组坐标,请将 X 或 Y 中的至少一个指定为矩阵
loglog(X,Y,LineSpec)            % 使用指定的线型、标记和颜色创建绘图
loglog(X1,Y1,...,Xn,Yn)         % 在同一组坐标轴上绘制多对 x 和 y 坐标
loglog(X1,Y1,LineSpec1,...,Xn,Yn,LineSpecn)
        % 可为每个 x-y 对组指定特定的线型、标记和颜色
loglog(Y)                      % 绘制 Y 对一组隐式 x 坐标的图
        % 若 Y 是向量,则 x 坐标范围从 1 到 length(Y)
        % 若 Y 是矩阵,则对于 Y 中的每个列,图中包含一个对应的行
        % 若 Y 包含复数,则绘制 Y 的虚部对 Y 的实部的图。若同时指定 X、Y,则忽略虚部
loglog(Y,LineSpec)              % 使用隐式 x 坐标绘制 Y,并指定线型、标记和颜色
```

（2）针对表数据

```
loglog(tbl,xvar,yvar)           % 绘制表 tbl 中的变量 xvar 和 yvar
        % 要绘制一个数据集,请为 xvar 指定一个变量,为 yvar 指定一个变量
        % 要绘制多个数据集,请为 xvar、yvar 或两者指定多个变量
        % 如果两个参量都指定多个变量,它们指定的变量数目必须相同
loglog(tbl,yvar)                % 绘制表中的指定变量对表的行索引的图。此语法不支持时间表
```

【例 6-9】　绘制双对数刻度图。
在编辑器中编写以下程序并运行。

```matlab
figure;                                          % 创建图窗
% 子图 1:基本双对数图
subplot(2,2,1);
x=logspace(-1,2);                                % 在 10^-1 到 10^2 之间生成点
y=2.^x;                                          % y=2 的 x 次方
loglog(x,y);                                     % 双对数图
grid on;                                         % 显示网格
title('Basic Log-Log Plot');                     % 添加标题
xlabel('x');                                     % 添加 x 轴标签
ylabel('2^x');                                   % 添加 y 轴标签

% 子图 2:两个数据集的双对数图
subplot(2,2,2);
x=logspace(-1,2);                                % 在 10^-1 到 10^2 之间生成点
y1=10.^x;                                        % y1=10 的 x 次方
y2=1./10.^x;                                     % y2=10 的负 x 次方
loglog(x,y1,x,y2);                               % 绘制双对数图
grid on;                                         % 显示网格
title('Log-Log Plot with Multiple Curves');      % 添加标题
xlabel('x');                                     % 添加 x 轴标签
ylabel('y');                                     % 添加 y 轴标签
legend('y=10^x','y=1 / 10^x','Location','best'); % 添加图例

% 子图 3:自定义 y 轴刻度的双对数图
subplot(2,2,3);
x=logspace(-1,2,10000);                          % 在 10^-1 到 10^2 之间生成 10000 个点
y=5+3*sin(x);
loglog(x,y);                                     % 双对数图
yticks([3,4,5,6,7]);                             % 自定义 y 轴刻度
xlabel('x');                                     % 添加 x 轴标签
ylabel('5+3 sin(x)');                            % 添加 y 轴标签
title('Log-Log Plot with Custom Y-Ticks');       % 添加标题
grid on;                                         % 显示网格

% 子图 4:两个信号的双对数图
subplot(2,2,4);
x=logspace(-1,2,10000);                          % 在 10^-1 到 10^2 之间生成 10000 个点
y1=5+3*sin(x/4);                                 % 信号 1
y2=5-3*sin(x/4);                                 % 信号 2
loglog(x,y1,x,y2,'--');                          % 绘制双对数图,第二条曲线为虚线
legend('Signal 1','Signal 2','Location','northwest'); % 添加图例
xlabel('x');                                     % 添加 x 轴标签
ylabel('Amplitude');                             % 添加 y 轴标签
title('Log-Log Plot of Signals');                % 添加标题
grid on;                                         % 显示网格
```

运行程序后,输出图形如图 6-10 所示。

另外,在 MATLAB 中,还可以利用 semilogx( ) 函数和 semilogy( ) 函数绘制半对数图,限于篇幅,这里不再赘述。

MATLAB 科研绘图

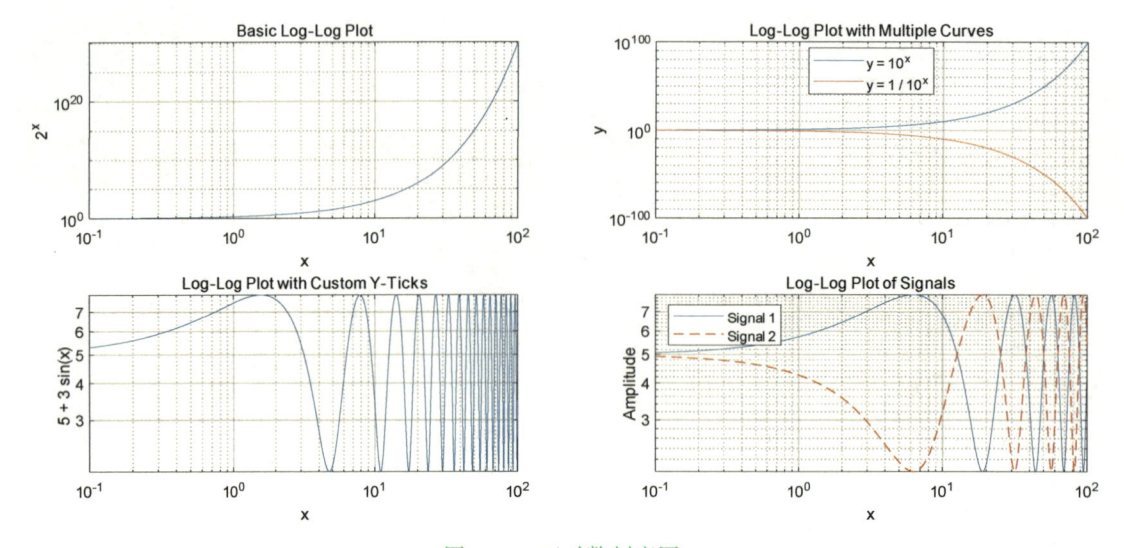

图 6-10 双对数刻度图

6.7 极坐标图

与笛卡尔坐标系不同，极坐标图使用角度和半径来表示数据，适用于展示周期性、方向性或角度相关的数据，如振荡、方向分布或极地数据。

在 MATLAB 中，利用 polarplot() 函数可以绘制极坐标图。它将数据点绘制在极坐标系统中，其中的每个数据点由其角度（theta）和径向距离（rho）定义。其调用格式如下。

（1）向量和矩阵数据

```
polarplot(theta,rho)                              % 在极坐标中绘制线条,theta 表示弧度角,rho 表示半径值
        % 输入必须为长度相等的向量或大小相等的矩阵
        % 如果输入为矩阵,polarplot 将绘制 rho 的列对 theta 的列的图
        % 如果一个输入为向量,另一个为矩阵,但向量的长度必须与矩阵的一个维度相等
polarplot(theta,rho,LineSpec)                     % 设置线条的线型、标记符号和颜色
polarplot(theta1,rho1,...,thetaN,rhoN)            % 绘制多个 rho,theta 对组
polarplot(theta1,rho1,LineSpec1,...,thetaN,rhoN,LineSpecN)
        % 指定每个线条的线型、标记符号和颜色
polarplot(rho)                                    % 按等间距角度(0～2π)绘制 rho 中的半径值
polarplot(rho,LineSpec)                           % 设置线条的线型、标记符号和颜色
polarplot(Z)                                      % 绘制 Z 中的复数值。
polarplot(Z,LineSpec)                             % 设置线条的线型、标记符号和颜色。
```

（2）表数据

```
polarplot(tbl,thetavar,rhovar)                    % 绘制表 tbl 中的变量 thetavar 和 rhovar
        % 绘制一个数据集,thetavar 指定一个变量,rhovar 指定一个变量
        % 绘制多个数据集,thetavar、rhovar 或两者指定多个变量(变量数目必须相同)
polarplot(tbl,rhovar)                             % 按等间距角度(0～2π)绘制 rhovar 中的半径值
```

通过 polarplot() 函数可以创建具有自定义样式、颜色和标签的极坐标图，以便清晰地展示角度与幅度之间的关系。

【例 6-10】 绘制极坐标图。

在编辑器中编写以下程序并运行。

```matlab
% 子图 1:绘制一个线条
subplot(1,4,1);
theta=0:0.01:2*pi;                          % 定义角度,从 0 到 2π
rho=sin(2*theta).*cos(2*theta);             % 计算径向距离
polarplot(theta,rho);                       % 在极坐标中绘制数据
title('Polar Plot: sin(2θ) * cos(2θ)');     % 添加标题

% 子图 2:将角度从度转化为弧度并绘制
subplot(1,4,2);
theta=linspace(0,360,50);                   % 创建 0 到 360 度的 50 个角度
rho=0.005*theta/10;                         % 计算径向距离

% 将度转换为弧度
theta_radians=deg2rad(theta);               % 使用 deg2rad 函数将角度从度转换为弧度
polarplot(theta_radians,rho);               % 在极坐标中绘制数据
title('Polar Plot: Angle in Radians');      % 添加标题

% 子图 3:绘制多个极坐标线条
subplot(1,4,3);
theta=linspace(0,6*pi);                     % 定义角度范围为 0 到 6π
rho1=theta/10;                              % 第一个径向值

polarplot(theta,rho1);                      % 绘制第一条极坐标线
hold on;                                    % 保持当前图形
rho2=theta/12;                              % 第二个径向值
polarplot(theta,rho2,'--');                 % 绘制第二条虚线极坐标线
hold off;                                   % 释放当前图形
title('Polar Plot: Multiple Lines');        % 添加标题

% 子图 4:绘制负半径值并更改 r 轴范围
subplot(1,4,4);
theta=linspace(0,2*pi);                     % 定义角度范围从 0 到 2π
rho=sin(theta);                             % 计算径向值

polarplot(theta,rho);                       % 在极坐标中绘制数据
rlim([-1 1]);                               % 更改 r 轴范围,使其从-1 到 1
title('Polar Plot: Negative Radius');       % 添加标题
```

运行程序后,输出图形如图 6-11 所示。

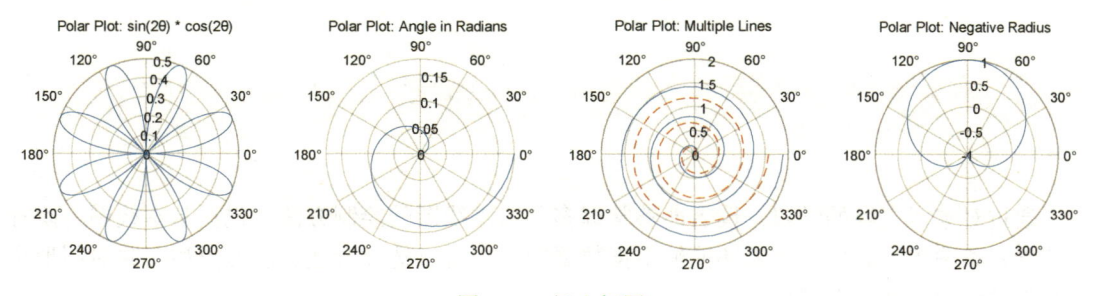

图 6-11 极坐标图

【例 6-11】 基于表绘制极坐标图。

在编辑器中编写以下程序并运行。

```
% 子图 1:更改线条颜色、宽度和添加标记
subplot(1,2,1);
theta=linspace(0,2*pi,25);        % 创建 25 个角度,从 0 到 2π
rho=2*theta;                       % 计算径向值

p=polarplot(theta,rho);            % 在极坐标中绘制数据
% 更改线条的颜色和宽度,并添加标记
p.Color='magenta';                 % 设置线条颜色为品红色
p.Marker='square';                 % 设置标记为方形
p.MarkerSize=8;                    % 设置标记大小为 8
title('Polar Plot: Line with Markers');   % 添加标题

% 子图 2:使用表格数据绘制极坐标图
subplot(1,2,2);
Angle=linspace(0,3*pi,50)';        % 创建 50 个角度,从 0 到 3π
Radius1=(1:50)';                   % 创建半径数据
Radius2=Radius1 / 2;               % 创建另一个半径数据

% 将角度和半径数据存储到表格中
tbl=table(Angle,Radius1,Radius2);
head(tbl,3);                       % 显示表格前 3 行数据

% 使用表格数据绘制极坐标图
polarplot(tbl,'Angle',["Radius1","Radius2"]);
                                   % 绘制 Angle 与 Radius1 和 Radius2 的极坐标图
% legend;                          % 添加图例
title('Polar Plot: Table Data');   % 添加标题
```

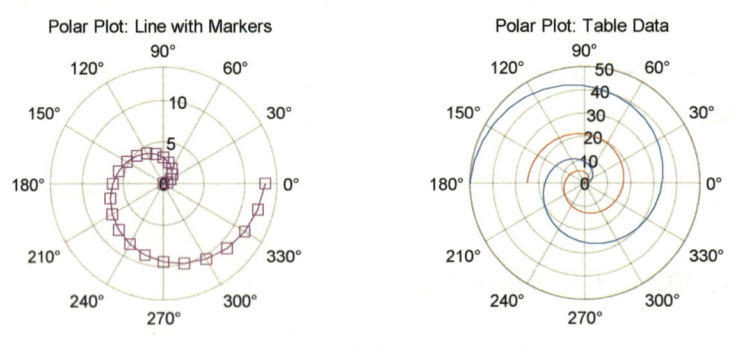

运行程序后,输出图形如图 6-12 所示。

图 6-12 基于表绘制的极坐标图

6.8 本章小结

通过对本章内容的学习,读者能够掌握多种二维线图的绘制方法,包括基本线图、阶梯图和误差条图等。此外,读者还能够根据数据的不同特点选择合适的图形类型,并对图形进行有效的定制,使数据展示更加直观。

第 7 章 总体部分图及热图

总体部分图和热图是用于展示数据分布和组成的重要工具。本章将介绍气泡云图、词云图、饼图等常见总体部分图及热图的绘制方法。这些图形能够清晰地展示数据的分布、类别和组成部分，适合展示大型数据集和分类数据。通过学习这些图形，读者可以更加灵活地展示不同类型的数据。

7.1 气泡云图

气泡云图有助于说明数据集中的元素与整个数据集之间的关系。例如，气泡云图可以帮助可视化从不同城市收集的数据，并将每个城市表示为气泡，且气泡大小与该城市的值成比例。

在 MATLAB 中，利用函数 bubblecloud( ) 可以创建气泡云图，其调用格式如下。

（1）表数据

```
bubblecloud(tbl,szvar)                  % 使用表 tbl 中的数据创建气泡云图
        % szvar 指定为包含气泡大小的表变量。如指定变量的名称或变量的索引
bubblecloud(tbl,szvar,labelvar)         % 在气泡上显示标签
bubblecloud(tbl,szvar,labelvar,groupvar)  % 指定气泡的分组数据
```

（2）向量数据

```
bubblecloud(sz)                         % 创建一个气泡云图,其中将气泡大小指定为向量
bubblecloud(sz,labels)                  % 在气泡上显示标签
bubblecloud(sz,labels,groups)           % 指定气泡的分组数据,以不同颜色显示多个云
```

【例 7-1】 创建气泡云图。
在编辑器中编写以下程序并运行。

```
% 创建图窗并添加子图 1
subplot(1,2,1);
% 定义数据表
n=[72 90 125 180 200 145 90 60 80 50]';
loc=["CA" "TX" "FL" "NY" "WA" "IL" "CO" "AZ" "GA" "NV"]';
plant=["PlantX" "PlantX" "PlantX" "PlantY" "PlantY" "PlantY" ...
    "PlantZ" "PlantZ" "PlantZ" "PlantZ"]';
```

MATLAB 科研绘图

```
tbl=table(n,loc,plant,'VariableNames', ...
        ["Production","State","Manufacture"]);

% 绘制气泡图并根据 Manufacture 分组
bubblecloud(tbl,"Production","State","Manufacture");
title('Production by State and Manufacture');      % 添加标题

% 添加子图 2
subplot(1,2,2);
% 定义气泡大小、风味和年龄范围
n=[70 110 95 140 180 150 120 100 160];             % 气泡大小
flavs=["Vanilla" "Chocolate" "Mango" "Strawberry" "Lemon" ...
       "Blueberry" "Peach" "Coconut" "Pistachio"]; % 风味
ages=categorical(["15-25" "26-35" "36-45" "15-25" ...
          "26-35" "36-45" "26-35" "15-25" "36-45"]); % 年龄范围分类
ages=reordercats(ages,["15-25" "26-35" "36-45"]);  % 指定类别顺序

% 绘制气泡图并根据年龄分组
b=bubblecloud(n,flavs,ages);
b.LegendTitle='Age Group';                          % 设置图例标题
title('Flavor Popularity by Age Group');            % 添加标题
```

运行程序后，输出图形如图 7-1 所示。

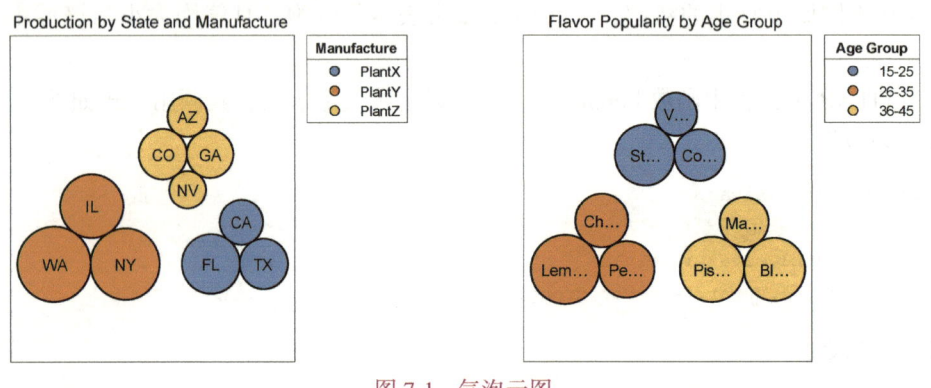

图 7-1　气泡云图

7.2 词云图

词云图以图形化的方式展示文本数据中的词汇或标签，并根据其频率或权重调整字体大小。词云图广泛应用于自然语言处理、文本分析和数据可视化领域，能够直观地呈现文本数据中关键词的重要性或分布情况。

在 MATLAB 中，利用函数 wordcloud( ) 可以创建词云图，其调用格式如下。

```
wordcloud(tbl,wordVar,sizeVar)     % 根据表 tbl 创建文字云图
wordcloud(words,sizeData)          % 使用 words 的元素创建文字云图
wordcloud(C)                       % 根据分类数组 C 的唯一元素创建文字云图,大小与元素的频率计数对应
```

【例 7-2】 创建词云图。

在编辑器中编写以下程序并运行。

```
% 创建图窗并添加子图 1
subplot(1,2,1);
load sonnetsTable;                              % 加载示例数据表 tbl,包含 Word 和 Count 列
wordcloud(tbl,'Word','Count');                  % 绘制词云,按单词频率大小显示
title("Sonnets Word Cloud");                    % 添加标题

% 添加子图 2
subplot(1,2,2);
% 生成随机颜色,颜色数目与单词数一致
numWords=size(tbl,1);
colors=rand(numWords,3);                        % 随机生成 RGB 颜色值
wordcloud(tbl,'Word','Count','Color',colors);   % 绘制词云,指定颜色
title("Sonnets Word Cloud with Random Colors"); % 添加标题
```

运行程序后,输出图形如图 7-2 所示。

图 7-2 词云图

> **说明:** 若读者要直接使用字符串数组创建词云图,可以安装 Text Analytics Toolbox 插件,以避免手动预处理文本数据,具体操作方法这里不再赘述。

7.3 饼图

饼图是一种用来表示整体与部分关系的图形,通过将一个圆分割成若干扇形区域,直观地显示各部分在总体中所占的比例。饼图中每个扇形的角度与对应数据的大小成正比,适合展示有限分类数据的分布情况,例如市场份额、预算分配或调查结果等。

在 MATLAB 中,利用函数 pie() 可以创建饼图,其调用格式如下。

```
pie(X)              % 使用 X 中的数据绘制饼图。饼图的每个扇区代表 X 中的一个元素
                    % sum(X)≤1,X 中的值直接指定饼图扇区的面积;sum(X)<1,仅绘制部分饼图
```

```
                          % sum(X)>1,通过 X/sum(X)对值进行归一化,以确定饼图的每个扇区的面积
                          % 若 X 为类别数据类型,则扇区对应于类别,面积是类别中元素数除以 X 中元素数的值
pie(X,explode)            % 将扇区从饼图偏移一定位置。若 X 为类别数据类型,explode 可以是
                          % 由对应于类别的零值和非零值组成的向量,或是由要偏移的类别名称组成的元胞数组
pie(X,labels)             % 指定用于标注饼图扇区的选项,X 必须为数值
pie(X,explode,labels)     % 偏移扇区并指定文本标签,X 可以是数值或分类数据类型
```

【例 7-3】 创建饼图。

在编辑器中编写以下程序并运行。

```
% 创建图窗并绘制子图 1
subplot(2,3,1);
X=[2,4,1,3,5];                          % 定义数据
pie(X);                                 % 创建常规饼图
colormap(subplot(2,3,1),cool);          % 设置配色方案为 cool
title('Regular Pie Chart');             % 添加标题

% 子图 2:带偏移的饼图
subplot(2,3,2);
explode=[0,1,0,1,0];                    % 偏移第二和第四块饼图扇区
pie(X,explode);                         % 创建带偏移的饼图
colormap(subplot(2,3,2),spring);        % 设置配色方案为 spring
title('Exploded Pie Chart');            % 添加标题

% 子图 3:带标签的饼图
subplot(2,3,3);
labels={'Marketing','R&D','Sales','HR','Admin'};   % 定义标签
pie(X,labels);                          % 创建带标签的饼图
colormap(subplot(2,3,3),autumn);        % 设置配色方案为 autumn
title('Pie Chart with Labels');         % 添加标题

% 子图 4:显示百分比的饼图
subplot(2,3,4);
pie(X,'%.1f%%');                        % 指定格式表达式,显示小数点后 1 位百分比
colormap(subplot(2,3,4),winter);        % 设置配色方案为 winter
title('Pie Chart with Percentages');    % 添加标题

% 子图 5:部分饼图
subplot(2,3,5);
X=[0.15,0.25,0.35,0.25];                % 数据和小于 1
pie(X);                                 % 绘制部分饼图
colormap(subplot(2,3,5),summer);        % 设置配色方案为 summer
title('Partial Pie Chart');             % 添加标题

% 子图 6:分类饼图
subplot(2,3,6);
X=categorical({'East','West','North','South','East','West'});
explode='North';                        % 偏移'North'部分
pie(X,explode);                         % 绘制分类饼图
```

```
colormap(subplot(2,3,6),parula);           % 设置配色方案为 parula
title('Categorical Pie Chart');             % 添加标题
```

运行程序后，输出图形如图 7-3 所示。

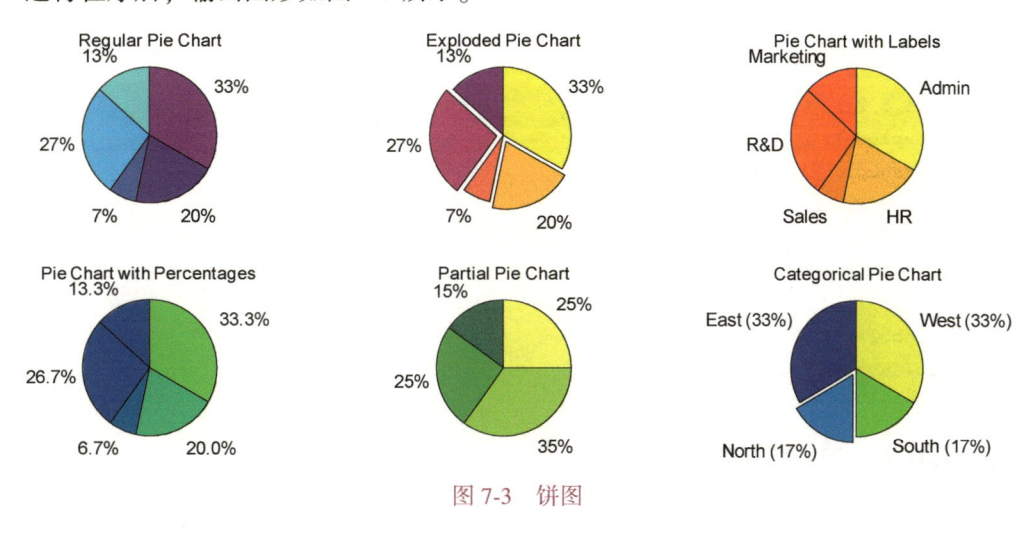

图 7-3　饼图

7.4　三维饼图

三维饼图是一种通过增加深度感来增强数据表现力的图形。与普通饼图类似，三维饼图也展示整体与部分的关系，但在视觉效果上更加立体化，更具吸引力和观赏性，适合呈现分类数据的比例分布。

MATLAB 中，利用函数 pie3( ) 可以绘制三维饼图，用法和函数 pie( ) 类似，其功能是以三维饼图的形式显示各组分所占比例。

```
pie3(X)              % 使用 X 中的数据绘制三维饼图。X 中的每个元素表示饼图中的一个扇区
                     % sum(X)≤1,X 中的值直接指定饼图切片的面积;sum(X)<1,绘制部分饼图
                     % 若 X 中元素的总和大于 1,通过 X/sum(X)将值归一化来确定每个扇区的面积
pie3(X,explode)      % 指定是否从饼图中心将扇区偏移一定位置
                     % 若 explode(i,j)非零,则从饼图中心偏移 X(i,j)
pie3(___,labels)     % 添加扇区的文本标签,标签数必须等于 X 中的元素数
```

【例 7-4】　三维饼图绘制示例。
在编辑器中编写以下程序并运行。

```
clear,clf

% 定义新的数据
x=[40 20 35 25 50];                        % 数据值
explode=[0 1 0 1 0];                       % 偏移第二和第四扇区
labels={'Item A','Item B','Item C','Item D','Item E'};   % 标签

% 子图 1:默认 3D 饼图
```

```matlab
subplot(1,3,1);
pie3(x);                                % 创建默认 3D 饼图
colormap(subplot(1,3,1),autumn);        % 设置配色方案为 autumn
title('Default 3D Pie Chart');          % 添加标题

% 子图 2:带偏移的 3D 饼图
subplot(1,3,2);
pie3(x,explode);                        % 创建带偏移的 3D 饼图
colormap(subplot(1,3,2),cool);          % 设置配色方案为 cool
title('Exploded 3D Pie Chart');         % 添加标题

% 子图 3:带标签的 3D 饼图
subplot(1,3,3);
pie3(x,labels);                         % 创建带标签的 3D 饼图
colormap(subplot(1,3,3),copper);        % 设置配色方案为 copper
title('3D Pie Chart with Labels');      % 添加标题
```

运行程序后,输出图形如图 7-4 所示。

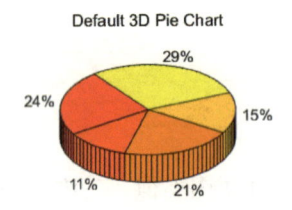

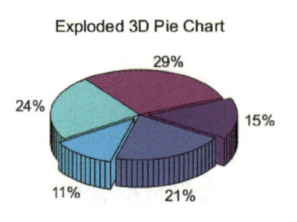

图 7-4　三维饼图

7.5　热图

热图是一种用于可视化数据的图形表示方式,通过颜色变化来表示数值的大小关系。热图的颜色通常从冷色(低值)到暖色(高值)渐变,用以突出数据的分布特征、模式或趋势。这种图形表示方式适用于矩阵形式的数据,例如相关矩阵、混淆矩阵或多维表格数据。

在 MATLAB 中,利用函数 heatmap() 可以创建热图,其调用格式如下。

```matlab
heatmap(tbl,xvar,yvar)       % 基于表 tbl 创建一个热图。默认颜色基于计数聚合
      % xvar、yvar 参数分别指示沿 x 轴、y 轴显示的表变量
heatmap(tbl,xvar,yvar,'ColorVariable',cvar)
      % 使用 cvar 指定的表变量来计算颜色数据,默认计算方法为均值聚合
heatmap(cdata)               % 基于矩阵 cdata 创建一个热图,每个单元格对应 cdata 中的一个值
heatmap(xvalues,yvalues,cdata)  % 指定沿 x 轴和 y 轴显示的值的标签
```

另外,在 MATLAB 中,利用函数 sortx() 可以对热图行中的元素进行排序,其调用格式如下。

```matlab
sortx(h,row)                 % 按升序(从左到右)显示 row 中的元素
sortx(h,row,direction)       % direction 指定为'descend'按降序对值排序
```

```
        % 将 direction 指定元素为'ascend'或'descend'的数组
        % 以实现对 row 中的每一行按不同的方向排序
sortx(___,'MissingPlacement',lcn)      % 指定将 NaN 放在排序顺序的开头还是末尾
        % lcn 指定为'first"last'或'auto'(默认)
sortx(h)                               % 按升序显示顶行中的元素
```

在 MATLAB 中，利用函数 sorty( )可以对热图列中的元素进行排序，该函数的调用格式与函数 sortx( )相同，这里不再赘述。

【例 7-5】 根据示例文件创建热图。

示例文件 outages.csv 中包含美国电力中断事故的数据。在编辑器中编写以下程序并运行。

```
T=readtable('outages.csv');            % 将示例文件读入到表中
T(1:5,:)                               % 查看前五行数据,输出略

% 子图 1:默认热图,修改配色方案为 parula
subplot(1,2,1);
h1=heatmap(T,'Region','Cause');        % 创建热图,x、y 轴分别显示区域和停电原因
h1.Colormap=parula;                    % 设置配色方案为 parula
h1.Title='Default Heatmap (Parula)';   % 添加标题
h1.ColorbarVisible='on';               % 显示颜色条

% 子图 2:归一化颜色的热图,修改配色方案为 autumn
subplot(1,2,2);
h2=heatmap(T,'Region','Cause');        % 创建热图
h2.ColorScaling='scaledcolumns';       % 归一化每列的颜色
h2.ColorScaling='scaledrows';          % 再次归一化每行的颜色
h2.Colormap=autumn;                    % 设置配色方案为 autumn
h2.Title='Normalized Heatmap (Autumn)';% 添加标题
h2.ColorbarVisible='on';               % 显示颜色条
```

运行程序后，输出图形如图 7-5 所示。

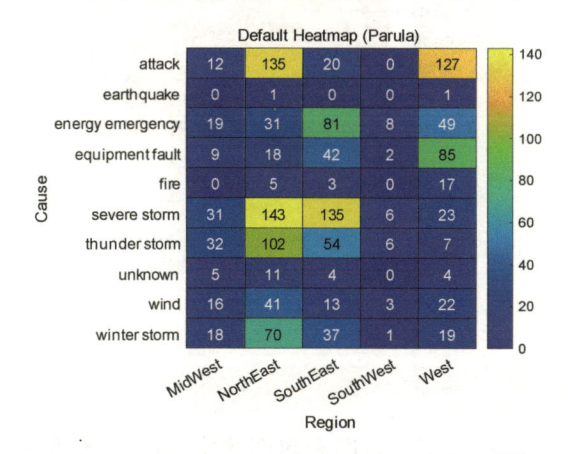

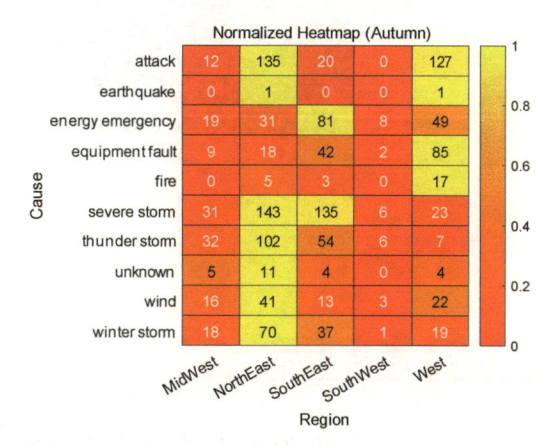

图 7-5 热图

归一化每列的颜色时，每列中的最小值映射到颜色图中的第一种颜色，最大值映射到最后一种颜色。最后一种颜色表示导致每个区域停电的最大原因。

归一化每行的颜色时，每行中的最小值映射到颜色图中的第一种颜色，最大值映射到最后一种颜色。最后一种颜色表示各原因造成停电次数最多的区域。

【例 7-6】 热图行排序。

在编辑器中编写以下程序并运行。

```matlab
T=readtable('outages.csv');                          % 将示例文件读入到表中

% 子图 1:按降序排列特定行并修改配色方案
subplot(1,2,1);
h1=heatmap(T,'Region','Cause');                      % 创建热图
sortx(h1,'winter storm','descend');                  % 按'winterstorm'行降序排列列
h1.Colormap=winter;                                  % 设置配色方案为 winter
h1.Title='Sorted by Winter Storm (Descending)';      % 添加标题

% 子图 2:基于多行重新排列并修改配色方案
subplot(1,2,2);
h2=heatmap(T,'Region','Cause');                      % 创建热图
sortx(h2,{'unknown','earthquake'});                  % 基于'unknown'和'earthquake'行重新排列列
h2.Colormap=autumn;                                  % 设置配色方案为 autumn
h2.Title='Sorted by Unknown & Earthquake';           % 添加标题

% 恢复初始列顺序的代码(可选)
% sortx (h1);                                        % 可在需要时恢复初始列顺序
```

运行程序后，输出图形如图 7-6 所示。

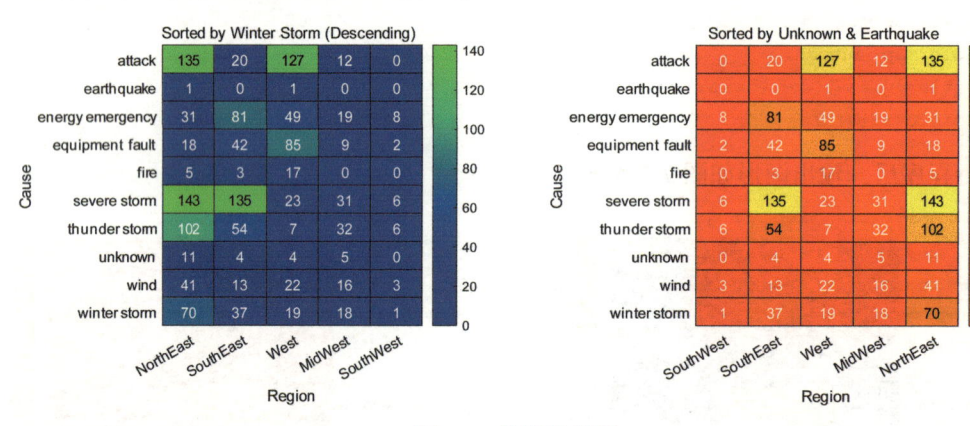

图 7-6 热图行排序

7.6 本章小结

本章讲解了如何使用 MATLAB 绘制气泡云图、词云图、饼图和热图等常见的总体部分图，为读者提供了多种可视化数据的方法。通过这些图形，读者可以轻松展示数据的组成部分、分布特征和趋势，丰富数据分析和展示的多样性。

第 8 章 离散数据图

离散数据图是用来展示离散型数据（如计数数据、类别数据等）分布的图形工具。与连续数据不同，离散数据通常由有限的离散的点或类别构成，这使得离散数据在可视化和分析方面面临着挑战。本章将介绍 MATLAB 中用于展示离散数据的各种图形类型，包括柱状图、帕累托图、茎图等，重点讲解这些图形的绘制方法以及如何通过这些图形揭示数据的分布特点和潜在规律。其中的帕累托图可以帮助分析哪部分类别对整体数据的贡献最大，是进行决策分析时不可或缺的工具。

8.1 柱状图

柱状图是一种用于展示数据分类分布或比较数据大小的可视化工具，每种分类以一根柱子表示，柱子的高度或长度与对应数据大小成比例。柱状图适用于展示离散数据、类别统计或分组对比，能够直观地表现各类别之间的差异和趋势。

在 MATLAB 中，利用函数 bar( ) 可以创建柱状图，其调用格式如下。

```
bar(y)          % 创建一个柱状图,y 中的每个元素对应一个柱
                % 如果 y 是 m×n 矩阵,则 bar 创建每组包含 n 个柱的 m 个组
bar(x,y)        % 在 x 指定的位置绘制柱
bar(___,width)  % 设置柱的相对宽度以控制组中各个柱的间隔
bar(___,style)  % 指定柱组的样式('grouped''stacked''histc''hist')
bar(___,color)  % 设置所有柱的颜色('b''r''g''c''m''y''k''w')
```

组样式 style 值的含义如下。

- 'grouped'：将每组显示为以对应 x 值为中心的相邻条形。
- 'stacked'：将每组显示为一个多色条形，条形的长度是组中各元素之和。若 y 是向量，则与 'grouped' 相同。
- 'histc'：以直方图格式显示条形，同一组中的条形紧挨在一起。每组的尾部边缘与对应的 x 值对齐。
- 'hist'：以直方图格式显示条形。每组以对应的 x 值为中心。

在 MATLAB 中，利用函数 barh( ) 可以绘制水平条形图，该函数的调用格式与函数 bar( ) 相同，这里不再赘述。

MATLAB 科研绘图

【例8-1】 绘制不同类型的柱状图。
在编辑器中编写以下程序并运行。

```
% 子图1:单组柱状图
subplot(2,2,1);
x=1900:20:2000;
y=[80,100,120,140,160,180];                     % 更新数据
bar(x,y);                                        % 绘制单组柱状图
title('Single Group Bar Chart');                 % 添加标题

% 子图2:多组柱状图
subplot(2,2,2);
y=[3 4 5; 4 6 7; 5 8 9; 6 10 11];                % 更新数据
bar(y);                                          % 显示多组柱状图
title('Grouped Bar Chart');                      % 添加标题

% 子图3:堆叠柱状图
subplot(2,2,3);
bar(y,'stacked');                                % 绘制堆叠柱状图
title('Stacked Bar Chart');                      % 添加标题

% 子图4:带数据标签的柱状图
subplot(2,2,4);
x=[1,2,3,4];
vals=[5 7 9 11; 10 15 20 25];                    % 更新数据
b=bar(x,vals);                                   % 绘制带两个数据集的柱状图
title('Bar Chart with Data Labels');             % 添加标题

% 添加第一个柱状序列的标签
xtips1=b(1).XEndPoints;                          % 获取柱状末端的x坐标
ytips1=b(1).YEndPoints;                          % 获取柱状末端的y坐标
labels1=string(b(1).YData);                      % 转换数据为字符串标签
text(xtips1,ytips1,labels1,'HorizontalAlignment','center', ...
    'VerticalAlignment','bottom');

% 添加第二个柱状序列的标签
xtips2=b(2).XEndPoints;                          % 获取柱状末端的x坐标
ytips2=b(2).YEndPoints;                          % 获取柱状末端的y坐标
labels2=string(b(2).YData);                      % 转换数据为字符串标签
text(xtips2,ytips2,labels2,'HorizontalAlignment','center', ...
    'VerticalAlignment','bottom');
```

运行程序后,输出图形如图8-1所示。

【例8-2】 创建柱状图。
在编辑器中编写以下程序并运行。

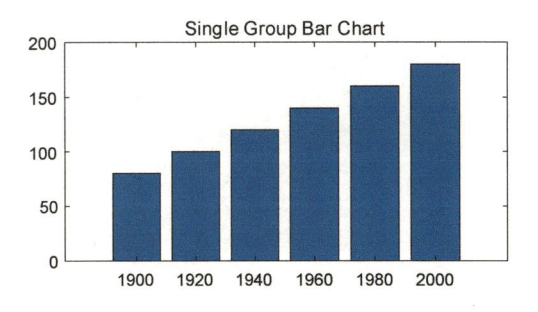

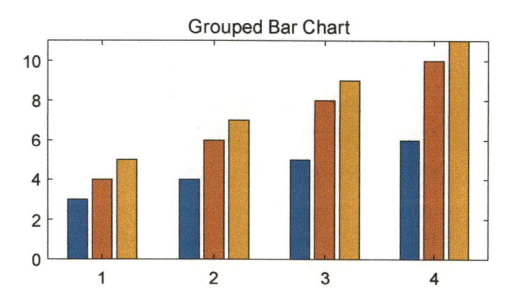

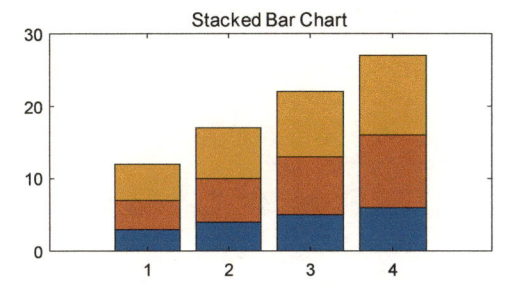

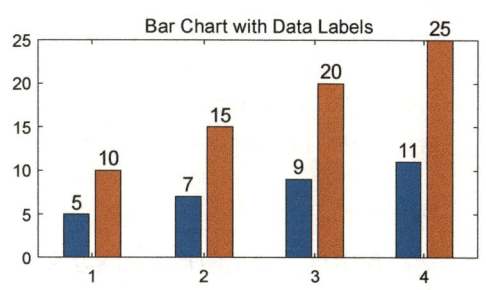

图 8-1 柱状图 1

```
clear,clf

% 子图 1:多组柱状图
subplot(2,2,1);
y=[5 8 6; 7 9 10; 8 11 12; 9 13 14];           % 新数据
b1=bar(y);                                      % 绘制多组柱状图
title('Grouped Bar Chart');                     % 添加标题

% 子图 2:堆叠柱状图
subplot(2,2,2);
y=[4 6 8; 7 10 12; 5 9 11; 6 8 10];            % 新数据
b2=bar(y,'stacked');                            % 绘制堆叠柱状图
title('Stacked Bar Chart');                     % 添加标题

% 子图 3:包含负值的堆叠柱状图
subplot(2,2,3);
x=[1990 2000 2010];
y=[10 15 -5; 8 -12 18; -6 9 12];               % 新数据
b3=bar(x,y,'stacked');                          % 绘制包含负值的堆叠柱状图
title('Stacked Bar Chart with Negatives');      % 添加标题

% 子图 4:显示值的柱状图
subplot(2,2,4);
x=[1 2 3];
vals=[6 8 10; 14 18 22];                        % 新数据
b4=bar(x,vals);
```

197

MATLAB 科研绘图

```matlab
% 在第一个柱序列的末端显示值
xtips1=b4(1).XEndPoints;                              % 获取柱末端的 x 坐标
ytips1=b4(1).YEndPoints;                              % 获取柱末端的 y 坐标
labels1=string(b4(1).YData);                          % 转换为字符串标签
text(xtips1,ytips1,labels1, ...                       % 将坐标传递给 text 函数
    'HorizontalAlignment','center', ...               % 指定水平对齐方式
    'VerticalAlignment','bottom');                    % 指定垂直对齐方式

% 在第二个柱序列的末端显示值
xtips2=b4(2).XEndPoints;
ytips2=b4(2).YEndPoints;
labels2=string(b4(2).YData);
text(xtips2,ytips2,labels2,'HorizontalAlignment','center', ...
    'VerticalAlignment','bottom');
title('Bar Chart with Data Labels');                  % 添加标题
```

运行程序后，输出图形如图 8-2 所示。

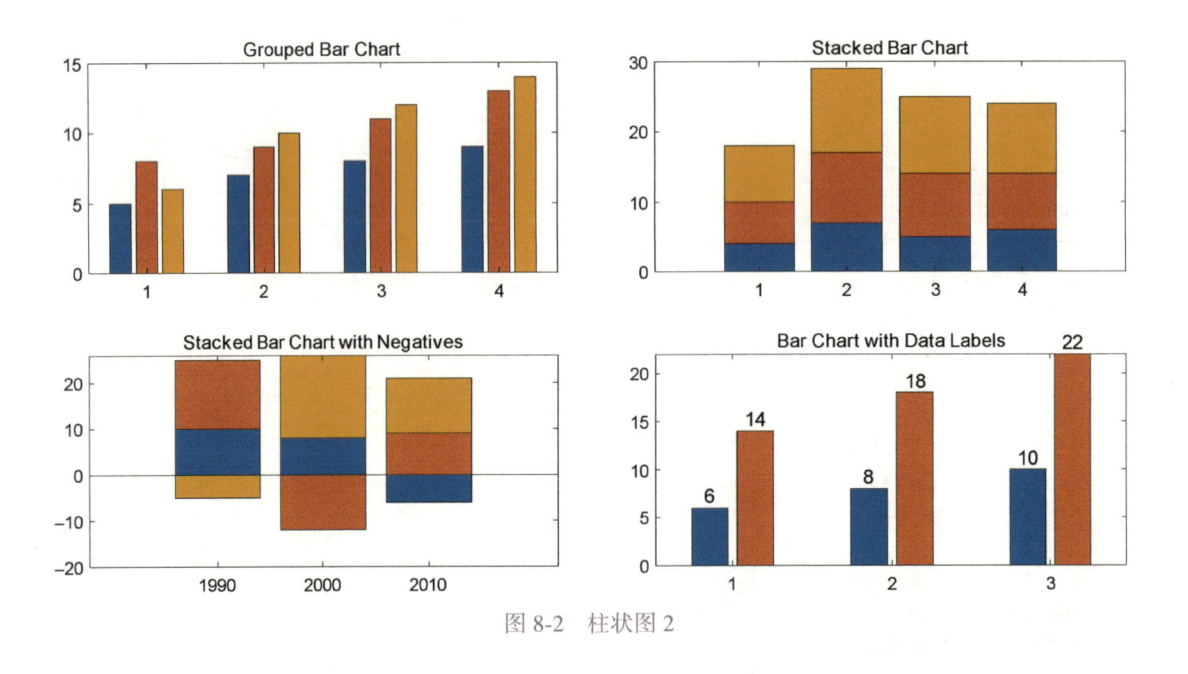

图 8-2 柱状图 2

8.2 三维柱状图

三维柱状图是柱状图的扩展，用于在三维空间中展示数据的分布和对比，每组数据用一个柱体表示，其高度反映数据值，位置由平面上的 x 坐标和 y 坐标确定。该图形表示方式适合用于显示二维表格数据的大小分布，能增强数据对比的直观性。

在 MATLAB 中，利用函数 bar3( ) 可以绘制垂直三维柱状图（柱状图），其调用格式如下。

```
bar3(Z)                % 绘制三维柱状图,Z 中的每个元素对应一个柱状图,[n,m]=size(Z)
            % 矩阵 Z 的各元素为 z 坐标,X=1:n 的各元素为 x 坐标,Y=1:m 的各元素为 y 坐标
bar3(Y,Z)              % 在 Y 指定的位置绘制 Z 中各元素的柱状图
            % 矩阵 Z 的元素为 z 坐标,Y 向量的各元素为 y 坐标,X=1:n 的各元素为 x 坐标
bar3(___,width)        % 设置柱宽度并控制组中各柱的间隔。
            % 默认为 0.8,柱之间有细小间隔;若为 1,组内柱紧挨在一起
bar3(___,style)        % 指定柱的样式,style 为'detached''grouped'或'stacked'
            % 'detached'(分离式)在 x 方向将 Z 中每一行元素显示为一个接一个的块(默认)
            % 'grouped'(分组式)显示 n 组的 m 个垂直条,n 是行数,m 是列数
            % 'stacked'(堆叠式)为 Z 中的每行显示一个柱,柱高度是行中元素的总和
bar3(___,color)        % 使用 color 指定的颜色('r''g''b'等)显示所有柱
```

在 MATLAB 中,利用函数 bar3h( ) 可以绘制水平放置的三维条形图,其调用格式与函数 bar3( ) 相同。

【例 8-3】 绘制不同类型的三维柱状图。

在编辑器中编写以下程序并运行。

```
clear,clf

% 生成随机数据
Z=randi([1,10],4);                          % 更新数据为 4×4 的随机整数矩阵

% 子图 1:分离式柱状图
subplot(1,4,1);
h1=bar3(Z,'detached');                      % 创建分离式柱状图
title('Detached Bar Chart');                % 添加标题
colormap(subplot(1,4,1),autumn);            % 设置配色方案为 autumn

% 子图 2:分组式柱状图
subplot(1,4,2);
h2=bar3(Z,'grouped');                       % 创建分组式柱状图
title('Grouped Bar Chart');                 % 添加标题
colormap(subplot(1,4,2),cool);              % 设置配色方案为 cool

% 子图 3:叠加式柱状图
subplot(1,4,3);
h3=bar3(Z,'stacked');                       % 创建叠加式柱状图
title('Stacked Bar Chart');                 % 添加标题
colormap(subplot(1,4,3),winter);            % 设置配色方案为 winter

% 子图 4:无参式柱状图
subplot(1,4,4);
h4=bar3h(Z);                                % 创建无参式水平柱状图
title('Horizontal Bar Chart');              % 添加标题
colormap(subplot(1,4,4),spring);            % 设置配色方案为 spring
```

运行程序后,输出图形如图 8-3 所示。

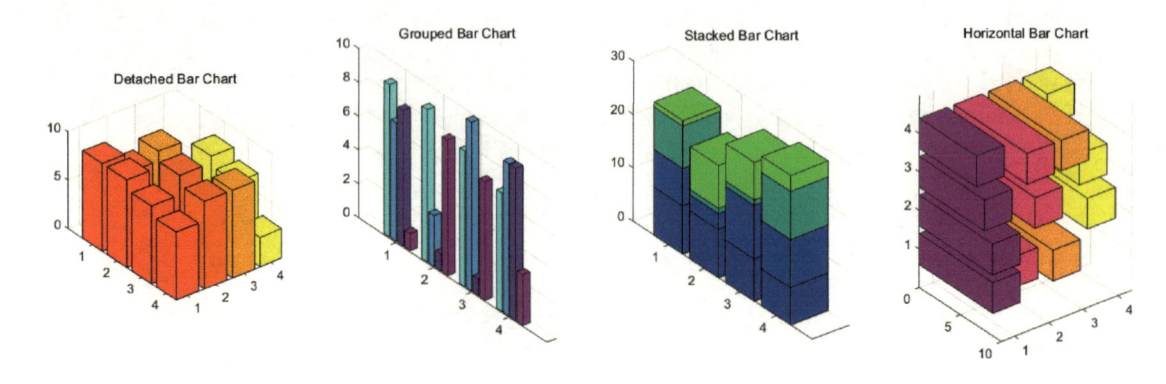

图 8-3 不同类型的三维柱状图

8.3 帕累托图

帕累托图（Pareto Chart）是一种特殊的柱状图，常用于识别关键问题并分析数据的分布。它以降序排列各柱的柱状图，包括一条显示累积分布的线。帕累托图通常用于质量控制、缺陷分析和资源分配等领域，体现了帕累托原则（即"80/20 原则"），表明大部分问题可能来源于少数几个主要原因。

在 MATLAB 中，利用函数 pareto() 可以创建帕累托图，其调用格式如下。

```
pareto(y)                    % 创建 y 的帕累托图,显示占累积分布 95% 的最高的若干个柱,最多 10 个
         % n 个柱加起来正好包含分布的 95% ,并且 n 小于 10,图将显示 n+1 个柱
         % 沿 x 轴的柱标签是 y 向量中柱值的索引
pareto(y,x)                  % 指定柱的 x 坐标(或标签),y 和 x 的长度必须相同
pareto(___,threshold)        % 指定一个介于 0 和 1 之间的阈值
         % 阈值 threshold 是要包含在图中的累积分布的比例
charts=pareto(___)           % 以数组形式返回 Bar 和 Line 对象
```

【例 8-4】 创建帕累托图。

在编辑器中编写以下程序并运行。

```
% 子图 1:Pareto 图
subplot(1,3,1);
y=[5 10 30 20 25 5 5];              % 修改数据
pareto(y);                          % 绘制 Pareto 图
title('Pareto Chart 1');            % 添加标题

% 子图 2:Pareto 图
subplot(1,3,2);
y=[10 5 40 30 15];                  % 修改数据
pareto(y);                          % 绘制 Pareto 图,显示最高的 n 个柱占累计分布的 95%
title('Pareto Chart 2');            % 添加标题

% 子图 3:带标签的 Pareto 图
```

```
subplot(1,3,3);
x=["Vanilla","Strawberry","Chocolate","Banana","Mango"];    % 修改标签
y=[40 35 25 15 60];                      % 修改数据
pareto(y,x,1);                           % 设置 threshold 参数为 1,包括所有累积分布值
ylabel('Votes');                         % 添加 y 轴标签
title('Pareto Chart with Labels');       % 添加标题
```

运行程序后，输出图形如图 8-4 所示。

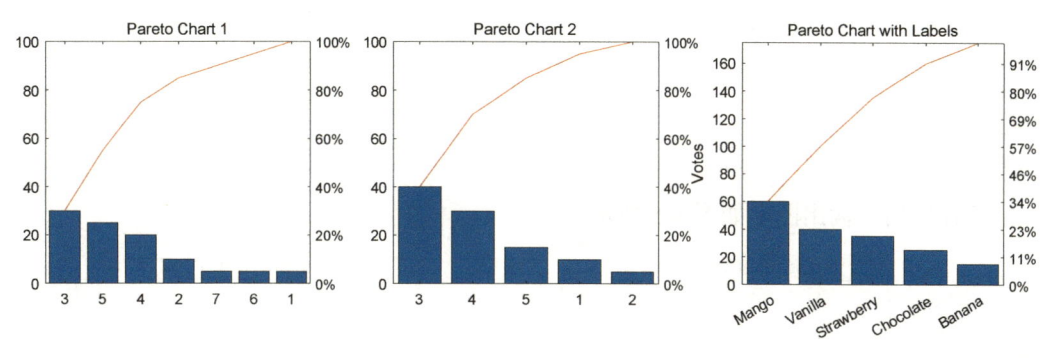

图 8-4　帕累托图

8.4　茎图（离散序列图）

茎图（Stem Plot）用于展示数据点的大小和分布，以数据点的横坐标为位置，以竖线和标记的形式表示纵坐标的值。该图形表示方式常用于对信号处理、数值序列或离散函数的数据进行分析，特别适合展示数据的独立性和离散性。

在 MATLAB 中，利用函数 stem( ) 可以实现离散数据的可视化（茎图），其调用格式如下。

```
stem(Y)                  % 将数据序列 Y 绘制为从沿 x 轴的基线延伸的茎图,数据值由空心圆显示
    % 若 Y 为向量,x 范围为 1~length(Y)
    % 若 Y 为矩阵,则根据相同的 x 值绘制行中的所有元素,x 范围为 1~Y 的行数
stem(X,Y)                % 在 X 指定的位置绘制数据序列 Y,X 和 Y 是大小相同的向量或矩阵
    % 若 X 和 Y 均为向量,则根据 X 中对应项绘制 Y 中的各项
    % 若 X 为向量,Y 为矩阵,则根据 X 指定的值集绘制 Y 的每列
    % 若 X 和 Y 均为矩阵,则根据 X 的对应列绘制 Y 的列
stem(___,'filled')       % 填充圆
stem(___,LineSpec)       % 指定线型、标记符号和颜色
```

【例 8-5】　绘制离散序列图。
在编辑器中编写以下程序并运行。

```
clear,clf                                % 清空当前图窗

% 子图 1:单组数据的 Stem 图
x1=linspace(-pi,pi,15);                  % 在-π~π 之间生成 15 个等间距的数据值
y1=sin(x1);                              % 定义单组数据 y1
```

MATLAB 科研绘图

```
subplot(1,2,1);
h1=stem(x1,y1);                                          % 绘制 Stem 图
set(h1,'MarkerFaceColor','green');                       % 设置数据标记的填充颜色为绿色
title('Single Group Stem Plot');                         % 添加标题
xlabel('x'); ylabel('y');                                % 添加轴标签

% 子图 2:多组数据的 Stem 图
x2=0:15;                                                 % 定义 x 数据
y2=[cos(x2).*exp(-0.1*x2);sin(x2).*exp(-0.1*x2)]';       % 定义两组 y 数据
subplot(1,2,2);
h2=stem(x2,y2);                                          % 绘制 Stem 图,显示多组数据
title('Multiple Groups Stem Plot');                      % 添加标题
xlabel('x'); ylabel('y');                                % 添加轴标签
```

运行程序后,输出图形如图 8-5 所示。

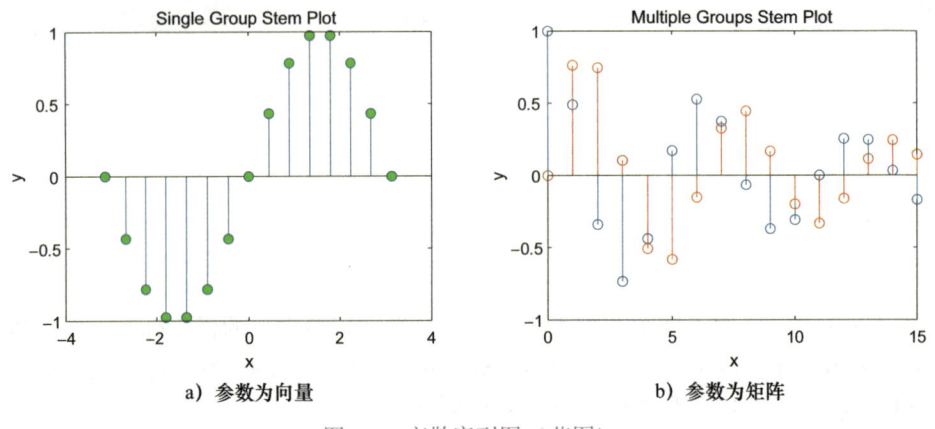

a) 参数为向量 b) 参数为矩阵

图 8-5　离散序列图（茎图）

除了使用函数 stem( )外,针对离散数据还可以通过函数 plot( )绘制离散数据图（如散点图）,关于函数 plot( )的详细用法将在下一节讲解。

【例 8-6】　绘制函数 $y=e^{-\alpha t}\cos\beta t$ 的茎图。

在编辑器中编写以下程序并运行。

```
clear,clf
% 定义参数和数据
a=0.03;                                                  % 衰减系数
b=0.6;                                                   % 频率系数
t=0:1:120;                                               % 时间数据
y=exp(-a*t).*cos(b*t);                                   % 定义带有指数衰减的余弦函数

% 子图 1:使用 plot 绘制散点图
subplot(1,2,1);
plot(t,y,'b.');                                          % 绘制散点图,使用蓝色点
xlabel('Time');                                          % 添加 x 轴标签
ylabel('Amplitude');                                     % 添加 y 轴标签
title('Scatter Plot (plot)');                            % 添加标题
```

```matlab
% 子图 2:使用 stem 绘制二维茎图
subplot(1,2,2);
stem(t,y);                          % 绘制二维茎图,填充标记
xlabel('Time');                     % 添加 x 轴标签
ylabel('Amplitude');                % 添加 y 轴标签
title('Stem Plot (stem)');          % 添加标题
```

运行程序后,输出图形如图 8-6 所示。

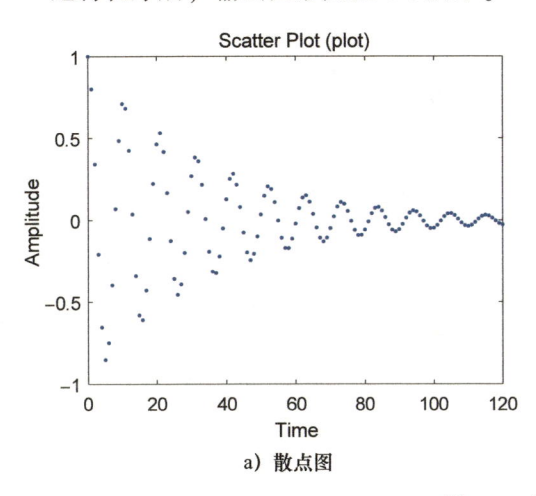

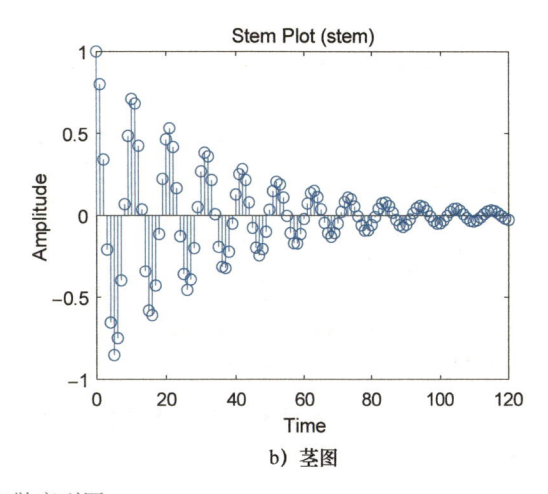

a) 散点图　　　　　　　　　　　　　　　b) 茎图

图 8-6　离散序列图

8.5　三维离散序列图

三维离散序列图(3D Stem Plot)用于展示数据点在三维空间中的分布情况,通过从数据点向底平面绘制竖线,强调点在三维坐标轴上的位置关系。它适合离散数据的展示,常用于分析信号、函数值或展示离散样本的空间分布特性。

在 MATLAB 中,利用函数 stem3( )可以绘制三维离散序列图,其调用格式如下。

```matlab
stem3(Z)                % 绘制为针状图,从 xy 平面开始延伸并在各项值处以圆圈终止
stem3(X,Y,Z)            % 绘制为针状图,从 xy 平面开始延伸,X 和 Y 指定 xy 平面中的针状图位置
stem3(___,'filled')     % 填充圆(实心小圆圈)
stem3(___,LineSpec)     % 指定线型、标记符号和颜色
```

【例 8-7】 利用三维离散序列图绘制函数 stem3( )绘制离散序列图。
在编辑器中编写以下程序并运行。

```matlab
clear,clf
% 定义第一个数据集
t=0:pi/11:5*pi;
x=exp(-t/10).*cos(t);                       % 调整衰减系数
y=2.5*exp(-t/10).*sin(t);                   % 调整振幅系数
```

```matlab
% 子图 1:三维茎图与线条图
subplot(1,2,1);
stem3(x,y,t,'filled');                  % 使用 stem3 绘制三维茎图
hold on;
plot3(x,y,t,'r');                       % 添加三维线条图
axis('square');                         % 设置坐标轴为正方形比例
xlabel('X'); ylabel('Y'); zlabel('Z');  % 添加坐标轴标签
title('3D Stem and Line Plot');         % 添加标题

% 定义第二个数据集
X=linspace(1,4);                        % 将范围扩大到 0~3
Y=-X.^2;                                % 更新 Y 为平方函数
Z=exp(X).*cos(2*X);                     % 修改 Z 数据为更复杂的函数

% 子图 2:三维茎图
subplot(1,2,2);
stem3(X,Y,Z);                           % 使用 stem3 绘制三维茎图
axis('square');                         % 设置坐标轴为正方形比例
xlabel('X'); ylabel('Y'); zlabel('Z');  % 添加坐标轴标签
title('3D Stem Plot');                  % 添加标题
```

运行程序后,输出图形如图 8-7 所示。

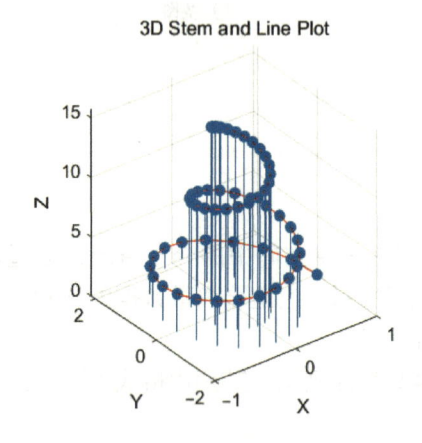

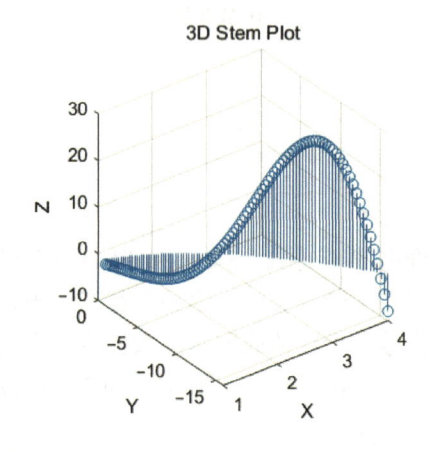

图 8-7 三维离散序列图

8.6 本章小结

本章介绍了 MATLAB 中常用的离散数据图的绘制方法,包括柱状图、三维柱状图、帕累托图等。这些图形能够有效地帮助用户展示和分析离散数据的分布特征、频率和重要性。通过掌握这些图形的绘制技巧,用户能够更好地理解离散数据的结构,进而做出更加精准的数据分析和决策。

第 9 章
散点图与平行坐标图

散点图是一种基本且强大的可视化工具，广泛用于分析两组或多组变量之间的关系。平行坐标图则是一种专为高维数据设计的可视化工具，能有效地展示多维数据的模式和相互关系。本章将介绍如何在 MATLAB 中绘制散点图，包括普通散点图、三维散点图、带直方图的散点图等，同时也将介绍如何绘制平行坐标图，帮助读者理解高维数据的展示方式。通过掌握这些工具，读者能够在数据分析中更清晰地识别变量之间的关系和潜在的模式。

9.1 散点图

散点图（Scatter Plot）是一种通过点的位置来表示两个变量之间关系的图形，常用于探索数据集中的关联性、趋势或异常值。散点图中每个数据点的位置由横坐标和纵坐标的值决定，适合展示连续数据的关系、分布特征或相关性。

在 MATLAB 中，利用函数 scatter( ) 可以创建散点图，其调用格式如下。

（1）向量和矩阵数据

```
scatter(x,y)                    % 在向量 x 和 y 指定的位置创建一个包含圆形标记的散点图。
        % 要绘制一组坐标，请将 x 和 y 指定为等长向量。
        % 要在同一组坐标区上绘制多组坐标，请将 x 或 y 中的至少一个指定为矩阵
scatter(x,y,sz)                 % 指定圆大小。sz 指定为标量对所有圆使用相同的大小
        % 指定为向量或矩阵绘制不同大小的每个圆
scatter(x,y,sz,c)               % 指定圆颜色
scatter(___,'filled')           % 填充圆
scatter(___,mkr)                % 指定标记类型
```

（2）表数据

```
scatter(tbl,xvar,yvar)                    % 绘制表 tbl 中的变量 xvar 和 yvar
        % 要绘制一个数据集，请为 xvar 指定一个变量，为 yvar 指定一个变量
        % 要绘制多个数据集，请为 xvar、yvar 或两者指定多个变量。
scatter(tbl,xvar,yvar,'filled')           % 用实心圆绘制表中的指定变量
```

【例 9-1】 创建散点图（向量数据）。
在编辑器中编写以下程序并运行。

```matlab
% 子图1:带颜色渐变的散点图
subplot(2,2,1);
x=linspace(0,6*pi,300);              % 创建0到6π的300个等间距值
y=sin(x)+0.5*randn(1,300);           % 创建带噪声的正弦值
c=linspace(1,20,length(x));          % 用于指定圆圈颜色
sz=30;                                % 圆圈标记大小
scatter(x,y,[],c);                   % 绘制散点图
title('Scatter Plot with Color Gradient');  % 添加标题
xlabel('X');ylabel('Y');
grid on;

% 子图2:带填充颜色的散点图
subplot(2,2,2);
scatter(x,y,sz,c,'filled');          % 带填充颜色的标记
title('Scatter Plot with Filled Circles');  % 添加标题
xlabel('X');ylabel('Y');
grid on;

% 子图3:设置特定颜色和形状的散点图(美化)
subplot(2,2,3);
theta=linspace(0,2*pi,150);          % 创建0到2π的150个点
x=1.5*sin(theta)+0.5*randn(1,150);   % 添加更多干扰
y=1.5*cos(theta)+0.5*randn(1,150);   % 添加更多干扰
sz=50;                                % 设置标记大小
scatter(x,y,sz,'h', ...              % 指定六边形标记
    'MarkerEdgeColor',[0.3 0.4 0.7], ...  % 设置标记边颜色
    'MarkerFaceColor',[0.5 0.7 0.9], ...  % 设置标记填充颜色
    'LineWidth',1.8);                % 设置线条宽度
title('Scatter Plot with Enhanced Custom Markers');  % 添加标题
xlabel('X');ylabel('Y');
axis equal;                           % 设置坐标轴比例相等
grid on;

% 子图4:根据距离设置不透明度的散点图
subplot(2,2,4);
x=randn(600,1);                      % 正态分布随机值
y=randn(600,1);                      % 正态分布随机值
s=scatter(x,y,'filled');             % 绘制填充标记的散点图
distfromzero=sqrt(x.^2+y.^2);        % 计算每个点与零的距离
s.AlphaData=distfromzero;            % 根据与零的距离设置不透明度
s.MarkerFaceAlpha='flat';            % 使不透明度分布生效
title('Scatter Plot with Alpha Transparency');  % 添加标题
xlabel('X');ylabel('Y');
grid on;
```

运行程序后,输出图形如图9-1所示。

【例9-2】 创建散点图(表数据)。
在编辑器中编写以下程序并运行。

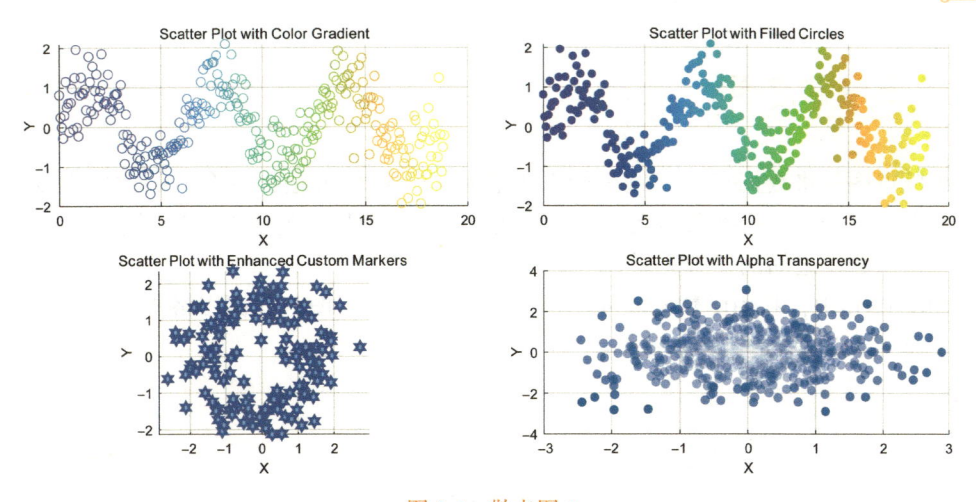

图 9-1　散点图 1

```
tbl=readtable('patients.xls');              % 以表格形式读取 patients.xls 数据

% 子图 1:绘制收缩压和舒张压之间的关系
subplot(1,2,1);
scatter(tbl,'Systolic','Diastolic');        % 绘制单一变量间关系的散点图
title('Relationship between Systolic and Diastolic');  % 添加标题
xlabel('Systolic Pressure');                % 添加 x 轴标签
ylabel('Diastolic Pressure');               % 添加 y 轴标签
grid on;                                    % 显示网格

% 子图 2:绘制体重与收缩压和舒张压的关系
subplot(1,2,2);
scatter(tbl,'Weight',{'Systolic','Diastolic'});  % 绘制多个变量关系的散点图
title('Weight vs Systolic & Diastolic');    % 添加标题
xlabel('Weight');                           % 添加 x 轴标签
ylabel('Pressure');                         % 添加 y 轴标签
grid on;                                    % 显示网格
legend;                                     % 显示图例
```

运行程序后，输出图形如图 9-2 所示。

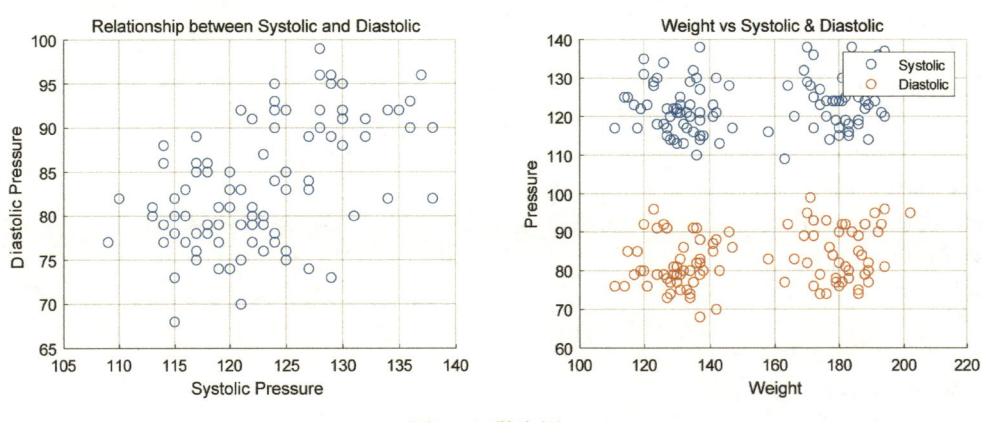

图 9-2　散点图 2

9.2 三维散点图

三维散点图是将数据点在三维坐标系中表示的可视化方法，每个点的位置由变量（x、y、z）决定，用于展示三维数据之间的关系或分布。这种形式的散点图特别适合展示复杂的数据集、揭示数据之间的三维关系。

在 MATLAB 中，利用函数 scatter3( ) 可以绘制三维散点图，其调用格式如下。

(1) 向量和矩阵数据

```
scatter3(X,Y,Z)                  % 在向量 X、Y 和 Z 指定的位置显示圆圈
scatter3(X,Y,Z,S)                % 使用 S 指定的大小绘制每个圆圈，将 S 指定为标量绘制大小相等的圆
                                 % S 指定为向量绘制具有特定大小的每个圆
scatter3(X,Y,Z,S,C)              % 使用 C 指定的颜色绘制每个圆圈
                                 % C 是 RGB 三元组、包含颜色名称的字符向量或字符串，则使用指定的颜色
                                 % C 是一个三列矩阵，则 C 的每行指定相应圆圈的 RGB 颜色值
                                 % C 是向量，则 C 中的值线性映射到当前颜色图中的颜色
scatter3(___,'filled')           % 使用前面的语法中的任何输入参数组合填充这些圆
scatter3(___,markertype)         % 指定标记类型
```

(2) 表数据

```
scatter3(tbl,xvar,yvar,zvar)              % 绘制表 tbl 中的变量 xvar、yvar 和 zvar
                                          % 要绘制一个数据集，请为 xvar、yvar 和 zvar 各指定一个变量
                                          % 要绘制多个数据集，请为其中至少一个参数指定多个变量
scatter3(tbl,xvar,yvar,zvar,'filled')     % 用实心圆绘制表中的指定变量
```

【例 9-3】 绘制三维散点图（向量和矩阵数据）。

在编辑器中编写以下程序并运行。

```
% 定义数据
[X,Y,Z]=sphere(20);                       % 创建一个高分辨率的球面

% 合并不同大小和偏移的球体数据
x=[0.4*X(:); 0.6*X(:)+0.5; X(:)+1];
y=[0.4*Y(:); 0.6*Y(:)+0.5; Y(:)-0.5];
z=[0.4*Z(:); 0.6*Z(:)-0.5; Z(:)];

% 子图 1:简单 3D 散点图
subplot(1,2,1);
scatter3(x,y,z);                          % 创建简单 3D 散点图
title('Simple 3D Scatter Plot');          % 添加标题
xlabel('X-axis');
ylabel('Y-axis');
zlabel('Z-axis');
grid on;

% 子图 2:带大小和颜色的 3D 散点图
subplot(1,2,2);
S=repmat([30,60,10],numel(X),1);          % 定义每个标记的大小
```

```matlab
C=repmat([4,5,6],numel(X),1);               % 定义每个标记的颜色
s=S(:);                                      % 展平大小向量
c=C(:);                                      % 展平颜色向量
scatter3(x,y,z,s,c);                        % 绘制带大小和颜色的 3D 散点图
view(60,30);                                 % 更改坐标区角度
title('3D Scatter Plot with Size and Color'); % 添加标题
xlabel('X-axis');
ylabel('Y-axis');
zlabel('Z-axis');
grid on;
```

运行程序后，输出图形如图 9-3 所示。

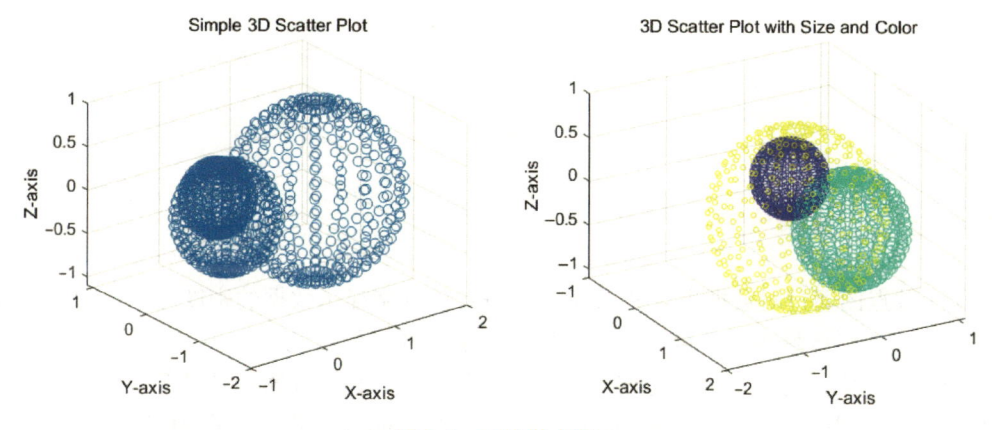

图 9-3 三维散点图 1

【例 9-4】 绘制三维散点图（表数据）。
在编辑器中编写以下程序并运行。

```matlab
tbl=readtable('patients.xls');               % 读取数据表
% 子图 1:绘制三维散点图,显示收缩压、舒张压和体重之间的关系
subplot(1,2,1);
scatter3(tbl,'Systolic','Diastolic','Weight'); % 三维散点图
title('Systolic vs Diastolic vs Weight');    % 添加标题
xlabel('Systolic Pressure');                 % 添加 x 轴标签
ylabel('Diastolic Pressure');                % 添加 y 轴标签
zlabel('Weight');                            % 添加 z 轴标签
grid on;                                     % 显示网格

% 子图 2:绘制三维散点图,显示年龄与收缩压、舒张压之间的关系
subplot(1,2,2);
scatter3(tbl,{'Systolic','Diastolic'},'Age','Weight'); % 三维散点图
title('Age vs Systolic & Diastolic vs Weight'); % 添加标题
xlabel('Systolic & Diastolic Pressure');     % 添加 x 轴标签
ylabel('Age');                               % 添加 y 轴标签
zlabel('Weight');                            % 添加 z 轴标签
grid on;                                     % 显示网格
legend;                                      % 显示图例
```

运行程序后,输出图形如图 9-4 所示。

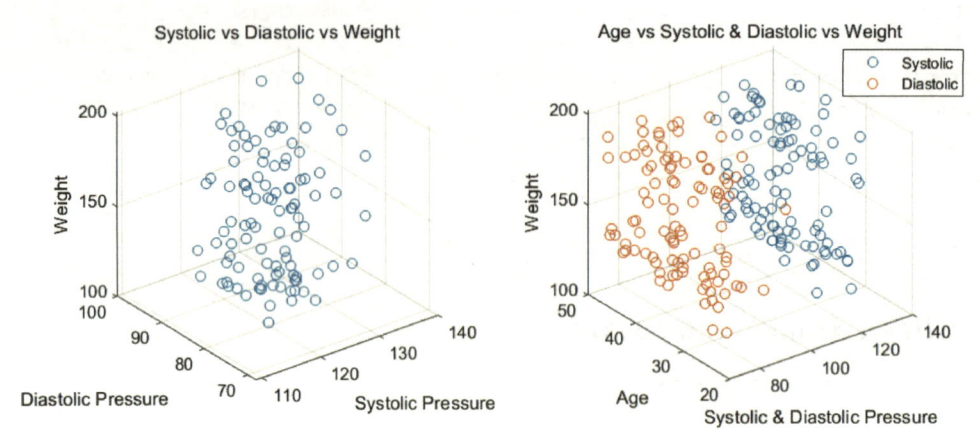

图 9-4　三维散点图 2

9.3　分 bin 散点图

分 bin 散点图通过对数据进行分箱(binning)处理来显示数据的密度分布,每个数据点被分配到一个矩形区域内,区域中点的数量决定了该区域的颜色或大小。分 bin 散点图是处理大规模数据点集的有效工具,适用于数据可视化、模式识别和密度估计等应用场景。

在 MATLAB 中,利用函数 binscatter()可以创建分 bin 散点图,其调用格式如下。

```
binscatter(x,y)              % 显示向量 x 和 y 的分 bin 散点图,将数据空间分成多个矩形 bin
                             % 用不同颜色显示每个 bin 中的数据点数
binscatter(x,y,N)            % 指定要使用的 bin 数,N 可以是标量或二元素向量[Nx Ny]
                             % 如果 N 是标量,则 Nx 和 Ny 都设置为标量值,每个维度中的最大 bin 数为 250
```

【例 9-5】　创建分 bin 散点图。
在编辑器中编写以下程序并运行。

```
rng(42);                                    % 设置随机数种子,确保数据可重复
% 生成新的随机数据
x=rand(1e4,1)*10-5;                         % 生成范围为[-5,5]的均匀分布随机数
y=2*x+randn(1e4,1);                         % 基于 x 生成 y 数据,添加正态分布噪声

% 子图 1:绘制默认设置的 binscatter 图
subplot(1,2,1);
h=binscatter(x,y,[40 60]);                  % 将随机数划分到 x 维 40 个和 y 维的 60 个 bin 中
title('Binscatter with 40x60 Bins');        % 添加标题
xlabel('X-axis');                           % 添加 x 轴标签
ylabel('Y-axis');                           % 添加 y 轴标签
grid on;

% 子图 2:调整 bin 数量并显示空 bin
subplot(1,2,2);
```

```
h=binscatter(x,y);                      % 绘制 binscatter 图
h.NumBins=[25 35];                      % 设置 x 维 25 个 bin 和 y 维 35 个 bin
h.ShowEmptyBins='on';                   % 开启绘图中空 bin 的显示
xlim(gca,h.XLimits);                    % 设置 x 轴范围
ylim(gca,h.YLimits);                    % 设置 y 轴范围
h.XLimits=[-4 4];                       % 限制 x 方向的 bin 范围为[-4,4]
title('Binscatter with 25x35 Bins and Limited Range');   % 添加标题
xlabel('X-axis');                       % 添加 x 轴标签
ylabel('Y-axis');                       % 添加 y 轴标签
grid on;
```

运行程序后，输出图形如图 9-5 所示。

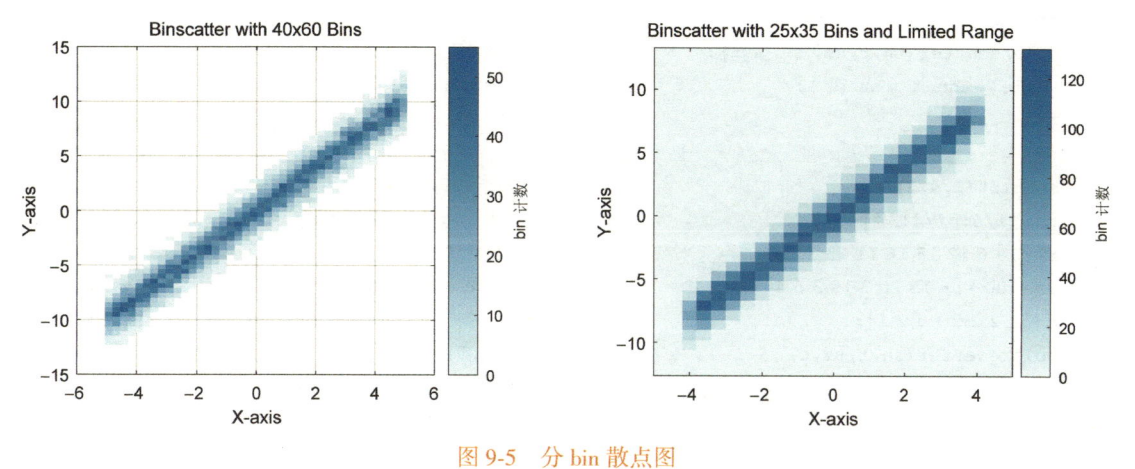

图 9-5　分 bin 散点图

9.4　极坐标散点图

极坐标散点图是指将数据点绘制在极坐标系统中的散点图，其中每个点的极角（theta）和极径（rho）由输入数据决定。

在 MATLAB 中，利用 polarscatter( ) 函数可以在极坐标系统中绘制散点图。与常规散点图不同，polarscatter( ) 函数适用于极坐标图，可以显示角度和半径之间的关系，尤其适合展示周期性或方向性的数据。其调用格式如下。

（1）向量和矩阵数据

```
polarscatter(theta,rho)                 % 绘制 theta(弧度单位)对 rho 的图,数据点采用圆形标记
        % 将 theta 和 rho 指定为等长向量,绘制一组点
        % 将 theta 或 rho 中的至少一个指定为矩阵,则在同一极坐标区内绘制多组点
polarscatter(theta,rho,sz)              % 设置标记大小,sz 以点方阵为单位指定每个标记的区域
        % sz 为标量,则以相同的大小绘制所有标记;为向量或矩阵,则绘制具有不同大小的标记
polarscatter(theta,rho,sz,c)            % 指定标记颜色
polarscatter(___,mkr)                   % 设置标记符号。如,'+'显示十字标记
polarscatter(___,'filled')              % 填充标记内部填充
```

(2) 表数据

```
polarscatter(tbl,thetavar,rhovar)                  % 绘制表 tbl 中的变量 thetavar 和 rhovar
        % 要绘制一个数据集,将 thetavar 指定一个变量,为 rhovar 指定一个变量
        % 要绘制多个数据集,将 thetavar、rhovar 或两者指定多个变量(变量数目必须相同)
polarscatter(tbl,thetavar,rhovar,'filled')         % 用实心圆绘制表中的指定变量
```

【例 9-6】 绘制不同的极坐标散点图。

在编辑器中编写以下程序并运行。

```matlab
% 子图 1:绘制随机散点图,大小固定
subplot(1,4,1);                            % 激活第一个子图
th=linspace(0,2*pi,20);                    % 创建 20 个角度,从 0 到 2π
r=rand(1,20);                              % 随机生成 20 个半径值
sz=75;                                     % 设置所有点的大小为 75
polarscatter(th,r,sz,'filled');            % 绘制极坐标散点图,使用填充标记
title('Random Scatter');                   % 添加标题

% 子图 2:不同半径和大小的散点图,并根据分类指定颜色
subplot(1,4,2);                            % 激活第二个子图
th=pi/4:pi/4:2*pi;                         % 创建 8 个角度,每隔 π/4 一个
r=[19 6 12 18 16 11 15 15];                % 指定对应的半径值
sz=100*[6 15 20 3 15 3 6 40];              % 指定每个点的大小
c=[1 2 2 2 1 2 1];                         % 分类数据,用于颜色区分
polarscatter(th,r,sz,c,'filled','MarkerFaceAlpha',0.5);
                                           % 绘制带有颜色和透明度的散点图
title('Categorized Scatter');              % 添加标题

% 子图 3:角度从度转为弧度,绘制极坐标散点图
subplot(1,4,3);                            % 激活第三个子图
th=linspace(0,360,50);                     % 创建 50 个角度数据,从 0 到 360
r=0.005*th/10;                             % 根据角度计算半径
th_radians=deg2rad(th);                    % 将角度转换为弧度
polarscatter(th_radians,r);                % 绘制散点图
title('Scatter with Degrees to Radians');  % 添加标题

% 子图 4:绘制两个系列的散点图,并使用 hold on/hold off 进行叠加
subplot(1,4,4);                            % 激活第四个子图
th=pi/6:pi/6:2*pi;                         % 创建 12 个角度,每隔 π/6 一个
r1=rand(12,1);                             % 随机生成第一个系列的半径值
polarscatter(th,r1,'filled');              % 绘制第一个系列的散点图

hold on;                                   % 保持当前图形
r2=rand(12,1);                             % 随机生成第二个系列的半径值
polarscatter(th,r2,'filled');              % 绘制第二个系列的散点图
hold off;                                  % 释放图形

% legend('Series A','Series B');           % 添加图例
title('Overlayed Series');                 % 添加标题
```

运行程序后，输出图形如图 9-6 所示。

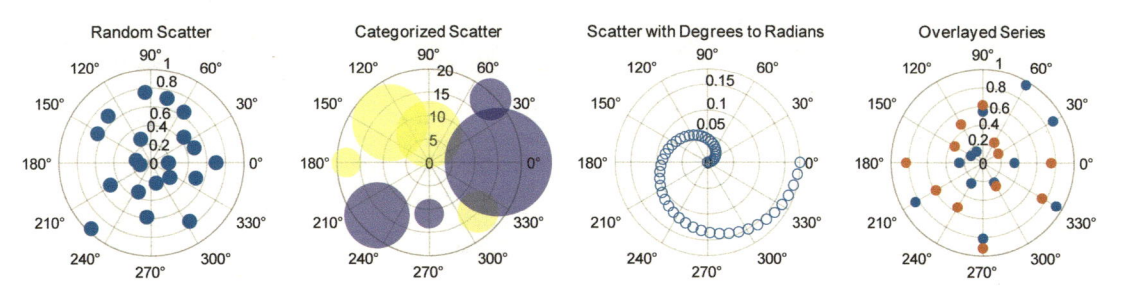

图 9-6 极坐标散点图 1

【例 9-7】 基于表数据绘制极坐标散点图。
在编辑器中编写以下程序并运行。

```matlab
% 创建随机数表格
Th=linspace(0,2*pi,50)';           % 创建 50 个角度值,范围从 0 到 2π
R1=randi([0 10],50,1);             % 生成 50 个随机整数作为半径 R1,范围从 0 到 10
R2=randi([20 30],50,1);            % 生成 50 个随机整数作为半径 R2,范围从 20 到 30
tbl=table(Th,R1,R2);               % 将角度和半径数据组合成一个表格

% 子图 1:根据表格中的列绘制极坐标散点图
subplot(1,3,1);                    % 激活第一个子图
polarscatter(tbl,'Th','R1');       % 使用'Th'(角度)和'R1'(半径)列绘制极坐标散点图
title('Polar Scatter (R1)');       % 添加标题

% 子图 2:同时绘制两个半径数据的极坐标散点图
subplot(1,3,2);                    % 激活第二个子图
polarscatter(tbl,'Th',{'R1','R2'});
          % 使用'Th'(角度)列和'R1','R2'(半径 1 和半径 2)列绘制
% legend;                          % 添加图例
title('Polar Scatter (R1 & R2)');  % 添加标题

% 子图 3:绘制带有颜色和大小数据的极坐标散点图
subplot(1,3,3);                    % 激活第三个子图
Th=linspace(0,2*pi,50)';           % 创建新的角度数据
R=randi([0 10],50,1);              % 生成新的随机半径数据
Colors=rand(50,1);                 % 生成 50 个随机颜色值,用于颜色映射
tbl=table(Th,R,Colors);            % 将数据整理为一个表格

% 绘制极坐标散点图,并使用 'Colors'列来控制点的颜色
s=polarscatter(tbl,'Th','R','filled','ColorVariable','Colors');
s.SizeData=100;                    % 设置散点的大小为 100
title('Polar Scatter with Color & Size');  % 添加标题
```

运行程序后，输出图形如图 9-7 所示。

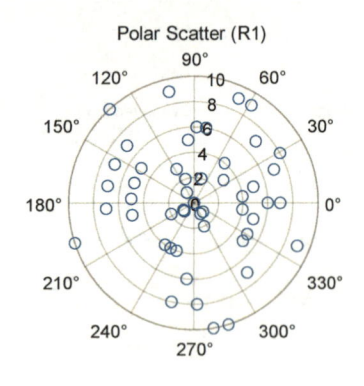

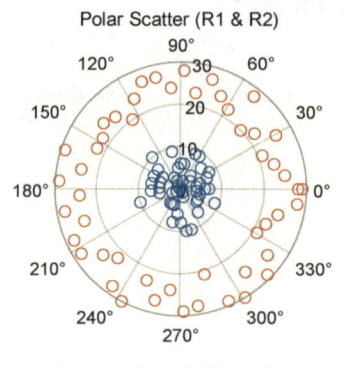

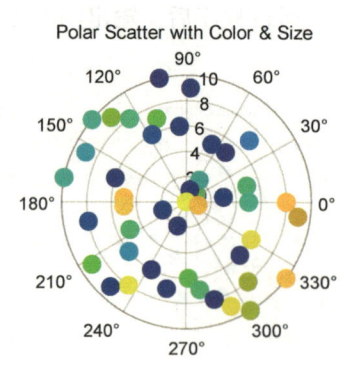

图 9-7　极坐标散点图 2

9.5　带直方图的散点图

带直方图的散点图是将传统的散点图与直方图结合的复合图表，提供一种更直观的方式来查看数据的分布和数据点之间的关系。散点图用于显示两个变量之间的关系，而直方图则用于显示每个变量的分布。

在 MATLAB 中，利用函数 scatterhistogram() 可以创建带直方图的散点图，其调用格式如下。

```
scatterhistogram(tbl,xvar,yvar)              % 基于表 tbl 创建一个边缘带直方图的散点图
        % xvar 输入参数指示沿 x 轴显示的表变量, yvar 输入参数指示沿 y 轴显示的表变量
scatterhistogram(tbl,xvar,yvar,'GroupVariable',grpvar)
        % 使用 grpvar 指定的表变量对 xvar 和 yvar 指定的观测值进行分组
scatterhistogram(xvalues,yvalues)            % 创建 xvalues 和 yvalues 数据的散点图
        % 沿 x 轴和 y 轴的边缘分别显示 xvalues 和 yvalues 数据的直方图
scatterhistogram(xvalues,yvalues,'GroupData',grpvalues)
        % 使用 grpvalues 中的数据对 xvalues 和 yvalues 中的数据进行分组
```

【例 9-8】　基于医疗患者数据表创建边缘带直方图的散点图。
在编辑器中编写以下程序并运行。

```
load patients;                                              % 加载患者数据
% 创建全局布局,调整子图间距
t=tiledlayout(2,2,'TileSpacing','compact', ...
  'Padding','loose');                                       % 使用'loose'增加边距

% 子图 1:绘制身高与体重的散点图直方图
nexttile;
tbl=table(LastName,Age,Gender,Height,Weight);               % 创建表
s=scatterhistogram(tbl,'Height','Weight');                  % 绘制散点直方图
title('Height vs Weight');                                  % 添加标题
xlabel('Height (cm)');                                      % 添加 x 轴标签
ylabel('Weight (kg)');                                      % 添加 y 轴标签
```

```matlab
% 子图 2:按是否吸烟分组的收缩压与舒张压的散点图直方图
nexttile;
tbl=table(LastName,Diastolic,Systolic,Smoker);              % 创建表
s=scatterhistogram(tbl,'Diastolic','Systolic', ...          % 绘制散点直方图
    'GroupVariable','Smoker');                              % 指定分组变量为吸烟者
title('Diastolic vs Systolic by Smoking Status');           % 添加标题
xlabel('Diastolic Pressure');                               % 添加 x 轴标签
ylabel('Systolic Pressure');                                % 添加 y 轴标签

% 子图 3&4:绘制吸烟与性别分组的收缩压与舒张压散点直方图
nexttile([1 2]);                                            % 跨越两列
[idx,genderStatus,smokerStatus]=findgroups( ...             % 按性别和吸烟状态分组
    string(Gender),string(Smoker));
SmokerGender=strcat(genderStatus(idx),"-",smokerStatus(idx)); % 组合分组标签
s=scatterhistogram(Diastolic,Systolic, ...                  % 绘制散点直方图
    'GroupData',SmokerGender,'LegendVisible','on');         % 显示分组数据的图例
xlabel('Diastolic Pressure');                               % 添加 x 轴标签
ylabel('Systolic Pressure');                                % 添加 y 轴标签
title('Diastolic vs Systolic by Gender and Smoking Status'); % 添加标题

sgtitle('Patient Data Analysis');                           % 添加总标题
% 调整整个图窗的大小以适应标签和标题
set(gcf,'Position',[100,100,800,600]);                      % 设置图形窗口大小
```

运行程序后,输出图形如图 9-8 所示。

图 9-8 带直方图的散点图

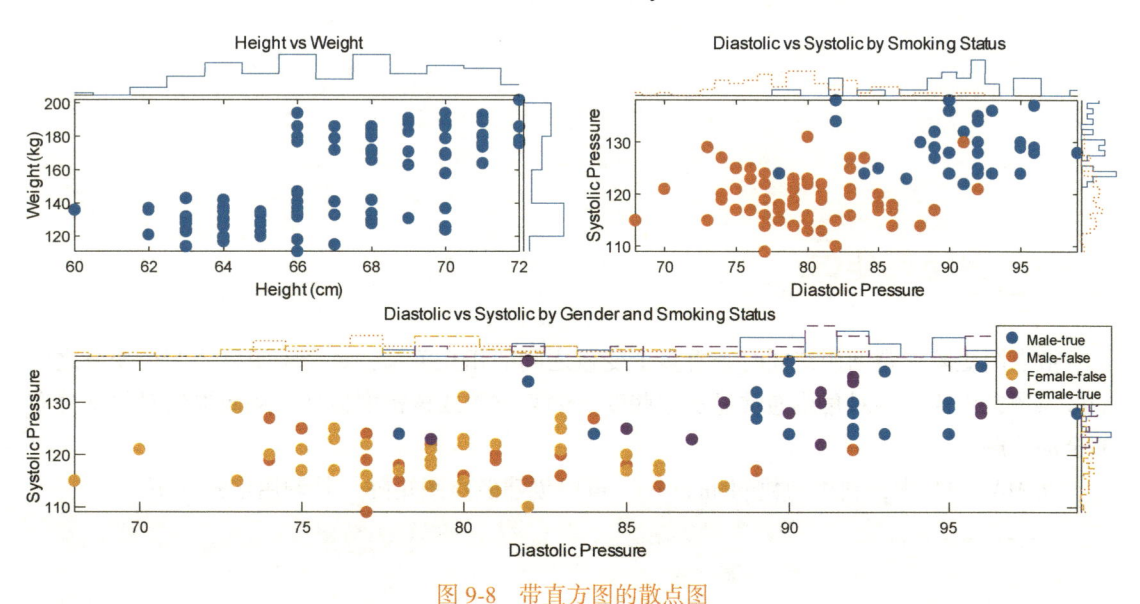

【例 9-9】 创建一个具有核密度边缘直方图的散点图。
在编辑器中编写以下程序并运行。

```matlab
load carsmall;                                       % 加载 carsmall 数据集
tbl=table(Horsepower,MPG,Cylinders);                 % 创建表格数据

% 绘制带直方图平滑曲线的散点图
s=scatterhistogram(tbl,'Horsepower','MPG',   ...
    'GroupVariable','Cylinders',   ...               % 按 Cylinders 分组
    'HistogramDisplayStyle','smooth',   ...          % 显示平滑曲线直方图
    'LineStyle','-');                                % 设置直方图曲线为实线

% 添加标题和坐标轴标签
title('Horsepower vs MPG by Cylinders');             % 添加标题
xlabel('Horsepower');                                % 添加 x 轴标签
ylabel('Miles per Gallon (MPG)');                    % 添加 y 轴标签
grid on;                                             % 显示网格线
```

运行程序后，输出图形如图 9-9 所示。

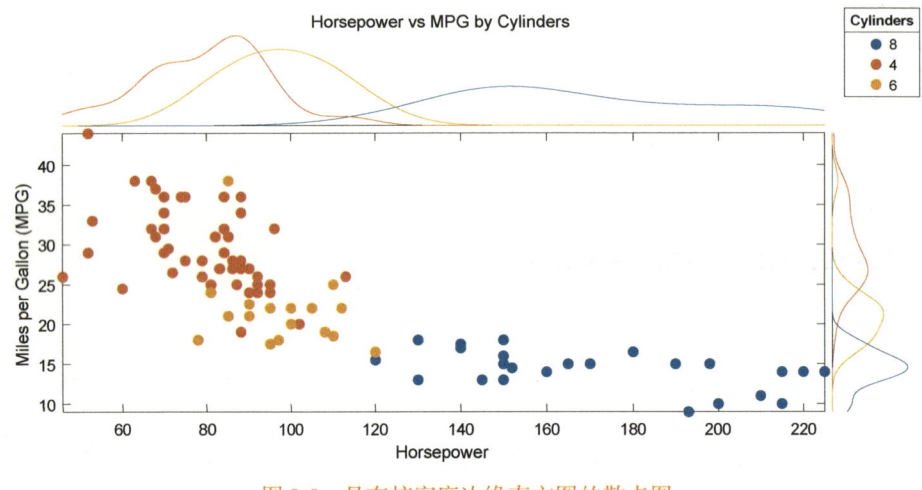

图 9-9　具有核密度边缘直方图的散点图

9.6　散点图矩阵

　　散点图矩阵能帮助用户同时查看多个变量之间的相互关系，每个子图显示两个变量之间的散点图，而矩阵的对角线通常显示这些变量的直方图或核密度估计，从而提供对数据分布的全面了解。

　　在 MATLAB 中，利用函数 plotmatrix( ) 可以创建散点图矩阵，其调用格式如下。

```matlab
plotmatrix(X,Y)                  % 创建一个子坐标区矩阵,包含由 X 的列相对 Y 的列数据组成的散点图
        % 若 X 是 p×n 且 Y 是 p×m,则生成一个 n×m 子坐标区矩阵
plotmatrix(X)                    % 与 plotmatrix (X,X) 相同
        % 用 X 对应列中数据的直方图替换对角线上的子坐标区
plotmatrix(___,LineSpec)         % 指定散点图的线型、标记符号和颜色
[S,AX,BigAx,H,HAx]=plotmatrix(___)  % 返回创建的图形对象
```

```
% S 为散点图的图形线条对象, AX 为每个子坐标区的坐标区对象
% BigAx 为容纳子坐标区的主坐标区的坐标区对象, H 为直方图的直方图对象
% HAx 为不可见的直方图坐标区的坐标区对象
```

【例 9-10】 创建散点图矩阵。

在编辑器中编写以下程序并运行。

```
% 创建随机数据矩阵 X 和整数值矩阵 Y
X=randn(50,3);                              % 创建一个 50×3 的随机数据矩阵
Y=reshape(1:150,50,3);                      % 创建一个 50×3 的由整数值组成的矩阵

% 子图 1:绘制 X 的各列对 Y 的各列的散点图矩阵
subplot(1,2,1);
plotmatrix(X,Y);                            % 创建散点图矩阵
title('Scatter Matrix: Columns of X vs Columns of Y');  % 添加标题
grid on;

% 子图 2:绘制 X 的各列之间的散点图矩阵并指定标记类型和颜色
subplot(1,2,2);
plotmatrix(X,'or');                         % 指定散点图的标记为圆形红色
title('Scatter Matrix: Columns of X');      % 添加标题
grid on;
```

运行程序后,输出图形如图 9-10 所示。

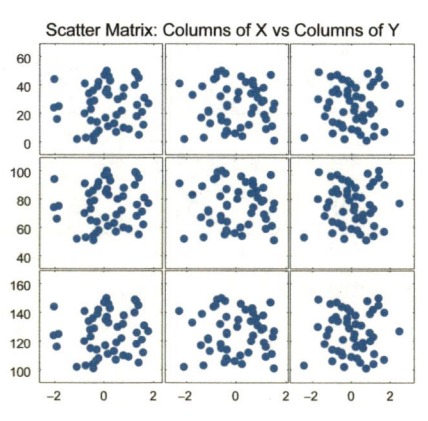

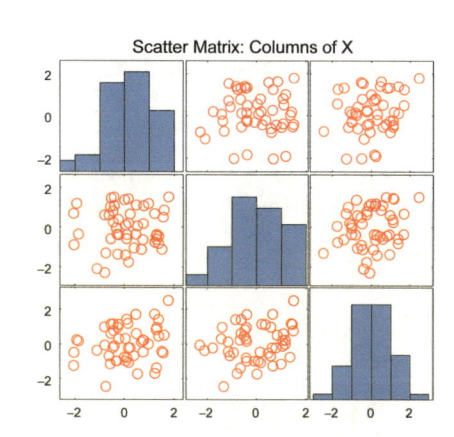

图 9-10 创建散点图矩阵

【例 9-11】 创建并修改散点图矩阵。

在编辑器中编写以下程序并运行。

```
rng default;                                % 设置随机数种子以确保数据可重复
X=randn(50,3);                              % 创建随机数据矩阵 X

% 子图 1:绘制默认的散点图矩阵
subplot(1,2,1);
plotmatrix(X);
title('Default Scatter Matrix');            % 添加标题
```

```
grid on;
% 子图 2:绘制自定义的散点图矩阵并修改属性
subplot(1,2,2);
[S,AX,BigAx,H,HAx]=plotmatrix(X);            % 返回句柄数组

% 修改散点图属性
S(3).Color='g';                              % 将第 3 个散点图的颜色设置为绿色
S(3).Marker='+';                             % 将第 3 个散点图的标记设置为加号
S(7).Color='r';                              % 将第 7 个散点图的颜色设置为红色
S(7).Marker='x';                             % 将第 7 个散点图的标记设置为叉号
% 修改直方图属性
H(3).EdgeColor='r';                          % 将第 3 个直方图的边框颜色设置为红色
H(3).FaceColor='g';                          % 将第 3 个直方图的填充颜色设置为绿色

% 为整个散点图矩阵添加标题
title(BigAx,'A Comparison of Data Sets');    % 为主坐标轴添加标题
```

运行程序后,输出图形如图 9-11 所示。

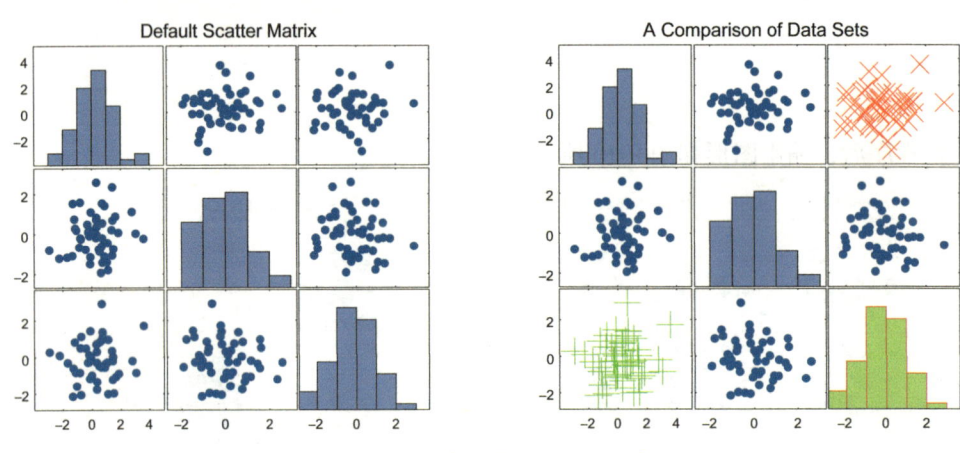

图 9-11　创建并修改散点图矩阵

9.7 平行坐标图

平行坐标图是一种多维数据可视化工具,通过让每个数据点在多个坐标轴上显示来展现多维数据的关系。其中的每个坐标轴对应数据集中的一个变量,所有变量的坐标轴是并排排列的,并且每个数据点通过一条线连接不同坐标轴上的相应值。该图有助于观察数据中的模式、趋势、相关性,以及潜在的异常值。

在 MATLAB 中,利用函数 parallelplot( ) 可以创建平行坐标图,其调用格式如下。

```
parallelplot(tbl)                            % 根据表 tbl 创建一个平行坐标图,默认绘制所有表列
    % 绘图中的每个线条代表表中的一行,绘图中的每个坐标变量对应于表中的一列
parallelplot(tbl,'CoordinateVariables',coordvars)
    % 根据表 tbl 中的 coordvars 变量创建一个平行坐标图
```

```
parallelplot(___,'GroupVariable',grpvar)
        % 使用 grpvar 指定的表变量对绘图中的线条进行分组
parallelplot(data)              % 根据数值矩阵 data 创建一个平行坐标图
parallelplot(data,'CoordinateData',coorddata)
        % 根据矩阵 data 中的 coorddata 列创建一个平行坐标图
parallelplot(___,'GroupData',grpdata)
        % 使用 grpdata 中的数据对绘图中的线条进行分组
parallelplot(___,Name,Value)    % 使用一个或多个名称-值对组参量指定其他选项
```

主要名称-值对参数及其功能见表 9-1。

表 9-1 名称-值对参数及其功能

参 数	功 能	示 例
CoordinateVariables	指定用于绘图的表列变量，可以是字符串向量、字符向量或单元格数组	'CoordinateVariables',{'Year','Height','Weight'}
GroupVariable	指定分组变量，根据该列将线条分组	'GroupVariable', 'Cause'
Title	指定绘图标题，默认没有标题	'Title', 'My Title Text'
CoordinateTickLabels	自定义坐标轴标签，可设置为字符串数组或单元格数组	'CoordinateTickLabels',{'X-axis Label','Y-axis Label'}
GroupData	指定分组数据，可以是分类数组或字符串数组，替代 GroupVariable 参数	'GroupData',categorical({'Group1','Group2','Group1'})
LegendVisible	设置是否显示图例，值为'on'或'off'	'LegendVisible', 'on'
Highlight	指定需要高亮显示的线条，值为索引数组	'Highlight',[1,3,5]
Standardize	是否标准化数据，将数据调整为均值为 0，标准差为 1 的形式	'Standardize', true
Jitter	沿坐标标尺的数据位移距离，指定为区间 [0,1] 中的数值标量	'Jitter', 0.5
DataNormalization	坐标的归一化方法，方法见表 9-2	'DataNormalization','none'

表 9-2 坐标归一化方法

方 法	描 述	方 法	描 述
'range'	沿具有独立最小值和最大值的坐标标尺显示原始数据	'scale'	沿每个坐标标尺显示按标准差缩放的值
'none'	沿具有相同最小值和最大值的坐标标尺显示原始数据	'center'	沿每个坐标标尺显示均值为 0 的中心化数据
'zscore'	沿每个坐标标尺显示 Z 分数（均值为 0，标准差为 1）	'norm'	沿每个坐标标尺显示 2-范数值

【例 9-12】 根据海啸数据表创建一个平行坐标图，指定要显示的表变量及其顺序，并根据其中一个变量对绘图中的线条进行分组。

在编辑器中编写以下程序并运行。

```
% 从 Excel 文件中读取 tsunamis 数据
tsunamis=readtable('tsunamis.xlsx');
% 创建一个图窗并设置位置和大小
figure('Units','normalized','Position',[0.3,0.3,0.45,0.4]);
% 指定用于平行坐标图的变量
```

MATLAB 科研绘图

```
coordvars={'Year','Validity','Cause','Country'};
% 创建平行坐标图,并根据'Validity'变量分组
p=parallelplot(tsunamis,'CoordinateVariables',coordvars, ...
    'GroupVariable','Validity');
% 添加标题和图例
title('Parallel Coordinates Plot for Tsunamis Data');
```

运行程序后,输出图形如图 9-12 所示。

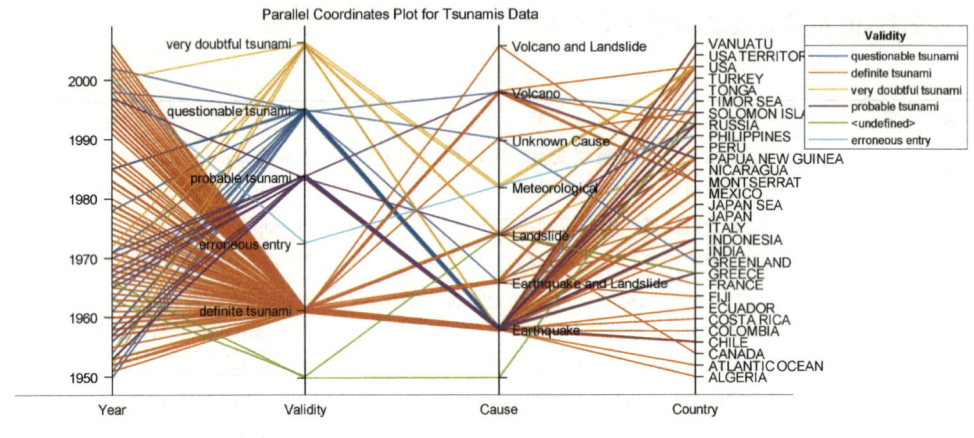

图 9-12 平行坐标图 1

继续在编辑器窗口中输入以下语句。

```
% 创建平行坐标图,使用多个名称-值对参数
p=parallelplot(tsunamis, ...
    'CoordinateVariables',{'Year','Validity','Cause','Country'}, ...
                                                    % 设置坐标变量
    'GroupVariable','Validity',    ...              % 按有效性分组
    'Color',parula(5),    ...                       % 自定义配色
    'LineWidth',1.5,    ...                         % 设置线条宽度
    'LegendVisible','on');                          % 显示图例
```

运行程序后,输出图形如图 9-13 所示。

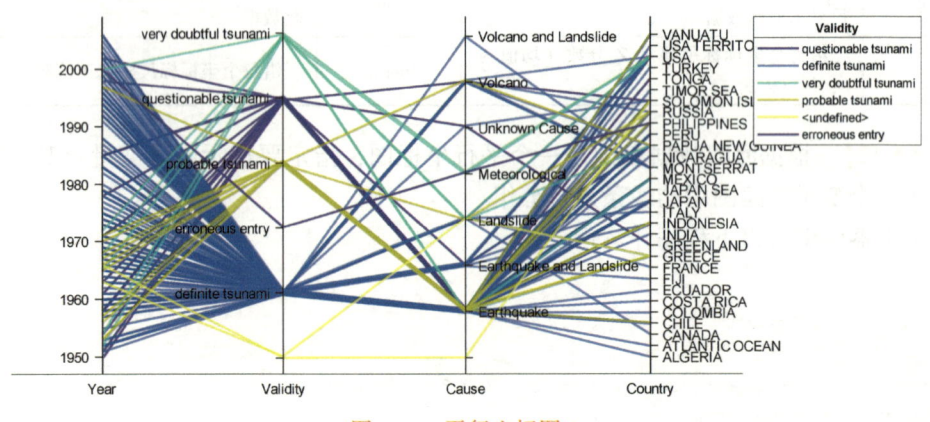

图 9-13 平行坐标图 2

【例9-13】 使用分bin数据创建平行坐标图。
在编辑器中编写以下程序并运行。

```
load patients;                        % 加载patients数据集
X=[Age,Height,Weight];                % 根据Age、Height和Weight值创建一个矩阵
p=parallelplot(X);                    % 使用矩阵数据创建平行坐标图,每条线条对应单个患者
% 设置平行坐标图的轴标签
p.CoordinateTickLabels={'Age (years)','Height (inches)','Weight (pounds)'};

% 获取Height的最小值和最大值(仅输出结果时使用)
minHeight=min(Height);                % 获取最小值
maxHeight=max(Height);                % 获取最大值
% 定义分组的bin边界和标签
binEdges=[60,64,68,72];
bins={'short','average','tall'};
% 创建一个新分类变量,将每个患者归入short、average或tall
groupHeight=discretize(Height,binEdges,'categorical',bins);
p.GroupData=groupHeight;              % 使用groupHeight值对平行坐标图中的线条分组
% 添加标题和图例
title('Parallel Coordinates Plot for Patients');
legend('Location','best');
```

运行程序后,输出图形如图9-14所示。

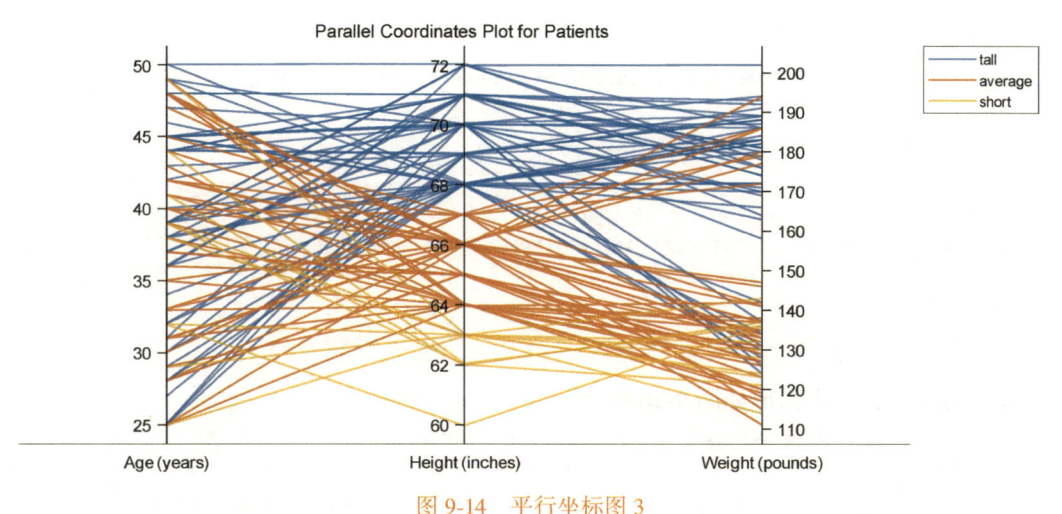

图9-14 平行坐标图3

【例9-14】 对绘图中坐标变量的类别进行重新排序。
在编辑器中编写以下程序并运行。

```
outages=readtable('outages.csv');     % 将停电数据以表形式读入工作区中
% 选择表中的列构成子集
coordvars=[1,3,4,6];                  % 指定使用的列索引
% 创建平行坐标图,并根据导致停电的事件对线条分组
p=parallelplot(outages,'CoordinateVariables',coordvars, ...
    'GroupVariable','Cause');         % 根据Cause分组
```

```
% 添加标题和图例
title('Parallel Coordinates Plot for Outages');
```

运行程序后，输出图形如图 9-15 所示。

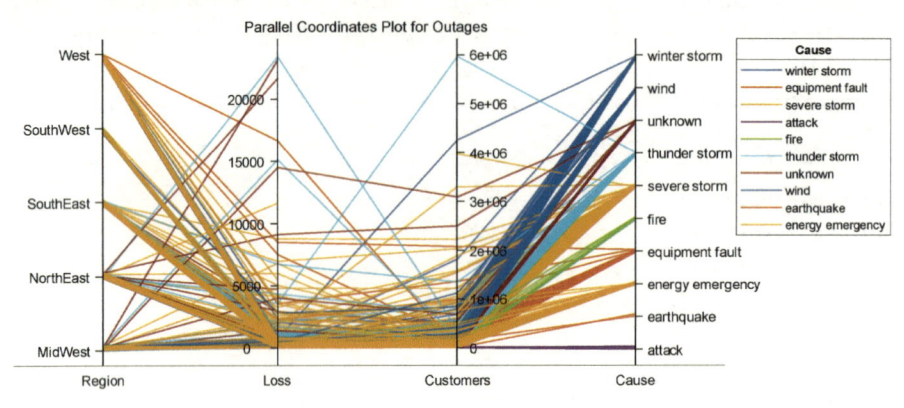

图 9-15　平行坐标图 4

通过更新源表，更改 Cause 中事件的顺序。将 Cause 转换为一个 categorical 变量，指定事件的新顺序，并使用 reordercats( ) 函数创建一个名为 orderCause 的新变量。然后在绘图的源表中，用新 orderCause 变量替换原来的 Cause 变量。

继续在编辑器中编写以下程序并运行。

```
categoricalCause=categorical(p.SourceTable.Cause);    % 将 Cause 转换为分类变量
% 指定事件的新顺序
newOrder={'attack','earthquake','energy emergency',    ...
    'equipment fault','fire','severe storm','thunder storm',    ...
    'wind','winter storm','unknown'};
orderCause=reordercats(categoricalCause,newOrder);    % 按新顺序重新排序分类变量
p.SourceTable.Cause=orderCause;                        % 在绘图的源表中用新变量替换 Cause 变量
% 更新平行坐标图
title('Parallel Coordinates Plot with Reordered Cause Categories');
```

运行程序后，输出图形如图 9-16 所示。

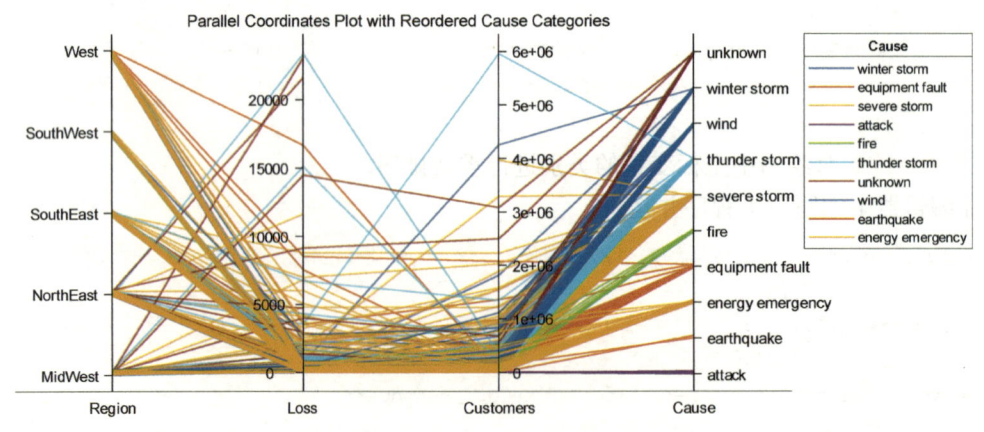

图 9-16　更改 Cause 中事件的顺序

由于 Cause 变量包含 7 个以上的类别，因此绘图中的一些组具有相同的颜色。下面通过更改 p 的 Color 属性，为每个组分配不同颜色。

继续在编辑器中编写以下程序并运行。

```
% 设置平行坐标图中线条的颜色
p.Color=parula(10);              % 使用 parula 配色方案,设置 10 个颜色渐变
```

运行程序后，输出图形如图 9-17 所示。

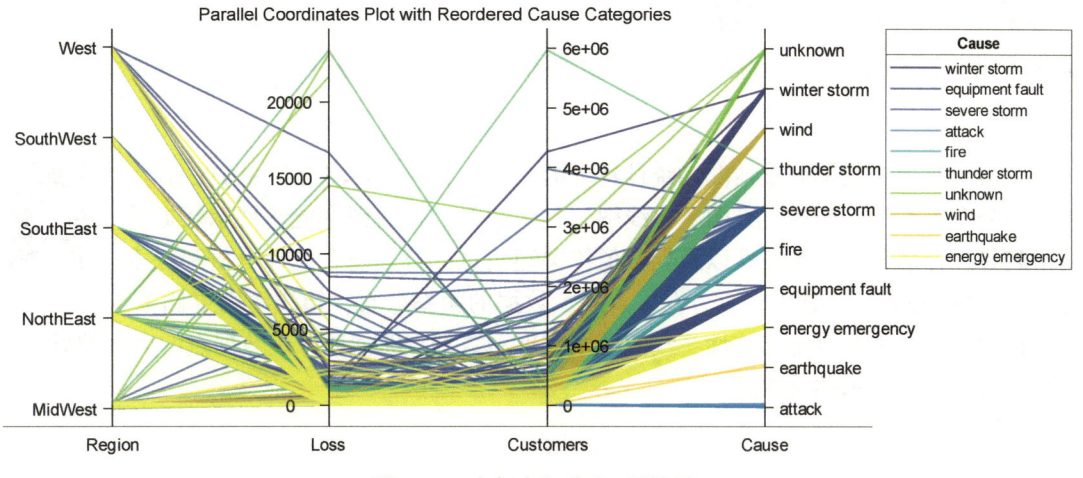

图 9-17　为每个组分配不同颜色

9.8 本章小结

本章深入探讨了散点图和平行坐标图的使用方法，可以帮助读者了解如何在 MATLAB 中展示和分析两组变量以及高维数据之间的关系，学会使用散点图来揭示数据的线性或非线性关系，掌握平行坐标图对高维数据进行可视化的技巧。通过这些方法，读者能够更加高效地进行数据探索和模式识别。

第 10 章 分布图

分布图是揭示数据分布情况和统计特征的关键工具。本章将介绍 MATLAB 中常见的分布图类型，包括直方图、箱线图、气泡图等。这些图形能够展示数据的集中趋势、分散程度、偏态性以及异常值等关键信息，特别适合统计分析和探索性数据分析（EDA）。其中，直方图重点展示数据的频率分布，箱线图则更侧重于展示数据的分位数、四分位数等统计特性，气泡图则在展示数据点时能够体现数据点的大小差异，进一步丰富了数据展示的层次感。

10.1 直方图

直方图是一种数据可视化工具，用于展示数据的分布情况。它通过将数据划分为若干个区间（称为"桶"或"箱"），并对每个区间内的频数进行计数，来展示数据的频率分布。直方图可以帮助用户理解数据的分布特性，如是否呈现正态分布、是否存在偏态或峰态、数据的集中趋势等。

在 MATLAB 中，利用函数 histogram( ) 可以创建直方图，其调用格式如下。

```
histogram(X)                          % 基于 X 创建直方图,使用自动分 bin 算法,然后返回均匀宽度的 bin
        % bin 可涵盖 X 中的元素范围并显示分布的基本形状
histogram(X,nbins)                    % 使用标量 nbins 指定的 bin 数量
histogram(X,edges)                    % 将 X 划分为由向量 edges 来指定 bin 边界的 bin
        % 每个 bin 都包含左边界,但不包含右边界,最后一个 bin 除外
histogram('BinEdges',edges,'BinCounts',counts)
        % 手动指定 bin 边界和关联的 bin 计数
histogram(C)                          % 通过为 C(分类数组)中的每个类别绘制一个柱来绘制直方图
histogram(C,Categories)               % 仅绘制 Categories 指定的类别的子集
histogram('Categories',Categories,'BinCounts',counts)
        % 手动指定类别和关联的 bin 计数
```

【例 10-1】 创建直方图。
在编辑器中编写以下程序并运行。

```
clear,clf
% 子图 1:直方图与 bin 计数
x=randn(1000,1)*20-10;                                        % 生成均匀分布数据范围[-10,10]
```

```matlab
nbins=30;                                              % 分类为 30 个等距 bin
subplot(2,2,1);
h=histogram(x,nbins);                                  % 绘制直方图
counts=h.Values;                                       % 计算 bin 中的计数
title('Histogram with Bin Counts');                    % 添加标题

% 子图 2:归一化直方图
subplot(2,2,2);
h=histogram(x,'Normalization','probability');          % 归一化直方图
S=sum(h.Values);                                       % 计算归一化后的柱高度总和,应该为 1
title('Normalized Histogram');                         % 添加标题

% 子图 3:两组数据的直方图
x=5*randn(2000,1);                                     % 第一组数据范围[0,5]
y=7+2*randn(1500,1);                                   % 第二组数据为均值 7,标准差 2 的正态分布
subplot(2,2,3);
h1=histogram(x);                                       % 绘制第一组直方图
hold on;
h2=histogram(y);                                       % 绘制第二组直方图
title('Histogram of Two Datasets');                    % 添加标题
legend('Dataset X','Dataset Y');                       % 添加图例

% 子图 4:归一化的直方图,设置统一的 bin 宽度
subplot(2,2,4);
h1=histogram(x,'Normalization','probability', ...
    'BinWidth',0.5);                                   % 归一化并设置 bin 宽度
hold on;
h2=histogram(y,'Normalization','probability', ...
    'BinWidth',0.5);                                   % 归一化并设置 bin 宽度
title('Normalized Histogram with Same Bin Width');     % 添加标题
legend('Dataset X','Dataset Y');                       % 添加图例
```

运行程序后，输出图形如图 10-1 所示。

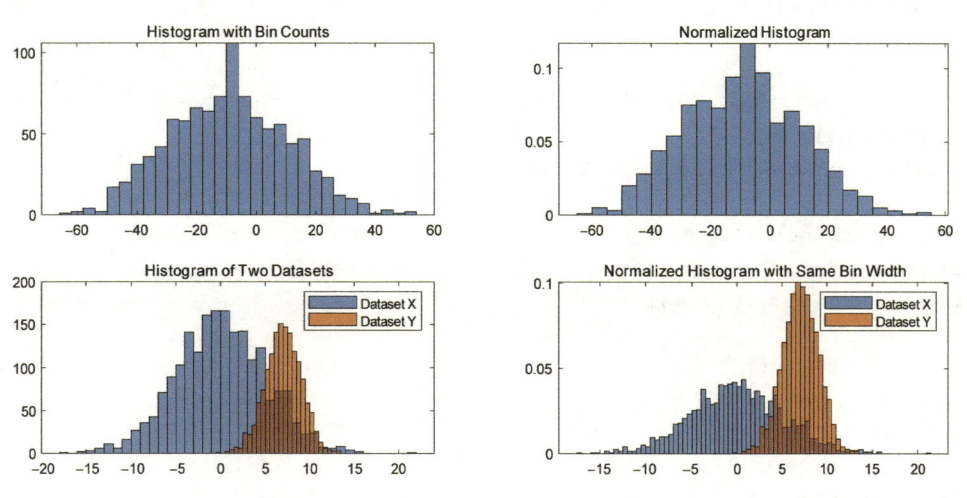

图 10-1　直方图

> **说明：** 通过归一化，每个柱的高度等于在该 bin 间隔内选择观测值的概率，并且所有柱的高度总和为 1。

10.2 二元直方图

二元直方图是一种数值数据条形图，它将数据分组到二维 bin 中，通过在二维空间中对两个变量的频率进行计数，生成一个二维直方图。二元直方图通常用于展示数据在两个变量上的联合分布，可以帮助用户理解两个变量之间的关系、密度分布，以及潜在的趋势或模式。

在 MATLAB 中，利用函数 histogram2( ) 可以创建二元直方图，其调用格式如下。

```
histogram2(X,Y)                              % 使用自动分 bin 算法创建 X 和 Y 的二元直方图,返回均匀面积的 bin
                                             % 将 bin 显示为三维矩形条形,每个条形的高度表示 bin 中的元素数量
histogram2(X,Y,nbins)                        % 指定要在直方图的每个维度中使用的 bin 数量
histogram2(X,Y,Xedges,Yedges)                % 使用向量 Xedges 和 Yedges 指定各维中 bin 的边界
histogram2('XBinEdges',Xedges,'YBinEdges',Yedges,'BinCounts',counts)
                                             % 手动指定 bin 计数,而不执行任何数据分 bin
```

【例 10-2】 二元直方图绘制。
在编辑器中编写以下程序并运行。

```
clear,clf

% 子图 1:二元直方图基本绘制
subplot(2,2,1);
x=randn(5000,1)*2;                           % 第一组随机数据,均值 0,标准差 2
y=randn(5000,1)+1;                           % 第二组随机数据,均值 1,标准差 1
h1=histogram2(x,y);                          % 创建二元直方图
nXnY=h1.NumBins;                             % 获取每个维度的直方图 bin 数量
counts=h1.Values;                            % 获取 bin 中的计数
colormap(subplot(2,2,1),"parula");           % 设置配色方案为 parula
title('Basic 2D Histogram');                 % 添加标题

% 子图 2:按条形高度着色的二维直方图
subplot(2,2,2);
h2=histogram2(x,y,[12 12],'FaceColor','flat');
                                             % 每个维度 12 个 bin,按条形高度着色
colormap(subplot(2,2,2),"hot");              % 设置配色方案为 hot
colorbar;                                    % 添加颜色条
title('Colored 2D Histogram');               % 添加标题

% 子图 3:块状显示的直方图
subplot(2,2,3);
x2=3*randn(5000,1)+1;                        % 更新数据,放大并偏移
y2=2*randn(5000,1)+2;                        % 更新数据,放大并偏移
h3=histogram2(x2,y2,'DisplayStyle','tile','ShowEmptyBins','on');
```

```matlab
colormap(subplot(2,2,3),"turbo");          % 使用块状显示,显示空 bin
colorbar;                                   % 设置配色方案为 turbo
title('Tile Display with Empty Bins');      % 添加颜色条
                                            % 添加标题

% 子图 4:更改 bin 数量和条形高度着色的直方图
subplot(2,2,4);
h4=histogram2(x,y);                         % 创建二元直方图
h4.FaceColor='flat';                        % 按条形高度着色
h4.NumBins=[15 20];                         % 更改每个方向的 bin 数量
colormap(subplot(2,2,4),"cool");            % 设置配色方案为 cool
colorbar;                                   % 添加颜色条
title('2D Histogram with Custom Bins');     % 添加标题
```

运行程序后,输出图形如图 10-2 所示。

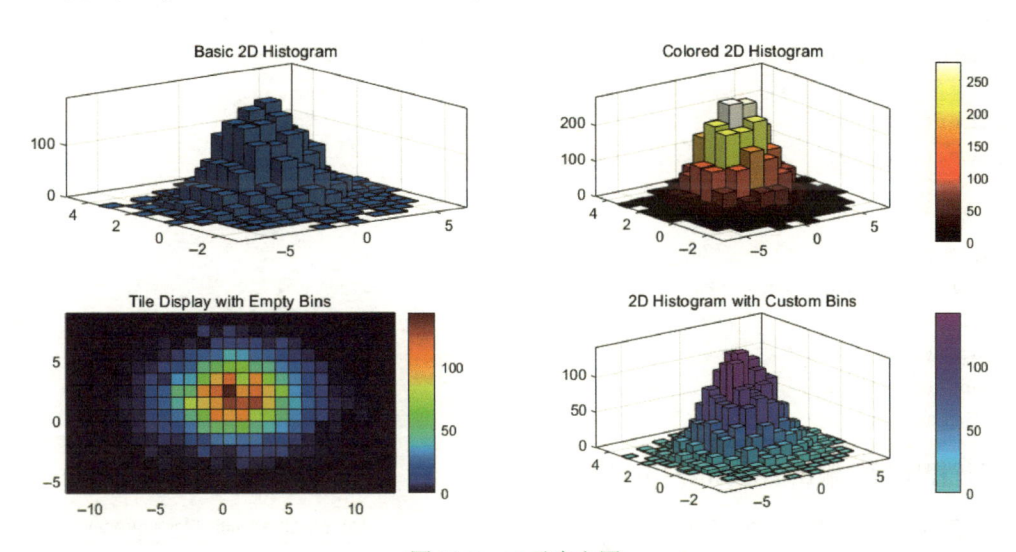

图 10-2 二元直方图

10.3 气泡图

气泡图是在二维坐标系中绘制圆形气泡,并通过气泡的大小、颜色和位置来展示数据。气泡图通常用于展示三个变量之间的关系,其中两个变量对应气泡的位置,第三个变量决定气泡的大小。它是一种非常直观的数据可视化方式,可以帮助分析和展示变量之间的相对大小和分布。

在 MATLAB 中,利用函数 bubblechart( ) 可以创建气泡图,其调用格式如下。

(1)向量数据

```matlab
bubblechart(x,y,sz)          % 在向量 x 和 y 指定的位置绘制气泡图,向量 sz 指定气泡大小
bubblechart(x,y,sz,c)        % 指定气泡的颜色
    % 对所有气泡使用一种颜色,请指定颜色名称、十六进制颜色代码或 RGB 三元组
    % 要为每个气泡指定一种不同的颜色,请指定与 x 和 y 长度相同的向量
```

MATLAB 科研绘图

（2）表数据

```
bubblechart(tbl,xvar,yvar,sizevar)         % 绘制表 tbl 中的变量 xvar 和 yvar
        % 变量 sizevar 表示气泡大小,xvar、yvar 和 sizevar 各指定一个变量
        % 则绘制一个数据集;其中至少一个参数指定多个变量,则绘制多个数据集
bubblechart(tbl,xvar,yvar,sizevar,cvar)
        % 使用在变量 cvar 中指定的颜色绘制表中指定的变量
```

【例 10-3】 绘制气泡图。

在编辑器中编写以下程序并运行。

```
x=1:40;                     % 创建 x 轴数据,表示 1 到 40 的数值
y=rand(1,40);               % 创建 y 轴数据,为每个 x 值生成一个随机数
sz=rand(1,40)*30+5;         % 创建气泡大小数据,为每个 x 值生成一个随机数,范围为 5 到 35
c=1:40;                     % 创建颜色数据,控制每个气泡的颜色

subplot(1,2,1);             % 创建第一个子图
bubblechart(x,y,sz,c);      % 绘制气泡图,大小由 sz 控制,颜色由 c 控制
title('Bubble Chart with Size and Color');   % 添加标题
xlabel('X Data');           % 添加 x 轴标签
ylabel('Y Data');           % 添加 y 轴标签
colorbar;                   % 添加颜色条,显示颜色与 c 的关系

subplot(1,2,2);             % 创建第二个子图
bubblechart(x,y,sz,c,'MarkerFaceAlpha',0.20);    % 设置透明度为 20%
title('Bubble Chart with Transparency');         % 添加标题
xlabel('X Data');           % 添加 x 轴标签
ylabel('Y Data');           % 添加 y 轴标签
colorbar;                   % 添加颜色条,显示颜色与 c 的关系
```

运行程序后，输出图形如图 10-3 所示。

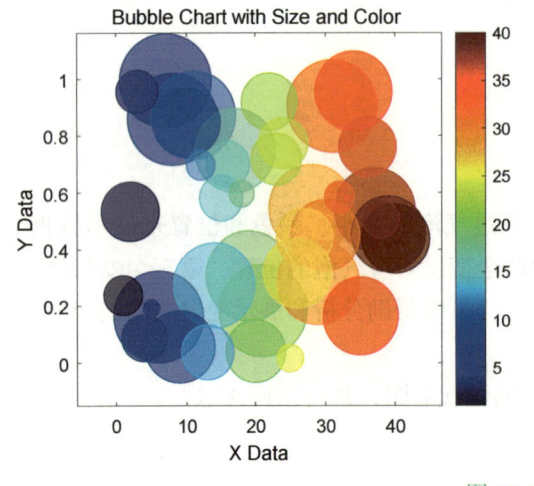

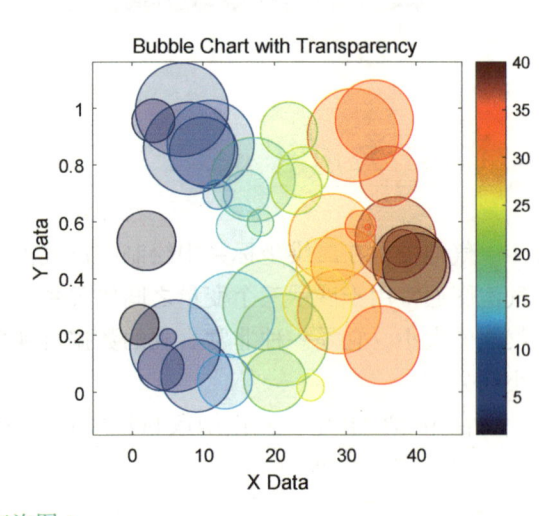

图 10-3　气泡图 1

【例 10-4】 根据表中的数据绘制气泡图。

在编辑器中编写以下程序并运行。

```
subplot(1,2,1)                                          % 创建第一个子图
tbl=readtable('patients.xls ');                         % 读取数据集并存储为表 tbl
bubblechart(tbl,'Systolic','Diastolic','Weight');
        % 绘制气泡图,Systolic 和 Diastolic 为 x、y 轴,Weight 为气泡大小
bubblesize([1 30]);                                     % 设置气泡大小范围为 1 到 30
title('Blood Pressure vs Weight');                      % 添加标题
xlabel('Systolic Blood Pressure');                      % 添加 x 轴标签
ylabel('Diastolic Blood Pressure');                     % 添加 y 轴标签
grid on;                                                % 打开网格
colorbar;                                               % 添加颜色条,显示气泡颜色与大小的映射

subplot(1,2,2)                                          % 创建第二个子图
bubblechart(tbl,'Height',{'Systolic','Diastolic'},'Weight');
        % 绘制同时展示 Systolic 和 Diastolic 的气泡图
bubblesize([1 20]);                                     % 设置气泡大小范围为 1 到 20
title('Height vs Blood Pressure');                      % 添加标题
xlabel('Height');                                       % 添加 x 轴标签
ylabel('Blood Pressure (Systolic & Diastolic)');        % 添加 y 轴标签
grid on;                                                % 打开网格
legend;                                                 % 添加图例
% colorbar;                                             % 添加颜色条,显示气泡颜色与大小的映射
```

运行程序后,输出图形如图 10-4 所示。

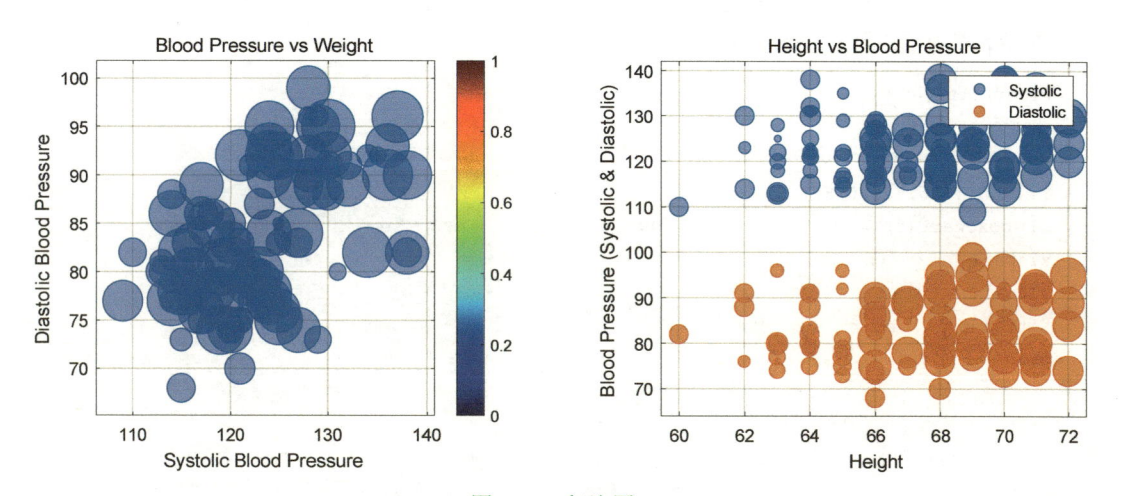

图 10-4 气泡图 2

10.4 箱线图

箱线图为数据样本提供汇总统计量的可视化表示。箱线图中会显示中位数、下四分位数和上四分位数、任何离群值(使用四分位差计算得出),以及不是离群值的最小值和最大值。

在 MATLAB 中,利用函数 boxchart( ) 可以创建箱线图,其调用格式如下。

```
boxchart(ydata)                              % 为矩阵 ydata 的每列创建一个箱线图
        % 若 ydata 是向量,则只创建一个箱线图
boxchart(xgroupdata,ydata)                   % xgroupdata 确定每个箱线图在 x 轴上的位置
        % 根据 xgroupdata 中的唯一值对向量 ydata 中的数据进行分组,
        % 并将每组数据绘制为一个单独的箱线图,ydata 必须为向量
boxchart(___,'GroupByColor',cgroupdata)      % 使用颜色来区分箱线图
```

利用 boxplot() 函数也可以绘制箱线图,它通过箱线图展示数据集的五个统计量:最小值、第一四分位数(Q1)、中位数(Q2)、第三四分位数(Q3)和最大值。其调用格式如下。

```
boxplot(x)                   % 创建 x 中数据的箱线图。
        % 若 x 是向量,绘制一个箱;若 x 是矩阵,boxplot 为 x 的每列绘制一个箱
boxplot(x,g)                 % 使用 g 中包含的一个或多个分组变量创建箱线图
        % 对具有相同的一个或多个 g 值的各组 x 值创建一个单独的箱子
```

在每个箱上,中心标记表示中位数,箱子的底边和顶边分别表示第 25 个和第 75 个百分位数。须线会延伸到不是离群值的最远端数据点,离群值会使用'+'标记符号单独绘制。

> **说明:** 函数 boxplot() 适合需要更复杂控制和显示细节的场景;函数 boxchart() 适合需要简洁、高效,且易于美化和定制的箱线图展示。

【例 10-5】 使用箱线图来比较沿幻方列和行的值的分布。
在编辑器中编写以下程序并运行。

```
clear,clf
% 子图 1:按列显示箱线图
subplot(1,2,1);
Y=randi([15,80],6,8);                     % 随机生成 6×8 矩阵,值范围在[15,80]之间
b1=boxchart(Y,'BoxFaceColor','cyan');     % 绘制箱线图并设置颜色为青色
xlabel('Column');                         % 添加 x 轴标签
ylabel('Value');                          % 添加 y 轴标签
title('Box Chart by Column');             % 添加标题
grid on;                                  % 打开网格

% 子图 2:按行显示箱线图
subplot(1,2,2);
b2=boxchart(Y','BoxFaceColor','magenta'); % 按行绘制箱线图并设置颜色为品红色
xlabel('Row');                            % 添加 x 轴标签
ylabel('Value');                          % 添加 y 轴标签
title('Box Chart by Row');                % 添加标题
grid on;                                  % 打开网格
```

运行程序后,输出图形如图 10-5 所示。

【例 10-6】 针对 patients 数据集,根据年龄,对医疗患者进行分组,并为每个年龄组创建一个关于舒张压值的箱线图。其中 Age 和 Diastolic 变量包含 100 个患者的年龄和舒张压水平值。

在编辑器中编写以下程序并运行。

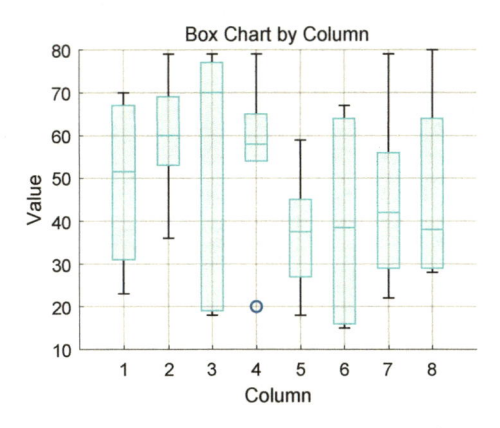

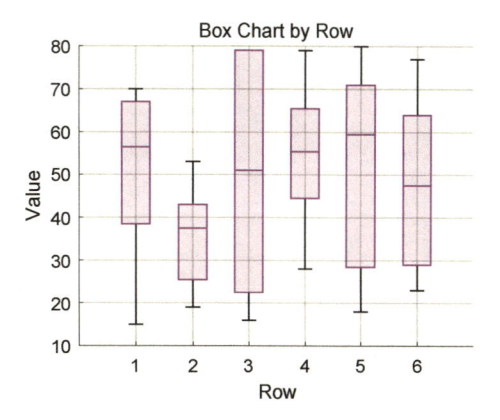

图 10-5 箱线图 1

```
clear,clf
load patients;                                          % 加载患者数据集

% 子图 1:按年龄组显示舒张压的箱线图
subplot(1,2,1);
binEdges=20:10:60;                                      % 修改年龄分组范围
bins={'20-30','30-40','40-50','50-60'};                 % 更新年龄组标签
groupAge=discretize(Age,binEdges,'categorical',bins);   % 对年龄分组
boxchart(groupAge,Diastolic,'BoxFaceColor','cyan');     % 绘制箱线图并设置颜色
xlabel('Age Group');                                    % 添加 x 轴标签
ylabel('Diastolic Blood Pressure');                     % 添加 y 轴标签
title('Diastolic BP by Age Group');                     % 添加标题
grid on;                                                % 打开网格

% 子图 2:按健康状况显示体重分布的箱线图
subplot(1,2,2);
healthOrder={'Poor','Fair','Good','Excellent'};         % 健康状况顺序
SelfAssessedHealthStatus=categorical(SelfAssessedHealthStatus, ...
    healthOrder,'Ordinal',true);                        % 转换为有序分类变量
meanWeight=groupsummary(Weight,SelfAssessedHealthStatus,'mean');
                                                        % 计算每组体重均值
boxchart(SelfAssessedHealthStatus,Weight,'BoxFaceColor','magenta');
                                                        % 绘制箱线图并设置颜色
hold on;
plot(meanWeight,'-o','LineWidth',1.5,'Color','blue');   % 绘制均值曲线
hold off;
xlabel('Health Status');                                % 添加 x 轴标签
ylabel('Weight');                                       % 添加 y 轴标签
title('Weight by Health Status');                       % 添加标题
legend(["Weight Data","Weight Mean"],'Location','northwest');  % 添加图例
grid on;                                                % 打开网格
```

运行程序后,输出图形如图 10-6 所示。

MATLAB 科研绘图

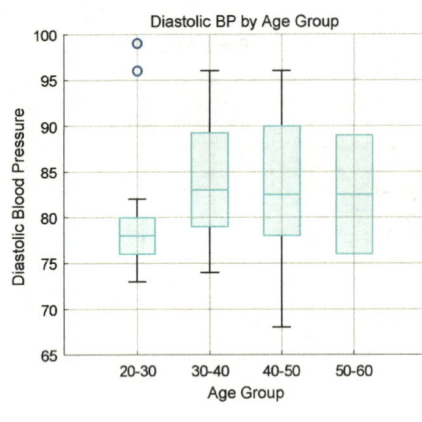

图 10-6 箱线图 2

【例 10-7】 指定坐标区的箱线图。

在编辑器中编写以下程序并运行。

```matlab
clear,clf
load patients;
% 将 Smoker 转换为分类变量,类别名称为 Smoker 和 Nonsmoker
Smoker=categorical(Smoker,logical([1 0]),{'Smoker','Nonsmoker'});

tiledlayout(1,2);                                           % 创建 1×2 分块图布局
% 第一个子图:收缩压箱线图
ax1=nexttile;                                               % 创建第一个坐标区
boxchart(ax1,Systolic,'GroupByColor',Smoker);               % 设置颜色
ylabel(ax1,'Systolic Blood Pressure');                      % 添加 y 轴标签
title(ax1,'Systolic BP by Smoking Status');                 % 添加标题
legend('Smoker','Nonsmoker','Location','northwest');        % 添加图例

% 第二个子图:舒张压箱线图
ax2=nexttile;                                               % 创建第二个坐标区
boxchart(ax2,Diastolic,'GroupByColor',Smoker);              % 设置颜色
ylabel(ax2,'Diastolic Blood Pressure');                     % 添加 y 轴标签
title(ax2,'Diastolic BP by Smoking Status');                % 添加标题
legend('Smoker','Nonsmoker','Location','northwest');        % 添加图例
```

运行程序后,输出图形如图 10-7 所示。

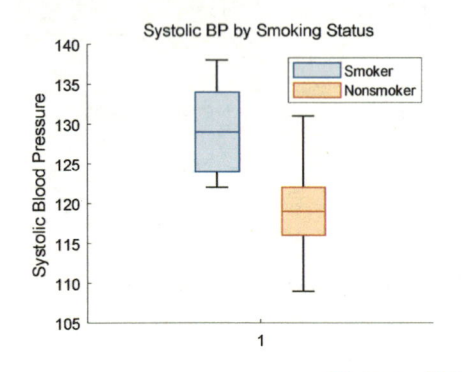

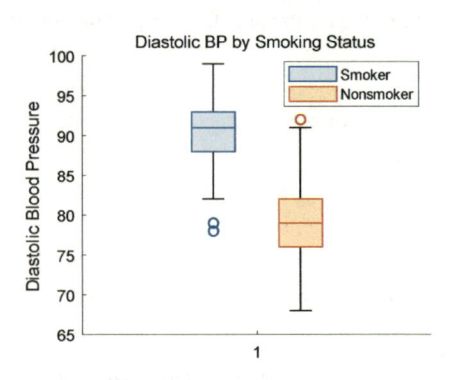

图 10-7 指定坐标区的箱线图

【例 10-8】 利用 boxplot( ) 函数绘制箱线图。

在编辑器中编写以下程序并运行。

```matlab
load carsmall                                         % 加载数据集
% 创建第一个子图,绘制所有车辆的每加仑英里数(MPG)箱线图
subplot(2,2,1);
boxplot(MPG)
xlabel('All Vehicles')                                % 设置 x 轴标签
ylabel('Miles per Gallon (MPG)')                      % 设置 y 轴标签
title('Miles per Gallon for All Vehicles')            % 设置标题
% 创建第二个子图,按车辆原产地 (Origin) 分类绘制箱线图
subplot(2,2,2);
boxplot(MPG,Origin)
title('Miles per Gallon by Vehicle Origin')           % 设置标题
xlabel('Country of Origin')                           % 设置 x 轴标签
ylabel('Miles per Gallon (MPG)')                      % 设置 y 轴标签

% 创建随机数据并绘制带缺口的箱线图
rng default                                           % 为了可重复性
x1=normrnd(5,1,100,1);                                % 生成均值为 5,标准差为 1 的正态分布数据
x2=normrnd(6,1,100,1);                                % 生成均值为 6,标准差为 1 的正态分布数据

% 创建第三个子图,绘制带缺口的箱线图
subplot(2,2,3);
boxplot([x1,x2],'Notch','on','Labels',{'mu=5','mu=6'})
title('Compare Random Data from Different Distributions')   % 设置标题
% 创建第四个子图,绘制带缺口并调整须长度的箱线图
subplot(2,2,4);
boxplot([x1,x2],'Notch','on','Labels',{'mu=5','mu=6'},'Whisker',1)
title('Compare Random Data from Different Distributions with Adjusted Whisker')   % 设置标题
```

运行程序后,输出图形如图 10-8 所示。

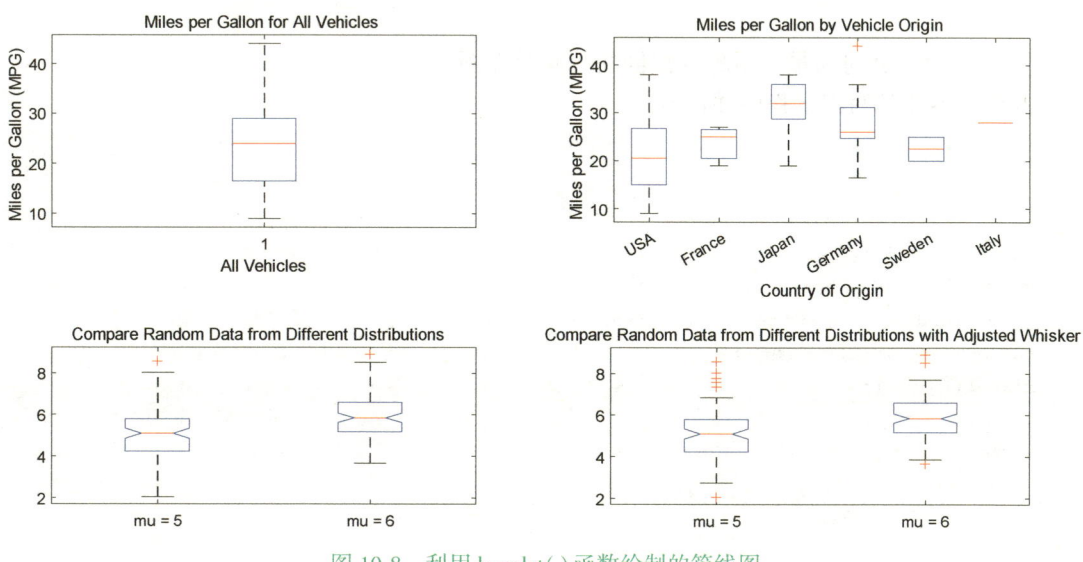

图 10-8 利用 boxplot( ) 函数绘制的箱线图

10.5 分簇散点图

分簇散点图通常用于展示多个群集（Clusters）中数据点的分布情况，每个群集代表数据的一个子集或类别。分簇散点图通过在坐标系中的不同区域显示这些群集，帮助用户理解数据的结构和群集之间的关系。

分簇散点图中的点使用均匀随机值进行抖动，这些值由 y 的高斯核密度估计值和每个 x 位置处的相对点数进行加权。分簇散点图有助于可视化离散的 x 数据以及 y 数据的分布。在 x 中的每个位置，点根据 y 的核密度估计值发生抖动。

在 MATLAB 中，利用函数 swarmchart( ) 可以创建分簇散点图，其调用格式如下。

(1) 针对向量和矩阵数据

```
swarmchart(x,y)                    % 显示一个分簇散点图,点在 x 维度中偏移(抖动),组成不同的形状
        % 每个形状的轮廓类似于小提琴图。将 x、y 指定为等长向量可以绘制一组点
        % 将 x、y 至少之一指定为矩阵,可以在同一组坐标区上绘制多组点
swarmchart(x,y,sz)                 % 指定标记大小。sz 指定为标量,以相同的大小绘制所有标记
        % 将 sz 指定为向量或矩阵,绘制具有不同大小的标记
swarmchart(x,y,sz,c)               % 指定标记颜色
swarmchart(___,mkr)                % 指定不同于默认标记(圆形)的标记
swarmchart(___,'filled')           % 填充标记
swarmchart(x,y,'LineWidth',2)      % 创建一个具有两点标记轮廓的分簇散点图
```

(2) 针对表数据

```
swarmchart(tbl,xvar,yvar)                      % 绘制表 tbl 中的变量 xvar 和 yvar
        % 要绘制一个数据集,请为 xvar、yvar 分别指定一个变量
        % 要绘制多个数据集,请为 xvar、yvar 或两者指定多个变量
swarmchart(tbl,xvar,yvar,'filled')             % 绘制指定的变量并填充标记
swarmchart(tbl,'MyX','MyY','ColorVariable','MyColors')
        % 根据表中的数据创建一个分簇散点图,并使用表中的数据自定义标记颜色
```

【例 10-9】 针对向量和矩阵数据创建分簇散点图。
在编辑器中编写以下程序并运行。

```
clear,clf

% 子图 1:单个分簇散点图
subplot(1,2,1);
x=[ones(1,300),2*ones(1,300),3*ones(1,300)];           % 创建 x 坐标向量
y=[2*randn(1,300),3*randn(1,300)+6,4*randn(1,300)+8];  % 随机生成 y 值
swarmchart(x,y,8,'filled');                % 创建分簇散点图,标记大小为 8,填充颜色
xlabel('Group');                           % 添加 x 轴标签
ylabel('Value');                           % 添加 y 轴标签
title('Single Grouped Swarm Chart');       % 添加标题

% 子图 2:多组分簇散点图
subplot(1,2,2);
x1=ones(1,400);                            % 第一组 x 坐标
```

```matlab
x2=2*ones(1,400);                                   % 第二组 x 坐标
x3=3*ones(1,400);                                   % 第三组 x 坐标
y1=2*randn(1,400);                                  % 第一组随机 y 值
y2=[randn(1,200),randn(1,200)+5];                   % 第二组随机 y 值
y3=4*randn(1,400)+7;                                % 第三组随机 y 值

swarmchart(x1,y1,6,'r','filled');                   % 第一组分簇散点图,红色标记
hold on;
swarmchart(x2,y2,6,'g','filled');                   % 第二组分簇散点图,绿色标记
swarmchart(x3,y3,6,'b','filled');                   % 第三组分簇散点图,蓝色标记
hold off;

xlabel('Group');                                    % 添加 x 轴标签
ylabel('Value');                                    % 添加 y 轴标签
title('Multiple Grouped Swarm Charts');             % 添加标题
legend('Group 1','Group 2','Group 3','Location','northwest');   % 添加图例
```

运行程序后，输出图形如图 10-9 所示。

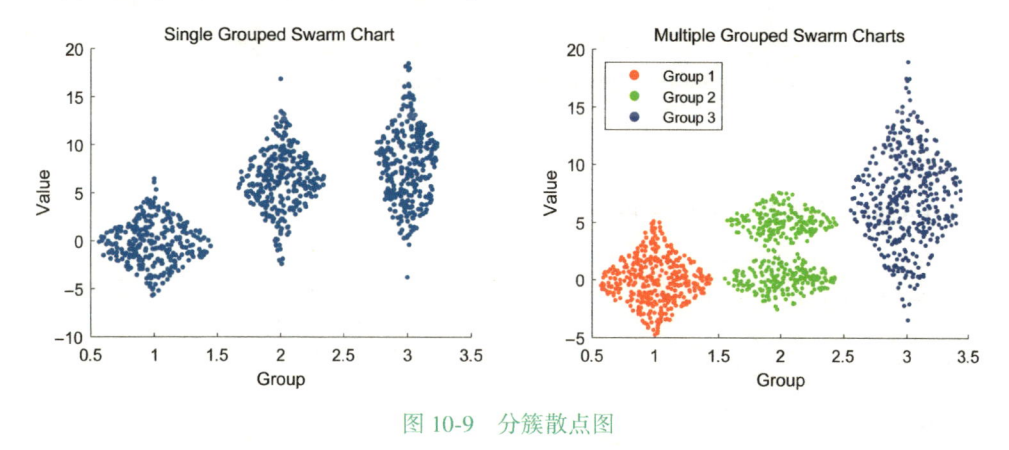

图 10-9　分簇散点图

【例 10-10】 根据 BicycleCounts 数据集绘制分簇散点图（表数据）。此数据集包含某一段时间内的自行车交通流量数据。

在编辑器中编写以下程序并运行。

```matlab
colormap('default');                                % 重置颜色映射为默认颜色图(parula)
tbl=readtable(fullfile('BicycleCounts.csv'));       % 读取数据文件并存储到时间表中
tbl(1:5,:);                                         % 显示表格的前五行数据,便于检查数据结构

% 定义每周 7 天的字符向量,用于对星期几进行排序
daynames=["Sunday" "Monday" "Tuesday" "Wednesday" "Thursday" ...
        "Friday" "Saturday"];
x=categorical(tbl.Day,daynames);                    % 将 Day 列转换为有序分类数组
y=tbl.Total;                                        % 提取 Total 列,表示每天的交通流量数据
c=hour(tbl.Timestamp);                              % 提取 Timestamp 列中的小时信息,表示一天中的时间
swarmchart(x,y,'.');                                % 指定点标记的分簇散点图,显示一周中交通流量每天的分布情况

swarmchart(x,y,20,c,'.');                           % 绘制分簇散点图,点大小为 20,颜色基于小时信息
```

```matlab
colorbar;                                           % 添加颜色条,显示小时信息对应的颜色映射

title('Daily Bicycle Traffic Distribution');        % 添加图表标题
xlabel('Day of the Week');                          % 设置 x 轴标签
ylabel('Total Traffic');                            % 设置 y 轴标签
grid on;                                            % 启用网格线
```

运行程序后,输出图形如图 10-10 所示。

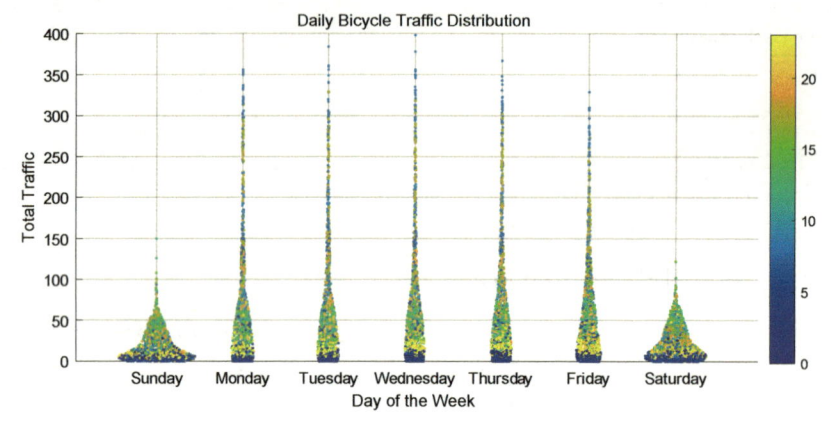

图 10-10　更改抖动类型

继续在编辑器中编写以下程序并运行。

```matlab
% 绘制分簇散点图,并设置点随机分布的属性
s=swarmchart(x,y,20,c,'.');                         % 创建散点图,点大小为 20,颜色由 c 确定
s.XJitter='rand';                                   % 使点在 x 轴上随机分布
s.XJitterWidth=0.5;                                 % 限制随机分布的最大宽度为 0.5 数据单位

colorbar;                                           % 添加颜色条
title('Daily Bicycle Traffic Distribution with Randomized Clusters');
xlabel('Day of the Week');
ylabel('Total Traffic');
grid on;
```

运行程序后,输出图形如图 10-11 所示。

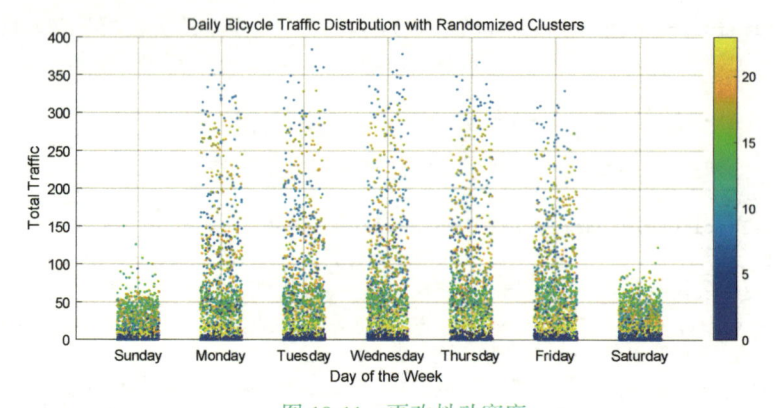

图 10-11　更改抖动宽度

10.6 三维分簇散点图

三维分簇散点图有助于可视化离散的 (x,y) 数据以及 z 数据的分布。在每个 (x,y) 位置,点根据 z 的核密度估计值发生抖动。

在 MATLAB 中,利用函数 swarmchart3( ) 可以创建三维分簇散点图,其调用格式如下。

(1) 向量数据

```
swarmchart3(x,y,z)              % 显示一个三维分簇散点图,点在 x 和 y 维度中发生偏移(抖动)
                                % 这些点形成不同形状,每个形状的轮廓类似于小提琴图
swarmchart3(x,y,z,sz)           % 指定标记大小,将 sz 指定为标量以相同的大小绘制所有标记
                                % 将 sz 指定为与 x、y 和 z 大小相同的向量绘制具有不同大小的标记
swarmchart3(x,y,z,sz,c)         % 指定标记颜色
                                % c 指定为颜色名称或 RGB 三元组,以相同的颜色绘制所有标记
                                % c 指定与 x、y 和 z 大小相同的向量为每个标记指定一种不同颜色
swarmchart3(___,mkr)            % 指定不同于默认标记(圆形)的标记
swarmchart3(___,'filled')       % 填充标记
```

(2) 表数据

```
swarmchart3(tbl,xvar,yvar,zvar)           % 绘制表 tbl 中的变量 xvar、yvar 和 zvar
                                          % 为 xvar、yvar 和 zvar 分别指定变量绘制一个数据集
                                          % 为其中至少一个参数指定多个变量绘制多个数据集
swarmchart3(tbl,xvar,yvar,zvar,'filled')  % 用实心圆绘制表中的指定变量
```

【例 10-11】 创建三维分簇散点图(向量数据)。

在编辑器中编写以下程序并运行。

```
load fisheriris;                    % 加载'fisheriris'数据集,包含 iris 数据和分类标签

% 使用数据集中的花萼长度、花萼宽度、花瓣长度
x=meas(:,1);                        % 花萼长度
y=meas(:,2);                        % 花萼宽度
z=meas(:,3);                        % 花瓣长度
c=double(strcmp(species,'setosa')); % 根据物种分类,'setosa'为 1,其他为 0

% 创建子图 1:改变标记颜色
subplot(1,2,1);                     % 创建 1×2 子图布局,激活第一个子图
colormap(jet);                      % 设置一个新的 colormap(如'jet')
cmap=colormap;                      % 获取当前 colormap

% 根据物种分类应用颜色映射
c=linspace(1,size(cmap,1),length(species));  % 将颜色值映射到每个物种上
swarmchart3(x,y,z,20,c);            % 绘制 3D 分簇散点图,颜色根据物种分类

% 添加标题、坐标轴标签和网格
title('3D Scatter Plot with Color Mapping');  % 添加标题
xlabel('Sepal Length');             % 设置 x 轴标签
ylabel('Sepal Width');              % 设置 y 轴标签
```

```matlab
zlabel('Petal Length');              % 设置 z 轴标签
grid on;                             % 打开网格

% 创建子图 2:更改抖动类型和宽度
subplot(1,2,2);                      % 激活第二个子图
s=swarmchart3(x,y,z);                % 绘制基本的3D 分簇散点图
s.XJitter='rand';                    % x 轴抖动为均匀随机分布
s.XJitterWidth=0.5;                  % x 轴抖动宽度为 0.5 数据单位
s.YJitter='randn';                   % y 轴抖动为正态分布
s.YJitterWidth=0.1;                  % y 轴抖动宽度为 0.1 数据单位

% 添加标题、坐标轴标签、网格和图例
title('3D Scatter Plot with Jitter');% 添加标题
xlabel('Sepal Length');              % 设置 x 轴标签
ylabel('Sepal Width');               % 设置 y 轴标签
zlabel('Petal Length');              % 设置 z 轴标签
grid on;                             % 打开网格
% legend('Data Points');             % 添加图例
colormap(parula);                    % 设置新的 colormap
```

运行程序后，输出图形如图 10-12 所示。

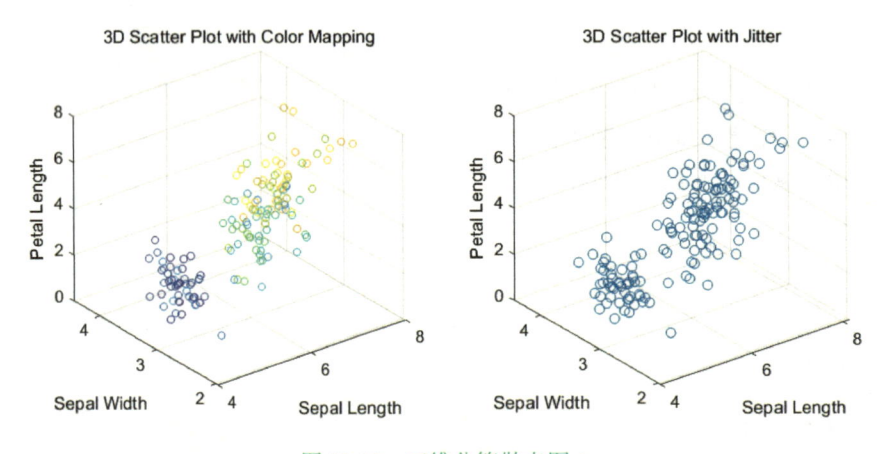

图 10-12　三维分簇散点图 1

【例 10-12】　利用 BicycleCounts.csv 数据集创建三维分簇散点图。该数据集包含一段时间内的自行车交通流量数据。

在编辑器中编写以下程序并运行。

```matlab
% 读取'BicycleCounts.csv'数据集并将其存储为名为 tbl 的时间表
tbl=readtable('BicycleCounts.csv');
tbl(1:5,:)                           % 显示 tbl 的前五行，查看数据结构，输出略
% 定义星期几的名称
daynames=["Sunday","Monday","Tuesday","Wednesday" ...
    "Thursday","Friday","Saturday"];
% 创建一个分类变量 x,包含每个观测值对应的星期几信息
x=categorical(tbl.Day,daynames);
```

```matlab
% 创建一个布尔索引向量 ispm,标记每个观测值是否属于上午时间(Hour<12)
ispm=tbl.Timestamp.Hour<12;
% 创建一个分类变量 y,根据观测时间将其分类为 am 或 pm
y=categorical;                          % 初始化 y 为分类变量
y(ispm)="pm";                           % 上午时间设为 pm
y(~ispm)="am";                          % 下午时间设为 am

z=tbl.Eastbound;                        % 创建一个包含东行交通流量数据的向量 z
% 为了根据'am'和'pm'添加颜色,使用 jet colormap 进行配色
colormap(jet);                          % 设置配色方案为 jet
c=double(y=="pm");                      % 使用 am 和 pm 来创建颜色映射,pm 对应 1,am 对应 0

% 创建 1x2 子图布局,展示交通数据分布
subplot(1,2,1);                         % 激活第一个子图
% 绘制分簇散点图,展示一周内每个白天和晚上的交通数据分布
swarmchart3(x,y,z,2,c,'filled');        % 使用 c 作为颜色映射,填充点的颜色
title('Traffic Distribution by AM/PM'); % 添加标题
xlabel('Day of the Week');              % 添加 x 轴标签
ylabel('Traffic Flow (Eastbound)');     % 添加 y 轴标签
zlabel('Hour of Day');                  % 添加 z 轴标签
grid on;                                % 打开网格

% 创建第二个子图:为东行交通流量'z'创建颜色映射
subplot(1,2,2);                         % 激活第二个子图
c=z;                                    % 使用东行交通流量 z 作为颜色映射
% 根据交通流量'z'设置颜色
swarmchart3(x,y,z,2,c,'filled');        % 绘制带有颜色映射的分簇散点图
title('Traffic Flow Based on Eastbound'); % 添加标题
xlabel('Day of the Week');              % 添加 x 轴标签
ylabel('Traffic Flow (Eastbound)');     % 添加 y 轴标签
zlabel('Hour of Day');                  % 添加 z 轴标签
grid on;                                % 打开网格
```

运行程序后,输出图形如图 10-13 所示。

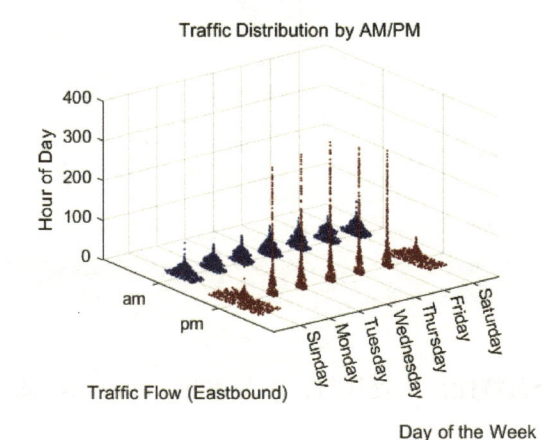

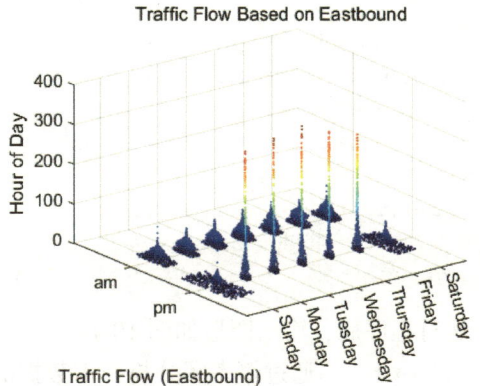

图 10-13 三维分簇散点图 2

10.7　概率图

概率图是一种将样本数据的分位数与某一理论分布的分位数进行比较，从而判断数据是否符合该分布的可视化工具。该工具常见的用法是将样本数据与正态分布、t 分布、Weibull 分布等进行比较，通过查看数据点是否沿着参考线分布，使用户直观地判断数据是否来自所选的理论分布。

当数据点沿参考线分布时，表示数据符合该分布；如果数据分布与理论分布不符，图中会出现曲线。

在 MATLAB 中，利用 probplot( ) 函数可以创建概率图，该函数的调用格式如下。

```
probplot(y)                        % 创建一个正态概率图,将数据 y 的分布与正态分布进行比较
probplot(y,cens)                   % 使用 cens 中的审查数据创建一个概率图
probplot(y,cens,freq)              % 使用 cens 中的审查数据和 freq 中的频率数据创建概率图
probplot(dist,___)                 % 为由 dist 指定的分布创建一个概率图
probplot(ax,___)                   % 将概率图添加到由 ax 指定的现有概率图坐标轴中
probplot(ax,pd)                    % 在由 ax 指定的现有概率图坐标轴上添加一条拟合线,表示概率分布 pd
probplot(ax,fun,params)
       % 在由 ax 指定的现有概率图坐标轴上添加一条拟合线,表示具有参数 params 的函数 fun
probplot(___,'noref')              % 从图中省略参考线
```

probplot( ) 函数使用标记符号绘制 y 中的每个数据点，并绘制一条参考线，表示理论分布。如果样本数据符合正态分布，那么数据点将出现在参考线上，连接数据的第一和第三四分位数，并延伸到数据的两端。若数据的分布不是正态分布，则会在数据图中出现曲线。

【例 10-13】　生成概率图以评估数据 x1 和 x2 是否来自 Weibull 分布。

在编辑器中编写以下程序并运行。

```
rng('default');
% 生成数据样本
x1=wblrnd(3,3,[500,1]);                      % Weibull 分布数据,形状参数=3,尺度参数=3
x2=raylrnd(3,[500,1]);                       % Rayleigh 分布数据,尺度参数=3

% 创建新图窗并绘制概率图
probplot('weibull',[x1,x2]);                 % 绘制概率图,假设数据符合 Weibull 分布
% 添加标题和轴标签
title('Probability Plot of Weibull and Rayleigh Distributions');    % 图标题
xlabel('Theoretical Quantiles ');            % x 轴标签
ylabel('Empirical Quantiles ');              % y 轴标签
% 添加图例,标识样本来源
legend('Weibull Sample','Rayleigh Sample','Location','best');
```

运行程序后，输出图形如图 10-14 所示。

【例 10-14】　通过概率图分析样本数据的分布特性，比较其与正态分布和 t location-scale 分布的拟合情况。

在编辑器中编写以下程序并运行。

Probability Plot of Weibull and Rayleigh Distributions

图 10-14　概率图 1

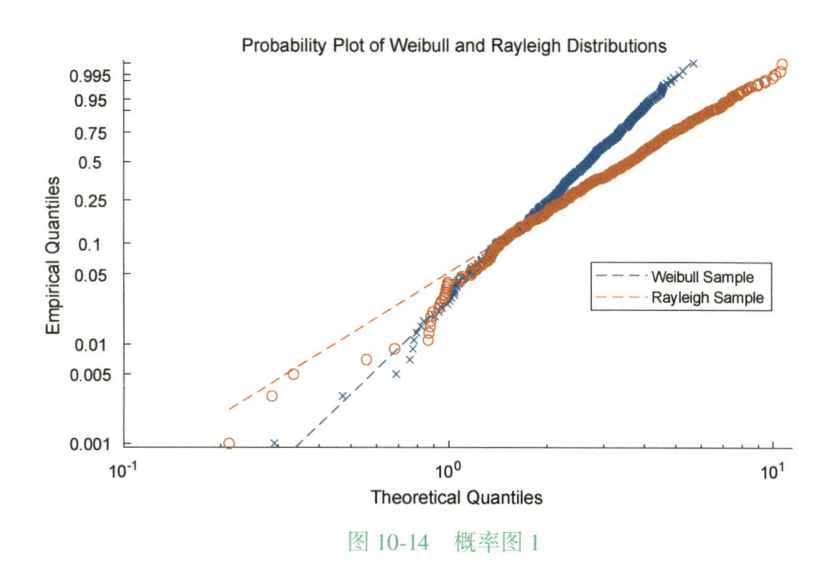

```
rng('default')
% 生成样本数据,包括左尾、中心和右尾
left_tail=-exprnd(1,10,1);
right_tail=exprnd(5,10,1);
center=randn(80,1);
data=[left_tail; center; right_tail];

% 创建概率图,评估数据是否符合正态分布
figure;
probplot(data);
xlabel('Theoretical Quantiles ');              % 添加 x 轴标签
ylabel('Empirical Quantiles ');                % 添加 y 轴标签
hold on;

% 拟合 t location-scale 分布,并绘制 t 分布的概率曲线
p=mle(data,'distribution','tLocationScale');
t=@(data,mu,sig,df) cdf('tLocationScale',data,mu,sig,df);
h=probplot(gca,t,p);
h.Color='r';
h.LineStyle='-';

% 添加标题和图例
title('{\bf Probability Plot: Normal vs. t Location-Scale Fit}');
legend('Normal Reference Line','Data','t Location-Scale Fit', ...
    'Location','northwest');
hold off;
```

运行程序后,输出图形如图 10-15 所示。

MATLAB 科研绘图

图 10-15　概率图 2

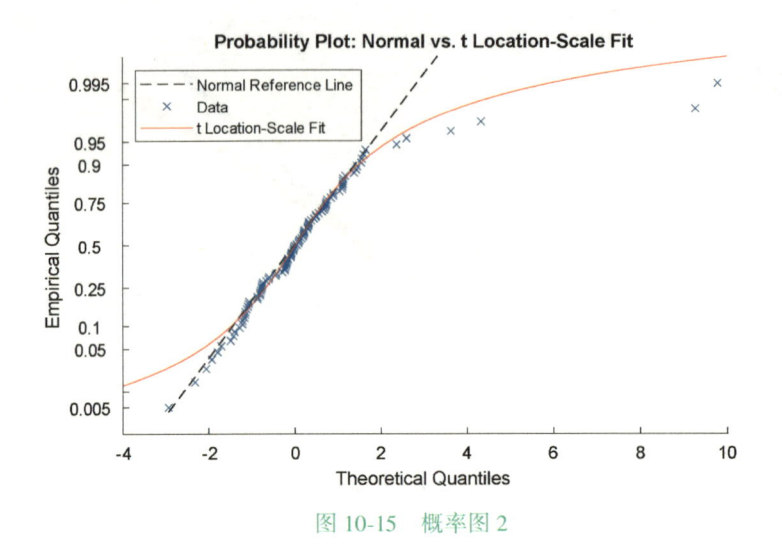

10.8　正态分布概率图

正态分布概率图用于评估数据是否符合正态分布，通过将样本数据的分位数与理论正态分布的分位数进行比较，用户可以直观地判断数据是否呈现正态分布。如果样本数据服从正态分布，则数据点将沿着一条直线分布。否则，数据点将偏离该直线，反映了数据的非正态性。

在 MATLAB 中，normplot( ) 函数用于生成正态分布概率图，其调用格式如下。

```
normplot(x)            % 创建一个正态概率图,用于比较数据 x 的分布与正态分布
normplot(ax,x)         % 将正态概率图绘制到指定的坐标轴 ax 中
```

正态分布概率图中使用加号（'+'）标记绘制 x 中的每个数据点，并绘制两条参考线以表示理论分布。一条实线连接数据的第一个四分位数和第三个四分位数，另一条虚线将实线延伸至数据的两端。如果样本数据服从正态分布，则数据点沿参考线排列。而非正态分布会在图中引入曲线偏差。

【例 10-15】　根据不同类型的分布数据绘制正态概率图，并比较它们的形状和正态分布的差异。

在编辑器中编写以下程序并运行。

```
rng(1978);                              % 设置随机种子以保证结果可重复
% 生成不同分布的随机数据
x1=normrnd(0,1,[50,1]);                 % 正态分布(均值 0,标准差 1)
x2=trnd(5,[50,1]);                      % t 分布(自由度为 5,具有重尾特性)
x3=pearsrnd(0,1,0.5,3,[50,1]);          % Pearson 分布(右偏,偏度 0.5,峰度 3)
x4=pearsrnd(0,1,-0.5,3,[50,1]);         % Pearson 分布(左偏,偏度-0.5,峰度 3)
```

```matlab
% 创建 2×2 子图布局并绘制正态概率图
figure;                                          % 创建一个新的图窗口

% 子图 1:正态分布
subplot(2,2,1);
normplot(x1);                                    % 绘制正态概率图
title('Normal Distribution');                    % 添加标题
xlabel('Theoretical Quantiles');                 % 设置 x 轴标签
ylabel('Sample Data Quantiles');                 % 设置 y 轴标签
grid on;                                         % 启用网格

% 子图 2:重尾分布(t 分布)
subplot(2,2,2);
normplot(x2);                                    % 绘制正态概率图
title('Fat Tails (t-distribution)');             % 添加标题
xlabel('Theoretical Quantiles');                 % 设置 x 轴标签
ylabel('Sample Data Quantiles');                 % 设置 y 轴标签
grid on;                                         % 启用网格

% 子图 3:右偏分布
subplot(2,2,3);
normplot(x3);                                    % 绘制正态概率图
title('Right-Skewed Distribution');              % 添加标题
xlabel('Theoretical Quantiles');                 % 设置 x 轴标签
ylabel('Sample Data Quantiles');                 % 设置 y 轴标签
grid on;                                         % 启用网格

% 子图 4:左偏分布
subplot(2,2,4);
normplot(x4);                                    % 绘制正态概率图
title('Left-Skewed Distribution');               % 添加标题
xlabel('Theoretical Quantiles');                 % 设置 x 轴标签
ylabel('Sample Data Quantiles');                 % 设置 y 轴标签
grid on;                                         % 启用网格

% 调整子图布局以便更好展示
sgtitle('Normal Probability Plots for Different Distributions');
                                                 % 添加总标题
```

运行程序后,输出图形如图 10-16 所示。

【例 10-16】 绘制多组数据的正态分布概率图。

在编辑器中编写以下程序并运行。

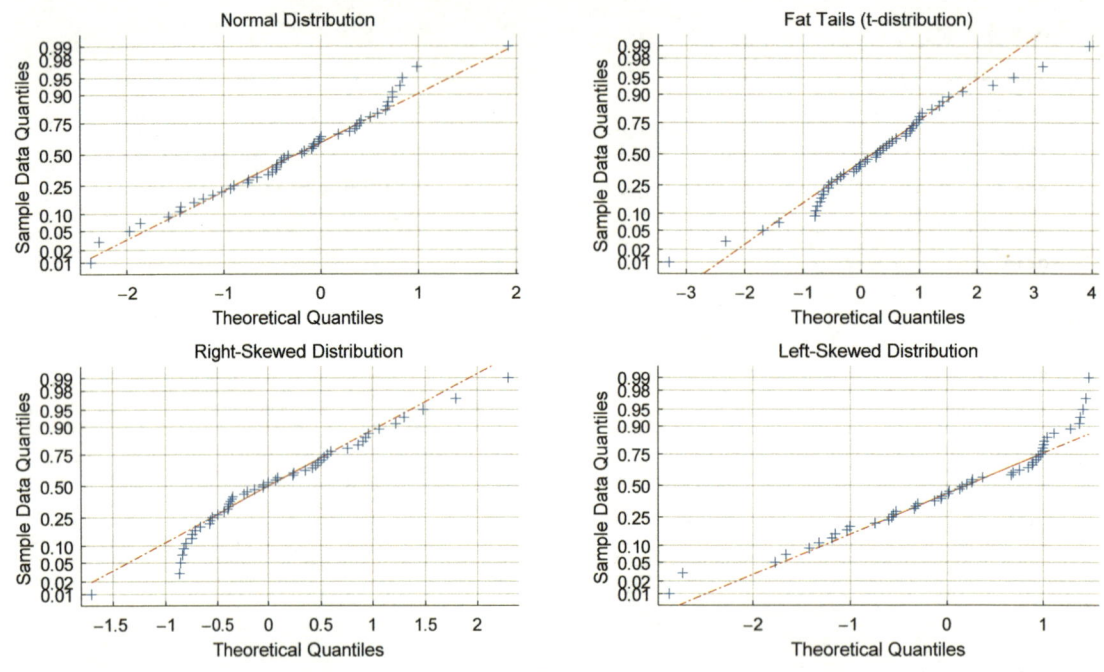

图 10-16　正态分布概率图 1

```matlab
rng default;                                    % 设置随机种子以保证结果可重复
% 生成两组数据
x=[normrnd(0,1,[50,1]) pearsrnd(0,1,0.5,3,[50,1])];
                                                % 第一列为正态分布数据,第二列为右偏分布数据
h=normplot(x)                                   % 绘制数据的正态概率图
% 添加图例,标明正态分布和右偏分布
legend({'Normal','Right-Skewed'},'Location','southeast')

% 修改参考线的宽度,增加其可视效果
h(3).LineWidth=2;                               % 增加正态分布参考线的宽度
h(4).LineWidth=2;                               % 增加右偏分布参考线的宽度

% 添加标题与标签
title('Normal Probability Plot Comparison');    % 添加标题
xlabel('Theoretical Quantiles');                % 设置 x 轴标签
ylabel('Sample Data Quantiles');                % 设置 y 轴标签
grid on;                                        % 启用网格
hold off;
```

运行程序后,输出图形如图 10-17 所示。

Normal Probability Plot Comparison

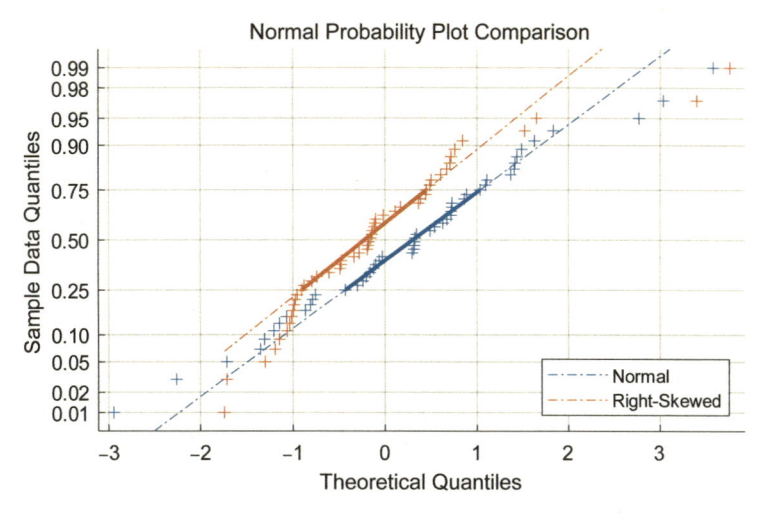

图 10-17　正态分布概率图 2

10.9　Q-Q 图

Q-Q（Quantile-Quantile）图通过将样本数据的分位数与理论分布的分位数进行比较，帮助分析数据是否符合某一理论分布（例如正态分布、指数分布等）。如果数据点大致沿直线分布，则说明样本数据与理论分布相符；如果数据点偏离直线，则表示样本数据偏离理论分布。Q-Q 图是一种直观有效的工具，适合检测数据的分布特性。

在 MATLAB 中，利用 qqplot() 函数可以生成 Q-Q 图，用于比较样本数据的分布与指定理论分布的拟合程度。其调用格式如下。

```
qqplot(x)              % 显示样本数据 x 的分位数与正态分布理论分位数之间的 Q-Q 图
                       % 如果 x 的分布是正态的，则数据图看起来是线性的
qqplot(x,pd)           % 显示样本数据 x 的分位数与由 pd 指定的分布的理论分位数之间的 Q-Q 图
                       % 如果 x 的分布与 pd 指定的分布相同，则图形看起来是线性的
qqplot(x,y)            % 显示样本数据 x 和样本数据 y 之间的 Q-Q 图
                       % 如果两个样本来自相同的分布，则图形看起来是线性的
qqplot(___,pvec)       % 显示带有向量 pvec 指定的分位数的 Q-Q 图
```

函数 qqplot() 使用加号符号（'+'）标记 x 中的每个数据点，并绘制两条表示理论分布的参考线。实线连接数据的第一个和第三个四分位数，虚线将实线延伸至数据的两端。

【例 10-17】　绘制 Q-Q 图，比较不同数据集之间的分布。

在编辑器中编写以下程序并运行。

```
% 加载气体数据集并绘制第一个分位数-分位数图
load gas
subplot(1,3,1);
qqplot(price1);                                    % 绘制 price1 数据与正态分布的 Q-Q 图
title('Q-Q Plot of Price1 vs Normal Distribution');% 添加标题
xlabel('Theoretical Quantiles');                   % x 轴标签
```

```matlab
ylabel('Sample Quantiles');                           % y 轴标签

% 在同一子图中比较 price1 和 price2 的分位数分布
subplot(1,3,2);
qqplot(price1,price2);                                % 绘制 price1 和 price2 的 Q-Q 图
title('Q-Q Plot of Price1 vs Price2');                % 添加标题
xlabel('Price2 Quantiles');                           % x 轴标签
ylabel('Price1 Quantiles');                           % y 轴标签

% 加载灯泡数据并基于 Weibull 分布绘制 Q-Q 图
subplot(1,3,3);
load lightbulb
lightbulb=[lightbulb(lightbulb(:,3)==0,1), ...        % 选择未涂层灯泡数据
    lightbulb(lightbulb(:,3)==0,2)];
fluo=lightbulb(lightbulb(:,2)==0,1);                  % 荧光灯泡数据
pd=makedist('Weibull');                               % 创建 Weibull 分布对象
qqplot(fluo,pd);                                      % 将荧光灯泡寿命与 Weibull 分布进行比较
title({'Q-Q Plot of Fluorescent Bulb','vs Weibull Distribution'});
                                                      % 添加分为两行的标题
xlabel('Theoretical Quantiles');                      % x 轴标签
ylabel('Sample Quantiles');                           % y 轴标签
```

运行程序后，输出图形如图 10-18 所示。

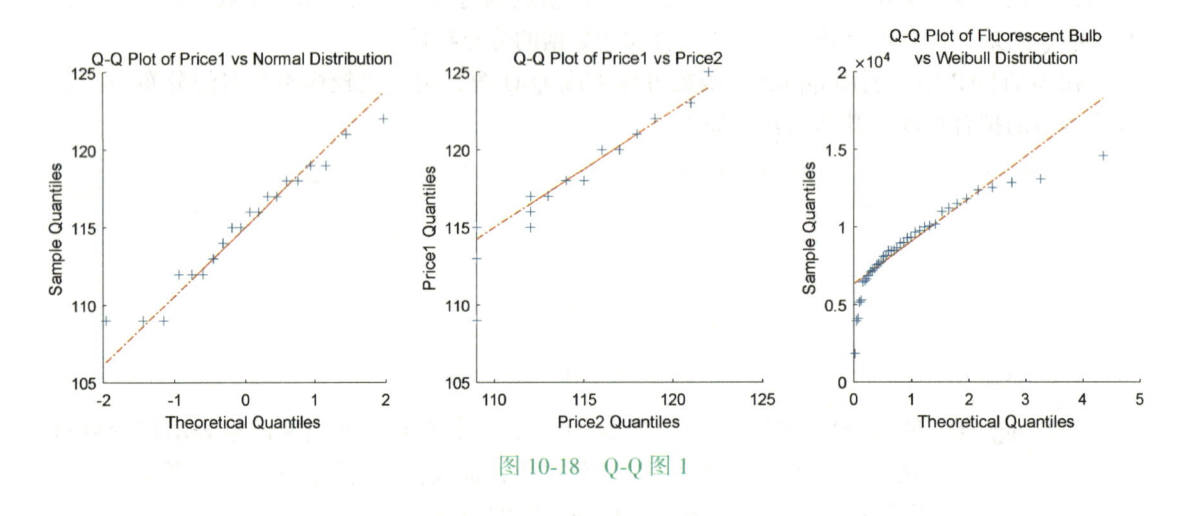

图 10-18　Q-Q 图 1

【例 10-18】　通过 Q-Q 图检验数据是否符合正态分布。
在编辑器中编写以下程序并运行。

```matlab
load patients                                         % 加载患者数据
% 根据吸烟与非吸烟者进行分组
smokerIndices=(Smoker==1);                            % 吸烟者的索引
nonsmokerIndices=(Smoker==0);                         % 非吸烟者的索引
```

```matlab
% 提取吸烟者和非吸烟者的舒张压数据
smokerDiastolic=Diastolic(smokerIndices);           % 吸烟者的舒张压数据
nonsmokerDiastolic=Diastolic(nonsmokerIndices);     % 非吸烟者的舒张压数据

tiledlayout(2,1)                                    % 创建 2 行 1 列的子图布局
% 在上方子图绘制吸烟者的 Q-Q 图
ax1=nexttile;                                       % 激活第一个子图
qqplot(ax1,smokerDiastolic);                        % 绘制吸烟者的舒张压与标准正态分布的 Q-Q 图
ylabel(ax1,'Diastolic Quantiles for Smokers');      % 设置 y 轴标签
xlabel(ax1,'Theoretical Quantiles ');               % 设置 x 轴标签
title(ax1,'QQ Plot of Smoker Diastolic Levels vs. Standard Normal');
                                                    % 设置标题

% 在下方子图绘制非吸烟者的 Q-Q 图
ax2=nexttile;                                       % 激活第二个子图
qqplot(ax2,nonsmokerDiastolic);                     % 绘制非吸烟者的舒张压与标准正态分布的 Q-Q 图
ylabel(ax2,'Diastolic Quantiles for Nonsmokers');   % 设置 y 轴标签
xlabel(ax2,'Theoretical Quantiles ');               % 设置 x 轴标签
title(ax2,'QQ Plot of Nonsmoker Diastolic Levels vs. Standard Normal');
                                                    % 设置标题
```

运行程序后，输出图形如图 10-19 所示。

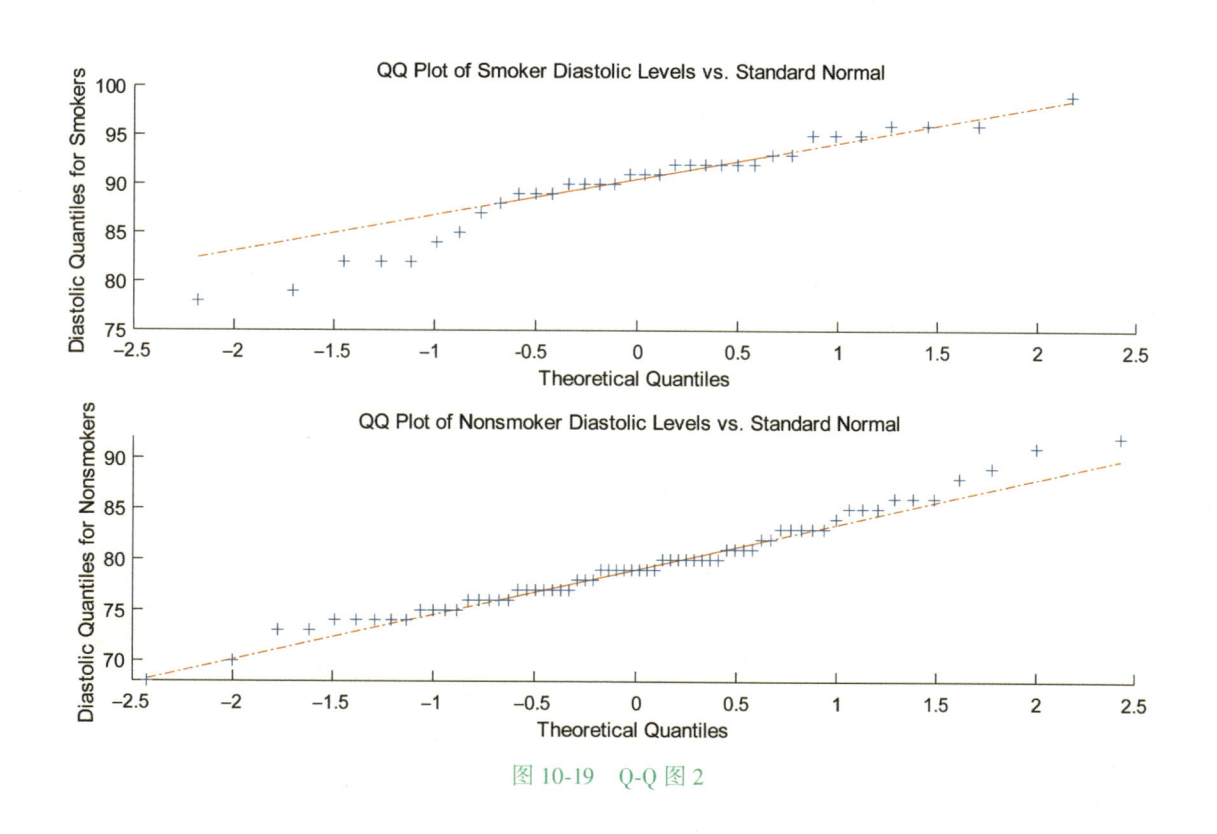

图 10-19　Q-Q 图 2

10.10 本章小结

本章讲解了如何使用 MATLAB 绘制直方图、箱线图、气泡图等分布图，能够帮助读者深入理解数据的分布特征和统计性质。通过这些分布图，读者能够识别数据中的趋势、变异性以及异常值，进一步提高数据分析和决策的准确性。本章中的内容也为后续的统计分析和模型建立提供了必备的可视化工具。

第 11 章 三维图形

三维图形在科学和工程领域的应用非常广泛，特别是在数据展示和模型可视化中，能提供更丰富的信息展现形式。本章将介绍如何在 MATLAB 中绘制和操作三维图形，同时还会介绍如何调整三维图形的视角和光照效果，使得图形更加清晰易懂。MATLAB 为三维图形提供了丰富的功能，能够帮助用户展示复杂的空间关系、物理模型，以及优化过程中的三维数据。

11.1 标准三维曲面

在前文中，我们利用 sphere( ) 函数创建了网格数据，同样，利用该函数还可以直接绘制标准三维曲面。除 sphere( ) 函数外，标准三维曲面函数还包括 cylinder( )、peaks( )、ellipsoid( )等函数。

1) 利用 sphere( ) 函数可以绘制三维球面，其调用格式如下。

```
[X,Y,Z]=sphere                % 返回半径为 1 的球面 x、y、z 坐标而不绘图,由 20×20 个面组成
                              % 以三个 21×21 矩阵形式返回 x、y 和 z 坐标
[X,Y,Z]=sphere(n)             % 返回半径为 1 且包含 n×n 个面的球面的 x、y 和 z 坐标
                              % 以三个 (n+1)×(n+1) 矩阵形式返回 x、y 和 z 坐标
sphere(___)                   % 绘制球面而不返回坐标
```

2) 利用 cylinder( ) 函数可以绘制三维柱面，其调用格式如下。

```
[X,Y,Z]=cylinder              % 返回半径为 1 的圆柱 x、y 和 z 坐标而不绘图
                              % 圆柱圆周上有 20 个等间距点,底面平行于 xy 平面
[X,Y,Z]=cylinder(r)           % 返回具有指定剖面曲线 r 和圆周上 20 个等距点的圆柱的 x、y 和 z 坐标
                              % 将 r 中的每个元素视为沿圆柱单位高度的等距高度的半径
                              % 每个坐标矩阵的大小为 m×21,m=numel(r)。如果 r 是标量,则 m=2
[X,Y,Z]=cylinder(r,n)         % 返回具有指定剖面曲线 r 和圆周上 n 个等距点的圆柱的 x、y 和 z 坐标
                              % 每个坐标矩阵的大小为 m×(n+1),m=numel(r)。如果 r 是标量,则 m=2
cylinder(___)                 % 绘制圆柱而不返回坐标
```

3) 利用 peaks( ) 函数可以绘制多峰函数（Peaks）图像，常用于三维函数的演示。其调用格式如下。

```
Z=peaks                       % 返回在一个 49×49 网格上计算的 peaks 函数的 z 坐标
Z=peaks(n)                    % 返回在一个 n×n 网格上计算的 peaks 函数,n 的默认值为 48
```

	% 如果将 n 指定为长度为 k 的向量,则将在一个 k×k 网格上计算该函数
Z=peaks(Xm,Ym)	% 返回在 Xm、Ym 指定的点上计算的 peaks 函数
[X,Y,Z]=peaks(___)	% 返回 peaks 函数的 x、y 和 z 坐标

> **说明:** Peaks 函数形式为
> $$f(x,y) = 3(1-x^2)e^{-x^2-(y+1)^2} - 10\left(\frac{x}{5}-x^3-y^5\right)e^{-x^2-y^2} - \frac{1}{3}e^{-(x+1)^2-y^2}$$
> $$-3 \leq x,y \leq 3$$

4)利用 ellipsoid( ) 函数可以绘制椭球体,其调用格式如下。

```
[X,Y,Z]=ellipsoid(xc,yc,zc,xr,yr,zr)    % 返回椭圆体的 x、y 和 z 坐标,但不绘制
            % 返回椭圆体中心坐标为(xc,yc,zc),半轴长度为(xr,yr,zr),由 20×20 个面组成
            % 以三个 21×21 矩阵形式返回 x、y 和 z 坐标
[X,Y,Z]=ellipsoid(xc,yc,zc,xr,yr,zr,n)  % 返回具有 n×n 个面的椭圆体的 x、y 和 z 坐标
            % 以三个(n+1)×(n+1)矩阵形式返回 x、y 和 z 坐标
ellipsoid(___)                          % 绘制椭圆体,但不返回坐标
```

【例 11-1】 绘制三维标准曲面。
在编辑器中编写以下程序并运行。

```
t=0:pi/20:2*pi;                         % 定义角度 t
[x,y,z]=sphere;                         % 生成球体的数据
subplot(1,4,1);                         % 激活第一个子图
surf(x,y,z);                            % 绘制球体
xlabel('x'),ylabel('y'),zlabel('z');
title('Sphere');

[x,y,z]=cylinder(2+sin(2*t),30);        % 生成变化的圆柱体数据
subplot(1,4,2);                         % 激活第二个子图
surf(x,y,z);                            % 绘制圆柱体
xlabel('x'),ylabel('y'),zlabel('z');
title('Cylinder');

[x,y,z]=peaks(20);                      % 生成带有峰值的数据
subplot(1,4,3);                         % 激活第三个子图
surf(x,y,z);                            % 绘制带峰值的表面
xlabel('x'),ylabel('y'),zlabel('z');
title('Peaks');

subplot(1,4,4);                         % 激活第四个子图
ellipsoid(0,0,0,1.5,1.5,3);             % 绘制椭球体
xlabel('x'),ylabel('y'),zlabel('z');
title('Ellipsoid');
```

运行程序后,输出图形如图 11-1 所示。因柱面函数的 R 选项 2+sin(2*t),所以绘制的柱面是一个正弦型的。

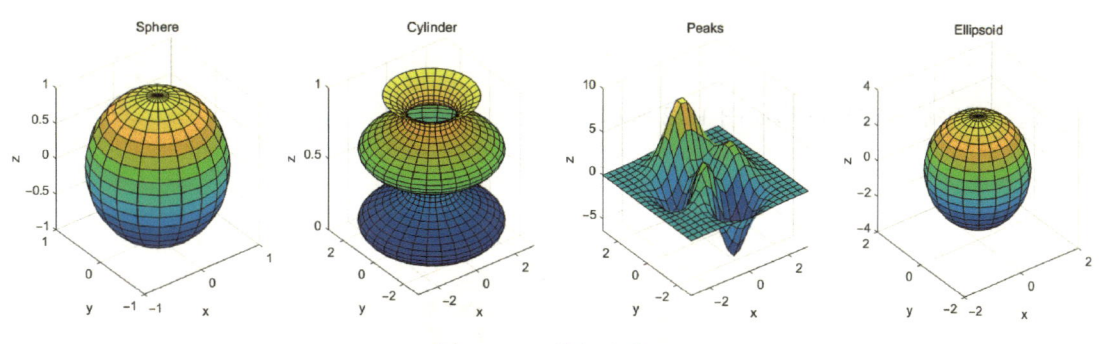

图 11-1 三维标准曲面

11.2 三维曲面图

在 MATLAB 中，利用 surf( ) 函数可以绘制三维曲面图。它通过显示由 x、y 和 z 坐标网格定义的表面来可视化数据，其中 z 值表示相应 x 和 y 坐标位置的高度。其调用格式如下。

```
surf(X,Y,Z)              % 创建一个三维曲面图,它是一个具有实色边和实色面的三维曲面
surf(X,Y,Z,C)            % 指定曲面的颜色
```

说明： 函数将矩阵 Z 中的值绘制为由 X 和 Y 定义的 x-y 平面中的网格上方的高度。曲面的颜色根据 Z 指定的高度变化。

```
surf(Z)                  % 创建一个曲面图,并将 Z 中元素的列索引和行索引用作 x 坐标和 y 坐标
surf(Z,C)                % 指定曲面的颜色
surf(___,Name,Value)     % 使用一个或多个名称-值对组参量指定曲面属性
```

说明： 该函数适合可视化三维空间中的数据，特别是数学函数或表面。

在 MATLAB 中还可以利用 surfc( )、surfl( ) 等函数绘制三维曲面图，利用 mesh( ) 函数等绘制网格曲面图，见表 11-1。这些个函数的调用格式与 surf( ) 函数基本相同。

表 11-1 曲面绘图函数

函 数	功 能	函 数	功 能
surfc( )	绘制曲面图下的等高线图	mesh( )	绘制网格曲面图
surfl( )	绘制具有基于颜色图的光照的曲面图	meshc( )	绘制网格曲面图下的等高线图
surface( )	绘制基本曲面图	meshz( )	绘制带帷幕的网格曲面图
surfnorm( )	创建一个三维曲面图并显示其曲面图法线		

【例 11-2】 绘制球体的三维曲面。
在编辑器中编写以下程序并运行。

```
[X,Y,Z]=sphere(30);      % 计算球体的三维坐标
surf(X,Y,Z);             % 绘制球体的三维图形
```

MATLAB 科研绘图

```
xlabel('x'),ylabel('y'),zlabel('z');
title('Sphere');
```

运行程序后，输出图形如图 11-2 所示。

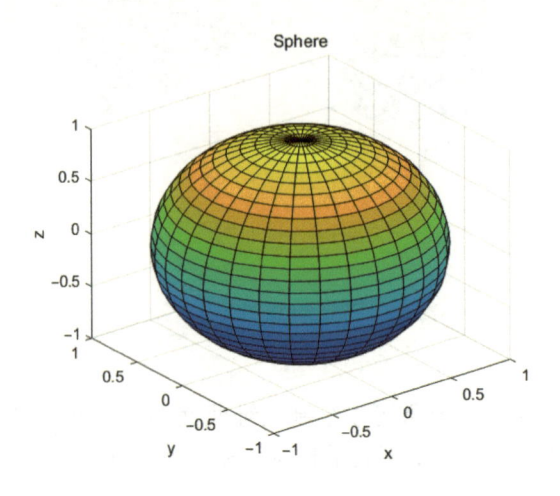

图 11-2　球体的三维曲面

从图中可以看到，球面被网格线分割成许多小块，每一小块可看作是一块补片，嵌在线条之间。这些线条和渐变颜色可以由 shading 命令指定，其格式如下。

```
shading faceted        % 在绘制曲面时采用分层网格线，为默认值
shading flat           % 表示平滑式颜色分布方式；去掉黑色线条，补片保持单一颜色
shading interp         % 表示插补式颜色分布方式；同样去掉线条，但补片以插值加色，计算量大
```

对刚绘制的曲面分别采用 shading flat 和 shading interp 命令，显示的效果如图 11-3 所示。

a) shading flat 效果图　　　　　　　　b) shading interp 效果图

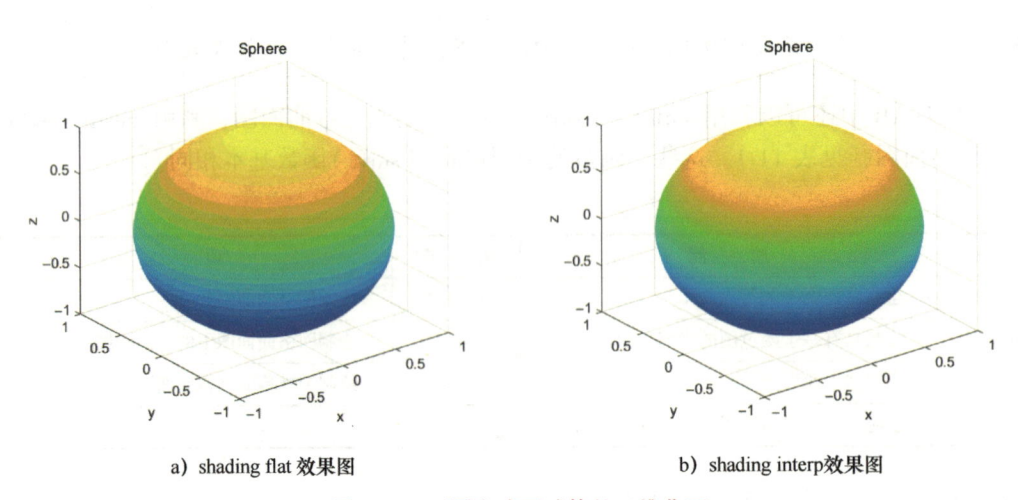

图 11-3　不同方式下球体的三维曲面

【例 11-3】　绘制具有亮度的曲面图。
在编辑器中编写以下程序并运行。

```
[x,y]=meshgrid(-3:0.1:3);                              % 生成网格矩阵,x 和 y 坐标间隔为 0.1
z=peaks(x,y);                                          % 计算 z 值,生成具有多个峰值的表面
surfl(x,y,z);                                          % 绘制带光照效果的三维表面图
shading interp;                                        % 设置插值着色,使颜色平滑过渡
colormap('winter');                                    % 设置颜色映射为'winter'色图
axis([-4 4 -4 4 -8 10]);                               % 设置坐标轴范围
xlabel('X Axis'),ylabel('Y Axis'),zlabel('Z Axis');    % 设置坐标轴标签
title('3D Surface Plot with Lighting Effect');         % 设置图形标题
```

运行程序后,输出图形如图 11-4 所示。

【例 11-4】 显示曲面图下的等高线图。

在编辑器中编写以下程序并运行。

```
[X,Y]=meshgrid(1:0.2:10,1:0.2:20);                     % 创建网格矩阵,X 和 Y 坐标的间隔为 0.2
Z=sin(X)+cos(Y);                                       % 计算 Z 值,基于 X 和 Y 的正弦和余弦函数
colormap('parula');                                    % 设置颜色映射为'sky'色图
surfc(X,Y,Z);                                          % 绘制带等高线的三维曲面图
xlabel('X Axis'),ylabel('Y Axis'),zlabel('Z Axis');
title('3D Surface with Contours');                     % 设置图形标题
```

运行程序后,输出图形如图 11-5 所示。

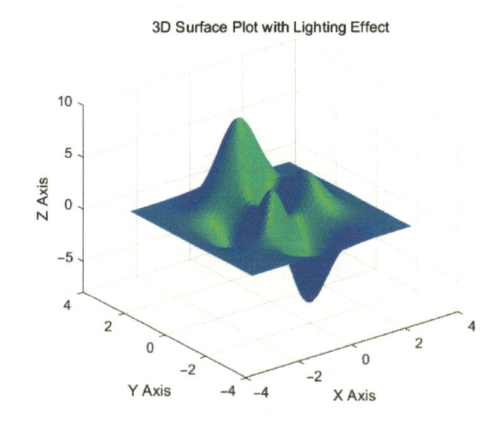

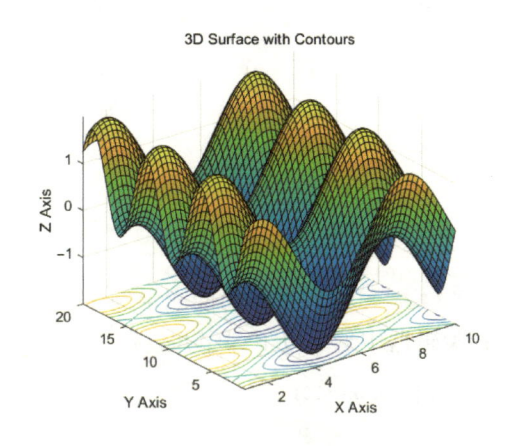

图 11-4 具有亮度的曲面图   图 11-5 曲面图下的等高线图

【例 11-5】 绘制网格曲面图。

在编辑器中编写以下程序并运行。

```
colormap('default');                                   % 设置默认的颜色映射
[X,Y]=meshgrid(-8:0.5:8);                              % 创建网格矩阵,X 和 Y 坐标的间隔为 0.5
R=sqrt(X.^2+Y.^2)+eps;                                 % 计算 R 值,避免除零错误
Z=sin(R)./R;                                           % 计算 Z 值,生成一个具有振荡特性的表面
C=X.*Y;                                                % 计算 C 值,作为颜色数据
mesh(X,Y,Z,C);                                         % 绘制带有颜色映射的三维网格图
colorbar;                                              % 显示颜色条
% 添加标题和轴标签
title('3D Mesh Plot with Color Mapping');
xlabel('X Axis'),ylabel('Y Axis'),zlabel('Z Axis');
```

运行程序后,输出图形如图 11-6 所示。

【例 11-6】 绘制带帷幕的网格曲面图。

在编辑器中编写以下程序并运行。

```
[X,Y]=meshgrid(-3:0.125:3);        % 创建网格矩阵,X 和 Y 的坐标间隔为 0.125
Z=peaks(X,Y);                      % 计算 Z 值,生成具有多个峰值的表面
C=gradient(Z);                     % 计算 Z 的梯度,用于着色
meshz(X,Y,Z,C);                    % 绘制带有 Z 值和梯度颜色的 3D 网格图
colorbar;                          % 显示颜色条
% 添加标题和轴标签
title('3D Mesh Plot with Gradient Coloring');
xlabel('X Axis');ylabel('Y Axis');zlabel('Z Axis');
```

运行程序后,输出图形如图 11-7 所示。

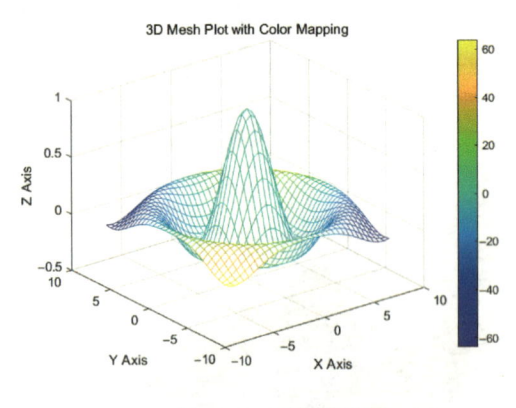

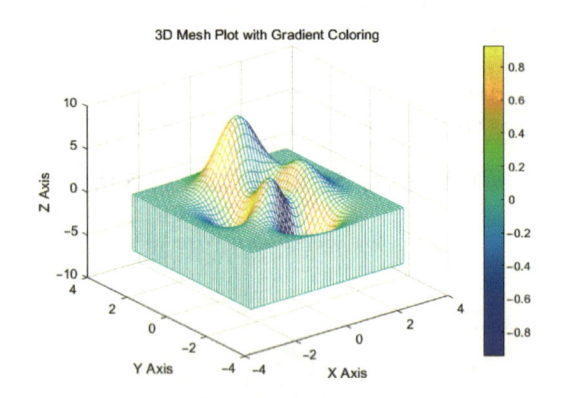

图 11-6 网格曲面图   图 11-7 带帷幕的网格曲面图

【例 11-7】 绘制网格曲面图示例。

在编辑器中编写以下程序并运行。

```
[X,Y,Z]=peaks(20);                 % 生成 20×20 的数据矩阵 X,Y 和 Z

% 绘制第一个子图:网格图
subplot(2,2,1);
mesh(X,Y,Z);                       % 绘制网格图
title('(a) mesh of peaks');        % 子图标题
xlabel('X Axis'),ylabel('Y Axis'),zlabel('Z Axis');

% 绘制第二个子图:表面图
subplot(2,2,2);
surf(X,Y,Z);                       % 绘制表面图
title('(b) surf of peaks');        % 子图标题
xlabel('X Axis'),ylabel('Y Axis'),zlabel('Z Axis');

% 绘制第三个子图:网格带颜色图
subplot(2,2,3);
meshc(X,Y,Z);                      % 绘制网格带颜色图
```

```
title('(c) meshc of peaks');                    % 子图标题
xlabel('X Axis'),ylabel('Y Axis'),zlabel('Z Axis');

% 绘制第四个子图:带着色的网格图
subplot(2,2,4);
meshz(X,Y,Z);                                    % 绘制带着色的网格图
title('(d) meshz of peaks');                    % 子图标题
xlabel('X Axis'),ylabel('Y Axis'),zlabel('Z Axis');
```

运行程序后，输出图形如图 11-8 所示。

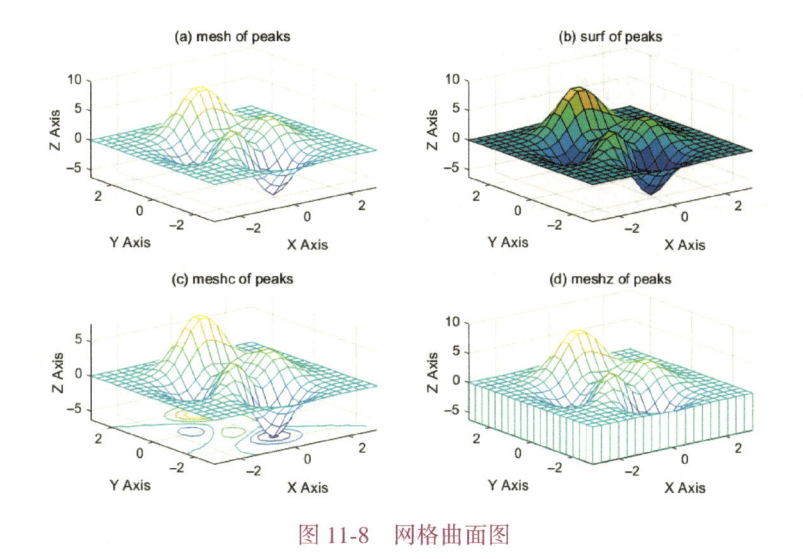

图 11-8 网格曲面图

11.3 三维图形视角变换

观察前面绘制的三维图形，是以 30°视角向下看 z=0 平面，以-37.5°视角看 x=0 平面。与 z=0 平面所成的方向角称为仰角，与 x=0 平面的夹角叫方位角，如图 11-9 所示。因此，

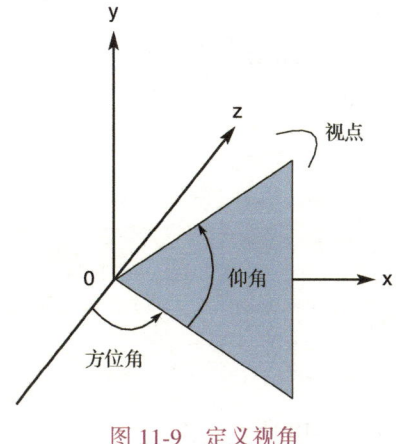

图 11-9 定义视角

MATLAB 科研绘图

默认的三维视角为仰角 30°、方位角-37.5°；默认的二维视角为仰角 90°、方位角 0°。

在 MATLAB 中，用函数 view( ) 可以改变所有类型的图形视角，以方便观察。其调用格式如下。

```
view(az,el)                % 为当前坐标区设置相机视线的方位角和仰角
view(v)                    % 根据 v 设置视线,为二元素数组时,其值分别是方位角和仰角
       % 为三元素数组时,其值是从图框中心点到相机位置所形成向量的 x、y 和 z 坐标
view(dim)                  % 对二维或三维绘图使用默认视线
       % dim 为 2 指默认二维视图(az=0,el=90),为 3 指默认三维视图(az=-37.5,el=30)
[caz,cel]=view(___)        % 分别将方位角和仰角返回为 caz 和 cel
```

【例 11-8】 从不同的视角观察曲线。
在编辑器中编写以下程序并运行。

```
x=-4:4; y=-4:4;                                        % 定义 x 和 y 的范围
[X,Y]=meshgrid(x,y);                                   % 创建 X 和 Y 的网格
[X,Y,Z]=cylinder(1+0.5*sin(X+Y),30);                   % 使用 cylinder 函数生成数据

% 子图 1:默认视角
subplot(2,2,1)
surf(X,Y,Z);                                           % 绘制 3D 曲面图
xlabel('X Axis'),ylabel('Y Axis'),zlabel('Z Axis');    % 设置坐标轴标签
title('(a) Default View')                              % 设置图形标题
view(3)                                                % 设置默认的 3D 视角

% 子图 2:仰角 75°,方位角-45°
subplot(2,2,2)
surf(X,Y,Z);                                           % 绘制 3D 曲面图
xlabel('X Axis'),ylabel('Y Axis'),zlabel('Z Axis');    % 设置坐标轴标签
title('(b) Elevation 75°,Azimuth -45°')                % 设置图形标题
view(-45,75)                                           % 设置仰角 75°和方位角-45°

% 子图 3:视点为(2,1,1)
subplot(2,2,3)
surf(X,Y,Z);                                           % 绘制 3D 曲面图
xlabel('X Axis'),ylabel('Y Axis'),zlabel('Z Axis');    % 设置坐标轴标签
title('(c) Viewpoint at (2,1,1)')                      % 设置图形标题
view([2,1,1])                                          % 设置视点为 (2,1,1)

% 子图 4:仰角 120°,方位角 0°
subplot(2,2,4)
surf(X,Y,Z);                                           % 绘制 3D 曲面图
xlabel('X Axis'),ylabel('Y Axis'),zlabel('Z Axis'); % 设置坐标轴标签
title('(d) Elevation 120°,Azimuth 0°')                 % 设置图形标题
view(30,0)                                             % 设置仰角 120°和方位角 0°
```

运行程序后，输出图形如图 11-10 所示。

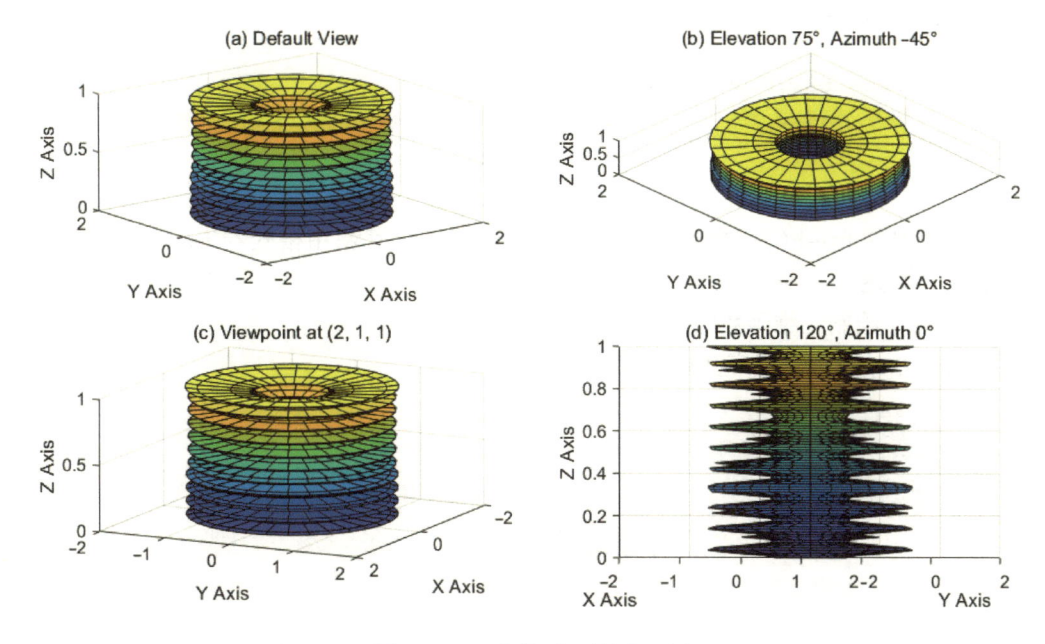

图 11-10　不同视角下的曲面图

11.4　其他三维绘图函数

前面的章节中已经介绍了多种绘图函数,其中包含了 contour3( )、bar3( )、stem3( )、pie3( )、scatter3( )等三维绘图函数。除此之外,MATLAB 还提供了其他三维绘图函数,见表 11-2。

表 11-2　其他三维绘图函数

函　　数	说　　明	函　　数	说　　明
fsurf( )	绘制三维曲面	pcolor( )	伪彩图
fmesh( )	绘制三维网格图	waterfall( )	瀑布图
fimplicit3( )	绘制三维隐函数	ribbon( )	条带图

11.4.1　函数图

在 MATLAB 中,利用 fsurf( )函数可以绘制函数(隐函数或显函数)图形的三维图形。它用于绘制一个由函数定义的曲面图,可以自动地在指定的坐标范围内评估函数并生成相应的曲面图。其调用格式如下。

```
fsurf(f)                   % 在默认区间[-5 5](对于 x 和 y)为函数 z=f(x,y)创建曲面图。
fsurf(f,xyinterval)        % 将在指定区间绘图
        % 将 xyinterval 指定为[min max]的二元素向量,表示对 x 和 y 使用相同的区间
        % 指定[xmin xmax ymin ymax]形式的四元素向量,表示使用不同的区间
```

```
fsurf(funx,funy,funz)                    % 在默认区间[-5 5](对于u和v)绘制参数化曲面
        % 曲面由 x=funx(u,v)、y=funy(u,v)、z=funz(u,v)定义
fsurf(funx,funy,funz,uvinterval)         % 将在指定区间绘图
        % 将uvinterval指定为[min max]形式的二元素向量,表示对u和v使用相同的区间
        % 指定[umin umax vmin vmax]形式的四元素向量,表示使用不同的区间
fsurf(___,LineSpec)                      % 设置线型、标记符号和曲面颜色
```

同样地,利用fmesh()函数也可以绘制三维网格图,其调用格式与fsurf()函数基本相同,这里不再赘述。

【例11-9】 绘制三维函数图。

在编辑器中编写以下程序并运行。

```
subplot(2,3,1)
% 绘制sin(x)+cos(y)的三维曲面
fsurf(@(x,y) sin(x)+cos(y))
title('sin(x)+cos(y)')                   % 设置标题
xlabel('X Axis'),ylabel('Y Axis'),zlabel('Z Axis');

subplot(2,3,2)
% 绘制两个函数的三维曲面。第一部分:erf(x)+cos(y),第二部分:sin(x)+cos(y)
f1=@(x,y) erf(x)+cos(y);                 % 第一个函数
fsurf(f1,[-5 0 -5 5])                    % 绘制第一个函数的曲面
hold on
f2=@(x,y) sin(x)+cos(y);                 % 第二个函数
fsurf(f2,[0 5 -5 5])                     % 绘制第二个函数的曲面
hold off
title('erf(x)+cos(y) and sin(x)+cos(y)') % 设置标题
xlabel('X Axis'),ylabel('Y Axis'),zlabel('Z Axis');

subplot(2,3,3)
% 绘制一个球形的三维曲面,r(u,v)是半径,funx,funy,funz是参数化的坐标函数
r=@(u,v) 2+sin(7.*u+5.*v);               % 半径函数
funx=@(u,v) r(u,v).*cos(u).*sin(v);      % x坐标
funy=@(u,v) r(u,v).*sin(u).*sin(v);      % y坐标
funz=@(u,v) r(u,v).*cos(v);              % z坐标
fsurf(funx,funy,funz,[0 2*pi 0 pi])      % 绘制球形曲面
funy                                      % 添加光照
title('Parametric Sphere')               % 设置标题
xlabel('X Axis'),ylabel('Y Axis'),zlabel('Z Axis');

subplot(2,3,4)
% 绘制ysin(x)-xcos(y)的三维曲面,设置x轴和y轴的刻度标签
fsurf(@(x,y) y.*sin(x)-x.*cos(y),[-2*pi 2*pi])
title('ysin(x)-xcos(y)')                 % 设置标题
xlabel('X Axis'),ylabel('Y Axis'),zlabel('Z Axis');
box on                                    % 显示边框
ax=gca;                                   % 获取当前坐标轴
ax.XTick=-2*pi:pi/2:2*pi;                 % 设置x轴刻度
```

```
ax.XTickLabel={'-2\pi','-3\pi/2','-\pi','-\pi/2','0','\pi/2','\pi','3\pi/2','2\pi'};
                                                        % 设置 x 轴刻度标签
ax.YTick=-2*pi:pi/2:2*pi;                               % 设置 y 轴刻度
ax.YTickLabel={'-2\pi','-3\pi/2','-\pi','-\pi/2','0','\pi/2','\pi','3\pi/2','2\pi'};
                                                        % 设置 y 轴刻度标签

subplot(2,3,5)
% 绘制两部分不同样式的曲面,第一部分有绿色边缘,第二部分没有边缘
funx=@(u,v) u.*sin(v);                                  % x 坐标函数
funy=@(u,v) -u.*cos(v);                                 % y 坐标函数
funz=@(u,v) v;                                          % z 坐标函数
fsurf(funx,funy,funz,[-5 5 -5 -2],'--','EdgeColor','g') % 第一部分带绿色边缘
hold on
fsurf(funx,funy,funz,[-5 5 -2 2],'EdgeColor','none')    % 第一部分没有边缘
hold off
title('Two Surfaces with Different Styles')             % 设置标题
xlabel('X Axis'),ylabel('Y Axis'),zlabel('Z Axis');

subplot(2,3,6)
% 绘制带透明度的三维曲面
x=@(u,v) exp(-abs(u)/10).*sin(5*abs(v));                % x 坐标函数
y=@(u,v) exp(-abs(u)/10).*cos(5*abs(v));                % y 坐标函数
z=@(u,v) u;                                             % z 坐标函数
fs=fsurf(x,y,z)                                         % 绘制曲面
fs.URange=[-30 30];                                     % 设置 U 范围
fs.FaceAlpha=.5;                                        % 设置曲面透明度为 0.5
title('Surface with Transparency')                      % 设置标题
xlabel('X Axis'),ylabel('Y Axis'),zlabel('Z Axis');
```

运行程序后，输出图形如图 11-11 所示。

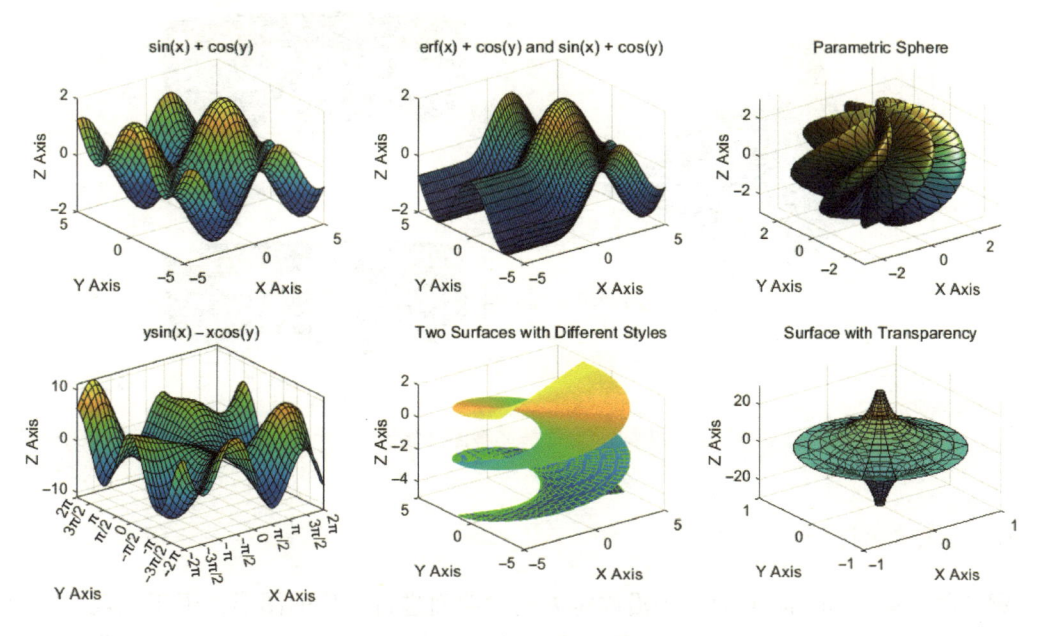

图 11-11　绘制三维函数图

MATLAB 科研绘图

【例 11-10】 修改函数图形属性。

在编辑器中编写以下程序并运行。

```matlab
% 第一个子图,占据左侧两行,绘制复杂函数图并显示等高线
subplot(2,2,[1 3])
f=@(x,y) 3*(1-x).^2.*exp(-(x.^2)-(y+1).^2) ...     % 定义复杂函数
    -10*(x/5-x.^3-y.^5).*exp(-x.^2-y.^2) ...
    -1/3*exp(-(x+1).^2-y.^2);
fsurf(f,[-3 3],'ShowContours','on')                 % 绘制三维曲面,并显示等高线
title('Complex Function with Contours')             % 设置标题
xlabel('x'),ylabel('y'),zlabel('z')                 % 轴标签

% 第二个子图,绘制一个参数化曲面,使用默认的网格密度
subplot(2,2,2)
fsurf(@(s,t) sin(s),@(s,t) cos(s),@(s,t) t/10.*sin(1./s))  % 参数化曲面
view(-172,25)                                       % 设置视角
title('Default MeshDensity=35')                     % 设置标题
xlabel('X Axis'),ylabel('Y Axis'),zlabel('Z Axis');

% 第三个子图,绘制一个参数化曲面,增加网格密度
subplot(2,2,4)
fsurf(@(s,t) sin(s),@(s,t) cos(s),@(s,t) t/10.*sin(1./s), ...
    'MeshDensity',40)                               % 增加网格密度
view(-172,25)                                       % 设置视角
title('Increased MeshDensity=40')                   % 设置标题
xlabel('X Axis'),ylabel('Y Axis'),zlabel('Z Axis');
```

运行程序后,输出图形如图 11-12 所示。

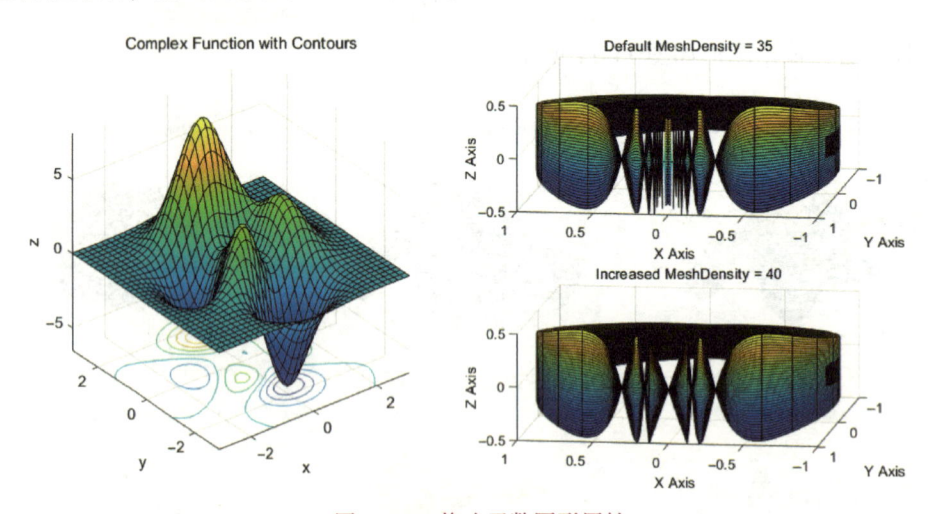

图 11-12 修改函数图形属性

11.4.2 瀑布图

瀑布图(waterfall plot)是一种沿固定方向对曲面进行切片的图形,用于直观展示数据的变化趋势。它通过一系列相互分离的二维线条或曲线,能形象地表示出三维数据的分布和

变化。

在 MATLAB 中，利用 Waterfall( ) 函数可以绘制三维瀑布图，其调用格式如下。

```
waterfall(X,Y,Z)            % 创建瀑布图,这是一种沿 y 维度有部分帷幕的网格图
                            % 函数将矩阵 Z 中的值绘制为由 X 和 Y 定义的 x-y 平面中的网格上方的高度
                            % 边颜色因 Z 指定的高度而异
waterfall(X,Y,Z,C)          % 进一步指定边的颜色
waterfall(Z)                % 创建瀑布图,并将 Z 中元素的列索引和行索引用作 x、y 坐标
waterfall(Z,C)              % 进一步指定边的颜色
```

【例 11-11】 绘制瀑布图。

在编辑器中编写以下程序并运行。

```
% 绘制三种不同风格的瀑布图
subplot(1,3,1)
[X,Y]=meshgrid(-3:0.1:3);                   % 创建网格数据
Z=peaks(X,Y);                               % 生成高度数据
C=gradient(Z);                              % 计算梯度数据作为颜色值
waterfall(X,Y,Z)                            % 绘制基本瀑布图
title('Basic Waterfall Plot')               % 设置标题
xlabel('X Axis'),ylabel('Y Axis'),zlabel('Z Axis');

subplot(1,3,2)
waterfall(X,Y,Z,C)                          % 使用梯度值着色的瀑布图
% colorbar                                  % 添加颜色条
title('Waterfall Plot with Gradient Coloring')  % 设置标题
xlabel('X Axis'),ylabel('Y Axis'),zlabel('Z Axis');

subplot(1,3,3)
waterfall(X',Y',Z')                         % 转置网格数据并绘制瀑布图
title('Transposed Waterfall Plot')          % 设置标题
xlabel('X Axis'),ylabel('Y Axis'),zlabel('Z Axis');
```

运行程序后，输出图形如图 11-13 所示。

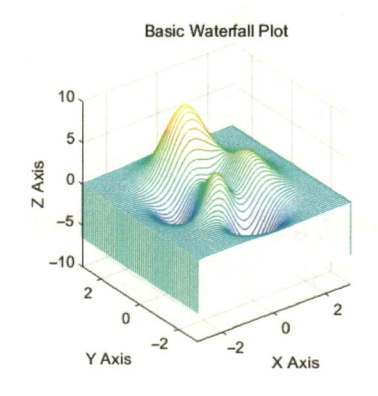

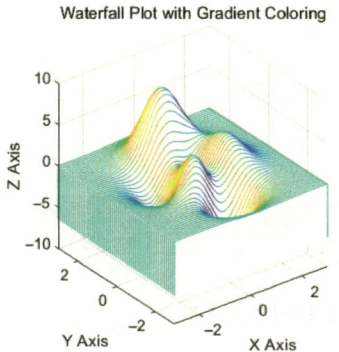

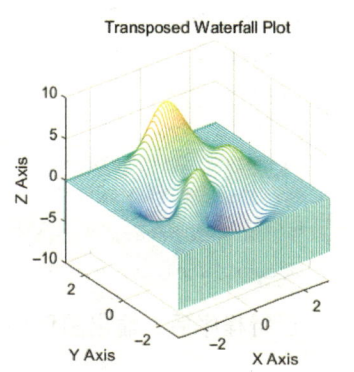

图 11-13 瀑布图

11.4.3 条带图

条带图（Ribbon plot）用于显示三维数据中的连续变化，尤其是在数据集沿某个方向变化时。它通过连接连续的数据点，形成类似带状的效果，通常用于展示数据的趋势或分布。

在 MATLAB 中，利用 ribbon( ) 函数可以创建条带图，其调用格式如下。

```
ribbon(Z)              % 将 Z 的列绘制为均匀宽度的三维条带图，
                       % y 的坐标范围是 1~Z 中的行数，各条带沿 x 轴排列，且居中置于单位间隔处
ribbon(Y,Z)            % 在 Y 指定的位置绘制三维条带
ribbon(Y,Z,width)      % 指定条带的宽度
```

【例 11-12】 绘制条带图。

在编辑器中编写以下程序并运行。

```
Z=magic(5);                                          % 创建一个 5x5 的幻方矩阵
Y=[-2 -1 0 1 2];                                     % 创建一个包含-2 到 2 的向量

% 子图 1:基本带状图
subplot(1,3,1)
ribbon(Y,Z);                                         % 绘制基本的带状图
title('Basic Ribbon Plot');                          % 添加标题
xlabel('X Axis'),ylabel('Y Axis'),zlabel('Z Axis');

% 子图 2:带状图的透明度调节
subplot(1,3,2)
ribbon(Y,Z,0.3);                                     % 调整带状图的透明度
title('Ribbon Plot with Transparency');              % 添加标题
xlabel('X Axis'),ylabel('Y Axis'),zlabel('Z Axis');

% 子图 3:基于三角函数的带状图
subplot(1,3,3)
t=linspace(0,2*pi,30);                               % 创建一个从 0 到 2π 的 30 个点
x=sin(t)';                                           % 计算 x 为正弦函数的值
y=cos(t);                                            % 计算 y 为余弦函数的值
ribbon(x*y)                                          % 绘制由 x 和 y 生成的带状图
title('Ribbon Plot from Sin and Cos');               % 添加标题
xlabel('X Axis'),ylabel('Y Axis'),zlabel('Z Axis');
% 添加颜色条并设置标签
% cbar=colorbar;                                     % 显示颜色条
% cbar.Label.String="Ribbon Number";                 % 设置颜色条的标签
```

运行程序后，输出图形如图 11-14 所示。

图 11-14 条带图

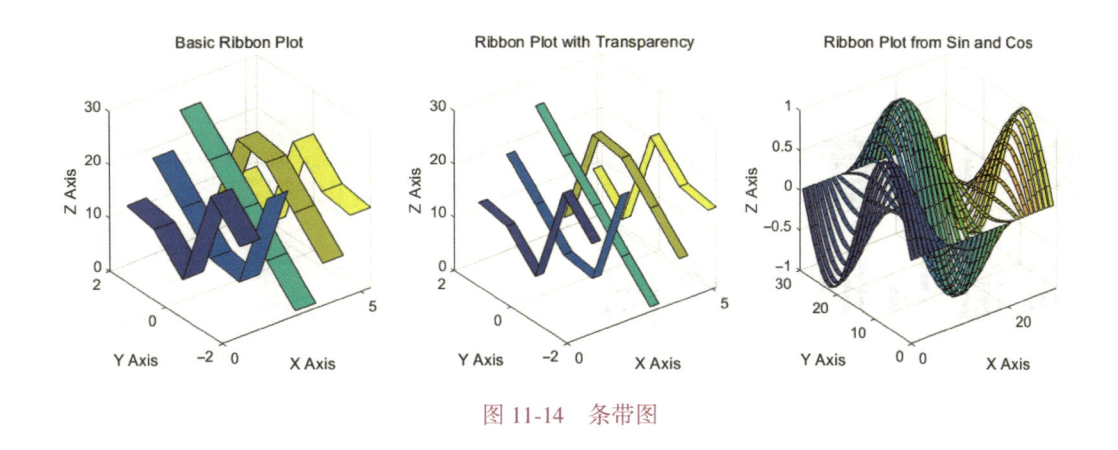

11.5 本章小结

本章通过对三维图形的讲解，帮助读者掌握如何使用 MATLAB 展示和分析三维数据。通过三维曲面图等工具，读者能够直观地展示数据在空间中的分布和关系。此外，本章还介绍了如何通过旋转视角和调整光照来增强图形的可读性和美观性，为后续涉及三维建模、仿真及可视化分析的任务提供了有力支持。

第 12 章
插值与拟合绘图

插值与拟合是数据分析中的两个重要技术,常用于处理缺失数据、平滑曲线、构建数学模型等场景。插值方法主要用于在已知数据点之间估算未知数据点,而拟合方法则用于构建一个数学模型来描述数据的整体趋势。本章将重点介绍 MATLAB 中的插值和拟合技术,包括一维插值、二维插值、多项式拟合和非线性拟合等内容。通过学习这些方法,读者可以实现数据的平滑处理、建模和预测,进而提高数据分析的精度和可靠性。

12.1 插值

插值是指在给定基准数据的情况下,研究如何平滑地估算出基准数据之间其他点的函数数值。该方法在数字信号处理和图像处理中被广泛应用。

12.1.1 一维插值

一维插值是对一维函数 $y=f(x)$ 进行插值,是进行数据分析的重要方法。在 MATLAB 中,一维插值有基于多项式的插值和基于快速傅立叶(FFT)的插值两种类型。

1. 基于多项式的插值

在 MATLAB 中,一维插值可通过 interp1( ) 函数实现,用来对离散数据点进行插值。interp1( ) 函数能根据已知的数据点计算目标插值点的函数值,通常用于数据点之间的内插。根据需要,也可以通过外插来计算范围外的数据点。其调用格式如下。

```
vq=interp1(x,v,xq)                          % 使用线性插值返回一维函数在特定查询点的插入值
            % 向量 x 包含样本点,v 包含对应值 v(x);向量 xq 包含查询点的坐标
vq=interp1(x,v,xq,method)                   % 指定备选插值方法,默认为 linear
vq=interp1(x,v,xq,method,extrapolation)     % 指定外插策略,计算落在 x 域范围外的点
            % 如果使用 method 算法进行外插,可将 extrapolation 设置为 extrap
vq=interp1(v,xq)                            % 返回插入的值,并假定一个样本点坐标默认集
            % 默认点是从 1 到 n 的数字序列,其中 n 取决于 v 的形状
            % v 为向量时,默认点为 1:length(v);为数组时,默认点是 1:size(v,1)
vq=interp1(v,xq,method)                     % 指定备选插值方法中的任意一种,并使用默认样本点
vq=interp1(v,xq,method,extrapolation)       % 指定外插策略,并使用默认样本点
pp=interp1(x,v,method,'pp')                 % 使用 method 算法返回分段多项式形式的 v(x)
```

提示： 函数 interp1( ) 用于估算一元函数 $f(x)$ 在中间点的数值，其中 $f(x)$ 是由给定的数据点决定的。各参量之间的关系示意如图 12-1 所示。

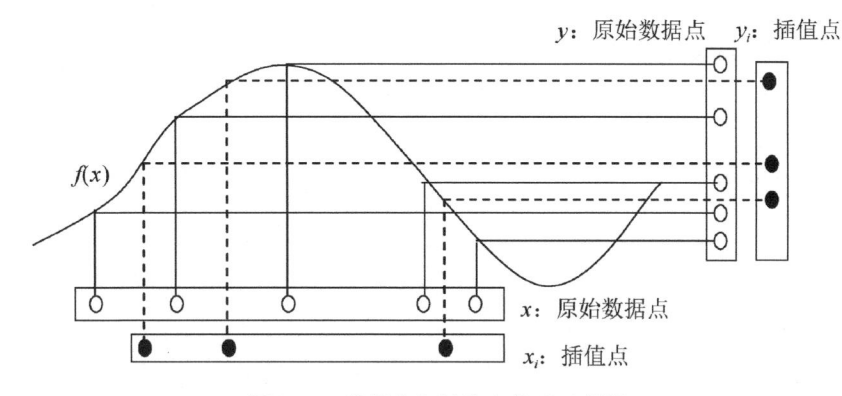

图 12-1 数据点与插值点关系示意图

函数中的备选插值方法 method 包括多种插值方式，见表 12-1。

表 12-1 插值方式

选项	描述	连续性	说明
'linear'	线性插值（默认）。查询点处的插入值是基于各维中邻近网格点处数值的线性插值	C0	需要至少 2 个点。比最近邻点插值需要更多内存和计算时间
'nearest'	最近邻点插值。查询点处的插入值是距样本网格点最近的值	不连续	需要至少 2 个点。最低内存要求，最快计算时间
'next'	下一个邻点插值。查询点处的插入值是下一个采样网格点的值	不连续	需要至少 2 个点。内存要求和计算时间与'nearest'相同
'previous'	上一个邻点插值。查询点处的插入值是上一个采样网格点的值	不连续	需要至少 2 个点。内存要求和计算时间与'nearest'相同
'pchip'	保形分段三次插值。查询点处的插入值基于邻近网格点处数值的保形分段三次插值	C1	需要至少 4 个点。比'linear'需要更多内存和计算时间
'cubic'	用于 MATLAB 5 的三次卷积	C1	需要至少 3 个点。点必须均匀间隔；对不规则间隔的数据采用'spline'插值
'v5cubic'	与'cubic'相同	C1	内存要求和计算时间与'pchip'相似
'makima'	修正 Akima 三次 Hermite 插值。查询点处的插入值基于次数最大为 3 的多项式的分段函数；为防过冲，已修正 Akima 公式	C1	需要至少 2 个点。产生的波动比'spline'小，但不像'pchip'那样急剧变平；计算成本高于'pchip'，但通常低于'spline'
'spline'	使用非节点终止条件的样条插值。查询点处的插入值基于各维中邻近网格点处数值的三次插值	C2	需要至少 4 个点。比'pchip'需要更多内存和计算时间

【例 12-1】 已知 $x=0:0.2:3$ 时，函数 $y=(x^3-4x+2)\sin(x)$ 的值。接下来对 $x_i=0:0.01:3$ 采用不同的方法进行插值。

在编辑器中编写以下程序并运行。

MATLAB 科研绘图

```matlab
x=0:0.2:3;                                % 原始数据的 x 值(从 0 到 3,间隔 0.3)
y=(x.^3-4*x+2).*sin(x);                   % 根据给定的公式计算 y 值
xi=0:0.01:3;                              % 需要插值的 x 值(从 0 到 3,间隔 0.01)

% 使用不同的插值方法计算 yi 值
yi_nearest=interp1(x,y,xi,'nearest');     % 临近点插值
yi_linear=interp1(x,y,xi);                % 默认为线性插值
yi_spine=interp1(x,y,xi,'spline');        % 三次样条插值
yi_pchip=interp1(x,y,xi,'pchip');         % 分段三次 Hermite 插值
yi_v5cubic=interp1(x,y,xi,'v5cubic');     % MATLAB 5 中的三次多项式插值

figure; hold on                           % 创建一个新的图形窗口并保持当前图形
% 绘制不同插值方法的子图
subplot(231)
plot(x,y,'ro')                            % 绘制原始数据点(红色圆圈)
title('Raw Data Points')                  % 设置标题
subplot(232)
plot(x,y,'ro',xi,yi_nearest,'b-')         % 绘制临近点插值的结果(蓝色线)
title('Nearest Neighbor Interpolation')   % 设置标题
subplot(233)
plot(x,y,'ro',xi,yi_linear,'b-')          % 绘制线性插值的结果(蓝色线)
title('Linear Interpolation')             % 设置标题
subplot(234)
plot(x,y,'ro',xi,yi_spine,'b-')           % 绘制三次样条插值的结果(蓝色线)
title('Cubic Spline Interpolation')       % 设置标题
subplot(235)
plot(x,y,'ro',xi,yi_pchip,'b-')           % 绘制分段三次 Hermite 插值的结果(蓝色线)
title('Piecewise Cubic Hermite Interpolation')  % 设置标题
subplot(236)
plot(x,y,'ro',xi,yi_v5cubic,'b-')         % 绘制三次多项式插值的结果(蓝色线)
title('Cubic Polynomial Interpolation')   % 设置标题
```

运行程序后,对数据采用不同的插值方法,输出图形如图 12-2 所示。由该图可以看出,采用临近点插值时,数据的平滑性最差,得到的数据不连续。

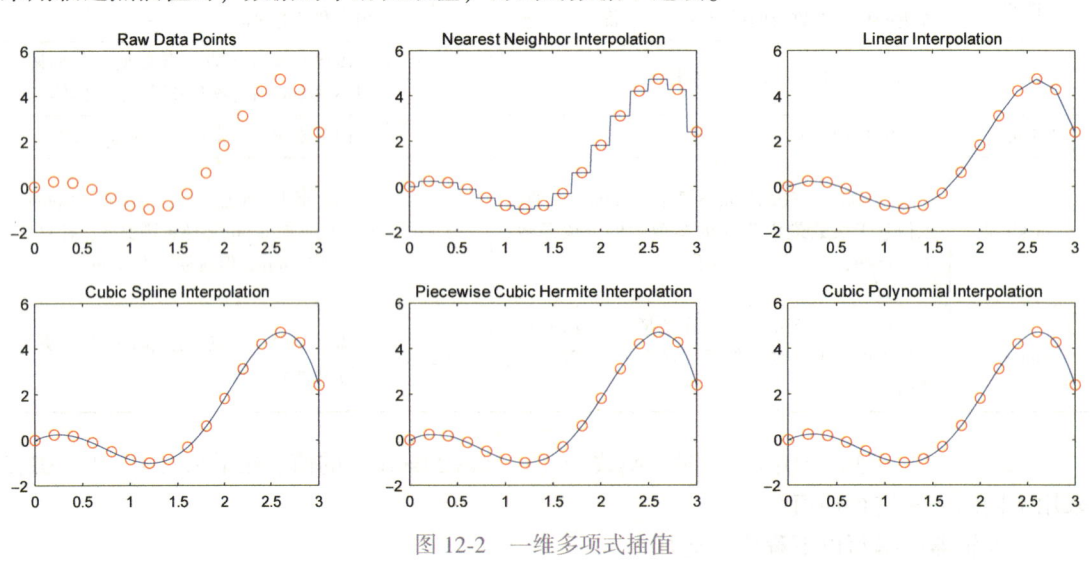

图 12-2 一维多项式插值

选择插值方法时主要考虑的因素有运算时间、占用计算机内存和插值的光滑程度。下面将临近点插值、线性插值、三次样条插值和分段三次 Hermite 插值进行比较，见表 12-2。

表 12-2 不同插值方法进行比较

插 值 方 法	运 算 时 间	占用计算机内存	光 滑 程 度
临近点插值	快	少	差
线性插值	稍长	较多	稍好
三次样条插值	最长	较多	最好
分段三次 Hermite 插值	较长	多	较好

从中可以看出，临近点插值的速度最快，但是得到的数据不连续，而其他方法得到的数据都连续。三次样条插值的速度最慢，可以得到最光滑的结果，是最常用的插值方法。

2. 基于快速傅立叶的插值

在 MATLAB 中，利用 interpft( ) 函数能执行基于快速傅里叶变换的插值。与常见的插值方法（如线性插值、样条插值）不同，interpft( ) 函数使用傅里叶变换技术进行插值，特别适合周期性数据的插值和频域中的数据处理。该函数的调用格式如下。

```
y=interpft(X,n)              % 在 X 中内插函数值的傅里叶变换以生成 n 个等间距的点
             % 对第一个大小不等于 1 的维度进行运算
y=interpft(X,n,dim)          % 沿维度 dim 运算
             % 如，X 是矩阵,interpft(X,n,2)将在 X 行上进行运算
```

【例 12-2】 基于快速傅立叶的插值实例分析。

在编辑器中编写以下程序并运行。

```
x=linspace(0,3*pi,20);            % 在[0,3*pi]范围内生成20个点
v=sin(x);                         % 定义周期性函数 sin(x)
vq=interpft(v,100);               % 使用 FFT 插值将数据插值到 100 个点
xq=linspace(0,3*pi,100);          % 插值后的 x 点

plot(x,v,'o',xq,vq,'-')           % 原始数据点用圆圈表示,插值结果用实线表示
legend('Original Data','FFT Interpolation')     % 添加图例
```

运行程序后，输出图形如图 12-3 所示。

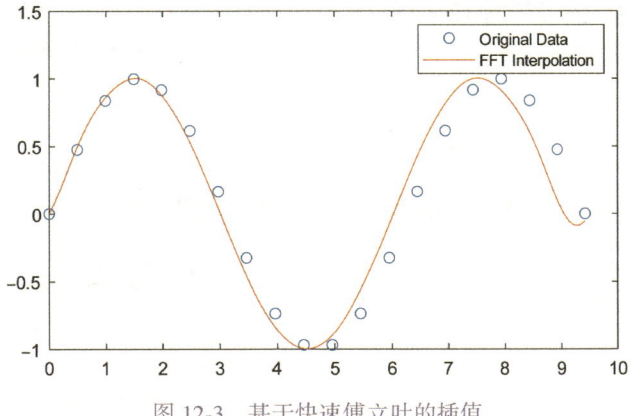

图 12-3 基于快速傅立叶的插值

MATLAB 科研绘图

3. 三次样条数据插值

在 MATLAB 中，利用 spline( ) 函数可以执行样条插值，主要用于构造通过一组给定数据点的平滑曲线。与多项式插值不同，样条插值使用分段低次多项式进行拟合，避免了高次多项式插值中常见的过拟合和数据振荡问题。该函数特别适合对一维数据进行平滑插值，并保持曲线在数据点间的光滑性。其调用格式如下。

```
s=spline(x,y,xq)         % 返回与 xq 中的查询点对应的插值向量 s,s 由 x、y 的三次样条插值确定
pp=spline(x,y)           % 返回一个分段多项式结构体以用于 ppval 和样条实用工具 unmkpp
```

【例 12-3】 三次样条数据插值实例分析。

在编辑器中编写以下程序并运行。

```
x=[0 1 2 3 4 5];                                           % 定义数据点的 x 坐标
y=[0 0.8 0.9 0.1 -0.8 -1];                                 % 定义数据点的 y 坐标

pp=spline(x,y);                                            % 构造三次样条插值
xq=linspace(0,5,100);                                      % 定义插值查询点
yq=ppval(pp,xq);                                           % 使用 ppval 评估样条

% 绘制数据点和样条插值曲线
subplot(121)
plot(x,y,'o',xq,yq,'-');                                   % 绘制数据点和样条插值曲线
legend('Data Points','Cubic Spline Interpolation');        % 图例
title('Cubic Spline Interpolation');                       % 标题

slopes=[1,-1];                                             % 指定首末的导数值
pp=spline(x,[slopes(1),y,slopes(2)]);                      % 带有边界条件的三次样条插值
xq=linspace(0,5,100);                                      % 定义插值查询点
yq=ppval(pp,xq);                                           % 使用 ppval 评估样条

% 绘制数据点和插值曲线
subplot(122)
plot(x,y,'o',xq,yq,'-');                                   % 绘制数据点和样条插值曲线
legend('Data Points','Cubic Spline Interpolation with Boundary Conditions');
title('Cubic Spline Interpolation with Boundary Conditions');    % 标题
```

运行程序后，输出图形如图 12-4 所示。

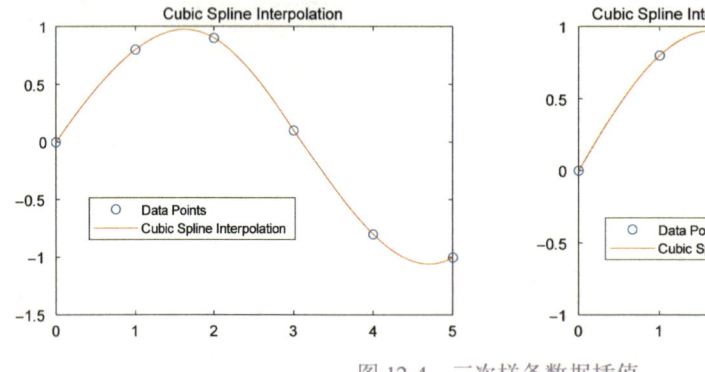

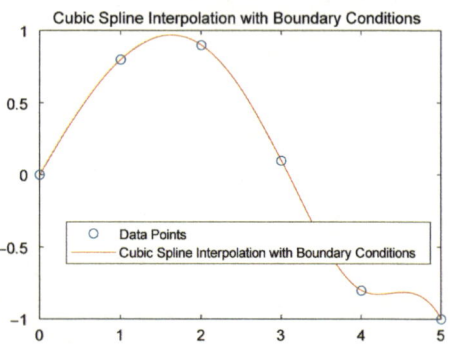

图 12-4　三次样条数据插值

12.1.2 二维插值

二维插值主要用于处理二维空间中的数据，常见于图像处理、曲面拟合和科学计算中的可视化等领域，其基本思想与一维插值相同，都通过对函数 $y=f(x,y)$ 进行插值来估算未知数据点的值。

在 MATLAB 中，利用 interp2( ) 函数可以执行二维插值。它能够对给定的二维数据网格进行插值，估算网格中未定义点的值。该函数的调用格式如下。

```
Vq=interp2(X,Y,V,Xq,Yq)              % 使用线性插值返回双变量函数在特定查询点的插入值
    % X 和 Y 包含样本点的坐标,V 包含各样本点处的对应函数值,Xq 和 Yq 包含查询点的坐标
Vq=interp2(V,Xq,Yq)                  % 假定一个默认的样本点网格
    % 默认网格点覆盖矩形区域 X=1:n 和 Y=1:m,其中[m,n]=size(V)
Vq=interp2(V)                        % 将每个维度上样本值之间的间隔分割一次,形成细化网格
    % 基于该网格返回插入值
Vq=interp2(V,k)                      % 将每个维度上样本值之间的间隔反复分割 k 次,形成细化网格
    % 基于该网格上返回插入值,这将在样本值之间生成 2^k-1 个插值点
Vq=interp2(___,method)               % 指定备选插值方法,默认为 linear
Vq=interp2(___,method,extrapval)     % 还指定标量值 extrapval
    % 为处于样本点域范围外的所有查询点赋予该标量值
    % 如果为样本点域范围外的查询省略 extrapval 参量,则基于 method 参量
    % 对于 spline 和 makima 方法,返回外插值;对于其他内插方法,返回 NaN 值
```

【例 12-4】 二维插值函数实例分析。下面分别采用 'nearest' 'linear' 'spline' 和 'cubic' 进行二维插值，并绘制三维表面图。

在编辑器中编写以下程序并运行。

```
clear,clf
% 生成新的数据
[x,y]=meshgrid(-4:1:4);              % 新的原始数据范围
z=sin(x)+cos(y);                     % 使用新的函数 sin(x)+cos(y) 来生成 z 数据
% 插值数据
[xi,yi]=meshgrid(-4:0.5:4);          % 插值数据范围
zi_nearest=interp2(x,y,z,xi,yi,'nearest');   % 临近点插值
zi_linear=interp2(x,y,z,xi,yi);              % 默认线性插值
zi_spline=interp2(x,y,z,xi,yi,'spline');     % 三次样条插值
zi_cubic=interp2(x,y,z,xi,yi,'cubic');       % 三次多项式插值

hold on
subplot(231)
surf(x,y,z)                          % 绘制原始数据点
title('Original Data')               % 第一个子图标题
subplot(232)
surf(xi,yi,zi_nearest)               % 绘制临近点插值结果
title('Nearest Neighbor Interpolation')      % 第二个子图标题
subplot(233)
surf(xi,yi,zi_linear)                % 绘制线性插值结果
title('Linear Interpolation')        % 第三个子图标题
```

MATLAB 科研绘图

```
subplot(234)
surf(xi,yi,zi_spline)                    % 绘制三次样条插值结果
title('Cubic Spline Interpolation')      % 第四个子图标题
subplot(235)
surf(xi,yi,zi_cubic)                     % 绘制三次多项式插值结果
title('Cubic Polynomial Interpolation')  % 第五个子图标题
```

运行程序后，输出图形如图 12-5 所示。

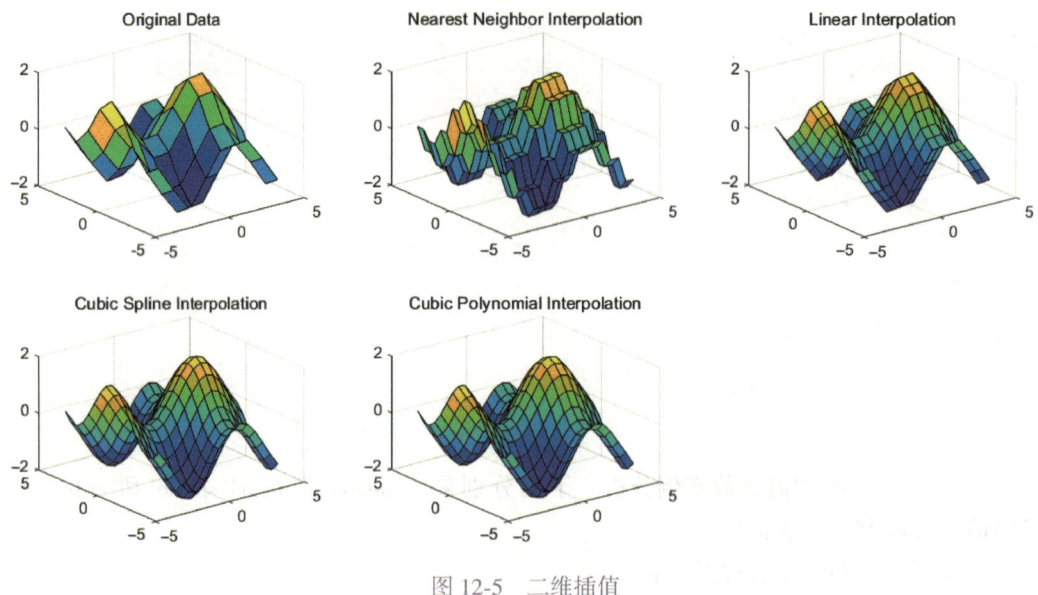

图 12-5　二维插值

> **注意：**
> 在二维插值中已知数据 (x,y) 必须是栅格格式，一般采用函数 meshgrid() 产生，如本例中采用 [x,y]=meshgrid(-4:0.8:4) 来产生数据 (x,y)。如果输入的数据是非网格化或不规则分布的，则应该使用 griddata() 或 scatteredInterpolant() 函数进行插值。
>
> 对于等间距数据，可以在插值方法前加上星号 '*'（如 '*cubic'），以跳过等间距检查，提升插值速度，但仅能在数据确实为等间距时使用，否则可能导致结果错误。

12.1.3　三维插值

在 MATLAB 中，利用 interp3() 函数可以执行三维插值，适用于科学计算、3D 数据建模、物理仿真等涉及三维数据等领域。它能够对给定的三维数据网格进行插值，用于估算网格中未定义点的值。该函数的调用格式如下。

```
Vq=interp3(X,Y,Z,V,Xq,Yq,Zq)      % 使用线性插值返回三变量函数在特定查询点的插值
            % 结果始终穿过函数的原始采样,X、Y 和 Z 包含样本点的坐标
            % V 包含各样本点处的对应函数值,Xq、Yq 和 Zq 包含查询点的坐标
```

```
Vq=interp3(V,Xq,Yq,Zq)              % 假定一个默认的样本点网格
        % 默认网格点覆盖区域 X=1:n、Y=1:m 和 Z=1:p,其中[m,n,p]=size(V)
Vq=interp3(V)                        % 将每个维度上样本值之间的间隔分割一次,形成细化网格
        % 基于该网格返回插入值
Vq=interp3(V,k)                      % 将每个维度上样本值之间的间隔反复分割 k 次,形成细化网格
        % 基于该网格上返回插入值,这将在样本值之间生成 2^k-1 个插值点
Vq=interp3(___,method)               % 指定备选插值方法,默认为 linear
Vq=interp3(___,method,extrapval)     % 指定标量值 extrapval
        % 为处于样本点域范围外的所有查询点赋予该标量值
        % 如果为样本点域范围外的查询省略 extrapval 参量,则基于 method 参量
        % 对于 spline 和 makima 方法,返回外插值;对于其他内插方法,返回 NaN 值
```

【例 12-5】 三维插值函数实例分析。在编辑器中编写以下程序并运行。

```
clear,clf
[X,Y,Z,V]=flow(8);                                      % 生成 n×2n×n 的流场数据
subplot(131)
slice(X,Y,Z,V,[3 6],2,0);                               % 绘制穿过 X=3、X=6、Y=2 和 Z=0 的切片
shading flat                                            % 设置图形着色为平坦

[Xq,Yq,Zq]=meshgrid(0.1:0.25:10,-3:0.25:3,-3:0.25:3);   % 新的查询网格
Vq=interp3(X,Y,Z,V,Xq,Yq,Zq);                           % 使用默认插值方法进行插值
subplot(132)
slice(Xq,Yq,Zq,Vq,[6 9],2,0);                           % 绘制插值后的切片
shading flat                                            % 设置图形着色为平坦

Vq=interp3(X,Y,Z,V,Xq,Yq,Zq,'cubic');                   % 使用立方插值方法进行插值
subplot(133)
slice(Xq,Yq,Zq,Vq,[6 9],2,0);                           % 绘制立方插值后的切片
shading flat                                            % 设置图形着色为平坦

% 为每个子图添加标题和轴标签
subplot(131)
title('Default Interpolation')                          % 默认插值方法
xlabel('X Axis'),ylabel('Y Axis'),zlabel('Z Axis')
subplot(132)
title('Interpolated with Default Method')               % 使用默认插值方法
xlabel('X Axis'),ylabel('Y Axis'),zlabel('Z Axis')
subplot(133)
title('Interpolated with Cubic Method')                 % 使用立方插值方法
xlabel('X Axis'),ylabel('Y Axis'),zlabel('Z Axis')
```

> **说明:** 函数 flow( ) 是一个包含三个变量的函数,可生成用于演示 slice、interp3 和其他可视化标量体数据的函数的流体流动数据。

运行程序后,输出图形如图 12-6 所示。

程序中的函数 slice( ) 用于绘制三维体的切片平面,其调用格式如下。

图 12-6 三维插值

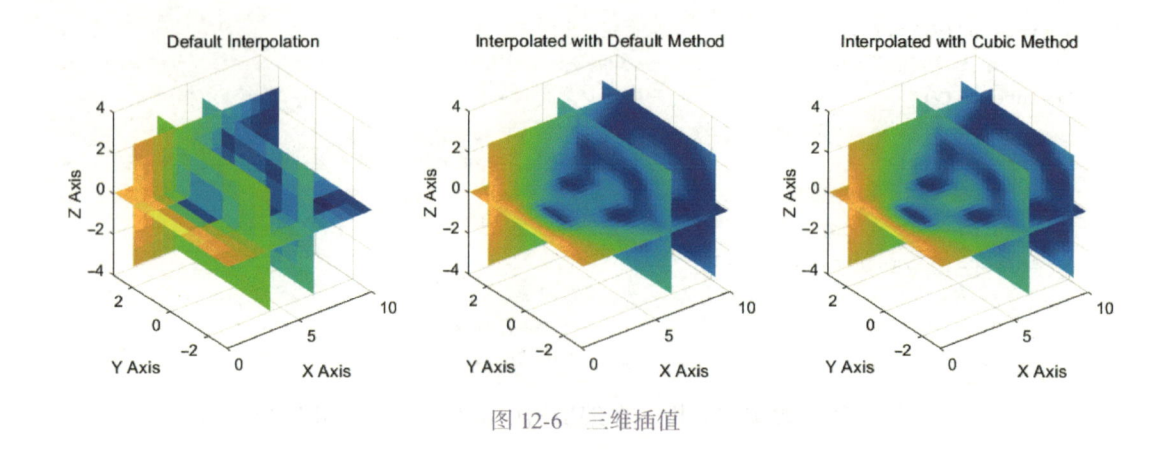

```
slice(X,Y,Z,V,xslice,yslice,zslice)        % 为三维体数据 V 绘制切片
        % 以 X、Y 和 Z 作为坐标数据。xslice、yslice 和 zslice 为切片位置
        % 将切片参量指定为标量或向量可以绘制一个或多个与特定轴正交的切片平面
        % 将所有切片参量指定为定义曲面的矩阵可以沿曲面绘制单个切片
slice(V,xslice,yslice,zslice)              % 使用 V 的默认坐标数据
        % V 中每个元素的(x,y,z)位置分别基于列、行和页面索引
```

12.1.4 N 维插值

在 MATLAB 中，利用 interpn( )函数可以实现多维插值的函数，可以对一维、二维、三维及更高维度的数据进行插值。它是更通用的插值工具，适用于任意维度的插值问题。

```
Vq=interpn(X1,X2,...,Xn,V,Xq1,Xq2,...,Xqn)
        % 使用线性插值返回 n 变量函数在特定查询点的插入值。结果始终穿过函数的原始采样
        % X1,X2,...,Xn 包含样本点的坐标。V 包含各样本点处的对应函数值
        % Xq1,Xq2,...,Xqn 包含查询点的坐标
Vq=interpn(V,Xq1,Xq2,...,Xqn)              % 假定一个默认的样本点网格
        % 默认网格的每个维度均包含点 1,2,...,ni,ni 的值为 V 中第 i 个维度的长度
Vq=interpn(V)                              % 将每个维度上样本值之间的间隔分割一次，形成细化网格
        % 并基于该网格上返回插入值
Vq=interpn(V,k)                            % 将每个维度上样本值之间的间隔反复分割 k 次，形成细化网格
        % 并基于该网格上返回插入值。这将在样本值之间生成 2^k-1 个插值点
Vq=interpn(___,method)                     % 指定备选插值方法，默认为'linear'
Vq=interpn(___,method,extrapval)           % 还指定标量值 extrapval
        % 为处于样本点域范围外的所有查询点赋予该标量值
        % 若省略 extrapval,则基于 method 参量,interpn 返回下列值之一
        % 对于'spline'和'makima'方法，返回外插值;对于其他内插方法,返回 NaN 值
```

【例 12-6】 N 维插值函数实例分析。

在编辑器中编写以下程序并运行。

```
clear,clf
% 一维插值
x=[1 2 3 4 5];                              % 定义样本点
```

```matlab
v=[13 18 30 20 15];                        % 定义样本点对应的值
xq=(1:0.1:5);                              % 定义查询点 xq 并插值
vq=interpn(x,v,xq,'cubic');                % 使用立方插值

subplot(121)
plot(x,v,'o',xq,vq,'-');                   % 绘制插值结果
legend('Samples','Cubic Interpolation');   % 添加图例
xlabel('x'); ylabel('v');                  % 轴标签
title('1D Cubic Interpolation');           % 图形标题

% 二维插值
[X1,X2]=ndgrid(-5:1:5);                    % 创建二维网格
R=sqrt(X1.^2+X2.^2)+eps;                   % 计算网格点的距离
V=sin(R)./(R);                             % 使用 sin(R)/R 生成样本数据

Vq=interpn(V,'cubic');                     % 进行二维立方插值

subplot(122)
mesh(Vq);                                  % 绘制插值后的网格图
xlabel('X1'),ylabel('X2');                 % 轴标签
zlabel('Interpolated Values');             % z 轴标签
title('2D Cubic Interpolation');           % 图形标题
```

运行程序后，输出图形如图 12-7 所示。

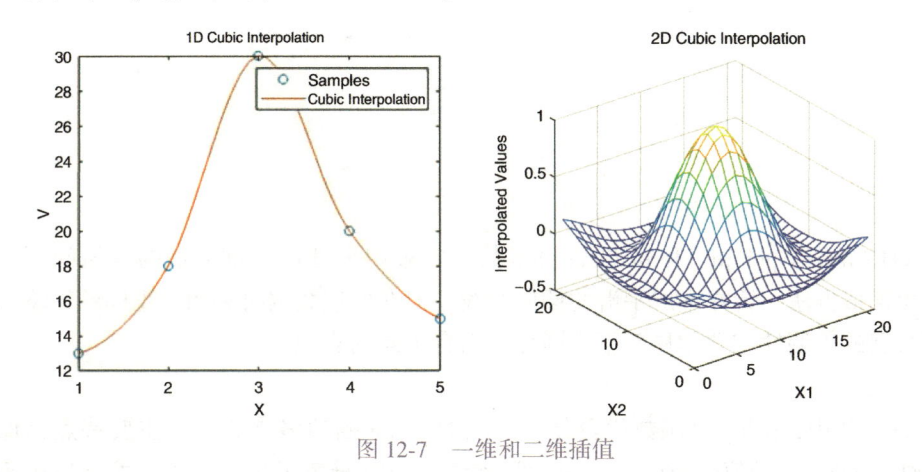

图 12-7　一维和二维插值

继续输出以下语句。

```matlab
clear,clf
% 四维插值
f=@(x,y,z,t) t.*exp(-x.^2-y.^2-z.^2);      % 定义四维匿名函数 f()
[x,y,z,t]=ndgrid(-1:0.2:1,-1:0.2:1,-1:0.2:1,0:2:10);
            % 生成 x,y,z,t 四维网格点,步长分别为 0.2 和 2
V=f(x,y,z,t);                              % 在创建的网格上计算函数值 V
[xq,yq,zq,tq]=ndgrid(-1:0.05:1,-1:0.08:1,-1:0.05:1,0:0.5:10);
            % 创建更细的查询网格,步长分别为 0.05,0.08 和 0.5
```

```
Vq=interpn(x,y,z,t,V,xq,yq,zq,tq);    % 使用插值函数在查询网格点上进行插值
nframes=size(tq,4);                    % 计算查询网格在时间维度上的帧数
% 循环每一帧
for j=1:nframes
    % 使用 slice 绘制切片图像并展示不同时间点下的插值结果
    slice(yq(:,:,:,j),xq(:,:,:,j),zq(:,:,:,j),Vq(:,:,:,j),0,0,0);
                                       % 在指定的时间点下,切片显示插值结果
    clim([0 10]);                      % 设置颜色限制,使得显示的插值结果在[0,10]范围内
    M(j)=getframe;                     % 获取当前帧并存储
end
movie(M);                              % 使用 movie 播放存储的动画
```

运行程序后,输出插值动画,结束后如图 12-8 所示。

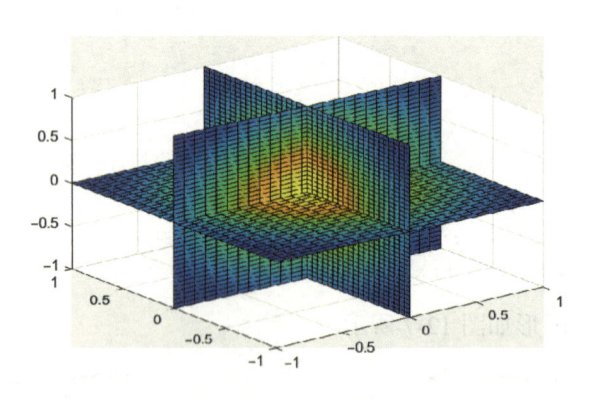

图 12-8 四维插值

12.1.5 分段插值

在 MATLAB 中,pchip( )和 makima( )函数经常被用来处理一维数据的插值问题。它们都属于分段插值方法,旨在生成平滑的插值曲线,但在处理数据时采用了不同的策略,尤其是在保持数据的单调性和处理局部不规则性方面有不同的表现。

1. pchip( )函数

在 MATLAB 中,pchip( )函数代表分段三次 Hermite 插值多项式,其主要特点是保持数据的单调性。pchip( )插值生成的曲线平滑且连续,同时避免了过冲现象,尤其适用于具有明显单调趋势的数据集,其调用格式如下。

```
p=pchip(x,y,xq)          % 返回与 xq 中的查询点对应的插值向量 p
     % p 的值由 x 和 y 的保形分段三次插值确定
pp=pchip(x,y)            % 返回一个分段多项式结构体以用于 ppval 和样条实用工具 unmkpp
```

2. makima( )函数

在 MATLAB 中,makima( )函数是一种基于 Akima 插值的修正版(修正 Akima 分段三次 Hermite 插值),主要用于平滑插值,同时能更好地处理局部变化较大的数据。与 pchip( )函数相比,makima( )更强调在插值过程中的平滑,其调用格式如下。

```
yq=makima(x,y,xq)            % 使用采样点 x 处的值 y 执行修正 Akima 插值,求出点 xq 处的插值 yq
pp=makima(x,y)               % 返回一个分段多项式结构体以用于 ppval 和样条实用工具 unmkpp
```

【例 12-7】 分段插值实例分析。在编辑器中编写以下程序并运行。

```
clear,clf
x=0:pi/4:3*pi;               % 定义数据点,间隔为 pi/4
y=sin(x);                    % 对应的正弦值

% PCHIP 插值
xq=0:0.1:3*pi;               % 查询点
vq=pchip(x,y,xq);            % 使用 pchip 插值方法
subplot(121)
plot(x,y,'o',xq,vq,'-')      % 绘制数据点和插值结果
legend('Data','Pchip')       % 添加图例
title('Pchip Interpolation') % 设置标题

% MAKIMA 插值
xq=0:0.1:3*pi;               % 查询点
vq=makima(x,y,xq);           % 使用 makima 插值方法
subplot(122)
plot(x,y,'o',xq,vq,'-')      % 绘制数据点和插值结果
legend('Data','Makima')      % 添加图例
title('Makima Interpolation')% 设置标题
```

运行程序后,输出插值图形结果如图 12-9 所示。

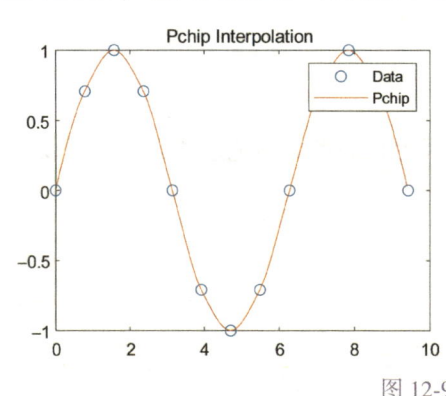

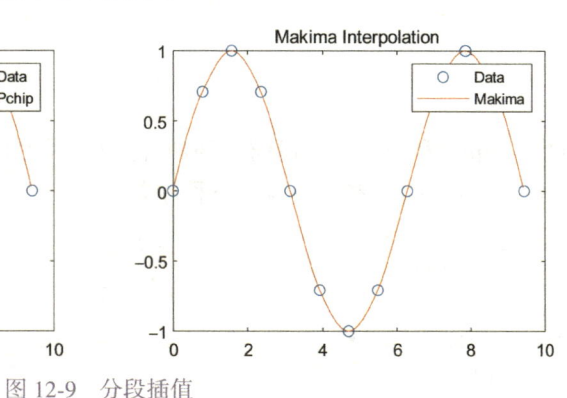

图 12-9 分段插值

【例 12-8】 将 spline( )、pchip( ) 和 makima( ) 函数为两个不同数据集生成的插值结果进行比较。

> **说明:** 这些函数都执行不同形式的分段三次 Hermite 插值,每个函数计算插值斜率的方式不同,因此它们在基础数据的平台区或波动处展现出了不同的行为。

在编辑器中编写以下程序并运行。

```
clear,clf
x=-3:3;                                              % 定义数据点
```

```
y=[-1 -1 -1 0 1 1 1];                                  % 对应的样本值
xq1=-3:0.01:3;                                         % 定义查询点

p=pchip(x,y,xq1);                                      % 使用 Pchip 插值
s=spline(x,y,xq1);                                     % 使用 Spline 插值
m=makima(x,y,xq1);                                     % 使用 Makima 插值
plot(x,y,'o',xq1,p,'-',xq1,s,'-.',xq1,m,'--')          % 绘制插值曲线
legend('Sample Points','pchip','spline', ...
    'makima','Location','SouthEast')                   % 添加图例
title('Comparison of Interpolation Methods')           % 设置图标题
xlabel('x'),ylabel('y')                                % 设置轴标签
```

运行程序后，输出插值图形结果如图 12-10 所示。

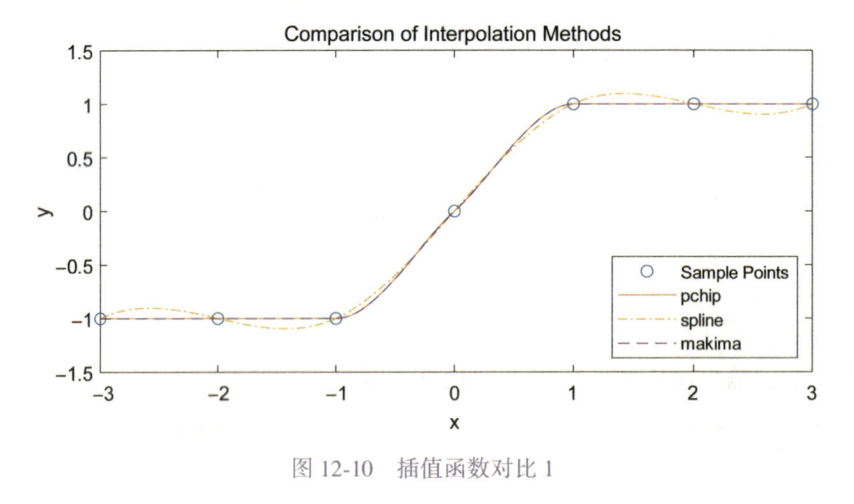

图 12-10　插值函数对比 1

函数 pchip( ) 和 makima( ) 具有相似的行为，因为它们都能避免过冲，并且可以准确地连接平台区。继续在编辑器中编写以下程序并运行。

```
clear,clf
% 使用振动采样函数执行第二次比较
x=0:15;                                                % 定义数据点
y=besselj(1,x);                                        % 计算贝塞尔函数值
xq2=0:0.01:15;                                         % 定义查询点
p=pchip(x,y,xq2);                                      % 使用 Pchip 插值
s=spline(x,y,xq2);                                     % 使用 Spline 插值
m=makima(x,y,xq2);                                     % 使用 Makima 插值

plot(x,y,'o',xq2,p,'-',xq2,s,'-.',xq2,m,'--')          % 绘制插值曲线
legend('Sample Points','pchip','spline','makima')      % 添加图例
title('Comparison of Interpolation Methods for Bessel Function')  % 设置图题
xlabel('x'),ylabel('y')                                % 设置轴标签
```

由上图可以看出，当基础函数振荡时，函数 spline( ) 和 makima( ) 能够比函数 pchip( ) 更好地捕获点之间的移动，而且后者会在局部极值附近急剧扁平化。

运行程序后，插值图形结果如图 12-11 所示。

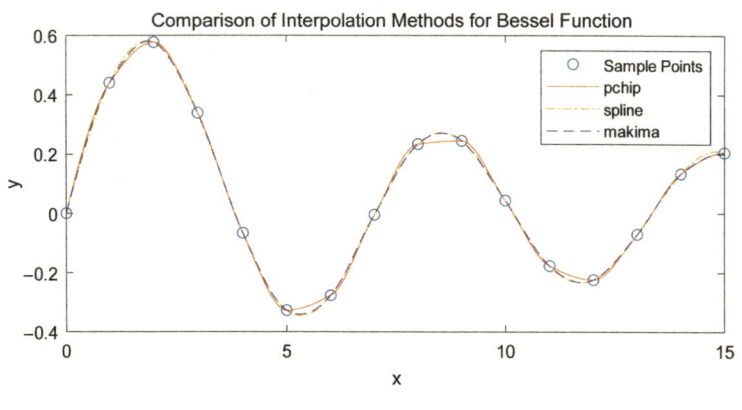

图 12-11　插值函数对比 2

12.1.6　三次样条插值

对于给定的离散测量数据 (x,y) （称为断点），我们要寻找一个三项多项式 $y=p(x)$，以逼近每对数据 (x,y) 点间的曲线。过两点 (x_i,y_i) 和 (x_{i+1},y_{i+1}) 只能确定一条直线，而通过一点的三次多项式曲线有无穷多条。

因为三次多项式有 4 个系数，为使通过中间断点的三次多项式曲线具有唯一性，需要增加以下条件。

1) 三次多项式在点 (x_i,y_i) 处有 $p_i'(x_i)=p_i''(x_i)$；在点 (x_{i+1},y_{i+1}) 处有 $p_i'(x_{i+1})=p_i''(x_{i+1})$。

2) 为了使三次多项式具有良好的解析性，设定 $p(x)$ 在点 (x_i,y_i) 处的斜率是连续的，曲率也是连续的。

对于第一个和最后一个多项式，规定如下条件（非结点（not-a-knot）条件）：
$$p_1'''(x)=p_{i2}'''(x), p_{n-1}'''(x)=p_n'''(x)$$

综上，可知对数据拟合的三次样条函数 $p(x)$ 是一个分段的三次多项式：

$$p(x)=\begin{cases} p_1(x) & x_1 \leq x \leq x_2 \\ p_2(x) & x_2 \leq x \leq x_3 \\ \cdots & \cdots \\ p_n(x) & x_n \leq x \leq x_{n+1} \end{cases}$$

其中，每段 $p_i(x)$ 均为三次多项式。

在 MATLAB 中，采用函数 spline() 可以实现三次样条插值，其调用格式如下。

```
s=spline(x,y,xq)            % 返回与 xq 中的查询点对应的三次样条插值向量 s
        % 即用三次样条插值计算出由向量 x 与 y 确定的一元函数 y=f(x) 在点 xx 处的值
pp=spline(x,y)              % 返回一个向量 x 与 y 确定的分段样条多项式的系数矩阵 pp
        % 用于 ppval 和样条实用工具 unmkpp
```

【例 12-9】　对离散地分布在 $y=\sin x \cos^2 x$ 函数曲线上的数据点进行样条插值计算。在编辑器中编写以下程序并运行。

```
clear,clf
x=[0 0.5 1 1.2 3 4 6 7 7.5 9 10];                    % 定义数据点 x
y=sin(x).*cos(x).^2;                                  % 计算 y 值,使用 sin(x)*cos(x) 函数

xx=0:0.1:10;                                          % 定义查询点 xx,从 0 到 10,步长为 0.1
yy=spline(x,y,xx);                                    % 使用三次样条插值法计算 yy 的值
plot(x,y,'o',xx,yy)                                   % 绘制原始数据点与插值结果

% 设置标题、轴标签和图例
title('Spline Interpolation of sin(x)*cos(x)^2');
xlabel('x','FontSize',12);
ylabel('y','FontSize',12);
legend('Sample Data','Spline Interpolation','Location','Best');

grid on;                                              % 显示网格
axis([0 10 -1.0 1.0]);                                % 设置坐标轴范围
```

运行程序后,插值图形结果如图 12-12 所示。

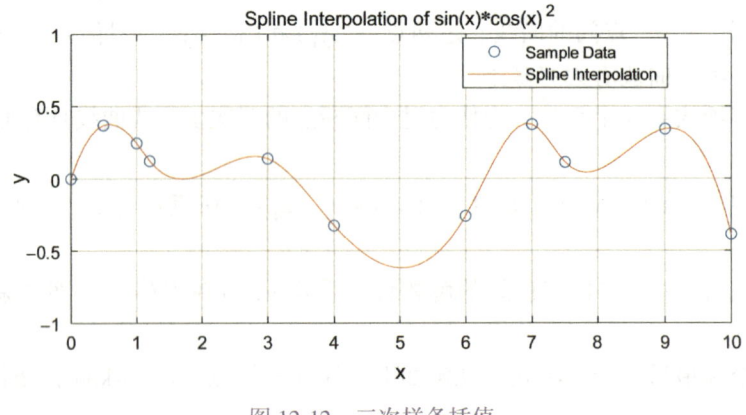

图 12-12　三次样条插值

12.2 拟合

在科学和工程领域,曲线拟合的主要目的是寻找一条平滑的曲线,以尽可能准确地描述带有噪声的测量数据,并从中探究两个变量之间的关系或变化趋势,最终得到一个用于预测或解释的数学函数表达式 $y=f(x)$。

在插值方法中,虽然多项式插值可以逼近数据点,但高次多项式容易导致数据振荡,特别是在数据量大或间隔不均匀的情况下。而样条插值可以生成光滑的曲线,避免高次多项式的振荡问题。然而,样条插值方法通常要求曲线通过所有数据点,因此并不适合包含噪声的测量数据的曲线拟合。曲线拟合的目标是寻找一个能够反映数据趋势的曲线,而不要求曲线必须穿过每一个数据点。

在曲线拟合过程中,通常假设测量数据中包含噪声,因此拟合曲线不必严格通过所有已知数据点。曲线拟合的评价标准是整体拟合误差的最小化,而不是单点误差。最常用的曲线

拟合方法是最小二乘法，它通过最小化拟合曲线与数据点之间垂直距离的平方和（即残差平方和），来求得最佳拟合曲线。

MATLAB 提供了多种曲线拟合工具，包括线性拟合、多项式拟合、非线性拟合等。在这些方法中，最小二乘法被广泛使用，来寻找使数据点与拟合曲线之间的方差最小的曲线。这里的方差指的是拟合曲线和实际数据点之间的垂直距离平方和。通过最小化该方差，可以获得一条能够描述数据整体趋势的平滑曲线。

12.2.1 多项式拟合

多项式拟合是数据分析和建模中常用的工具，适合用来描述数据中呈现的线性或非线性趋势。多项式拟合是通过最小二乘法找到一个多项式，即

$$p(x) = p_1(x^n) + p_2(x^{n-1}) + \cdots + p_n(x) + p_{n+1}$$

使得拟合曲线和原始数据点之间的误差平方和最小，即

$$\min \sum_{i=1}^{N} (y_i - P_n(x_i))^2$$

其中，y_i 是给定数据的因变量值，$P_n(x_i)$ 是多项式拟合函数。

在 MATLAB 中，利用函数 polyfit( ) 可以实现多项式拟合，通过最小二乘法找到一个多项式，使其尽可能逼近一组给定的离散数据点。其调用格式如下。

```
p=polyfit(x,y,n)              % 返回次数为 n 的多项式 p(x) 的系数,拟合基于最小二乘
       % 该阶数是 y 中数据的最佳拟合。p 中的系数按降幂排列,p 的长度为 n+1,其中
[p,S]=polyfit(x,y,n)           % 额外返回结构体 S,可用作 polyval 的输入来获取误差估计值
[p,S,mu]=polyfit(x,y,n)        % 执行中心化和缩放以同时改善多项式和拟合算法的数值属性
       % 额外返回二元素向量 mu,包含中心化值和缩放值,mu(1) 为 mean(x),mu(2) 为 std(x)
       % 使用这些值时,polyfit 将 x 的中心置于零值处并缩放为具有单位标准差
```

> **注意**：当使用函数 polyfit( ) 进行拟合时，多项式的阶次最大不超过 length(x)-1。

在多项式拟合时，经常需要计算多项式 $p(x)$ 的值。在 MATLAB 中，利用函数 polyval( ) 可以实现计算多项式在每点处对应的值，其调用格式如下。

```
y=polyval(p,x)                 % 计算多项式 p 在 x 的每个点处的值
       % 参量 p 是长度为 n+1 的向量,其元素是 n 次多项式的系数(降幂排列)
[y,delta]=polyval(p,x,S)       % 使用 polyfit 生成的可选输出结构体 S 来生成误差估计值
       % delta 是使用 p(x) 预测 x 处的未来观测值时的标准误差估计值
y=polyval(p,x,[],mu)           % 使用 polyfit 生成的可选输出 mu 来中心化和缩放数据
       % mu(1) 为 mean(x),mu(2) 为 std(x)
[y,delta]=polyval(p,x,S,mu)    % 同上
```

针对矩阵多项式，需要采用函数 polyval( ) 计算，并以矩阵方式返回多项式 p 的计算值，其调用格式如下。

```
Y=polyvalm(p,X)                % 以矩阵方式返回多项式 p 的计算值
```

【例 12-10】 已知某数据的横坐标及对应的纵坐标，试对该数据进行多项式拟合。
在编辑器中编写以下程序并运行。

MATLAB 科研绘图

```
clear,clf
x=linspace(0,10,20);                              % 定义数据点 x,在[0,10]之间均匀取 10 个点
y=sin(x)+0.5*randn(size(x));                      % 使用 sin(x)加上一些随机噪声生成 y 值
% 5 阶多项式拟合
p5=polyfit(x,y,5);
y5=polyval(p5,x);
% 显示 5 阶多项式
p5=vpa(poly2sym(p5),5)                            % 使用符号表示并显示多项式
% 9 阶多项式拟合
p9=polyfit(x,y,9);
y9=polyval(p9,x);
plot(x,y,'bo','MarkerFaceColor','b');             % 原始数据点,蓝色圆点
hold on;
plot(x,y5,'r-.');                                 % 5 阶多项式拟合,红色虚线
plot(x,y9,'g--');                                 % 9 阶多项式拟合,绿色虚线
legend('Original Data','5th Degree Polynomial Fit',...
    '9th Degree Polynomial Fit','Location','Best'); % 添加图例
% 设置轴标签
xlabel('x','FontSize',12);
ylabel('y','FontSize',12);
title('Polynomial Fitting: 5th and 9th Degree (sin(x) with Noise)',...
    'FontSize',14);                               % 设置标题
grid on;                                          % 开启网格
axis tight;                                       % 自动调整坐标轴范围
```

运行程序后,可以得到如下的 5 阶多项式。同时输出图形,如图 12-13 所示。

```
p5 =
0.0020678*x^5-0.058866*x^4+0.59446*x^3-2.4887*x^2+3.7129*x-0.75743
```

由图 12-13 可以看出,使用 5 次多项式拟合时,得到的结果比较差;而当采用 9 次多项式拟合时,得到的结果能更符合原始数据。

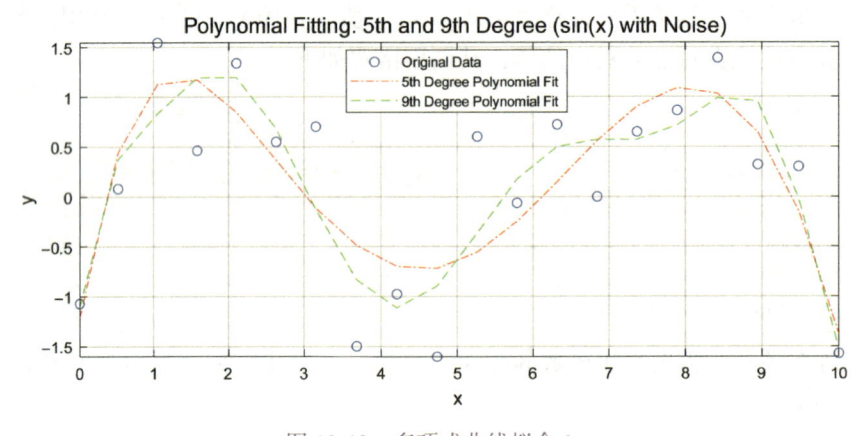

图 12-13 多项式曲线拟合 1

【例 12-11】 对误差函数进行多项式拟合。
在编辑器中编写以下程序并运行。

```
clf;
x=(0:0.1:2.5)';                         % 生成在区间[0,2.5]内等间距分布的 x 点向量
y=erf(x);                               % 计算这些点处的误差函数
p=polyfit(x,y,6);                       % 求 6 次逼近多项式的系数
f=polyval(p,x);                         % 在各数据点处计算多项式
% 生成说明数据、拟合和误差的一个表
T=table(x,y,f,y-f,'VariableNames',{'X','Y','Fit','FitError'});
% 生成一个新的 x1 用于绘制拟合曲线的外推
x1=(0:0.1:5)';
y1=erf(x1);                             % 计算外推区域的原始数据
f1=polyval(p,x1);                       % 在新 x 点上计算多项式的拟合值

% 绘制原始数据点、拟合曲线和误差
plot(x,y,'bo');                         % 原始数据点,蓝色圆点
hold on;
plot(x1,y1,'g-');                       % 外推的原始数据,绿色实线
plot(x1,f1,'r--');                      % 拟合曲线,红色虚线

axis([0 5 0 2]);                        % 设置坐标轴范围
% 添加图例和标题
legend('Original Data','Error Function','6th Degree Fit','Location','Best');
xlabel('x','FontSize',12);
ylabel('y','FontSize',12);
title('Polynomial Fitting of Error Function','FontSize',14);

disp(T);                                % 显示表格 T(可选)
grid on;                                % 添加网格
```

输出结果略,输出图形如图 12-14 所示。由运行结果可知,在该区间内,插值与实际值高度吻合;而在该区间以外,外插值与实际数据值快速偏离。

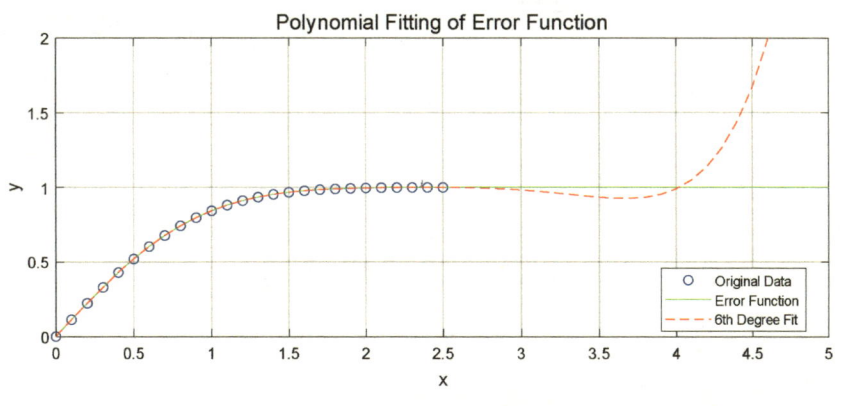

图 12-14　多项式曲线拟合 2

【例 12-12】 将一个线性模型拟合到一组数据点并绘制结果,其中包含预测区间为 95% 的估计值。

在编辑器中编写以下程序并运行。

```matlab
clf;
x=1:100;                            % 生成数据点 x
y=-0.3*x+2*randn(1,100);            % 生成带有噪声的数据 y

% 对数据进行一次多项式拟合,拟合得到的系数为 p
p=polyfit(x,y,1);

subplot(1,2,1);
f=polyval(p,x);                     % 计算在 x 中各点处拟合的多项式 p
plot(x,y,'o',x,f,'-')               % 绘制原始数据点和拟合结果
legend('Data','Linear Fit');
title('Linear Fit of Data');

% 对数据进行一次多项式拟合,返回附加的拟合统计信息 S
[p,S]=polyfit(x,y,1);

subplot(1,2,2);
[y_fit,delta]=polyval(p,x,S);       % 计算以 p 为系数的多项式拟合值和预测区间 delta

% 绘制原始数据点、拟合曲线和 95% 预测区间(y±2Δ)
plot(x,y,'bo',x,y_fit,'r-');
hold on;
plot(x,y_fit+2*delta,'m--',x,y_fit-2*delta,'m--');
legend('Data','Linear Fit','95% Prediction Interval');
title('Linear Fit of Data with 95% Prediction Interval');
```

运行程序后,输出图形如图 12-15 所示。

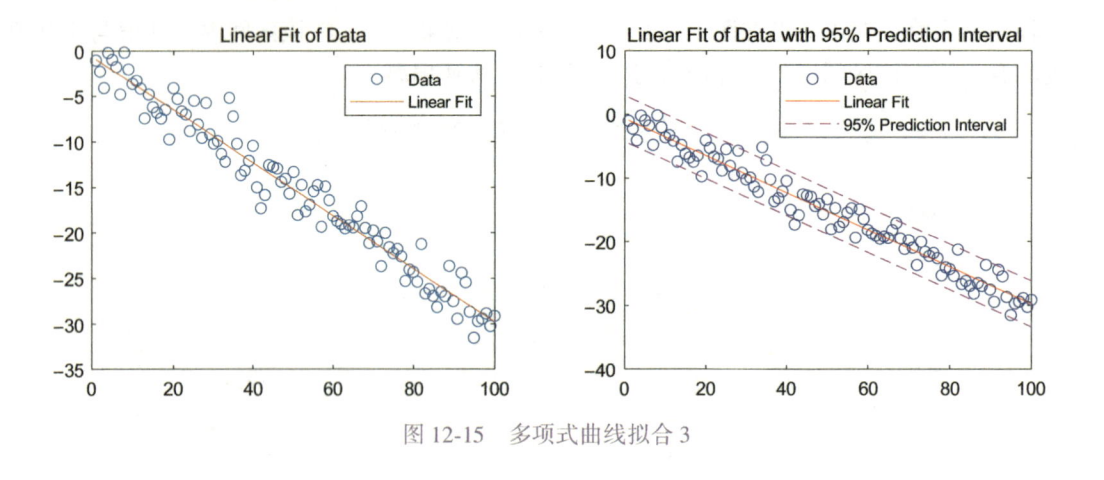

图 12-15　多项式曲线拟合 3

12.2.2　曲线、曲面拟合

在 MATLAB 中,利用 fit( ) 函数可以对数据进行曲线或曲面拟合。该函数隶属于 Curve Fitting Toolbox,不仅支持线性和多项式拟合,还支持各种非线性模型、用户自定义模型以及平滑样条等。其调用格式如下。

```
fobj=fit(x,y,fitType)                    % 使用 fitType 指定的模型对 x 和 y 中的数据进行拟合
fobj=fit([x,y],z,fitType)                % 对向量 x、y 和 z 中的数据进行曲面拟合
fobj=fit(x,y,fitType,fitOptions)         % 使用 fitOptions 对象指定算法选项对数据进行拟合
fobj=fit(x,y,fitType,Name=Value)         % 使用一个或多个 Name=Value 对组参量指定附加选项
[fobj,gof]=fit(x,y,fitType)              % 返回结构体 gof 中的拟合优度统计量
[fobj,gof,output]=fit(x,y,fitType)       % 返回结构体 output 中的拟合算法信息
```

拟合中，fitType 指定的模型见表 12-3。

表 12-3 模型说明

模型	含义	模型	含义
'poly1'	线性多项式曲线	'smoothingspline'	平滑样条（曲线）
'poly11'	线性多项式曲面	'lowess'	局部线性回归（曲面）
'poly2'	二次多项式曲线	'log10'	以 10 为底的对数曲线
'linearinterp'	分段线性插值	'logistic4'	四参数逻辑曲线
'cubicinterp'	分段三次插值		

【例 12-13】 数据集 census 中的 pop 和 cdate 分别包含了人口规模和人口统计年份的数据，请根据该数据拟合二次曲线。

在编辑器中编写以下程序并运行。

```
load census;                % 加载 census 样本数据集
f=fit(cdate,pop,'poly2')    % 二次曲线拟合，拟合结果包括 95% 置信边界的系数估计值
plot(f,cdate,pop)           % 绘制 f 中拟合的图以及数据散点图
```

运行程序后，输出结果如下。

```
f =
    线性模型 Poly2:
    f(x)=p1*x^2+p2*x+p3
    系数(置信边界为 95%):
        p1=   0.006541   (0.006124,0.006958)
        p2=    -23.51    (-25.09,-21.93)
        p3= 2.113e+04    (1.964e+04,2.262e+04)
```

同时输出图形如图 12-16 所示。

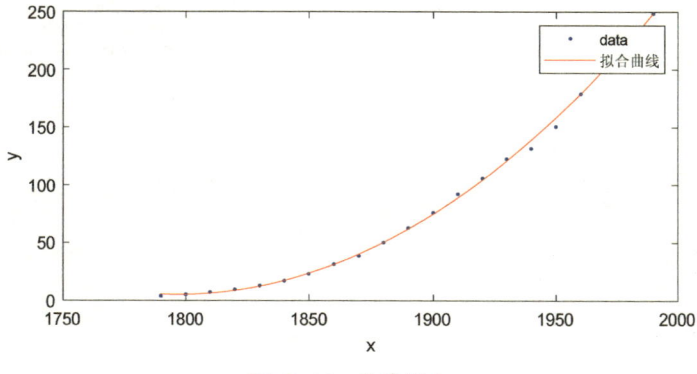

图 12-16 曲线拟合

MATLAB 科研绘图

【例 12-14】 利用数据集 carbon12alpha 进行多个多项式拟合。数据集中的 angle 是以弧度为单位的发射角度组成的向量，counts 是对应 angle 中各角度的原始 alpha 粒子计数组成的向量。在编辑器中编写以下程序并运行。

```matlab
load carbon12alpha                                  % 加载 carbon12alpha 核反应采样数据集
scatter(angle,counts)                               % 绘制角度与计数值的散点图
title('Scatter Plot of Angle vs Counts')            % 添加散点图标题

[f5,gof5]=fit(angle,counts,'poly5');                % 进行五次多项式拟合
[f7,gof7]=fit(angle,counts,'poly7');                % 进行七次多项式拟合
[f9,gof9]=fit(angle,counts,'poly9');                % 进行九次多项式拟合
xq=linspace(0,4.5,1000);                            % 生成一个在 0 到 4.5 之间的查询点组成的向量
hold on
scatter(angle,counts,'k')                           % 绘制黑色的散点图，表示原始数据
% 绘制三种不同次数多项式的拟合曲线
plot(xq,f5(xq))
plot(xq,f7(xq))
plot(xq,f9(xq))
ylim([-100,550])                                    % 设置 y 轴的显示范围
% 添加图例
legend('Original Data','Fifth-Degree Polynomial', ...
    'Seventh-Degree Polynomial','Ninth-Degree Polynomial')
title('Polynomial Fits to Carbon12Alpha Data')      % 添加拟合曲线标题
% 显示每个拟合模型的拟合优度统计量
gof=struct2table([gof5 gof7 gof9],'RowNames',["f5" "f7" "f9"])
```

运行程序后，输出结果如下。

```
gof =
  3×5 table
            sse        rsquare    dfe    adjrsquare    rmse
         _____    _____    ___    _____    _____
    f5   1.0901e+05    0.54614    18      0.42007      77.82
    f7        32695    0.86387    16      0.80431     45.204
    f9       3660.2    0.98476    14      0.97496     16.169
```

同时输出图形，如图 12-17 所示。该图表明九次多项式准确地描述了数据的情况。

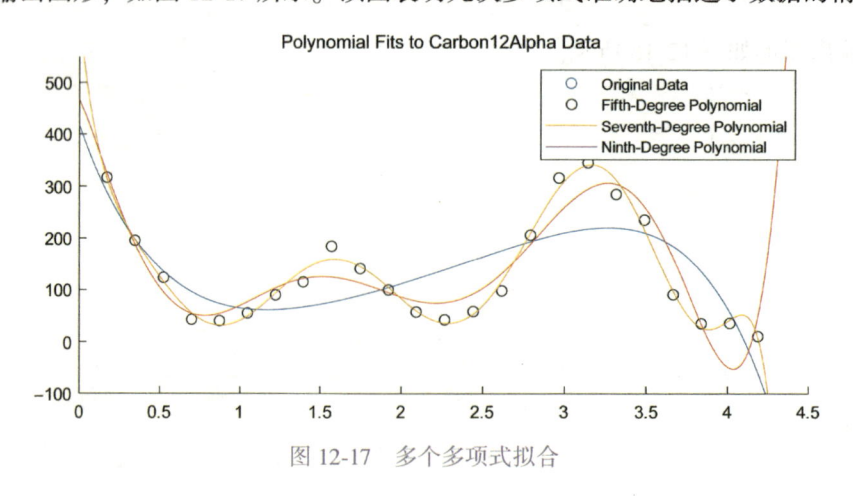

图 12-17 多个多项式拟合

上述结果中可以看出,九次多项式拟合的误差平方和(SSE)小于五次和七次多项式拟合的 SSE,可以证实九次多项式最准确地描述了数据的情况。

【例 12-15】 利用数据集 titanium 进行多项式拟合,拟合时从中排除点。

在编辑器中编写以下程序并运行。

```
[x,y]=titanium;                                        % 加载数据
gaussEqn='a*exp(-((x-b)/c)^2)+d';                      % 定义高斯方程
startPoints=[1.5 900 10 0.6];                          % 定义拟合的起始点

exclude1=[1 10 25];                                    % 使用索引定义要排除的点
exclude2=x < 800;                                      % 定义要排除的点,x 小于 800 时排除

% 拟合数据并排除指定的点
f1=fit(x',y',gaussEqn,'Start',startPoints,'Exclude',exclude1);
f2=fit(x',y',gaussEqn,'Start',startPoints,'Exclude',exclude2);

% 绘制第一个拟合结果,突出显示排除的点
subplot(121)
plot(f1,x,y,exclude1)                                  % 绘制拟合曲线并标出排除的数据点
title('Fit with data points 1,10,and 25 excluded')     % 第一个子图标题
legend('Data','Gaussian Fit','Excluded Points')        % 图例

% 绘制第二个拟合结果,排除 x<800 的点
subplot(122)
plot(f2,x,y,exclude2)                                  % 绘制拟合曲线并标出排除的数据点
title('Fit with data points excluded such that x < 800') % 第二个子图标题
legend('Data','Gaussian Fit','Excluded Points')        % 图例
```

运行程序后,输出图形如图 12-18 所示。

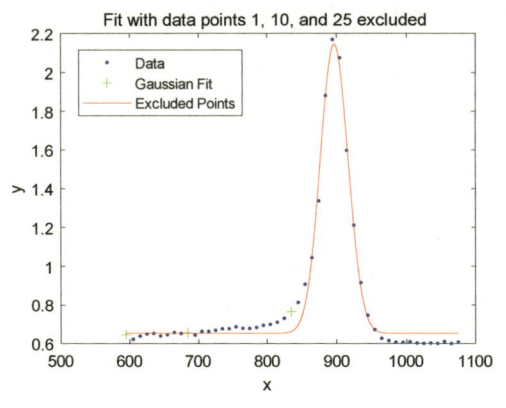

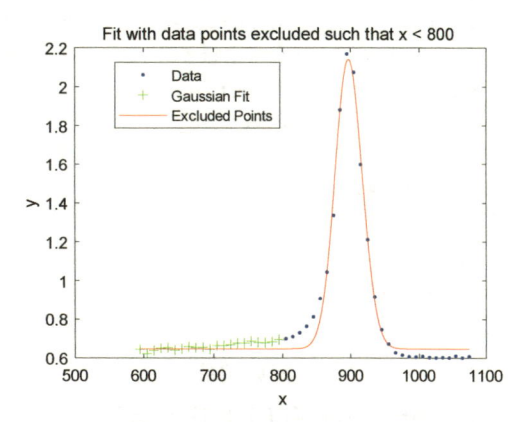

图 12-18 多项式拟合(排除点)

12.2.3 非线性最小二乘拟合

非线性最小二乘拟合通过最小化拟合函数与观测数据之间的残差平方和来求解最优参数。

MATLAB 科研绘图

在 MATLAB 中，能利用 lsqcurvefit( ) 函数求解非线性最小二乘拟合问题。该函数可以用于拟合任意形式的非线性模型，并允许自定义拟合函数。与传统的线性回归方法相比，lsqcurvefit( ) 函数适用于模型形式比较复杂或含有非线性关系的情况。

给定的输入数据为 x_{data}，观察到的输出数据为 y_{data}，利用 lsqcurvefit( ) 函数可以求解问题中的 x，即

$$\min_{x} \| F(x, x_{data}) - y_{data} \|_2^2 = \min_{x} \sum_{i} \left[F(x, x_{data_i}) - y_{data_i} \right]^2$$

其中，x_{data} 和 y_{data} 是矩阵或向量，$F(x, x_{data})$ 是与 y_{data} 大小相同的矩阵值或向量值函数。其中的 x 需满足以下约束（可选）。

$$\begin{cases} lb \leq x \leq ub \\ Ax \leq b \\ Aeq\,x = beq \\ c(x) \leq 0 \\ ceq(x) = 0 \end{cases}$$

函数 lsqcurvefit( ) 的调用格式如下。

```
x=lsqcurvefit(fun,x0,xdata,ydata)              % 从 x0 开始,求取合适的系数 x
              % 使非线性函数 fun(x,xdata) 对数据 ydata 的拟合最佳(基于最小二乘法)
x=lsqcurvefit(fun,x0,xdata,ydata,lb,ub)
              % 定义下界和上界 lb 和 ub,确保拟合结果落在这些边界范围内
x=lsqcurvefit(fun,x0,xdata,ydata,lb,ub,A,b,Aeq,beq)
              % 要求满足以下线性约束:Ax≤b 及 Aeqx =beq
x=lsqcurvefit(fun,x0,xdata,ydata,lb,ub,A,b,Aeq,beq,nonlcon)
              % 要求解满足 nonlcon(x) 函数中的非线性约束
              % 求解器尝试满足 nonlcon 返回的两个输出约束 c≤0 及 ceq=0
x=lsqcurvefit(fun,x0,xdata,ydata,lb,ub,options)
x=lsqcurvefit(fun,x0,xdata,ydata,lb,ub,A,b,Aeq,beq,nonlcon,options)
              % 使用 options 中指定的优化选项执行最小化
x=lsqcurvefit(problem)                         % 求结构体 problem 给出约束的最小值
[x,resnorm]=lsqcurvefit(___)
              % 返回在 x 处的残差的 2-范数平方值;sum((fun(x,xdata)-ydata).^2)
[x,resnorm,residual,exitflag,output]=lsqcurvefit(___)
              % 额外返回在解 x 处的残差 fun(x,xdata)-ydata 的值
              % 描述退出条件的值 exitflag,以及包含优化过程信息的结构体 output
[x,resnorm,residual,exitflag,output,lambda,jacobian]=lsqcurvefit(___)
              % 额外返回结构体 lambda(包含在解 x 处的拉格朗日乘数),fun 在解 x 处的雅可比矩阵
```

【例 12-16】 指数衰减模型拟合。
在编辑器中编写以下程序并运行。

```
% 给定数据
xdata=[0.9 1.5 13.8 19.8 24.1 28.2 35.2 60.3 74.6 81.3];     % 自变量数据
ydata=[455.2 428.6 124.1 67.3 43.2 28.1 13.1 -0.4 -1.3 -1.5]; % 观测数据

fun=@(x,xdata) x(1)*exp(x(2)*xdata);                          % 定义指数衰减函数
x0=[100,-1];                                                  % 初始参数估计值
```

```
x=lsqcurvefit(fun,x0,xdata,ydata)              % 执行拟合,求解拟合参数
% 绘制拟合结果
times=linspace(xdata(1),xdata(end));           % 生成查询点
plot(xdata,ydata,'ko',times,fun(x,times),'b-') % 绘制原始数据与拟合曲线
legend('Data','Fitted exponential')            % 添加图例
title('Data and Fitted Curve')                 % 添加标题
```

运行后得到的优化结果如下。

```
可能存在局部最小值。
lsqcurvefit 已停止,因为平方和相对于其初始值的最终变化小于函数容差值。
<停止条件详细信息>
x =
   498.8309   -0.1013
```

同时输出绘制的拟合结果,如图 12-19 所示。

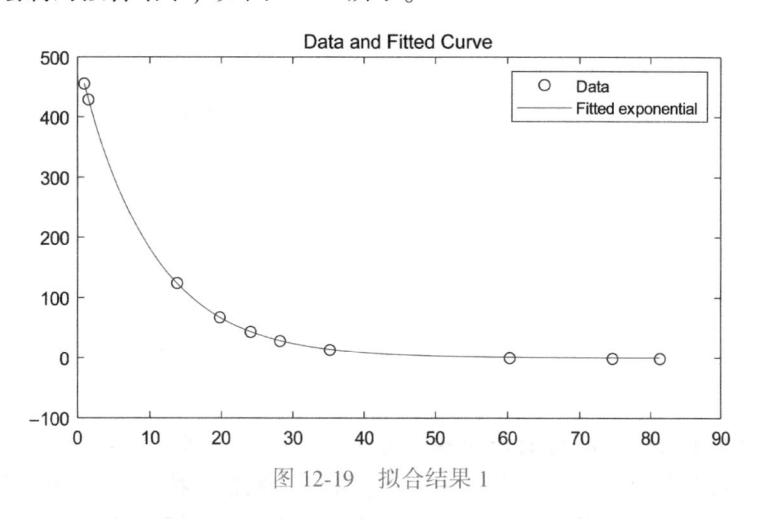

图 12-19 拟合结果 1

【例 12-17】 在拟合参数有约束的条件下求数据的最佳指数拟合,模型如下:

$$y=e^{-1.3t}+e$$

其中,t 的范围是从 0 到 3,e 是均值为 0、标准差为 0.05 的正态分布噪声。
在编辑器中编写以下程序并运行。

```
rng default                                    % 设置随机数生成器的种子,确保结果可复现
xdata=linspace(0,3);                           % 定义自变量数据,从 0 到 3
ydata=exp(-1.3*xdata)+0.05*randn(size(xdata)); % 生成包含噪声的观测数据

lb=[0,-2];                                     % 定义参数的下界
ub=[3/4,-1];                                   % 定义参数的上界
fun=@(x,xdata) x(1)*exp(x(2)*xdata);           % 定义非线性拟合函数
x0=[1/2,-2];                                   % 初始参数估计
x=lsqcurvefit(fun,x0,xdata,ydata,lb,ub)        % 执行拟合
% 绘制拟合结果
plot(xdata,ydata,'ko',xdata,fun(x,xdata),'b-') % 绘制原始数据和拟合曲线
legend('Data','Fitted exponential')            % 添加图例
title('Data and Fitted Curve')                 % 添加标题
```

MATLAB 科研绘图

运行后得到的优化结果如下。

```
找到局部最小值。
优化已完成,因为梯度大小小于最优性容差的值。
<停止条件详细信息>
x =
    0.7500   -1.0000
```

同时输出绘制的拟合结果,如图 12-20 所示。

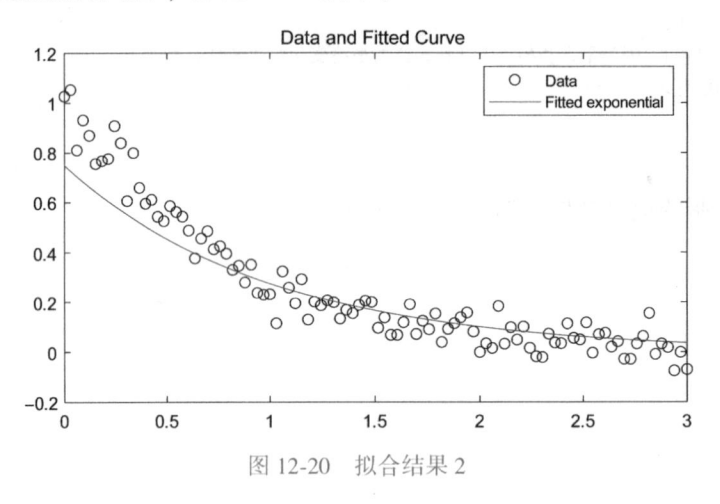

图 12-20 拟合结果 2

12.3 本章小结

本章详细介绍了数据插值与拟合的基本方法,能帮助读者掌握如何使用 MATLAB 进行数据的插值估算和拟合建模。通过多项式拟合、非线性拟合等技术,读者能够对复杂的数据进行建模,填补数据缺失或平滑噪声,从而为进一步的数据分析、预测建模和工程应用提供强大的支持。插值与拟合是数据分析中常用的典型技术,通过对本章内容的学习,也为读者处理各种实际数据分析问题提供了必备工具。